21世纪高等学校计算机规划教材
21st Century University Planned Textbooks of Computer Science

新编计算机基础与应用

Fundamentals of Computers

王甲琛 邓辉宇 主编
祁伟 孙赢盈 副主编

人民邮电出版社
北京

图书在版编目（CIP）数据

新编计算机基础与应用 / 王甲琛，邓辉宇主编. --
北京 : 人民邮电出版社，2014.2
21世纪高等学校计算机规划教材
ISBN 978-7-115-34619-3

Ⅰ. ①新… Ⅱ. ①王… ②邓… Ⅲ. ①电子计算机－高等学校－教材 Ⅳ. ①TP3

中国版本图书馆CIP数据核字(2014)第020369号

内容提要

本书是一本介绍计算机基础知识及基本应用技能的入门教材，基础与前沿结合、广度与深度兼顾、理论与实践并重，编写角度新颖、结构清晰。主要内容包括计算机与信息技术、操作系统、文字处理、电子表格、演示文稿、数据库基础、多媒体技术及应用、计算机网络基础、网站建设基础、信息安全基础和信息化新技术。

本书可作为各类高校非计算机专业计算机基础教学用书，也可作为单位、部门计算机基础及办公自动化培训教材，对于计算机初学者也是一本很好的自学参考书。

◆ 主　　编　王甲琛　邓辉宇
　副 主 编　祁　伟　孙赢盈
　责任编辑　王亚娜
　执行编辑　赖文华
　责任印制　焦志炜

◆ 人民邮电出版社出版发行　　北京市丰台区成寿寺路 11 号
　邮编　100164　　电子邮件　315@ptpress.com.cn
　网址　http://www.ptpress.com.cn
　北京艺辉印刷有限公司印刷

◆ 开本：787×1092　1/16
　印张：21.5　　　　2014 年 2 月第 1 版
　字数：550 千字　　2014 年 2 月北京第 1 次印刷

定价：39.80 元

读者服务热线：(010)81055256　印装质量热线：(010)81055316
反盗版热线：(010)81055315

前言

随着计算机及信息技术的迅猛发展，学习计算机基础知识，掌握计算机操作技能，了解计算机技术前沿，运用计算机解决学习、生活、工作中的实际问题，已经成为当今信息时代人们必备的基本素质。

为了深入贯彻落实教育部“关于进一步加强高等学校计算机基础教学的意见”相关精神、提高教学质量、适应信息时代新形势下对高校人才培养的需求，从而有效提高大学生的信息素养，我们紧贴高等院校计算机基础教学改革与发展思路，结合计算机与信息技术的新发展编写了本书。

全书共分 9 章，主要内容包括计算机与信息技术、操作系统与 Windows 7、文字处理与 Word 2013、电子表格与 Excel 2013、演示文稿与 PowerPoint 2013、多媒体技术与应用、计算机网络基础、网站建设基础、信息化新技术等。每章均配有简答及上机操作题，便于学生把握重点、深入思考和实践练习。

本书的构思与编写建立在众多教师的教学经验和迫切要求之上，他们长期从事计算机基础教学工作，体会深刻。因此，本书在内容的选择与组织中突出体现了以下三方面的特色。

一是基础与前沿兼顾。作为计算机教学入门教材，本书依旧重视其传统的基础内容，但同时又特别关注其先进性，大量引入计算机及信息技术的最新应用和前沿知识，如最新版 Office 2013 以及物联网、云计算、大数据等内容；

二是广度与深度兼顾。本书内容囊括计算机软硬件乃至信息技术的常识、原理、应用以及前沿知识，以保证学生对计算机及信息技术整体性、概貌性了解。同时，对于计算机基本原理、动态网站建设、信息化新技术等内容也进行了较为深入的技术性讲解，以满足师生的进一步理解；

三是理论与实践兼顾。本书在编写过程中既注重教师课堂理论教学需要，又突出学生课余实践需求。在 Office 2013 相关内容的编写中，既有实用性综合实例的操作引导，又有全面功能的手册式介绍；在操作系统、多媒体技术等内容中，既有理论性技术讲解，又有实践性软件应用。从而，既能满足较有深度的课堂理论教学，又能满足课后操作性强的实践应用。

本书由长期从事计算机基础教学的一线教师共同编写完成。其中，邓辉宇编写第 1 章，李曼编写第 2 章，孙嬴盈编写第 3 章，张淑辉、张华编写第 4 章，张丽琼、王亚红编写第 5 章，祁伟、任敏敏编写第 6 章，祁伟编写第 7 章，武国斌、缪治编写第 8 章，王甲琛编写第 9 章。本书的编写参考了相关的教材和著作，借鉴了国内外有关研究成果及网站，也得到了相关部门的关心和支持，在此一并表示衷心的感谢！

由于时间仓促，书中定然存在不足与欠妥之处，为了便于今后的修订，恳请广大读者批评指正。

编　者

2013 年 12 月

目录

第八章 网站建设基础 ……283

第九章 信息化新技术 ……304

参考文献 ……335

第一章 计算机与信息技术

本章概述了计算机的发展、分类和应用，在介绍信息与信息技术的基础上，详细讲解了计算机中的信息表示方法，进而由浅入深地论述了计算机的组成和工作原理，最后对微机的基本配置及计算机软件技术进行了简介。通过本章学习，可以使读者对计算机及信息技术产生基础性、整体性的了解。

1.1 计算机概述

1.1.1 计算机的产生和发展

算盘、计算尺等古老的计算工具不仅发挥着自身的计算作用，同时也启发了计算机的研制和设计思路。计算机家族包括机械计算机、电动计算机、电子计算机等，而电子计算机又可分为电子模拟计算机和电子数字计算机。通常我们所说的计算机是指电子数字计算机，电子数字计算机（Electronic Numerical Computer）是一种能自动、高速、精确地进行信息处理的电子设备，是 20 世纪最重大的发明之一。自 1946 年第一台电子数字计算机诞生以来，计算机发展十分迅速，已经从开始的高科技军事应用渗透到了人类社会的各个领域，对人类社会的发展产生了极其深刻的影响。

1. 计算机的产生

1936 年，英国剑桥大学著名数学家阿伦 · 图灵发表了著名的"理想计算机"的论文，提出了现代通用数字计算机的数学模型，这种理论机器被称为图灵机。图灵因其为计算机诞生奠定的理论基础而被誉为"计算机之父"。

1943 年，美国为了解决新武器研制中的弹道计算问题而组织科技人员开始了电子数字计算机的研究。1946 年 2 月，电子数字积分器和计算器（Electronic Numerical Integrator And Calculator，ENIAC）在美国宾夕法尼亚大学研制成功，它是世界上第一台电子数字计算机，如图 1.1 所示。这台计算机共使用了 18000 多只电子管，1500 个继电器，耗电 150kW，占地面积约为

图 1.1 ENIAC 计算机

$167m^2$，重30t，每秒钟能完成50000次加法或400次乘法运算。

与此同时，美籍匈牙利科学家冯·诺依曼也在为美国军方设计、研制电子离散变量自动计算机（Electronic Discrete Variable Automatic Computer，EDVAC）。在EDVAC中，冯·诺依曼采用了二进制数，并创立了“存储程序”的设计思想。EDVAC也被认为是现代计算机的原型，冯·诺依曼被称为“现代计算机之父”。

2. 计算机的发展

计算机是现代科学技术发展的结晶，特别是微电子、光电、通信等技术以及计算数学、控制理论的迅速发展，有力地推动了计算机技术的不断更新。自1946年以来，计算机经历了多次重大的技术革命，按所采用的电子器件可将计算机的发展划分为以下几代。

第一代，电子管时代（1946～1958 年）。计算机采用电子管作为基本逻辑元件，使用机器语言或汇编语言编写程序。电子管计算机的特点是：运算速度低（仅为每秒几千次到几万次）、内存容量小、体积大、造价高、能耗多、故障高。主要服务于科学计算和军事应用，其代表机型有ENIAC、IBM650（小型机）、IBM790（大型机）。

第二代，晶体管时代（1958～1964 年）。计算机主要采用晶体管为基本逻辑元件，内存开始采用磁芯存储器，外存开始使用磁盘、磁带，体积缩小，可使用的外部设备增加，内存容量也有所提高，运算速度每秒可达几十万次。软件方面产生了监控程序，提出了操作系统的概念，编程语言有了很大的发展，在汇编语言的基础上，进一步出现了高级语言，如FORTRAN、COBOL、ALGOL等。这一时代以美国商业通用公司研制的IBM7090、7094等机型为代表，其应用已扩展到数据处理、自动控制等方面。

第三代，集成电路时代（1964～1970 年）。采用以中、小规模集成电路作为计算机的基本逻辑元件，即把几十至几百个电子元件集成在一块几平方毫米的单晶硅片上。体积变小、能耗减少，性能和稳定性提高，运算速度每秒几十万次到几百万次。内存开始使用半导体存储器，容量增大，为快速处理大容量信息提供了条件。系统软件与应用软件迅速发展，出现了分时操作系统和会话式语言，在程序设计中采用了结构化、模块化的设计方法。计算机同时向标准化、模块化、多样化、通用化、系列化发展，计算机的应用扩大到各个领域。

第四代，大规模、超大规模集成电路时代（1971年至今）。这一时代的计算机使用了大规模、超大规模集成电路。芯片的集成度高达几百万个电子元件，存储容量大幅度提高，运算速度达每秒几十亿万次。

3. 微型计算机的发展

微型计算机指的是个人计算机（Personal Computer，PC），简称微机。其主要特点是采用微处理器作为计算机的核心部件，并由大规模、超大规模集成电路构成。

微型计算机的升级换代主要有两个标志，微处理器的更新和系统组成的变革。微处理器从诞生之日起其发展方向就是：更高的频率，更小的制造工艺，更大的高速缓存。随着微处理器的不断发展，微型计算机的发展大致可分为以下几代。

第一代，4位和低挡8位微处理器时代（1971～1973年）。典型微处理器产品有Intel 4004／8008，集成度为2000晶体管/片，时钟频率为1MHz。

第二代，8位微处理器时代（1974～1977 年）。典型微处理器产品有 Intel 公司的 Intel8080、

Motorola 公司的 MC6800、Zilog 公司的 Z80 等。集成度为 6000 晶体管/片，时钟频率为 2MHz。同时，指令系统得到完善，形成典型的体系结构，具备中断、DMA 等控制功能。

第三代，16 位微处理器时代（1978 ~ 1984 年）。典型微处理器产品是 Intel 公司的 Intel8086/8088/80286、Motorola 公司的 MC68000、Zilog 公司的 Z80000 等。集成度为 3 ~ 13 万晶体管/片，时钟频率为 5 ~ 20MHz。微机的各种性能指标达到或超过中、低挡小型机的水平。

第四代，32 位微处理器时代（1985 ~ 1992 年）。集成度已达到 100 万晶体管/片，时钟频率达到 60MHz 以上。典型 32 位 CPU 产品有 Intel 公司的 Intel80386/80486、Motorola 公司的 MC68020/68040、IBM 公司和 Apple 公司的 Power PC 等。

第五代，奔腾（Pentium）系列微处理器时代（1993 ~ 2005 年）。典型产品是 Intel 公司的奔腾系列芯片及与之兼容的 AMD 的 K6 系列微处理器芯片。它们的内部采用了超标量指令流水线结构，并具有相互独立的指令和数据高速缓存。

第六代，酷睿（Core）系列微处理器时代（2005 年至今）。酷睿是一款领先、节能的新型微架构，能够提供更加卓然出众的性能和能效。酷睿 2 是英特尔在 2006 年推出的新一代基于酷睿微架构的产品体系统称，它是一个跨平台的构架体系，包括服务器版、桌面版和移动版。

4. 计算机的发展趋势

目前计算机的发展趋势主要有如下几个方面。

（1）多极化

今天包括电子词典、掌上电脑、笔记本电脑等在内的微型计算机在我们的生活中已经是处处可见，同时大型、巨型计算机也得到了快速的发展。特别是在超大规模集成电路技术基础上的多处理机技术使计算机的整体运算速度与处理能力得到了极大的提高。图 1.2 所示为我国国防科学技术大学研制的“天河二号”超级计算机系统，它以峰值计算速度每秒 5.49 亿亿次、持续计算速度每秒 3.39 亿亿次双精度浮点运算的优异性能，成为 2013 年 11 月由国际 TOP 500 组织公布的全球最快的超级计算机。

图 1.2 “天河二号”超级计算机

除了向微型化和巨型化发展之外，中小型计算机也各有自己的应用领域和发展空间。特别是在强调运算速度提高的同时，关注功耗小、环境污染小的绿色计算机和重视综合应用的多媒体计算机已经被广泛应用，多极化的计算机家族在迅速发展中。

（2）网络化

网络化就是通过通信线路将不同地点的计算机连接起来，形成一个更大的计算机网络系统。计算机网络的出现只有 40 多年的历史，但已成为影响人们日常生活的重要技术应用，是计算机发展的一个主要趋势。

（3）多媒体化

媒体可以理解为存储和传输信息的载体，文本、声音、图像等都是常见的信息载体。过去的计算机只能处理数值信息和字符信息，即单一的文本媒体。近些年发展起来的多媒体计算机则集多种媒体信息的处理功能于一身，实现了图、文、声、像等各种信息的收集、存储、传输和编辑处理，被认为是信息处理领域在20世纪90年代出现的又一次革命。

（4）智能化

智能化虽然是未来新一代计算机的重要特征之一，但现在已经能看到它的许多踪影，如能自动接收和识别指纹的门控装置，能听从主人语音指示的车辆驾驶系统等。让计算机具有人的某些智能，将是计算机发展过程中的下一个重要目标。

5. 未来计算机

在未来社会中，计算机、网络、通信技术三位一体化，我们会面对各种各样的未来计算机。未来计算机将把人从重复、枯燥的信息处理中解脱出来，从而改变我们的工作、生活和学习方式，给人类和社会拓展更大的生存和发展空间。

（1）能识别自然语言的计算机

未来的计算机将在模式识别、语言处理、句式分析和语义分析的综合处理能力上获得重大突破。它可以识别孤立单词、连续单词、连续语言和特定或非特定对象的自然语言（包括口语），键盘和鼠标的时代将渐渐结束。

（2）高速超导计算机

高速超导计算机的耗电仅为半导体器件计算机的几千分之一，它执行一条指令只需十亿分之一秒，比半导体元件快几十倍。以目前的技术制造出的超导计算机的集成电路芯片只有3～5平方毫米大小。

（3）激光计算机

激光计算机是利用激光作为载体进行信息处理的计算机，又叫光脑，其运算速度将比普通的电子计算机至少快1000倍。它依靠激光束进入由反射镜和透镜组成的阵列中来对信息进行处理。与电子计算机相似之处是，激光计算机也靠一系列逻辑操作来处理和解决问题。光束在一般条件下互不干扰的特性，使得激光计算机能够在极小的空间内开辟很多平行的信息通道。

（4）分子计算机

分子计算机正在酝酿。美国惠普公司和加州大学1999年7月16日宣布，已成功地研制出分子计算机中的逻辑门电路，其线宽只有几个原子直径之和。分子计算机的运算速度是目前计算机的1000亿倍，最终将取代硅芯片计算机。

（5）量子计算机

量子力学证明，个体光子通常不相互作用，但是当它们与光学谐腔内的原子聚在一起时，它们相互之间会产生强烈影响。光子的这种特性可用来发展量子力学效应的信息处理器件——光学量子逻辑门，进而制造量子计算机。理论上，量子计算机的性能能够超过任何可以想象的标准计算机。

（6）DNA计算机

科学家研究发现，脱氧核糖核酸（DNA）有一种特性，能够携带生物体的大量基因物质。数学家、生物学家、化学家以及计算机专家从中得到启迪，正在合作研究制造未来的液体DNA计算机。这种DNA计算机的工作原理是以瞬间发生的化学反应为基础，通过和酶的相互作用，将发生过程进行分子编码，把二进制数翻译成遗传密码的片段，每一个片段就是著名的双螺旋的一个链，然后对问题以新的DNA编码形式加以解答。和普通的计算机相比，DNA计算机的优点首先是体积小，但存储的信息量却超过现在世界上所有的计算机。

（7）神经元计算机

人类神经网络的强大与神奇是人所共知的。将来，人们将制造能够完成类似人脑功能的计算机系统，即人造神经元网络，其联想式信息存储、对学习的自然适应性、数据处理中的平行重复现象等性能都将是异常超群的。神经元计算机最突出的应用在国防领域，它可以识别物体和目标，处理复杂的雷达信号，决定要击毁的目标。

（8）生物计算机

生物计算机主要是以生物电子元件构建的计算机。它利用蛋白质的开关特性，用蛋白质分子作为元件制造生物芯片。其性能是由元件与元件间电流启闭的开关速度决定的。用蛋白质制成的计算机芯片，它的一个存储点只有一个分子大小，所以它的存储容量可以达到普通计算机的十亿倍。由蛋白质构成的集成电路，其大小只相当于硅片集成电路的十万分之一。而且运行速度更快，大大超过人脑的思维速度。

（9）纳米计算机

纳米技术是从 20 世纪 80 年代初迅速发展起来的前沿科研领域，最终目标是人类按照自己的意志直接操纵单个原子，制造出具有特定功能的产品。现在纳米技术正从 MEMS（微电子机械系统）起步，把传感器、电动机和各种处理器都放在一个硅芯片上而构成一个系统。应用纳米技术研制的计算机内存芯片，其体积不过数百个原子大小。纳米计算机不仅几乎不需要耗费任何能源，而且其性能要比今天的计算机强大许多倍。目前，惠普实验室的科研人员已开始应用纳米技术研制芯片，一旦他们的研究获得成功，将为其他缩微计算机元件的研制和生产铺平道路。

（10）光子计算机

光子计算机即全光数字计算机，以光子代替电子，光互连代替导线互连，光硬件代替计算机中的电子硬件，光运算代替电运算。目前，世界上第一台光计算机已由英国、法国、比利时、德国、意大利等国家的 70 多名科学家研制成功，其运算速度比电子计算机快 1000 倍。科学家们预计，光计算机的进一步研制将成为 21 世纪高科技课题之一。

（11）人工智能计算机

预计在 2035 年可能出现的人工智能计算机不仅能模仿人的左脑进行逻辑思维，而且能模仿人的右脑进行形象思维。程序设计人员可以成功地把计算机设计得像人，模拟人的思维、人的说话及人的感觉。

1.1.2 计算机的分类

时间上，计算机的年代划分表示了计算机纵向的发展，而计算机分类则用来说明计算机横向的发展。计算机的分类方法很多，以下仅从两个方面加以介绍。

1. 按用途分类

（1）通用计算机

通用计算机是为能解决各种问题，具有较强的通用性而设计的计算机。它具有一定的运算速度和存储容量，带有通用的外部设备，配备各种系统软件、应用软件。一般的数字式电子计算机多属此类。

（2）专用计算机

专用计算机是为解决一个或一类特定问题而设计的计算机。它的硬件和软件配置依据解决特定问题的需要而定，并不求全。专用机功能单一，配有解决特定问题的固定程序，能高速、可靠地解决特定问题，常应用于自动控制。

2．按规模与性能分类

（1）巨型机

巨型机又称超级计算机，它是所有计算机类型中价格最贵、功能最强的一类计算机，其浮点运算速度已达每秒亿亿次。目前主要用来承担重大科学研究、国防尖端技术以及国民经济领域的大型计算和数据处理任务。美国、日本是生产巨型机的传统国家，近年来，我国的巨型机研究和生产也取得了骄人的成就，推出的“曙光”、“银河”直至“天河”超级计算机，已达到世界领先水平。目前，巨型机的研制水平、生产能力及其应用程度，已成为衡量一个国家经济实力与科技水平的重要标志。

（2）大型机

国外习惯上将大型机称为主机，它相当于国内常说的大型机和中型机。一般用作“客户机/服务器”的服务器，或者“终端/主机”系统中的主机。其特点是大型、通用、具有很强的管理和处理数据的能力，一般在大企业、银行、高校和科研院所等单位使用。例如，中国工商银行在全行计算机网中配有大型机 100 多台。

（3）小型机

小巨型机是 20 世纪 80 年代出现的新机种，因巨型机价格十分昂贵，在力求保持或略微降低巨型机性能的条件下开发出小型机，使其价格大幅降低（约为巨型机价格的十分之一）。为此，在技术上采用高性能的微处理器组成并行多处理器系统，使巨型机小型化。其特点是：规模小、结构简单、设计试制周期短、工艺先进、使用维护简单。因此，小型机比大型机有更大的吸引力。

（4）微型计算机

微型计算机又称为个人计算机（PC 机）。它是指以微处理器为核心，配上由大规模集成电路制作的存储器、输入/输出接口电路及系统总线所组成的计算机。这是 20 世纪 70 年代出现的新机种，以其设计先进（总是率先采用高性能微处理器）、软件丰富、功能齐全、价格便宜等优势而拥有广大的用户，因而大大推动了计算机的普及应用。

（5）工作站

工作站是一种以微型计算机和分布式网络计算为基础，主要面向专业应用领域，具备强大的数据运算与图形、图像处理能力，为满足工程设计、动画制作、科学研究、软件开发、金融管理、信息服务、模拟仿真等专业领域而设计开发的高性能计算机。它与网络系统中的“工作站”在用词上相同，而含义不同。因为网络上的“工作站”常被用来泛指联网用户的节点，以区别于网络服务器，通常仅是普通的个人计算机。

1.1.3 计算机的应用

计算机的诞生和发展，对人类社会产生了深刻的影响，它的应用涉及包括科学技术、国民经济、社会生活的各个领域，概括起来可分为如下几个方面。

1. 科学计算

科学计算是指用计算机完成科学研究并对工程技术中提出的数学问题进行计算，它是计算机最早的应用。在现代科学技术工作中，计算机为数学、物理、天文学、航空、航天、飞机制造、卫星发射、机械、建筑、地质学等方面解决了大量的科学计算难题。人们过去利用手摇计算器几个月才能解决的宇航工程等复杂的科学计算问题，现在利用高性能大型计算机几分钟，或更短的时间就可完成。

2. 信息处理

信息处理主要是指对大量信息进行收集、存储、整理、分类、统计、加工、利用等一系列过程，它是目前计算机最为广泛的应用。据统计，80%以上的计算机主要用于数据处理，例如，工农业生产计划的制定、科技资料的管理、财务管理、人事档案管理、火车调度管理、飞机订票等。

3. 过程控制

过程控制是指利用计算机实时地搜集检测数据，按最佳值进行自动控制或自动调节控制对象，这是实现自动化的重要手段。计算机的过程控制广泛应用于火箭发射、雷达跟踪、工业生产、交通高度等各个方面。

4. 计算机辅助工程

计算机辅助工程是近些年来迅速发展的计算机应用，它包括计算机辅助设计（Computer Aided Design，CAD）、计算机辅助制造（Computer Aided Manufacture，CAM）、计算机辅助教学（Computer Aided Instruction，CAI）等多个方面。

计算机辅助设计是指设计人员利用相关辅助设计软件进行产品、工程设计，以提高设计效率和效果。现在，计算机辅助设计已广泛地应用于飞机、汽车、机械、电子、建筑、轻工业及媒体等领域。

计算机辅助制造是指利用计算机来进行生产设备的管理、控制和操作。采用计算机辅助制造技术能提高产品质量，降低生产成本，改善工作条件和缩短产品的生产周期。

计算机辅助教学是指利用计算机教育软件进行辅助教学活动，它是现代教育技术发展的产物。

5. 办公自动化

办公自动化（Office Automation，OA）指用计算机帮助办公室人员处理日常工作。例如，用计算机进行文字处理、数据统计、文档管理以及资料、图像处理等。

6. 计算机网络

计算机技术与现代通信技术的结合构成了计算机网络。计算机网络和多媒体技术的迅速发展，不仅解决了计算机与计算机间的软、硬件资源共享，促进了人们图、文、声、像等全方位的信息交流，同时也正改变着人们的生活方式。

7．人工智能

人工智能（Artificial Intelligence，AI）是指利用计算机模拟人类的智能活动，如感知、判断、理解、学习、问题求解和图像识别等。目前人工智能的研究已取得显著成果，并已开始走向实用阶段。例如，能模拟高水平医学专家进行疾病诊疗的专家系统，具有一定思维能力的智能机器人等。

1.2 数制与不同数制间的转换

1.2.1 进位计数制

按进位的方法进行计数，称为进位计数制。为了电路设计的方便，计算机内部使用的是二进制计数制，即“逢二进一”的计数制，简称二进制（Binary）。但人们最熟悉的是十进制，所以计算机的输入/输出也要使用十进制数据。此外，为了编制程序的方便，还常常用到八进制和十六进制。下面介绍这几种进位制和它们相互之间的转换。

1．十进制（Decimal）

十进制是日常生活中最常使用的一种计数方法，它有两个特点：其一是采用 0 ~ 9 共 10 个阿拉伯数字符号；其二是相邻两位之间为“逢十进一”或“借一当十”的关系，即同一数码在不同的数位上代表不同的数值。我们把某种进位计数制所使用数码的个数称为该进位计数制的“基数”，把计算每个“数码”在所在位上代表的数值所乘的常数称为“位权”。位权是一个指数幂，以“基数”为底，其指数是数位的“序号”。数位的序号以小数点为界，其左边（个位）的数位序号为 0，向左每移一位序号加 1，向右每移一位序号减 1。任何一个十进制数都可以表示为一个按位权展开的多项式之和，如数 1234.6 可表示为

$$1234.6=1\times10^3+2\times10^2+3\times10^1+4\times10^0+6\times10^{-1}$$

其中，10^3、10^2、10^1、10^0、10^{-1} 分别是千位、百位、十位、个位和十分位的位权。

2．二进制（Binary）

计算机在其内部进行计算时使用的是二进制数，二进制也有两个特点：数码仅采用“0”和“1”，所以基数是 2；相邻两位之间为“逢二进一”或“借一当二”的关系。它的“位权”可表示成 2^i，2 为其基数，i 为数位序号，取值法和十进制相同。任何一个二进制数都可以表示为按位权展开的多项式之和，如数 1100.1 可表示为

$$1100.1=1\times2^3+1\times2^2+0\times2^1+0\times2^0+1\times2^{-1}$$

3．八进制（Octal）

和十进制与二进制的讨论类似，八进制用的数码共有 8 个，即 0 ~ 7，则基数是 8；相邻

两位之间为“逢八进一”和“借一当八”的关系，它的“位权”可表示成 8^i。任何一个八进制数都可以表示为按位权展开的多项式之和，如八进制数 1537.6 可表示为

$$2356.4=2\times8^3+3\times8^2+5\times8^1+6\times8^0+4\times8^{-1}$$

4．十六进制（Hexadecimal）

和十进制与二进制的讨论类似，十六进制用的数码共有 16 个，除了 0 ~ 9 外又增加了 6 个字母符号 A、B、C、D、E、F，分别对应了 10、11、12、13、14、15；其基数是 16，相邻两位之间为“逢十六进一”和“借一当十六”的关系，它的“位权”可表示成 16^i。任何一个十六进制数都可以表示为按位权展开的多项式之和，如数 89AB.D 可表示为

$$89AB.D=8\times16^3+9\times16^2+10\times16^1+11\times16^0+12\times16^{-1}$$

5．任意的 *K* 进制

K 进制用的数码共有 *K* 个，其基数是 *K*，相邻两位之间为“逢 *K* 进一”和“借一当 *K*”的关系，它的“位权”可表示成 K^i，i 为数位序号。任何一个 *K* 进制数都可以表示为按位权展开的多项式之和，该表达式就是数的一般展开表达式：

$$D=\sum_{k=i}^{n}A_k N^k$$

其中，N 为基数，A_k 为第 K 位上的数码，N^k 为第 K 位上的位权。

1.2.2　不同数制之间的相互转换

1．二进制数、八进制数、十六进制数转换成十进制数

转换的方法就是按照位权展开表达式，例如：

$$(101101.101)_2=1\times2^5+0\times2^4+1\times2^3+1\times2^2+0\times2^1+1\times2^0+1\times2^{-1}+0\times2^{-2}+1\times2^{-3}$$
$$=32+8+4+1+0.5+0.125=(45.625)_{10}$$

$$(257.6)_8=2\times8^2+5\times8^1+7\times8^0+6\times8^{-1}=(175.75)_{10}$$

$$(AF62.D3)_{16}=A\times16^3+F\times16^2+6\times16^1+2\times16^0+D\times16^{-1}+3\times16^{-2}$$
$$=10\times16^3+15\times16^2\times6\times16^1+2\times16^0+12\times16^{-1}+3\times16^{-2}$$
$$=40969+3840+96+2+0.75+0.01171875=(44848.7617185)_{10}$$

2．十进制数转换成二进制数

将十进制数转换成等值的二进制数，需要对整数和小数部分分别进行转换。整数部分转换法是连续除 2，直到商数为零，然后逆向取各个余数得到一串数位即为转换结果。

例如，将 25 转换为二进制数：

25÷2=12---------余数　1
12÷2=6-----------余数　0
6÷2=3------------余数　0
3÷2=1------------余数　1

$1÷2=0$------------余数　1

逆向取余数（后得的余数为结果的高位）得：$(25)_{10}=(11001)_2$

小数部分转换法是连续乘 2，直到小数部分为零或已得到足够多个整数位，正向取积的整数（后得的整数位为结果的低位）位组成一串数位即为转换结果。

例如，将 0.8 转换为二进制数：

$0.8\times2=1.6$---------------整数部分为　1

$0.6\times2=1.2$---------------整数部分为　1

$0.2\times2=0.4$---------------整数部分为　0

$0.4\times2=0.8$---------------整数部分为　0

$0.8\times2=1.6$---------------整数部分为　1（进入循环过程）

结果得：$(0.8)_{10}=(0.11001)_2$

可见有限位的十进制小数所对应的二进制小数可能是无限位的循环或不循环小数，这就必然导致转换误差。现将上述转换方法简单证明如下。

若有一个十进制整数 A，必然对应有一个 n 位的二进制整数 B，将 B 展开表示就得下式：

$$(A)_{10}=b_{n-1}\times2^{n-1}+b_{n-2}\times2^{n-2}+\cdots+b_2\times2^2+b_1\times2^1+b_0\times2^0$$

当式子两端同除以 2，则两端的结果和余数都应当相等，分析式子右端，除了最末项外各项都含有因子 2，所以其余数就是 b_0。同时 b_1 项的因子 2 没有了。当再次除以 2，b_1 就是余数。依此类推，就逐次得到了 b_2、b_3、b_4、…，直到式子左端的商为 0。

小数部分转换方法的证明同样是利用转换结果的展开表达式，写出下式：

$$(A)_{10}=b_{-1}\times2^{-1}+b_{-2}\times2^{-2}+\cdots+b_{-(m-1)}\times2^{-m+1}+b_{-m}\times2^{-m}$$

显然当式子两端乘以 2，其右端的整数位就等于左端的 b_{-1}。当式子两端再次乘以 2，其右端的整数位就等于左端的 b_{-2}。依此类推，直到右端的小数部分为 0，或得到了满足要求的二进制小数位数。

最后将小数部分和整数部分的转换结果合并，并用小数点隔开就得到最终转换结果。

3．十进制数转换为八进制数和十六进制数

对整数部分“连除基数取余”，对小数部分“连乘基数取整”的转换方法可以推广到十进制数与任意进制数的转换，这时的基数要用十进制数表示。例如，用“除 8 逆向取余”和“乘 8 正向取整”的方法可以实现由十进制向八进制的转换；用“除 16 逆向取余”和“乘 16 正向取整”可实现由十进制向十六进制的转换。

例如，将 423 转换为八进制和十六进制数的计算如下：

$423\div8=52$	----余数　7	$423\div16=26$	----余数 7
$52\div8=6$	----余数　4	$26\div16=1$	----余数 10
$6\div8=0$	----余数　6	$1\div16=0$	----余数 1
得：$(423)_{10}=(647)_8$		得：$(269)_{10}=(1A7)_{16}$	

4．八进制数和十六进制数与二进制数之间的转换

由于 3 位二进制数所能表示的也是 8 个状态，因此，一位八进制数与 3 位二进制数之间就有着一一对应的关系，转换就十分简单。即将八进制数转换成二进制数时，只需要将每一

位八进制数码用 3 位二进制数码代替即可，例如：

$$(257.12)_8=(010\ 101\ 111.001\ 010)_2$$

为了便于阅读，这里在数字之间特意添加了空格。若要将二进制数转换成八进制数，只需从小数点开始，分别向左和向右每 3 位分成一组，用一位八进制数码代替即可，例如：

$$(10\ 100\ 101.001\ 111\ 01)_2=(10\ 100\ 101.001\ 111\ 010)_2=(245.172)_8$$

这里要注意的是：小数部分最后一组如果不够 3 位，应在尾部用零补足 3 位再进行转换。

与八进制数类似，一位十六进制数与 4 位二进制数之间也有着一一对应的关系。将十六进制数转换成二进制数时，只需将每一位十六进制数码用 4 位二进制数码代替即可，例如：

$$(A6F.5)_{16}=(1100\ 0110\ 1111.0101)_2$$

将二进制数转换成十六进制数时，只需从小数点开始，分别向左和向右每 4 位一组用一位十六进制数码代替即可。小数部分的最后一组不足 4 位时要在尾部用 0 补足 4 位，例如：

$$(11\ 1011\ 0111.1001\ 1)_2=(0011\ 1011\ 0111.1001\ 1000)_2=(3B7.98)_{16}$$

1.2.3 二进制数的算术运算和逻辑运算

1. 二进制数的算术运算

二进制数只有 0 和 1 两个数码，它的算术运算规则比十进制数的运算规则简单得多。

（1）二进制数的加法运算

二进制加法规则共 4 条：0+0=0；0+1=1；1+0=1；1+1=0（向高位进位 1）

如将两个二进制数 1001 与 1011 相加，加法过程的竖式表示如下：

```
     1001     被加数
  +  1011     加数
  ---------
    10100     和
```

（2）二进制数的减法运算

二进制减法规则也是 4 条：0−0=0；1−0=1；1−1=0；0−1=1（向相邻的高位借 1 当 2）

如：1010−0111=0011

（3）二进制数的乘法

二进制乘法规则也是 4 条：0×0=0；0×1=0；1×0=0；1×1=1

如求二进制数 1101 和 1011 相乘的乘积，竖式计算如下：

```
            1 1 0 1        乘数
          × 1 0 1 1        乘数
       -------------------
            1 1 0 1
          1 1 0 1
        0 0 0 0            部分乘积
    + 1 1 0 1
  -------------------------
    1 0 0 0 1 1 1 1        乘积
```

从该例可知其乘法运算过程和十进制的乘法运算过程非常一致，仅仅是换用了二进制的加法和乘法规则，计算更为简捷。

二进制的除法同样是乘法的逆运算，也与十进制除法类似，仅仅是换用了二进制的减法和乘法规则，不再举例说明。

2. 二进制数的逻辑运算

（1）“与”运算（Y=A∧B，AND）

与运算也称为逻辑乘法运算，通常用符号“·”或“∧”或“×”表示。它的运算规则为：

Y=0∧0=0

Y=1∧0=0

Y=0∧1=0

Y=1∧1=1

由上可知，只有两者皆为真时，结果才可以为真。

（2）“或”运算（Y=A∨B，OR）

或运算也称逻辑加法，常用符号“+”或“∨”表示。它的运算规则为：

Y=0∨0=0

Y=0∨1=1

Y=1∨0=1

Y=1∨1=1

由上可知，只要有其中一者为真，则结果则为真。

（3）“非”运算（$\overline{Y}$=A，NOT）

反运算又称非运算，逻辑否定。其运算规则为：

$\overline{0}=1$　　读成非 0 等于 1

$\overline{1}=0$　　读成非 1 等于 0

也称“逻辑非”或“逻辑反”。

（4）“异或”运算（Y=A⊕B，XOR）

异或运算通常用符号“⊕”表示。它的运算规则为：

Y=0⊕0=0

Y=0⊕1=1

Y=1⊕0=1

Y=1⊕1=0

由上可知，两者相同时结果为假，两者相异则结果为真。

1.3 信息与计算机中的信息表示

1.3.1 信息与信息技术

计算机的产生和发展极大地提高了人类处理信息的能力，促进了人类对世界的认识以及人类社会的发展，使人类逐步进入围绕信息而存在和发展的信息社会。21 世纪被称为信息时代，只有掌握使用计算机收集、处理信息的基本能力，才不至于落后于时代。

1．信息与数据

信息可以简单地理解为消息。更准确地理解，信息是对社会、自然界的事物运动状态、运动过程与规律的描述，一般是指消息、情报、资料、数据、信号等所包含的内容。

信息描述的是事物运动的状态或存在方式而不是事物本身，因此，它必须借助于某种形式表现出来，即数据。数据是可以计算机化的一串符号序列，是对事实、概念或指令的一种特殊表达形式，可以说，数据是信息的载体。在计算机中，数据均以二进制编码形式（0 和 1 组成的串）表示。

信息和数据是两个相互联系、相互依存又相互区别的概念。数据是信息的表示形式，信息是数据所表达的含义；数据是具体的物理形式，信息是抽象出来的逻辑意义。例如，“5%”是一项数据，但这一数据除了数字上的意义外，并不表示任何内容，而“本课程考核平均不及格率是 5%”对接收者是有意义的，它不仅仅有数据，更重要的是对数据有一定的解释，从而使接收者得到了较为明确的信息。

常见的数据形式包括数值、文字、图形、图像、音频、视频等。本节主要讲述数值和文字的计算机表示和处理，图形、图像、音频以及视频的计算机表示和处理将在本书第六章多媒体技术及应用中加以介绍。

2．信息技术

信息技术（Information Technology，IT）主要是指应用信息科学的原理和方法、对信息进行获取、加工、存储、传输、表示及应用的技术。信息技术是在计算机、通信、微电子等技术基础上发展起来的现代高新技术，它的核心是计算机和通信技术的结合。

现代信息技术按其内容可简单分为三类：信息基础技术、信息系统技术和信息应用技术。

信息基础技术包括微电子技术和光电子技术。微电子技术是当今世界新技术革命的基石，光电子技术采用光子作为信息的载体。

信息系统技术包括：信息获取技术、信息处理技术、信息传输技术、信息控制技术、信息存储技术等。信息获取技术主要包括传感技术、遥测技术及遥感技术；现代信息处理技术的核心是计算机技术；信息传输技术主要包括光纤通信技术、卫星通信技术等；信息控制技术主要通过信息的传递与反馈来实现；信息存储技术目前主要包括半导体存储器、磁盘、光盘等技术。其中，通信技术、计算机技术和控制技术合称为 3C（Communication、Computer 和 Control）技术。

信息应用技术包括信息管理、信息控制、信息决策等技术。

信息技术的快速发展和广泛应用，对现代社会信息化进程、产业结构的变化产生巨大的推动作用，将对人类生产和生活的各方面产生极大的影响。信息技术为人们提供了全新的、更加有效的信息获取、传递、处理和控制的手段与工具，极大地扩展了人类信息活动的范围和空间，增强了人类信息活动的能力。信息技术的发展，尤其是 Internet 的发展，大大加快了社会信息化建设的步伐，使全球信息共享成为现实。

未来信息技术的发展趋势是数字化（大量信息可以被压缩，并以光速进行传输）、多媒体化（文字、声音、图形、图像、视频等信息媒体与计算机集成在一起，以接近于人类的工作方式和思考方式来设计与操作）、高速度、网络化、宽频带、智能化等。

21世纪是一个以计算机网络为核心，以数字化为特征的信息时代。信息化是当今社会发展的新的动力源泉，信息技术是当今世界新的生产力，信息产业已成为全球第一大产业。信息化就是全面发展和利用现代信息技术，以提高人类社会的生产、工作、学习、生活等方面的效率和创造能力，使社会物质财富和精神财富得以最大限度的提高。

3. 信息素养

人类已经进入21世纪，以计算机为代表的信息技术已广泛渗透到人们的各个生活领域，PC机的普及加快了人们工作和生活的节奏，网络的运行大大缩短了世界的距离。同时，各种各样的信息以不同的形式充斥着社会的每个角落，也给人类提供了一个全新的信息环境。这个大环境使社会成员和信息之间的关系更加密切，也使信息素养成为人们的必备素养之一。

信息素养（Information Literacy）的概念于1974年由美国信息产业协会主席保罗·泽考斯基提出，20世纪80年代，人们开始进一步讨论信息素养的内涵。1989年，美国图书馆协会下属的信息素养主席委员会给信息素养下的定义是："知道何时需要信息，并已具有检索、评价和有效使用所需信息的能力。"信息素养是信息时代人才培养模式中出现的一个新概念，已引起了世界各国越来越广泛的重视。现在，信息素养已成为评价人才综合素质的一项重要指标。

美国图书馆协会和美国教育传播与技术协会于1998年制定了学生的九大信息素养标准，内容包括能够有效地、高效地获取信息；能够熟练地、批判性地评价信息；能够精确地、创造性地使用信息；能够探求与个人兴趣有关的信息；能够欣赏作品和其他对信息创造性表达的内容；能够力争在信息查询和知识创新中做得更好；能够认识信息对民主化社会的重要性；能够履行与信息和信息技术相关的符合伦理道德的行为规范；能够积极地参加活动来探求和创建信息。

我国学者认为，信息素养主要包括信息意识、信息能力和信息品质。信息意识就是要具备信息第一意识、信息抢先意识、信息忧患意识以及再学习和终身学习意识；信息能力主要包括信息挑选与获取能力、信息免疫与批判能力、信息处理与保存能力以及创造性的信息应用能力；信息品质主要包括有较高的情商、积极向上的生活态度、善于与他人合作的精神和自觉维护社会秩序和公益事业的精神。

在信息社会中，如果不具备计算机的基本知识和基本技能，不会利用计算机获取信息、解决问题，就像生活在工业社会中的人不会读、写、算一样，将成为新一代的文盲。因此，当代大学生应努力学习和掌握计算机与信息技术基本知识，了解和掌握本学科的新动向，开阔视野、启迪思维，不断增强自身的信息素养。

1.3.2 数值信息的表示

1. 原码、反码和补码

（1）原码

一般的数都有正负之分，计算机只能记忆0和1，为了将数在计算机中存放和处理就要将数的符号进行编码。基本方法是在数中增加一位符号位（一般将其安排在数的最高位之前），并用"0"表示数的正号，用"1"表示数的负号，例如：

数+1110011 在计算机中可存为 01110011；

数-1110011 在计算机中可存为 11110011。

这种数值位部分不变，仅用 0 和 1 表示其符号得到的数的编码，称为原码，并将原来的数称为真值，将其编码形式称为机器数。

按上述原码的定义和编码方法，数 0 就有两种编码形式：0000…0 和 100…0。所以对于带符号的整数来说，n 位二进制原码表示的数值范围是：

$$-(2^{n-1}-1)\sim+(2^{n-1}-1)$$

例如，8 位原码的表示范围为：-127～+127，16 位原码的表示范围为-32767～+32767。

用原码作乘法，计算机的控制较为简单，两符号位单独相乘就得结果的符号位，数值部分相乘就得结果的数值。但用其作加减法就较为困难，主要难在结果符号的判定，并且实际进行加法还是进行减法操作还要依据操作对象具体判定。为了简化运算操作，把加法和减法统一起来以简化运算器的设计，计算机中也用到了其他的编码形式，主要有补码和反码。

（2）反码和补码

为了说明补码的原理，先介绍数学中的“同余”概念，即对于 a、b 两个数，若用一个正整数 K 去除，所得的余数相同，则称 a、b 对于模 K 是同余的（或称互补）。就是说，a 和 b 在模 K 的意义下相等，记作 $a=b$（MOD K）。

例如，$a=13$，$b=25$，$K=12$，用 K 去除 a 和 b 余数都是 1，记作 13=25（MOD12）。

实际上，在校对钟表时针时，顺时针方向拨 7 小时与反时针方向拨 5 小时其效果是相同的，即加 7 和减 5 是一样的。就是因为在表盘上只有 12 个计数状态，即其模为 12，则 7=-5（MOD12）。

对于计算机，其运算器的位数（字长）总是有限的，即它也有“模”的存在，可以利用“补数”实现加减法之间的相互转换。下面仅给出求反码和补码的算法以及补码的运算规则。

反码。对于正数，其反码和原码同形；对于负数，则将其原码的符号位保持不变，其他位按位求反（即将 0 换为 1，将 1 换为 0）。例如：

$[+1]_{反}=00000001$　　　　$[-1]_{反}=11111110$

补码。对于正数，其补码和原码同形；对于负数，先求其反码，然后再加 1，即反码加 1。例如：

$[+1]_{补}=00000001$　　　　$[-1]_{补}=11111111$

若对一个补码再次求补就又得到了对应的原码。

补码运算的基本规则是 $[X]_{补}+[Y]_{补}=[X+Y]_{补}$，例如：

25-36=-11

由式 25-36=25+(-36)，则 8 位补码计算的竖式如下：

$$\begin{array}{r} 00011001 \\ +\ 11011100 \\ \hline 11110101 \end{array}$$

结果的符号位为 1，即为负数。由于负数的补码原码不同形，所以先将其再求补得到其原码 10001011，再转换为十进制数即为-11，运算结果正确。

2．定点数和浮点数

在计算机中，一个带小数点的数据通常有两种表示方法：定点表示法和浮点表示法。在计算过程中，小数点位置固定的数据称为定点数，小数点位置浮动的数据称为浮点数。

计算机中常用的定点数有两种，即定点纯整数和定点纯小数。

在定点纯整数的表示中，最高二进制位是数符位，表示数的符号，小数点的位置默认为在最低（即最右边）的二进制位后面，但不单独占一个二进制位。因此，在一个定点纯整数中，数符位右边的所有二进制位数表示的是一个整数值。

在定点纯小数的表示中，最高二进制位是数符位，表示数的符号，小数点的位置默认为在数符位后面，且不单独占一个二进制位。因此，在一个定点纯小数中，数符位右边的所有二进制位数表示的是一个纯小数。

我们知道一个十进制数可以表示成一个纯小数与一个以 10 为底的整数次幂的乘积，如 135.45 可表示为 0.13545×10^3。同理，一个任意二进制数 N 可以表示为下式：

$$N=2^J\times S$$

其中，S 称为尾数，是二进制纯小数，表示 N 的有效数位；J 称为 N 的阶码，是二进制整数，指明了小数点的实际位置，改变 J 的值也就改变了数 N 的小数点的位置。该式也就是数的浮点表示形式，而其中的尾数和阶码分别是定点纯小数和定点纯整数。例如，二进制数 11101.11 的浮点数表示形式可为：0.1110111×2^5。

原则上，阶码和尾数都可以任意选用原码、补码或反码，这里仅简单举例说明由采用补码表示的定点纯整数阶码和定点纯小数尾数组成的浮点数的表示方法。例如，在 IBM PC 系列微机中，采用 4 个字节存放一个实型数据，其中阶码占 1 个字节，尾数占 3 个字节。阶码的符号（简称阶符）和数值的符号（简称数符）各占一位，且阶码和尾数均为补码形式。当存放十进制数+256.8125 时，其浮点格式为

阶符	阶码	数符	尾数
0	000 100 1	0	1000000 00110100 00000000

即$(256.8125)_{10}=(0.1000000001101\times2^{1001})_2$。

当存放十进制数据-0.21875 时，其浮点格式为：

阶符	阶码	数符	尾数
1	111 1110	1	00100000 00000000 00000000

即 $(-0.21875)_{10}=(-0.00111)_2=(-0.111\times2^{-010})_2$。

由上例可以看出，当写一个编码时必须按规定写足位数，必要时可补写 0 或 1。另外，为了充分利用编码表示高的数据精度，计算机中采用了“规格化”的浮点数的概念，即尾数小数点的后一位必须是非“0”，即对正数小数点的后一位必须是“1”；对负数补码，小数点的后一位必须是“0”。否则就左移一次尾数，阶码减一，直到符合规格化要求。

3．BCD 码

前面的学习中提到当十进制小数转换为二进制数时将会产生误差，为了精确地存储和运算十进制数，可用若干位二进制数码来表示一位十进制数，称为二进制编码的十进制数，简称二—十进制代码（Binary Code Decimal，BCD）。由于十进制数有 10 个数码，起码要用 4 位二进制数才能表示 1 位十进制数，而 4 位二进制数能表示 16 个符号，所以就存在有多种编码方法。其中 8421 码是常用的一种编码方法，它利用了二进制数的展开表达式形式，即各位的位权由高位到低位分别是 8、4、2、1，方便了编码和解码的运算操作。若用 BCD 码表示十进制数 2365 就可以直接写出结果：0010 0011 0110 0101。

1.3.3 文字信息的编码

1．ASCII 码

ASCII 码（American Standard Code for Information Interchange）是美国标准信息交换码，已被国际标准化组织（ISO）认定为国际标准，在世界范围内通用。这种编码是字符编码，利用 7 位二进制数对应着 128 个符号，其中包括 10 个数字符号，52 个英文大写和小写字母，32 个专用符号（如#、$、%、+等）和 34 个控制字符（如回车键 Enter，删除键 Delete 等）。

ASCII 码在初期主要用于远距离的有线或无线电通信中，为了及时发现在传输过程中因电磁干扰引起的代码出错，设计了各种校验方法，其中奇偶校验是采用最多的一种，即在 7 位 ASCII 代码之前再增加一位用作校验位，形成 8 位编码。若采用偶校验，即选择校验位的状态使包括校验位在内的编码内所有为“1”的位数之和为偶数。例如，大写字母“C”的 7 位编码是“1000011”，共有 3 个“1”，则使校验位置“1”，即得到字母“C”的带校验位的 8 位编码“11000011”；若原 7 位编码中已有偶数位“1”，则校验位置“0”。在数据接收端则对接收的每一个 8 位编码进行奇偶性检验，若不符合偶数个（或奇数个）“1”的约定就认为是一个错码，并通知对方重复发送一次。由于 8 位编码的广泛应用，8 位二进制数也被定义为一个字节，成为计算机中的一个重要单位。

在计算机中，ASCII 码一般用一个字节来表示，通常把最高位取为“0”。

表 1.1 列出了 128 个字符的 ASCII 码表，其中前面两列是控制字符，通常用于控制或通信中。

表 1.1　　　　7 位 ASCII 码表

$D_6D_5D_4$ / $D_3D_2D_1D_0$	000	001	010	011	100	101	110	111
0000	NUL	DLE	SP	0	@	P	`	p
0001	SOH	DC1	!	1	A	Q	a	q
0010	STX	DC2	"	2	B	R	b	r
0011	ETX	DC3	#	3	C	S	c	s
0100	EOT	DC4	$	4	D	T	d	t
0101	ENQ	NAK	%	5	E	U	e	u
0110	ACK	SYN	&	6	F	V	f	v
0111	BEL	ETB	'	7	G	W	g	w
1000	BS	CAN	(	8	H	X	h	x
1001	HT	EM	)	9	I	Y	i	y
1010	LF	SUB	*	:	J	Z	j	z
1011	VT	ESC	+	;	K	[	k	{
1100	FF	FS	,	<	L	\	l	|
1101	CR	GS	—	=	M	]	m	}
1110	SO	RS	.	>	N	^	n	~
1111	SI	US	/	?	O	_	o	DEL

2．汉字编码

汉字是世界上使用最多的文字，是联合国的工作语言之一，汉字处理的研究对计算机在我国的推广应用和加强国际交流都是十分重要的。但汉字属于图形符号，结构复杂，多音字和多义字比例较大，数量太多（字形各异的汉字据统计有 50000 个左右，常用的也在 7000 个左右），从而导致汉字编码处理和西文有很大的区别，在键盘上难于表现，输入和处理都难得多。依据汉字处理阶段的不同，汉字编码可分为输入码、国标码、机内码和字形码。

（1）输入码

为利用计算机上现有的标准西文键盘输入汉字，必须为汉字设计输入编码。输入码也称为外码。目前，已申请专利的汉字输入编码方案有六七百种，而且还不断有新的输入方法问世。按照不同的设计思想，可把这些数量众多的输入码归纳为四大类：数字码、拼音码、字形码和混合码。其中，目前应用最广泛的是拼音码和字形码。

数字码以区位码、电报码为代表，一般用 4 位十进制数表示一个汉字，每个汉字编码唯一，记忆困难。拼音码又分全拼和双拼，基本上无须记忆，但重音字太多。为此又提出双拼双音、智能拼音和联想等方案，推进了拼音汉字编码的普及使用。字形码以五笔字形为代表，优点是重码率低，适用于专业打字人员应用，缺点是记忆量大。自然码则将汉字的音、形、义都反映在其编码中，是混合码的代表。

（2）国标码

1980 年我国颁布了《信息交换用汉字编码字符集——基本集》即 GB 2312—80，提供了统一的国家信息交换用汉字编码，称为国标码。该标准集中规定了 682 个西文字符和图形符号、6763 个常用汉字。6763 个汉字被分为一级汉字 3755 个和二级汉字 3008 个。每个汉字或符号的编码为两字节，每个字节的低 7 位为汉字编码，共计 14 位，最多可编码 16384 个汉字和符号。

由于 ASCII 码的控制码在汉字系统中也要使用，不宜作为汉字编码。同时，国标码是一个 4 位十六进制数编码，不符合人们日常使用习惯。因此，为避开 ASCII 码中的控制码，并考虑人们的使用习惯，国标码又规定了 94×94 的汉字编码表，用以表示 7445 个汉字和图形符号。每个汉字或图形符号分别用两位十进制区码（行码）和两位的十进制位码（列码）表示，组合起来称为区位码。

区位码是一个 4 位的十进制数，它并不等于国标码。区位码转换为国标码的方法是：先将十进制区码和位码转换为十六进制的区码和位码，得到一个 4 位十六进制编码，再将这个编码的两个字节分别加上 $(20)_{16}$，就得到国标码。

除了 GB 2312—80 外，GB 7589—87 和 GB 7590—87 两个辅助集也对非常用汉字做出了规定，三者定义汉字共 21039 个。

（3）机内码

汉字机内码是计算机系统内部处理和存储汉字时使用的编码，也称为内码。为了保证计算机系统中的中西文兼容，必须实现汉字机内码与 ASCII 码的同时无冲突使用。如果直接用国标码作为机内码，则在系统中同时存在 ASCII 码和国标码会产生两义性。解决的方法是：将国标码每个字节的最高位置为“1”，作为汉字的机内码。

由于国标码两个字节的最高位均为“1”，而 ASCII 码的最高位是“0”，所以系统就能够正确区分出汉字与西文字符，从而成功地实现了汉字和西文的并存。多年来，这种汉字的机内码在我国大陆地区占主导地位，至今仍被广泛使用。

区位码、国标码以及机内码之间的相互转换关系如下：

国标码 = 区位码 + $(2020)_{16}$

内码 = 国标码 +（8080）$_{16}$

（4）字形码

要在屏幕或在打印机上输出汉字，就需要用到汉字的字形信息。目前表示汉字字形常用点阵字形法和矢量法。

点阵字形是将汉字写在一个方格纸上，用一位二进制数表示一个方格的状态，有笔画经过记为“1”，否则记为“0”，并称其为点阵。把点阵上的状态代码记录下来就得到一个汉字的字形码。显然，同一汉字用不同的字体或不同大小的点阵将得到不同的字形码。由于汉字笔画多，至少要用 16×16 的点阵（简称 16 点阵）才能描述一个汉字，这就需要 256 个二进制位，即要用 32 字节的存储空间来存放它。若要更精密地描述一个汉字就需要更大的点阵，如 24×24 点阵（简称 24 点阵）或更大。将字形信息有组织地存放起来就形成汉字字形库。一般 16 点阵字形用于显示，相应的字形库也称为显示字库。

矢量字形则是通过抽取并存放汉字中每个笔画的特征坐标值，即汉字的字形矢量信息，在输出时依据这些信息经过运算恢复原来的字形。所以矢量字形信息可适应显示和打印各种字号的汉字。其缺点是每个汉字需存储的字形矢量信息量有较大的差异，存储长度不一样，查找较难，在输出时需要占用较多的运算时间。

3. Unicode 编码

以上介绍的双字节汉字内码可以解决中英文字符混合使用的情况，但对于其他不同字符系统而言，必须经过字符码转换，非常麻烦。为解决这个问题，国际标准化组织 1991 年推出了采用同一编码字符集的 16 位编码体系——Unicode 编码（Universal Multiple Octet Coded Character Set）。

Unicode 编码的 V2.0 版本于 1996 公布，内容包含符号 6811 个，汉字 20902 个，韩文拼音 11172 个，造字区 6400 个，保留 20249 个，共计 65534 个。Unicode 协会现在的最新版本是 2005 年的 Unicode 4.1.0。

Unicode 是一套可以适用于世界上任何语言的字符编码，其特点是：不管哪一个国家的字符码均以两个字节表示。例如，“A”在 Unicode 编码中是 41H 和 00H 的组合，即 4100（十六进制），高位 41H 转换为 ASCII 码即是“A”。

1.4 计算机组成与工作原理

1.4.1 冯·诺依曼计算机

1. 冯·诺依曼计算机的基本特征

计算机自 1946 年诞生以来，尽管其制造技术已经发生了很大的变化，但到目前为止，就其体系而言，仍基于同一原理——“存储程序”工作原理。这个思想是美籍匈牙利数学家冯·诺依曼首先提出的，所以人们把基于这种“存储程序”工作原理的计算机称为冯·诺依曼计算机。冯·诺依曼计算机的基本特征为：

- 采用二进制数表示程序和数据；
- 能存储程序和数据，并能自动控制程序的执行；
- 具备运算器、控制器、存储器、输入设备和输出设备 5 大基本部件，其基本结构如图 1.3 所示。

原始的冯·诺依曼计算机结构以运算器为核心，在运算器周围连接着其他各个部件，经由连接导线在各部件之间传送着各种信息。这些信息可分为两大类：数据信息和控制信息（在图 1.3 中分别用实线和虚线表示）。数据信息包括数据、地址、指令等，数据信息可存放在存储器中；控制信息由控制器根据指令译码结果即时产生，并按一定的时间次序发送给各个部件，用以控制各部件的操作或接收各部件的反馈信号。

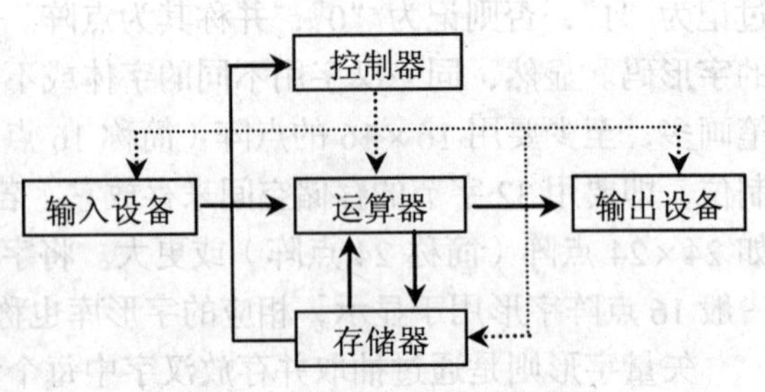

图 1.3 计算机基本结构示意图

为了节约设备成本和提高运算可靠性，计算机中的各种信息均采用了二进制数的表示形式。在计算机科学研究中，位(bit)是计算机所能表示的最基本最小的数据单元，每一个“位”只能有两种状态：0 或 1。为了表达上的方便，把 8 位（bit）二进制数称为 1 个字节（Byte），简记为“B”，即 1Byte＝8bit。字节通常用作计算存储容量的单位，并把 1024B 称为 1KB，把 1024KB 称为 1MB，把 1024MB 称为 1GB，把 1024 GB 称为 1TB 等。

2．冯·诺依曼计算机工作过程

在计算机的五大基本部件中，运算器（Arithmetic logic Unit，ALU）的主要功能是进行算术及逻辑运算，是计算机的核心部件，运算器每次能处理的最大的二进制数长度称为该计算机的字长（一般为 8 的整倍数）；控制器（Controller）是计算机的“神经中枢”，用于分析指令，根据指令要求产生各种协调各部件工作的控制信号；存储器（Memory）用来存放控制计算机工作过程的指令序列（程序）和数据（包括计算过程中的中间结果和最终结果）；输入设备（Input Equipment）用来输入程序和数据；输出设备（Output Equipment）用来输出计算结果，即将其显示或打印出来。

根据计算机工作过程中的关联程度和相对的物理安装位置，通常将运算器和控制器合称为中央处理器（Central Processing Unit，CPU）。表示 CPU 能力的主要技术指标有字长和主频。字长代表了每次操作能完成的任务量，主频则代表了在单位时间内能完成操作的次数。一般情况下，CPU 的工作速度要远高于其他部件的工作速度，为了尽可能地发挥 CPU 的工作潜力，解决好运算速度和成本之间的矛盾，将存储器分为主存和辅存两部分。主存成本高，速度快，容量小，能直接和 CPU 交换信息，并安装于机器内部，也称其为内存；辅存成本低，速度慢，容量大，要通过接口电路经由主存才能和 CPU 交换信息，是特殊的外部设备，也称为外存。

计算机工作时，操作人员首先通过输入设备将程序和数据送入存储器中。启动运行后，计算机从存储器顺序取出指令，送往控制器进行分析并根据指令的功能向各有关部件发出各种操作控制信号，最终的运算结果要送到输出设备输出。

3. 计算机系统的构成

一台完整的计算机系统是由硬件系统和软件系统两部分组成。硬件是指计算机中“看得见”、“摸得着”的所有物理设备；软件则是指挥计算机运行的各种程序和文档的总和。

硬件系统主要包括计算机的主机和外部设备，软件系统主要包括系统软件和应用软件，如图 1.4 所示。

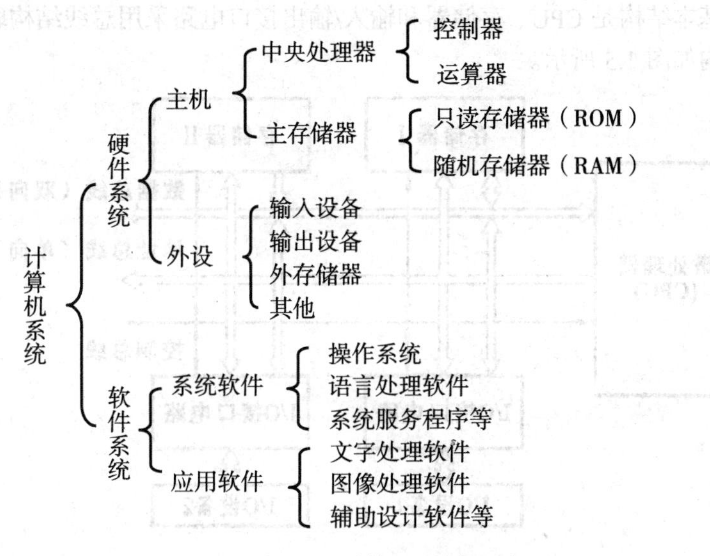

图 1.4 计算机系统的组成

（1）硬件系统

主机主要包括中央处理器和存储器中的主存储器。主存储器一般采用半导体存储器，半导体存储器按功能可分为随机存取存储器和只读存储器。

外部设备简称外设，是指连在计算机主机以外的硬件设备。对数据和信息起着传输、转送和存储的作用。由于外部设备种类繁多，有的设备兼有多种功能，到目前为止，很难对外部设备做出准确的分类。按照功能的不同，大致可以分为输入设备、输出设备、外存储器以及网络设备等其他设备。

（2）软件系统

在计算机系统中硬件是软件运行的物质基础，软件是硬件功能的扩充与完善，没有软件的支持，硬件的功能不可能得到充分的发挥，因此软件是使用者与计算机之间的桥梁。软件可分为系统软件和应用软件两大部分。

系统软件是为使用者能方便地使用、维护、管理计算机而编制的程序的集合，它与计算机硬件相配套，也称为软设备。系统软件主要包括对计算机系统资源进行管理的操作系统（Operating System，OS）软件、对各种汇编语言和高级语言程序进行编译的语言处理（Language Processor，LP）软件以及对计算机进行日常维护的系统服务程序（System Support Program）或工具软件等。

应用软件则主要面向各种专业应用和某一特定问题的解决，一般指操作者在各自的专业领域中为解决各类实际问题而编制的程序。例如，文字处理软件、图像处理软件、辅助设计软件等。

1.4.2 微型计算机基本原理

1. 微机的总线结构

微型计算机的基本结构是 CPU、存储器和输入/输出接口电路采用总线结构联系起来。微型计算机的总线结构如图 1.5 所示。

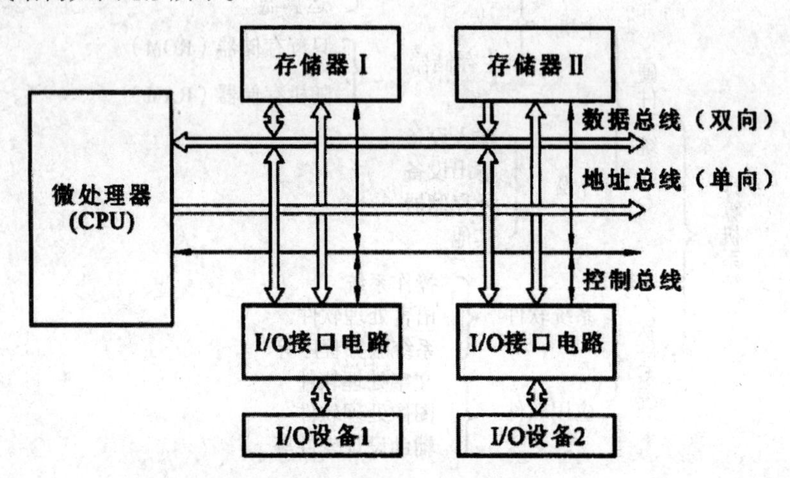

图 1.5　微型计算机的总线结构

微型计算机硬件结构的最重要特点是总线（Bus）结构。总线是连接多个装置或功能部件的一簇公共信号线，它是计算机中传达信息代码的公共通道，是计算机各组成部件之间交换信息的通道，也是联系微处理器内部与各部件的纽带。可以说一台计算机的躯体就是由总线及总线相关的接口与设备组成的。采用总线结构简化了硬件电路设计和系统结构，适合计算机部件的模块化，以便于部件和设备的扩充，尤其是制定了统一的总线标准就更容易在不同设备间实现互连。

总线根据其功能可划分为地址总线（Address Bus）、数据总线（Data Bus）和控制总线（Control Bus）三类。

- 地址总线（AB）：输出将要访问的内存单元或 I/O 端口的地址，地址总线的多少决定了系统直接寻址存储器的范围。例如，8086 的地址总线有 20 条（A_0—A_{19}），它可以寻找从 00000H-FFFFFH 共 2^{20}＝1M 个存储单元，可以寻址 64K 个外设端口。地址总线是单向的。
- 数据总线（DB）：用于在 CPU 与存储器和 I/O 端口之间进行数据传输。数据总线的多少决定了一次能够传达数据的位数。16 位机的数据总线是 16 条，32 位机的数据总线是 32 条。数据总线是双向的。
- 控制总线（CB）：用于传送各种状态控制信号，协调系统中各部件的操作，有 CPU 发出的控制信号，也有向 CPU 输入的状态信号。有的信号线为输出有效，有的为输入有效；有的信号线为单向的，有的为双向的；有的信号线为高电平有效，有的为低电平有效；有的信号线为上升沿有效，有的为下降沿有效，控制总线决定了系统总线的特点，如功能、适应性等。

在微机系统中，存在着各式各样的总线。如果按其在微机结构中所处的位置不同，又可分为以下四类。

- 片内总线：CPU 芯片内部的寄存器、算术逻辑单元（ALU）与控制部件等功能单元电路之间传输数据所用的总线。
- 片级总线：也称芯片总线、内部总线，是微机内部 CPU 与各外围芯片之间的总线，用于芯片一级的互连。例如，I^2C（Inter-IC）总线、SPI（Serial Peripheral Interface）总线、SCI（Serial Communication Interface）总线等。
- 系统总线：也称板级总线，是微机中各插件板与系统板之间进行连接和传输信息的一组信号线，用于插件板一级的互连。例如，ISA（Industrial Standard Architecture）总线、PCI（Peripheral Component Interconnect）总线、AGP（Accelerated Graphics Port）总线等。
- 外部总线：也称通信总线,是系统之间或微机系统与电子仪器和其他设备之间进行通信的一组信号线,用于设备一级的互连。例如,RS-232C 总线、RS-485 总线、IEEE-488 总线、USB（Universal Serial Bus）总线等。

2. 微处理器结构

微型计算机的核心是中央处理器（CPU）。它主要由算术逻辑单元（ALU）、控制器部件、寄存器组和内部总线四部分组成，并采用大规模集成电路工艺制成的芯片，又称为微处理器。其典型结构如图 1.6 所示。

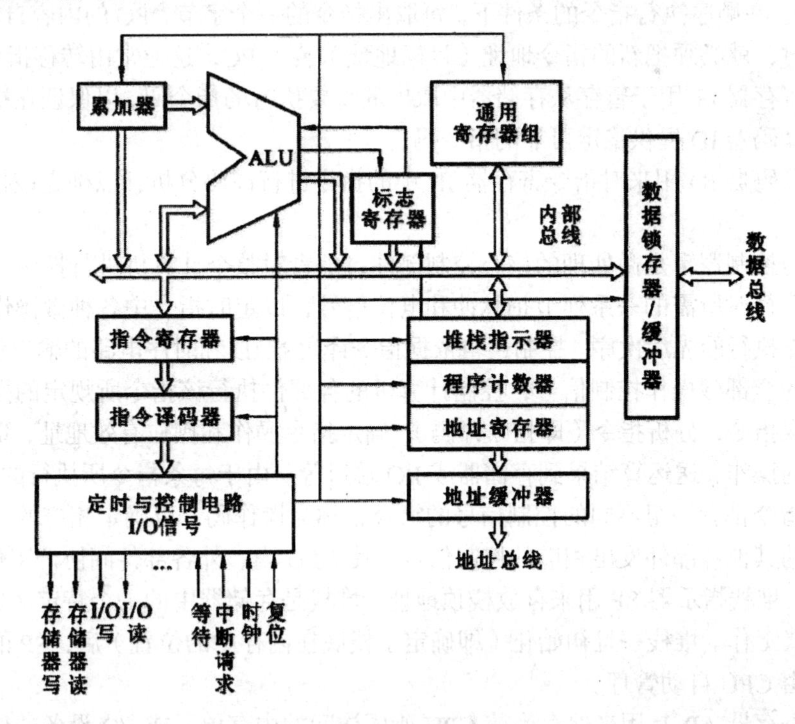

图 1.6　微处理器的典型结构

CPU 内核主要分为两部分：运算器和控制器。CPU 在内部结构上主要包含算术逻辑单元；累加器和通用寄存器组；程序计数器（指令指针）、指令寄存器和译码器，时序和控制部件等部分。具有以下功能：可以进行算术和逻辑运算；可保存少量数据，能对指令进行译码并执行规定的动作；能和存储器、外设交换数据；提供整个系统所需要的定时和控制；可以响应其他部件发来的中断请求。

运算器是计算机对数据进行加工处理的中心，它主要由算术逻辑单元、累加器、通用寄存器组和标志寄存器组成。算术逻辑单元主要完成对二进制信息的算术运算、逻辑运算和各种移位操作。通用寄存器组用来保存参加运算的操作数和运算的中间结果。它构成了微处理器内部的小型存储空间，其容量大小影响到微处理器的效率。累加器是其中使用最频繁最重要的一个寄存器。标志寄存器的各个标志位反映运算后的各种状态。算术逻辑单元以累加器的内容作为一个操作数，另一个操作数由内部数据总线提供，可以是某个通用寄存器的内容，也可以是从内存中读取的内容，操作的结果通常送回累加器中，同时影响标志寄存器。

控制器是计算机的控制中心，它决定了计算机运行过程的自动化。控制部件从存储器中取出指令，并确定其类型或对之进行译码，然后将每条指令分解成一系列简单的、很小的步骤或动作。这样，就可控制整个计算机系统一步一步地操作。因此，控制器的主要功能有两个：一是按照程序逻辑要求，控制程序中指令的执行顺序；二是根据指令寄存器中的指令码控制每一条指令的执行过程。控制器由程序计数 PC（指令指针 IP）、指令寄存器 IR、指令译码器 ID 和定时与控制逻辑等部件组成。控制器中各部件的功能可以简单地归纳如下。

程序计数器 PC 用来存放下一条要执行的指令的地址，因而它控制着程序的执行顺序。当计算机运行时，控制器根据 PC 中的指令地址，从存储器中取出将要执行的指令先送到指令寄存器 IR 中。在顺序执行指令的条件下，每取出指令的一个字节，PC 的内容自动加 1。当程序发生转移时，就必须把新的指令地址（目标地址）装入 PC，这通常由转移指令来实现。

指令寄存器 IR 用于暂存从存储器中取出的将要执行的指令码，以保证在指令执行期间能够向指令译码器 ID 提供稳定可靠的指令码。

指令译码器 ID 用来对指令寄存器 IR 中的指令进行译码分析，以确定该指令应执行什么操作。

定时与控制逻辑是微处理的核心控制部件，负责对整个计算机进行控制。时序电路用于产生指令执行时所需的一系列节拍脉冲和电位信号，以定时指令中各种微操作的执行时间和确定微操作执行的先后次序。控制逻辑依据指令译码器 ID 和时序电路的输出信号，产生执行指令所需的全部微操作控制信号，控制计算机的各部件执行该指令所规定的操作。它包括从存储器中取指令，分析指令（即指令译码），确定指令操作和操作有效地址，取操作数，执行指令规定的操作，送运算结果到存储器或 I/O 端口等。由于每条指令所执行的具体操作不同，所以每条指令都有一组不同的控制信号的组合，称为操作码，以确定相应的微操作系列。它还向微机的其他各部件发出相应的控制信号，使 CPU 内、外各部件间协调工作。

另外，堆栈指示器 SP 用来存放栈顶地址。堆栈是存储器中的一个特定区域，它按“后进先出”方式工作。堆栈一旦初始化（即确定了栈底在内存中的位置）后，SP 的内容（即栈顶位置）便由 CPU 自动管理。

地址寄存器 AR 是用来保存当前 CPU 所要访问的内存单元或 I/O 设备的地址。由于内存和 CPU 之间存在着速度上的差别，所以必须使用地址寄存器来保存地址信息，直到内存读/

写操作完成为止。数据寄存器 DR 用来暂存微处理器与存储器或输入/输出接口电路之间待传送的数据。地址寄存器 AR 和数据寄存器 DR 在微处理器的内部总线和外部总线之间，还起着隔离和缓冲的作用。

内部总线用于微处理器内部 ALU 和各种寄存器等部件间的互连及信息传送。由于受芯片面积及对外引脚数的限制，片内总线大多采用单总线结构。这有利于芯片集成度和成品率的提高，如果要求加快内部数据传送的速度，也可采用双总线或三总线结构。

必须指出，微处理器本身并不能单独构成一个独立的工作系统，也不能独立地执行程序，必须配上存储器、输入/输出设备构成一个完整的微型计算机后才能工作。

3. 存储器结构及其操作

存储器的基本工作原理如图 1.7 所示，它主要由地址译码器、存储矩阵、控制逻辑和三态双向缓冲器等部分组成。存储器的主体就是存储矩阵，它是由一个个的存储单元组成的，为了区分不同的存储单元，给每一个存储单元提供了一个编号，这就是它们的地址；而每一个存储单元可以存放 8 位（一个字节）二进制的信息，这就是地址中的内容。可见，存储器是按字节编址的，每一个存储单元的地址和地址中存放的内容是完全不同的两个概念。

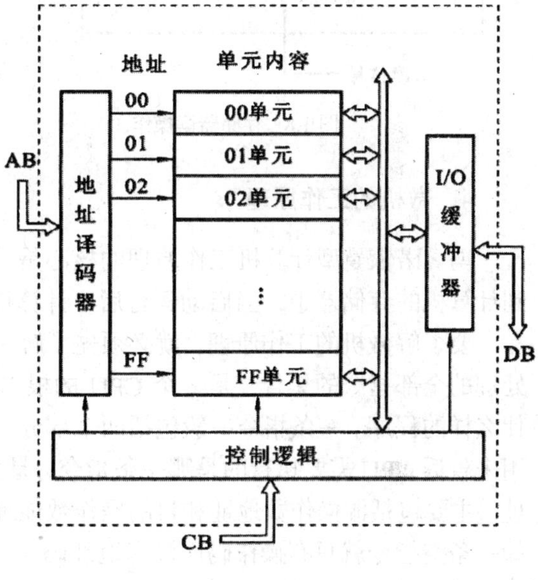

假定地址总线是 8 位的，则经过地址译码器译码之后可寻址 $2^8=256$ 个存储单元。即给定任何一个 8 位的数据，就可以从 256 个存储单元中找到与之对应的某一个存储单元，然后就可以对这个存储单元的内容进行读或写的操作。

图 1.7　存储器结构

（1）读操作。若要将地址为 02H 存储单元的内容读出，首先要求 CPU 给出地址号 02H，然后通过地址总线送至存储器，存储器中的地址译码器对它进行译码，找到 02H 号存储单元；再要求 CPU 发出读的控制命令，于是 02H 号存储单元中的内容 2BH 就出现在数据总线上，如图 1.8 所示。信息从存储单元读出后，存储单元的内容并不改变，只有把新的内容写入该单元时，才由新的内容代替旧的内容。

（2）写操作。若要将数据寄存器中的内容 1AH 写入地址为 03H 的存储单元中，首先也得要求 CPU 给出地址号 03H，然后通过地址总线送至存储器，经地址译码器译码后，找到 03H 号存储单元；接着把数据寄存器中的内容 lAH 经数据总线送给存储器；且 CPU 发出写的控制命令，于是数据总线上的信息 1AH 就可以写入到 03H 号存储单元中，如图 1.9 所示。

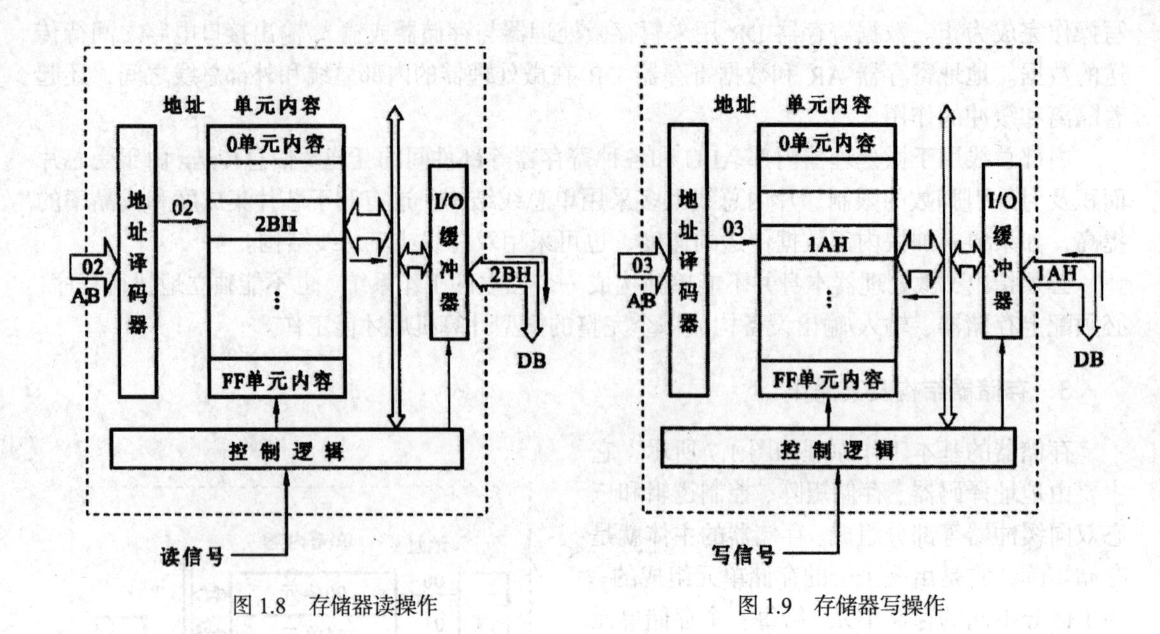

图 1.8 存储器读操作

图 1.9 存储器写操作

4．微机的工作原理

冯·诺依曼型计算机工作原理的核心是“存储程序”和“程序控制”，即事先把程序装载到计算机的存储器中，当启动运行后，计算机便会自动按照程序的要求进行工作。

要了解微机的工作原理，就必须先了解一下指令系统。指令系统指的是一个 CPU 所能够处理的全部指令的集合，是一个 CPU 的根本属性，因为指令系统决定了一个 CPU 能够运行什么样的程序。一条指令一般包括两个部分：操作码和地址码。操作码其实就是指令序列号，用来告诉 CPU 需要执行的是哪一条指令，是什么具体的操作。地址码则是所处理的数据的地址，主要包括源操作数地址和目的操作数地址。在某些指令中，地址码可以部分或全部省略，如一条空指令就只有操作码而没有地址码。

计算机之所以能脱离人的直接干预，自动地进行计算，是因为我们已把实现这个计算所需的每一步的操作用命令的形式，也即一条条指令对应的机器码预先输入到存储器中。在执行时，让程序计数器 PC 指向存放程序的首地址，然后根据 PC 指定的地址，依次从存储器中取出指令，放在指令寄存器中，再通过指令译码器进行译码（分析），确定应该进行什么操作，然后通过控制逻辑在确定的时间往某部件发出确定的控制信号，使运算器和存储器等各部件自动而协调地完成该指令所规定的操作。当一条指令完成以后，再顺序地从存储器中取出下一条指令，并同样地分析与执行该指令。如此重复，直到完成所有的任务为止。

下面举一个简单的例子来说明程序的执行过程。

计算 1+2=？的程序用助记符表示为：

MOV AL，01H；机器语言：1011 0000 0000 000lB，把 01 送入累加器 AL

ADD AL，02H；机器语言：0000 0100 0000 0010B，把 02 与 AL 中的内容相加，结果存入 AL

HLT；机器语言：1111 0100B，停止操作

首先将用助记符编写的程序转换成机器码，并存放在存储器中。

在执行时，给 PC（或 IP）赋以第一条指令的地址，假设为 00H，然后就进入第一条指令的取指阶段，具体操作过程如下。

（1）取第一条指令的操作过程（设程序从 00H 开始存放）如图 1.10 所示。

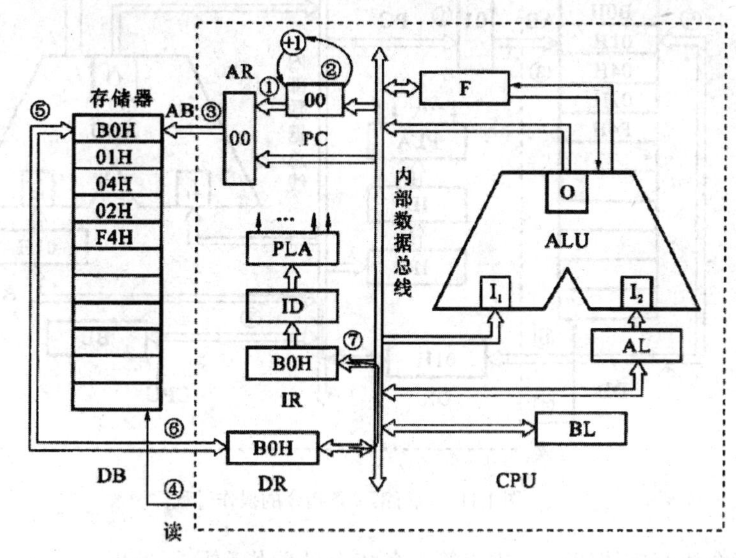

图 1.10　取第一条指令的操作过程

①PC 或 IP 内容（00H）送至地址寄存器 AR。

②PC 自动加 1 为取下一条指令做准备。

③AR 通过地址总线 AB 送至存储器，经地址译码器译码，选中 00H 单元。

④CPU 发出“读”命令。

⑤将所选中的单元的内容读至数据总线 DB 上。

⑥经 DB 将读出的内容送至数据寄存器 DR。

⑦因是取指阶段，DR 将其内容送至指令寄存器 IR 中，经指令译码器 ID 译码，发出执行这条指令的各种控制命令。

（2）执行第一条指令的阶段。

当 DR 把第一条指令送至指令寄存器 IR 后，经过译码器译码后知道，这是一条把操作数送至累加器 AL 的指令，而操作数在指令的第二个字节。所以，执行第一条指令就必须把存储器单元中的第二个字节中的操作数取出来。

执行第一条指令的操作过程如下，如图 1.11 所示。

①将程序计数器 PC 的内容 01H 送至地址寄存器 AR。

②PC+1→PC，即程序计数器的内容自动加 1 变为 02H，为取下一条指令做准备。

③地址寄存器 AR 将 01H 通过地址总线送至存储器，经地址译码选中 01H 单元。

④CPU 发出“读”命令。

⑤选中的 01H 存储单元的内容 01H 读至数据总线 DB 上。

⑥通过数据总线，把读出的内容 01H 送至数据寄存器 DR。

⑦因为经过译码已经知道读出的是立即效，并要求将它送到累加器 AL，故数据寄存器 DR 通过内部数据总线将 01H 送至累加器 AL。

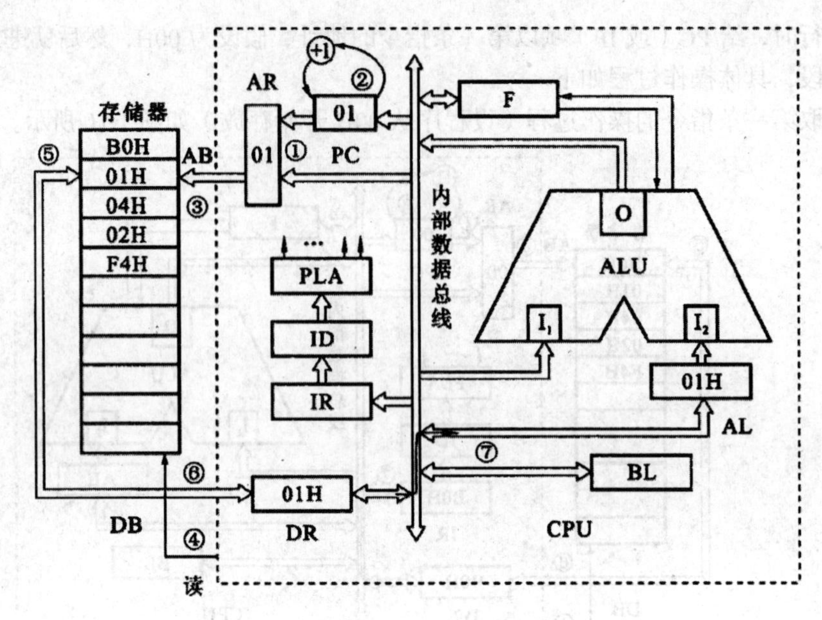

图 1.11　执行第一条指令的操作过程

第一条指令执行完毕以后，进入第二条指令的取指和执行过程。

（3）取第二条指令阶段。

这个过程与取第一条指令的过程相似。

①指令指针 PC 的内容 02H 送至地址寄存器。

②当 PC 的内容已送入地址寄存器后，PC 的内容自动加 1，此时 PC＝03H。

③地址寄存器把地址号 02H 通过地址总线送至存储器。经地址译码器译码，选中 02H 号单元。

④CPU 发出“读”命令。

⑤所选中的 02H 号单元的内容 04H 读至数据总线上。

⑥读出的内容经过数据总线送至数据寄存器。

⑦因为是取指阶段，取出的是指令，故 DR 把它送至指令寄存器 IR，然后经过译码发出执行该指令的各种控制命令。

（4）执行第二条指令阶段。

经过对指令操作码 04H 的译码以后,知道这是一条加法指令,它规定累加器 AL 中的内容与指令的第二字节的立即数相加。所以，紧接着执行把指令的第二字节的立即数 02H 取出来与累加器的内容相加，其过程如下，如图 1.12 所示。

①把 PC 的内容 03H 送至 AR。

②当把 PC 的内容可靠地送至 AR 后，PC 的值自动加 1，指向下一条指令单元。

③AR 通过地址总线把地址 03H 送至存储器，经过译码，选中相应的单元。

④CPU 发出“读”命令。

⑤选中的 03H 存储单元的内容 02H 读出至数据总线上。

⑥数据通过数据总线送至 DR。

⑦因由指令译码已知读出的是操作数，且要与 AL 中的内容相加，故数据由 DR 通过内部

数据总线送至ALU的另一输入端。

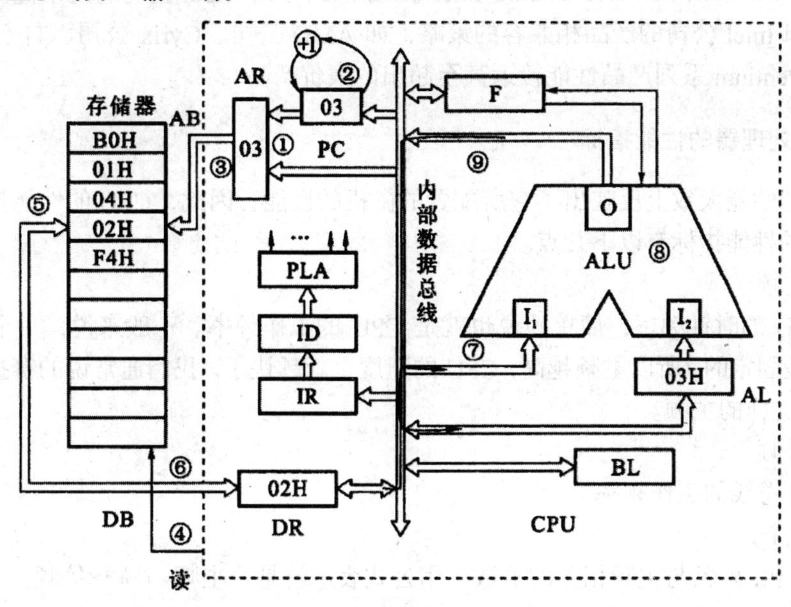

图 1.12　执行第二条指令的操作过程

⑧累加器AL中的内容送至ALU，且执行加法操作。

⑨相加的结果由ALU输出至累加器AL中。

至此，第二条指令的执行阶段结束，再转入第三条指令的取指阶段。

按上述类似的过程取出第三条指令HLT，经译码后就停机。

总之，计算机的工作过程就是执行指令的过程，而计算机执行指令的过程可看成是控制信息在计算机各组成部件之间的有序流动的过程。信息在流动过程中得到相关部件的加工处理。因此，计算机的主要功能就是如何有条不紊地控制大量信息在计算机各部件之间有序的流动。

1.5　微型计算机基本配置

1.5.1　微处理器的配置和性能指标

1．微处理器的发展

当前可选用的微处理器产品较多，主要有Intel公司的Pentium系列、DEC公司的Alpha系列、IBM和Apple公司的PowerPC系列等。在中国，Intel公司的产品占有较大的优势。主要的应用已经从80486、Pentium、Pentium Pro、Pentium4、Intel Pentium D（即奔腾系列）、Intel Core 2 Duo处理器，发展到目前的Intel Core i7/i5/i3等处理器。CPU也从单核、双核，发展到目

图 1.13　Intel微处理器

前常见的4核、6核。图1.13所示为Intel微处理器。由于Intel公司的技术优势，其他一些公司采用了和Intel公司的产品相兼容的策略，如AMD公司、Cyrix公司、TI公司等，它们都有和相应Pentium系列产品性能接近甚至超出的廉价产品。

2．微处理器的性能指标

CPU的性能大致上反映出了它所配置的微机的性能，因此，CPU的性能指标十分重要。CPU主要的性能指标有以下几点。

（1）主频

即CPU的时钟频率，简单地说也就是CPU的工作频率。一般来说，一个时钟周期完成的指令数是固定的，所以主频越高，CPU的速度也就越快了。我们通常说的赛扬433、PIII 550指的就是CPU的主频。

（2）外频

即系统总线的工作频率。

（3）倍频

即指CPU外频与主频相差的倍数。用公式表示就是：主频=外频×倍频。

（4）字长

CPU在单位时间内同时能一次处理的二进制数的位数叫字长，也叫位宽。

（5）内存总线速度

一般等同于CPU的外频。内存总线的速度对整个系统性能来说很重要，由于内存速度的发展滞后于CPU的发展速度，为了缓解内存带来的瓶颈，所以出现了二级缓存，来协调两者之间的差异，而内存总线速度就是指CPU与二级（L2）高速缓存和内存之间的工作频率。

（6）工作电压

工作电压指的也就是CPU正常工作所需的电压。早期CPU由于工艺落后，其工作电压一般为5V。随着CPU的制造工艺与主频的提高，CPU的工作电压逐步下降，Intel最新CPU已经采用1.6V的工作电压了。低电压能解决耗电过大和发热过高的问题，这对于笔记本计算机尤其重要。

（7）高速缓存

在CPU内部、外部设置高速缓存的目的是提高CPU的运行效率，减少CPU因等待低速主存所导致的延迟，以改进系统的整体性能。

（8）制造工艺

制造工艺是指在硅材料上生产CPU时内部各元器件的连接线宽度，它直接关系到CPU的电器性能。线宽越小越好，一般用μm（微米）表示。最新的CPU制造工艺可以达到0.032微米。

1.5.2 存储器的组织结构和产品分类

1．存储器的组织结构

存储器是存放程序和数据的装置，存储器的容量越大越好，工作速度越快越好，但两者和价格是互相矛盾的。为了协调这种矛盾，目前的微机系统均采用了分层次的存储器结构，一般将存储器分为3层：主存储器（Memory）、辅助存储器（Storage）和高速缓冲存储器（Cache）。现在一些微机系统又将高速缓冲存储器设计为MPU芯片内部的高速缓冲存储器和MPU芯片外部的高速缓冲存储器两级，以满足高速和容量的需要。

2. 存储器分类

（1）主存储器

主存储器又称内存，CPU 可以直接访问它，其容量一般为 2 ~ 4GB，存取速度可达 6ns（1ns 为 10 亿分之一秒），主要存放将要运行的程序和数据。

微机的主存采用半导体存储器（见图 1.14），其体积小，功耗低，工作可靠，扩充灵活。

图 1.14 微机内存

半导体存储器按功能可分为随机存取存储器（Random Access Memory，RAM）和只读存储器（Read Only Memory，ROM）。

RAM 是一种既能读出也能写入的存储器，适合于存放经常变化的用户程序和数据。RAM 只能在电源电压正常时工作，一旦电源断电，里面的信息将全部丢失。ROM 是一种只能读出而不能写入的存储器，用来存放固定不变的程序和常数，如监控程序，操作系统中的 BIOS（基本输入输出系统）等。ROM 必须在电源电压正常时才能工作，但断电后信息不会丢失。

从能否写入的角度来分，内存可以分为 RAM 和 ROM 两大类，而每一类又可以分为许多小类，以下介绍内存储器的分类：

- ROM

ROM（Read Only Memory，只读存储器）是线路最简单的半导体电路，通过研磨工艺一次性制造，在元件正常工作的情况下，其中的代码与数据将永久保存，并且不能进行修改。一般用于 PC 系统的程序码、主机板上的 BIOS 等，其物理外形一般是双列直插式（DIP）的集成块。读取速度比 RAM 慢得多。ROM 还可细分为以下类别。

PROM（Programmable ROM，可编程只读存储器）是一种可以用刻录机将资料写入的 ROM 内存，但只能写入一次，因此称为“一次可编程只读存储器”。

EPROM（Erasable Programmable，可擦除可编程只读存储器）是一种具有可擦除功能、擦除后即可进行再编程的 ROM 内存，写入前必须先把里面的内容用紫外线照射它的 IC 卡上的透明视窗的方式来清除。这一类芯片比较容易识别，其封装中包含有“石英玻璃窗”，一个编程后的 EPROM 芯片的“石英玻璃窗”一般使用黑色不干胶纸盖住，以防止遭到阳光直射。

EEPROM（Electrically Erasable Programmable，电可擦可编程只读存储器）的功能与使用方法和 EPROM 一样，不同之处是清除数据的方式，它是以约 20V 的电压来进行清除的。另外，它还可以用电信号进行数据写入。这类 ROM 内存多应用于即插即用（PnP）接口中。

Flash Memory（快闪存储器）是一种可以直接在主机板上修改内容而不需要将 IC 卡拔下的内存。当电源关掉后存储在里面的资料并不会流失掉，在写入资料时必须先将原本的资料清除掉，然后才能再写入新的资料，缺点为写入资料的速度太慢。

- RAM

随机读写存储器简称随机存储器，其存储单元的内容可按需要随意取出或存入，且存取的速度与存储单元的位置无关。这种存储器在断电时将丢失存储内容，因此主要用于存储正在或经常使用的程序和数据。按照存储信息的不同，随机存储器又分为静态随机存储器（Static RAM，SRAM）和动态随机存储器（Dynamic RAM，DRAM）。

SRAM：静态，指的是内存里面的数据可以常驻其中而不需要随时进行存取。

DRAM（Dynamic RAM，动态随机存取存储器）：是最普通的RAM，一个电子管与电容器组成一个位存储单元，DRAM将每个内存位作为一个电荷保存在位存储单元中。由于电容本身有漏电问题，因此必须每隔几微秒就要刷新一次，否则数据就会丢失。因为成本比较低，通常用作计算机的主存储器。

（2）辅助存储器

辅助存储器属外部设备，又称为外存，常用的有磁盘、光盘、磁带以及各类移动存储产品等。通过更换盘片，容量可视作无限，主要用来存放后备程序、数据和各种软件资源。但因其速度低，CPU必须要先将其信息调入内存，再通过内存使用其资源。

磁盘分为软磁盘和硬磁盘两种（简称软盘和硬盘）。软盘容量较小，一般为1.2～1.44MB。硬盘的容量目前已达2～4TB，常用的也在500GB以上。为了在磁盘上快速地存取信息，在磁盘使用前要先进行初级格式化操作（目前基本上由生产厂家完成），即在磁盘上用磁信号划分出如图1.15所示的若干个有编号的磁道和扇区，以便计算机通过磁道号和扇区号直接寻找到要写数据的位置或要读取的数据。为了提高磁盘存取操作的效率，计算机每次要读完或写完一个扇区的内容。在IBM格式中，每个扇区存有512B的信息。所以从外部看，计算机对磁盘执行的是随机读写操作，但这仅是对扇区操作而言的，而具体读写扇区中的内容却是一位一位顺序进行的。

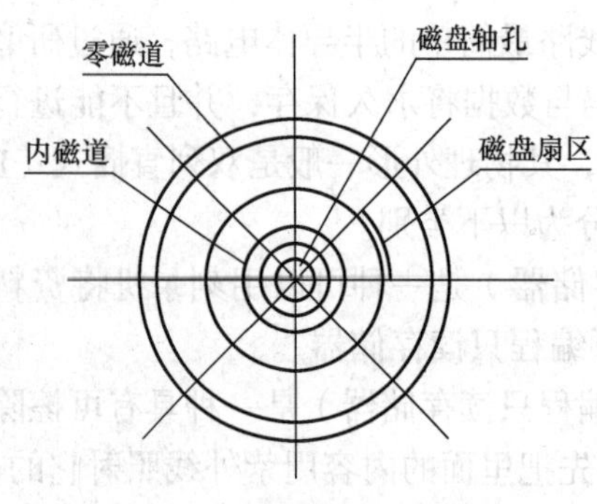

图1.15 磁盘格式化示意图

图1.16 硬盘示意图

只有磁盘片是无法进行读写操作的，还需要将其放入磁盘驱动器中。磁盘驱动器由驱动电机、可移动寻道的读写磁头部件、壳体和读写信息处理电路所构成，如图1.16所示。在进行磁盘读写操作时，通过磁头的移动寻找磁道，在磁头移动到指定磁道位置后，就等待指定的扇区转动到磁头之下（通过读取扇区标识信息判别），称为寻区，然后读写一个扇区的内容。目前，硬盘的寻道和寻区的平均时间为8～15ms，读取一个扇区则仅需0.16ms（当驱动器转速为6000r/min时）。

随着计算机技术的不断发展，多媒体计算机已经大量应用于各个领域，光盘驱动器

（CD-ROM、DVD-ROM）已经成为微机的基本配置。光盘的读写过程和磁盘的读写过程相似，不同之处在于它是利用激光束在盘面上烧出斑点进行数据的写入，通过辨识反射激光束的角度来读取数据。光盘和光盘驱动器都有只读和可读写之分。它具有容量大、速度快、兼容性强、盘片成本低等特点，逐渐成为微机数据交换的主要存储介质。光盘与磁盘相比，有如下的突出特点。

- 存储容量大：一张 CD 光盘存储容量达 640MB，其信息量相当于 6 亿个英文字母或 3 亿个汉字；一张单面 DVD 光盘的存储容量达 4GB，双面的更可达 8GB；
- 可靠性高：对光盘而言，读写信息时，光头不接触光盘表面，故不易划伤盘面，且光盘不受磁场、电场的干扰，较之于以磁性材料涂层的磁盘来说，数据可靠性相当高；
- 光盘采用随机存取方式：尽管存储容量较大，但存取速度仍然较快；
- 用途广：光盘可存储计算机数据、视频信号、音频信号；
- 成本低。

随着信息技术的不断发展，更大容量的信息交换已经成为一种普遍现象，这时，普通的、古老的软盘已经无法满足用户的需求，进而被小巧、轻便、容量大、价格低的移动存储产品所替代。

闪存：它是一种新型非易失性半导体存储器，在无外界供电时仍然能保留片内信息，不需要特殊高电压就可实现信息的擦除和写入，具有瞬间清除能力。一般采用 USB 接口。理论上可擦写 100 万次以上 。

移动硬盘：它是在传统硬盘的基础上改装而成，它性价比较好，一般采用 USB1.0、USB2.0 和 IEEE1394 接口。

1.5.3 主板和常用总线标准

1．主板概述

主板，又叫主机板（Main Board）、系统板（System Board）或母板（Mother Board），安装在机箱内，是计算机最基本、最重要的部件之一。主板一般为矩形电路板，上面安装了组成计算机的主要电路系统，一般有 BIOS 芯片、I/O 控制芯片、键盘和面板控制开关接口、指示灯插槽、扩充插槽以及直流电源供电接插件等元件。计算机主板与其他电子产品相比集成度较高、内部结构较复杂。在实现人与计算机之间的信息交互之前，主板必须连接相应的部件才能进行数据处理。

2．主板的构成

主板的平面是一块印制电路板，一般采用 4 层板或 6 层板。相对而言，为了节省成本，低档主板多为 4 层板：主信号层、接地层、电源层、次信号层。而 6 层板则增加了辅助电源层和中信号层，其抗电磁干扰能力更强。主板更加稳定。目前，主板一般由以下几个部分组成。如图 1.17 所示。

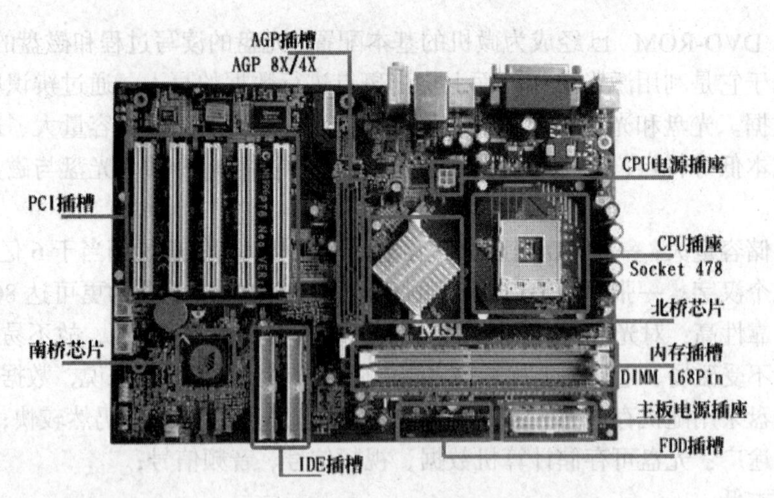

图 1.17　主板

（1）芯片组

BIOS 芯片是一块方块状的存储器，里面存有与该主板搭配的基本输入、输出系统程序。它不仅能够让主板识别各种硬件，还可以设置引导系统的设备，调整 CPU 外频等。BIOS 芯片是可以写入的，它是典型的 ROM，现在一般用闪存储器 Flash EEPROM 作为 BIOS 的载体，可以方便用户更新 BIOS 的版本，以获取更好的性能及对计算机最新硬件的支持，当然不利的一面便是会让主板遭受如 CIH 病毒的袭击。

南北桥芯片是横跨 AGP 插槽左右两边的两块芯片。南桥芯片多位于 PCI 插槽的上面，而 CPU 插槽旁边，被散热片盖住的就是北桥芯片。芯片组以北桥芯片为核心，一般情况，主板的命名都是以北桥的核心名称命名的（如 P67 的主板就是用的主芯片组：Intel P67 的北桥芯片）。北桥芯片主要负责处理 CPU、内存、显卡三者之间的信息交换，发热量较大，需要散热片散热。南桥芯片则负责硬盘等外存储设备和 PCI 之间的数据流通。南桥芯片和北桥芯片合称芯片组，芯片组在很大程度上决定了主板的功能和性能。

（2）扩展槽

扩展槽是用于连接外部的转换（适配）部件，即“插拔部件”。所谓的“插拔部件”是指这部分的配件可以用“插”来安装，用“拔”来反安装。

内存插槽用于安装内存条（卡），内存插槽一般位于 CPU 插座下方。

AGP 插槽用于安装显示适配器（显卡）。在 PCI Express 出现之前，AGP 显卡较为流行，其传输速度最高可达到 2133MB/s。

PCIE 和 PCIX 插槽用于安装适合 PCIE 和 PCIX 接口的显卡，功能优于 AGP 接口。

PCI 插槽用于安装声卡、股票接受卡、网卡、多功能卡等设备。

（3）接口

接口主要指直接连接外设的插口，主要有硬盘接口、COM 接口（串口）、PS/2 接口、USB 接口、LPT 接口（并口）、MIDI 接口、SATA 接口等。

在计算机系统中，各个部件之间传送信息的公共通路叫总线。它是由导线组成的传输线束，它是 CPU、内存、输入、输出设备传递信息的公用通道，主机的各个部件通过总线相连接，外部设备通过相应的接口电路再与总线相连接，从而形成了计算机硬件系统。

3. 总线标准

为了不同总线产品的互换性，各计算机厂商和国际标准化组织统一形成了总线产品的技术规范，并称为总线标准。目前，在通用微机系统中常用的总线标准有 ISA、EISA、VESA、PCI、PCMCIA 等。

（1）ISA（Industrial Standard Architecture）总线

该总线最早安排了 8 位数据总线，共 62 个引脚，主要满足 8088CPU 的要求。后来又增加了 36 个引脚，数据总线扩充到 16 位，总线传输率达到 8MB/s，适应了 80286CPU 的需求，成为 AT 系列微机的标准总线。

（2）EISA（Extend ISA）总线

该总线的数据线和地址线均为 32 位，总线数据传输率达到 33MB/s，满足了 80386 和 80486CPU 的要求，并采用双层插座和相应的电路技术，保持了和 ISA 总线的兼容。

（3）VESA（也称 VL-BUS）总线

该总线的数据线为 32 位，留有扩充到 64 位的物理空间。采用局部总线技术使总线数据传输率达到 133MB/s，支持高速视频控制器和其他高速设备接口，满足了 80386 和 80486CPU 的要求，并采用双层插座和相应的电路技术，保持了和 ISA 总线的兼容。支持 Intel、AMD、Cyrix 等公司的 CPU 产品。

（4）PCI（Peripheral Component Interconnect）总线

PCI 总线采用局部总线技术，在 33MHz 下工作时数据传输率为 132MB/s，不受制于处理器且保持了和 ISA、EISA 总线的兼容。同时 PCI 还留有向 64 位扩充的余地，最高数据传输率为 264MB/s，支持 Intel80486、Pentium 以及更新的微处理器产品。

1.5.4 常用的输入/输出设备

输入/输出（I/O）设备又称外部设备或外围设备，简称外设。输入设备用来将数据、程序、控制命令等转换成二进制信息，存入计算机内存；输出设备将经计算机处理后的结果显示或打印输出。外设种类繁多，常用的外部设备有键盘、显示器、打印机、鼠标、绘图机、打描仪、光学字符识别装置、传真机、智能书写终端设备等。其中键盘、显示器、打印机是目前用得最多的常规设备。

1. 键盘

尽管目前人工的语音输入法、手写输入法、触摸输入法、自动扫描识别输入法等的研究已经有了巨大的进展，相应的各类软硬件产品也已开始推广应用，但近期内键盘仍然是最主要的输入设备。依据键的结构形式，键盘分为有触点和无触点两类。有触点键盘采用机械触点按键，价廉，但易损坏。无触点键盘采用霍尔磁敏电子开关或电容感应开关，操作无噪声，手感好，寿命长，但价格较贵。键盘的外部结构一直在不断更新，现今常用的是标准 101、102、103 键盘（即键盘上共有 101 个键或 103 个键）。最近又有可分式的键盘、带鼠标和声音控制选钮的键盘等新产品问世。键盘的接口电路已经集成在主机板上，可以直接插入使用。

按键盘接口分类，可分为 PS/2 接口和 USB 接口。

按键区划分，键盘分为主键盘区、小键盘区、功能键区、控制键区。

2．显示器

显示器又称监视器，是计算机系统中不可缺少的输出设备。显示器是用户与计算机交流的主要渠道。显示器随着个人计算机的发展而发展，到现在已经走过了近 30 年的时间。回首显示器发展的过程，大体经历了球面显示器、平面直角显示器、纯平显示器和液晶显示器四个阶段，从单调的绿色显示器到灰度的单色显示器，从简单的 CGA 彩色显示器到精美的 VGA/SVGA 彩色显示器，再到如今的超平面、大屏幕及高清晰度等智能彩显，显示器技术的发展十分迅速。

早期市场上的显示器主要有两类：一类是 CRT（Cathode Ray Tube Display 阴极射线管显示器）；另一类是 LCD（Liquid Crystal Display，液晶显示器）。

CRT 显示器，由监视器（Monitor）和装在主机内的显示控制适配器（Adapter）两部分组成。

监视器显像管所能显示的光点的最小直径（也称为点距）决定了它的物理显示分辨率，常见的有 0.33mm、0.28mm、0.20mm 等。显示扫描频率则决定了它的闪烁性，目前的显示扫描频率均不低于 50Hz，并支持节能控制。

显示控制适配器（见图 1.18）是显视器和主机的接口电路，也称显卡。显视器在显卡和显卡驱动软件的支持下可实现多种显示模式，如 640 像素 × 480 像素、800 像素 × 600 像素、1024 像素 × 768 像素等，乘积越大分辨率越高，但不会超过监视器的最高物理分辨率。显卡有多种型号，如 VGA、TVGA、VEGA、MCGA 等，选择显卡不但要看它所支持的显示模式，还要知道它所使用的总线标准和显示缓冲存储器的容量。例如，要在 VGA 640 × 480 模式下进行真彩色显示，应有 1MB 以上的显示缓冲存储器。目前的显卡常配有 1GB 的显示缓存，高档产品还提供三维动画的加速显示功能。

图 1.18　显示控制适配器

液晶显示器（LCD）以前只在笔记本计算机中使用，目前在台式机系统中已逐渐替代 CRT 显示器。LCD 显示器是利用液晶在通电时能够发光的原理来显示图像的。在 LCD 显示器内部设有控制电路，将显卡传递过来的信号进行还原，再由控制电路控制液晶的明暗，这样就可以看到所显示的图像了。液晶显示器作为目前市场主流的显示器，具有以下特点。

- 机身薄、节省空间。与笨重的 CRT 显示器相比，液晶显示器只占前者三分之一的空间。
- 省电、不产生高温。它属于低耗电产品，可以做到完全不发烫，而 CRT 显示器，因显像技术不可避免地产生高温。
- 无辐射、有利健康。液晶显示器完全无辐射，这对于整天在计算机前工作的人来说是个福音。
- 画面柔和、不伤眼。不同于 CRT 技术，液晶显示器画面不会闪烁，可以减少显示器对眼睛的伤害，眼睛不容易疲劳。

LCD 显示器的主要性能指标有：

- 分辨率

分辨率是指可以显示的像素点的数目。LCD 的像素是固定的，所以 LCD 只有在最佳分辨率下才能显现最佳影像。

● 响应时间

响应时间是液晶显示器的液晶单元响应延迟，是指液晶单元从一种分子排列状态转变为另一种分子排列状态所需要的时间，即屏幕由暗转亮或由亮转暗的速度。响应时间越短越好，它反应了液晶显示器各像素点对输入信号的反应速度，一般将响应时间分为两个部分，即上升时间和下降时间，表示时以两者之和为准。目前主流 LCD 的响应时间都能做到在 2 ~ 8ms 之间。

● 可视角度

显示器的可视角度是指从不同的方向可清晰地看到屏上所有内容的最大角度，CRT 显示器的可视角度理论上可接近上下左右 180° 。由于 LCD 是采用光线投射来显像，所以 LCD 的可视角度相比 CRT 要小。不过由于广视角技术的应用，目前市面上的液晶显示的可用可视角度得到了极大的提升，可以媲美 CRT 显示器的可视角度。

● 信号输入接口

液晶显示器通常有 VGA 和 DVI 接口两种。

● 屏幕坏点

屏幕坏点是指液晶显示器屏幕上无法控制的恒亮或恒暗的点。屏幕坏点的造成是液晶面板生产时由各种因素造成的瑕疵，如可能是某些细小微粒落到面板里面，也可能是静电伤害破坏面板，还有可能是制程控制不良等原因。

● 亮度

亮度是指显示器在白色画面之下明亮的程度，它是直接影响画面品质的重要因素，单位是 cd/m^2，或是 nit。显示器的亮度使用者可以调整，调至舒适即可，太亮除了可能导致身体不适外，也会影响灯管寿命。

3. 鼠标

鼠标目前已经成为最常用的输入设备之一。它通过串行接口或 USB 接口和计算机相连，其上有两个或 3 个按键，称为两键鼠标或三键鼠标。鼠标的基本操作为移动、单击、双击和拖动。当鼠标正常连接到计算机，其驱动软件被正确安装并启动运行后屏幕上就会出现一个箭头形状的指针，这时移动鼠标此箭头形指针即随之移动。当鼠标指针处于某确定位置时点按一下鼠标按键称为单击鼠标；迅速地连续两次点按鼠标按键称为双击鼠标；若按下鼠标按键不放并移动鼠标就称为拖动鼠标。显然单击和双击鼠标有左右之分，后文中的“单击”或“双击”若不加说明即指单击或双击鼠标左键。

鼠标依照不同的传感技术可分为机械式、光电式、机械光电式三种。现在，市面上多为光电式鼠标，机械式鼠标已很少见到。

4. 打印机

打印机也经历了数次更新，目前已进入了激光打印机（Laser Printer）的时代，但针式点阵击打式打印机（Dot Matrix Impact Printer）仍在广泛应用。点阵打印机是利用电磁铁高速地击打 24 根打印针而把色带上的墨汁转印到打印纸上，工作噪声较大，速度较慢，1 ~ 2 页/分钟，分辨率也只有 120 ~ 180 点/英寸；激光打印机利用激光产生静电吸附效应，通过硒鼓将碳粉转印并定影到打印纸上，工作噪声小，普及型的输出速度也在 6 页/分钟，分辨率高达 600 点/英寸以上。另一种打印机是喷墨打印机，各项指标都处于前两种打印机之间。如图 1.19 为目前常见的打印机种类。

图 1.19　打印机的种类

打印机主要技术参数：

- 打印速度：可用 CPS（字符/秒）表示。现在多使用“页/分钟”。
- 打印分辨率：用 DPI（点/英寸）表示。激光和喷墨打印机一般都达到 600 DPI。
- 打印纸最大尺寸：打印机支持的最大打印幅面。一般打印机为 A4、A3 幅面。

5．标准并行和串行接口

为了方便外接设备，微机系统都提供了一个用于连接打印机的 8 位并行接口和两个标准 RS232 串行接口。并行接口也可用来直接连接外置硬盘、软件加密狗和数据采集 A/D 转换器等并行设备。串行接口可用来连接鼠标、绘图仪、调制解调器（Modem）等低速（小于 115KB/s，即每秒小于 115KB）串行设备。

6．通用串行接口

目前微机系统还备有通用串行接口（Universal Serial BUS，USB），通过它可连接多达 256 个外部设备，通信速度高达 12MB/s，它是一种新的接口标准。目前带 USB 接口的设备有扫描仪、键盘、鼠标、声卡、调制解调器、摄像头等。

1.6　计算机软件基础

1.6.1　程序和程序设计

1．程序和文档

计算机程序（简称为程序），是为了使计算机完成一个预定的任务而设计的一系列的语句或指令的集合。或者说，程序是为了解决某一特定问题而用某种计算机程序设计语言编写出的代码序列。

一个计算机程序要描述问题的每个对象和对象之间的关系，要描述对这些对象做处理的处理规则。其中关于对象及对象之间的关系是数据结构的内容，而处理规则是求解的算法。针对问题所涉及的对象和要完成的处理，设计合理的数据结构可以有效地简化算法，数据结构和算法是程序最主要的两个方面。

由于程序为计算机规定了计算步骤，因此为了更好地使用计算机，就必须了解程序的以下性质。

- 目的性。程序必须有一个明确的目的，即为了解决什么问题。
- 分步性。程序是分为许多步骤的，稍大一些的程序不可能一步就解决问题。
- 有限性。解决问题的步骤不可能是无穷的，它必须在有限步骤内解决问题。如果有无穷多个步骤，那么在计算机上就会无法实现。
- 操作性。程序总是实施各种操作于某些对象的，它必须是可操作的。
- 有序性。这是最重要的一点。解决问题的步骤不是杂乱无章地堆积在一起，而是要按一定的顺序排列的。

文档是软件开发、使用和维护过程中必不可少的资料。通过文档人们可以清楚地了解程序的功能、结构、运行环境和使用方法。尤其在软件的后期维护中，文档更是不可或缺的重要资料。

2．程序设计的一般步骤

为了使计算机达到预期目的，就要先得到解决问题的步骤，并依据对该步骤的数学描述编写计算机能够接收和执行的指令序列——程序，然后运行程序得到所要的结果，这就是程序设计。

程序设计的一般步骤如下。

（1）分析问题，确定解决方案。当一个实际问题提出后，应首先对以下问题作详细的分析：需要输入哪些原始数据，需要对其进行什么处理，在处理时需要有什么样的硬件和软件环境，需要以什么样的格式输出哪些结果等。在分析这些问题的基础上，确定相应的处理方案。一般情况下，处理问题的方法会有很多，这时就需要根据实际问题选择其中较为优化的处理方法。

（2）建立数学模型。在对问题全面理解后，需要建立数学模型，这是把问题向计算机处理方式转化的第一步。建立数学模型是把要处理的问题数学化、公式化，有些问题比较直观，可不去讨论数学模型问题；有些问题符合某些公式或有现成的数学模型可以直接利用；但是多数问题都没有对应的数学模型可以直接利用，这就需要创建新的数学模型，如果有可能还应对数学模型做进一步的优化处理。

（3）算法设计。建立数学模型以后，许多情况下还不能直接进行程序设计，需要确定符合计算机运算的算法。计算机的算法比较灵活，一般要优选逻辑简单、运算速度快、精度高的算法用于程序设计。此外，还要考虑占用内存空间小、编程容易等特点。算法可以使用自然语言、伪码或流程图等方法进行描述。

（4）编写源程序。要让计算机完成某项工作，必须将已设计好的操作步骤以由若干条语句组成的程序的形式书写出来，让计算机按程序的要求一步一步地执行。

（5） 程序调试。编写完成的源程序经编译、链接后生成可直接运行的程序，程序调试用于找出并纠正可直接运行的程序中存在的错误，它是程序设计中非常重要的一步。

在程序编写过程中，由于对语言语法的忽视或书写上的问题，难免会出现一些错误，致使不能生成可执行程序文件，这类错误被称为语法错误。语法错误一般可以根据编译程序提供的语法错误提示信息逐个修改。

有时程序虽然可以运行，但得不到正确的结果，这是由于程序描述上的错误或是对算法的理解错误造成的，这类错误被称为逻辑错误。为了使程序正确地解决实际问题，在程序正式投入使用前，必须反复多次地进行调试，仔细分析和修改程序中的每一个错误。逻辑错误的情况比较复杂，必须针对测试数据对程序运行的结果认真分析，排查错误，然后进行修改。在查找逻辑错误时，还可以采用分段调试、逐层分析等有效的调试手段对程序进行分析和排查。

（6）整理资料。程序编写、调试结束以后，为了使用户能够了解程序的具体功能，掌握程序的运行操作，有利于程序的修改、阅读和交流，必须将程序设计的各个阶段形成的资料和有关说明加以整理，写成程序说明书。其内容应该包括程序名称、完成任务的具体要求、给定的原始数据、使用的算法、程序的流程图、源程序清单、程序的调试及运行结果、程序的操作说明、程序的运行环境要求等。

在程序开发过程中，上述步骤可能有反复，如果发现程序有错，就要逐步向前排查错误，修改程序。情况严重时可能会要求重新认识问题和重新设计算法。

以上是对简单问题程序设计步骤的介绍，若处理一个很复杂的问题，则需要采用“软件工程”的方法来处理，这部分内部在 1.5.3 节中进一步介绍。

3. 结构化程序设计

人们从多年来的软件开发经验中发现，任何复杂的算法，都可以由顺序、选择和循环 3 种基本结构组成。因此，构造一个解决问题的具体方法和步骤的时候，也仅以这 3 种基本结构作为“建筑单元”，遵守基本结构的规范，基本结构之间可以相互包含，但不能交叉，不能从一个结构直接转到另一个结构的内部。正由于整个算法都是由 3 种基本结构组成的，就像用模块构建的一样，所以结构清晰，易于正确性验证，易于纠错。这种方法，就是结构化方法。遵循这种方法的程序设计，就是结构化程序设计。

（1）结构化程序设计的原则

结构化程序设计是荷兰学者狄克斯特拉（Dijkstra）提出的，它规定了一套方法，使程序具有合理的结构，以保证和验证程序的正确性。这种方法要求程序设计者不能随心所欲地编写程序，而要按照一定的结构形式来设计和编写程序。它的一个重要目的是使程序具有良好的结构，使程序易于设计、易于理解、易于调试、易于修改，以提高设计和维护程序工作的效率。

结构化程序设计方法的主要原则可以概括为“自顶向下，逐步求精，模块化设计和结构化编码”。

自顶向下。程序设计时，应先考虑总体，后考虑细节；先考虑全局目标，后考虑局部目标。即首先把一个复杂的大问题分解为若干相对独立的小问题，如果小问题仍较复杂，则可以把这些小问题又继续分解成若干子问题。这样不断地分解，使得小问题或子问题简单到能够直接用程序的 3 种基本结构表达为止。

逐步求精。对复杂问题，应设计一些子目标做过渡，逐步细化。

模块化设计。当把要开发的一个较大规模的软件，依照功能需要，采用一定的方法划分成一些较小的部分时，这些较小的部分就称为模块，也叫作功能模块。通常把以功能模块为设计对象，用适当的方法和工具对模块的外部（各有关模块之间）与模块内部（各成分之间）

的逻辑关系进行确切的描述称为模块化设计。当今，模块化方法也为其他软件开发的工程化方法所采用，并不为结构化程序设计所独家占有。

结构化编码。所谓编码就是将已设计好的算法用计算机语言正确地写出计算机程序。结构化的编程语言都有与三种基本结构对应的语句，应该在所有的高级程序设计语言中限制非结构化语句（如 goto 语句）的使用。

（2）程序设计风格

程序设计是一门技术，需要相应的理论、技能、方法和工具来支持。程序设计的最终产品是程序，但仅设计和编制出一个运行结果正确的程序是不够的，还应养成良好的程序设计风格。因为程序设计风格会深刻地影响软件的质量和可维护性，良好的程序设计风格可以使程序结构清晰合理，使程序代码便于维护。

良好的程序设计风格，是在程序设计的全过程中逐步养成的，它主要表现在程序的设计风格、程序设计语言运用的风格、程序文本的风格以及输入/输出的风格四个方面。

程序的设计程风格主要体现在三个方面：一是结构清晰，要求程序为模块化结构，各模块按层次组织，模块内部由顺序、选择、循环三种基本结构组成；二是思路清晰，要求在程序设计过程中遵循“自顶向下、逐步细化”的原则；三是遵循“简短朴实”的原则，切忌卖弄所谓的“技巧”。

程序设计语言运用的风格主要体现在以下两个方面：选择合适的程序设计语言，其基本原则包括符合软件工程的要求、符合结构化程序设计的思想以及使用方便；不滥用程序设计语言中的某些特色，尽量不用灵活性大、不容易理解的语句成分。

程序文本的风格主要体现在四个方面：注意程序文本的易读性；符号要规范化；在程序中加必要的注释；在程序中要合理地使用分隔符。

输入/输出的风格主要体现在三个方面：对输出的数据应该加上必要的说明；在需要输入数据时，应该给出数据的范围、意义等必要的提示；以适当的方式对输入数据进行检查，以确保其有效性。

4．面向对象程序设计

面向对象程序设计（Object Oriented Programming，OOP）是 20 世纪 80 年代提出的，它汲取了结构化程序设计中好的思想，引入了新的概念和思维方式，从而给程序设计工作提供了一种全新的方法。通常，在面向对象程序设计风格中，会将一个问题分解为一些相互关联的子集，每个子集内部都包含了相关的数据和函数。同时，会以某种方式将这些子集分为不同等级。

（1）面向对象程序设计相关概念

面向对象程序设计的主要任务是实现各个对象所应完成的任务，包括实现每个对象的内部功能、系统的界面设计、输出格式等。在面向对象程序设计中，主要用到以下一些基本概念。

对象。对象是指具有某些特性的具体事物的抽象。在一个面向对象的系统中，对象是运行期的基本实体。它可以用来表示一个人、一个银行账户、一张数据表格，或者其他什么需要被程序处理的东西。它也可以用来表示用户定义的数据，如一个向量、时间或者列表等。在面向对象程序设计中，问题的分析一般以对象及对象间的自然联系为依据。客观世界由实体及其实体之间的联系所组成。其中客观世界中的实体称为问题域的对象。例如，一本书、一辆汽车等都是一个对象。对象具有以下一些基本特征。

- 模块性：一个对象是一个可以独立存在的实体。各个对象之间相对独立，相互依赖性小。
- 继承性和类比性：可以把具有相同属性的一些不同对象归类，称为对象类。还可以划分类的子类，构成层次系统，下一层次的对象继承上一层次对象的某些属性。
- 动态连接性：对象与对象之间可以相互连接构成各种不同的系统。对象与对象之间所具有的统一、方便、动态的连接和传送消息的能力与机制称为动态连接性。
- 易维护性：任何一个对象是一个独立的模块，无论是改善其功能还是改变其细节均局限于该对象内部，不会影响到其他的对象。

类。类是指具有相似性质的一组对象。例如，芒果、苹果和橘子都是水果类的对象。类是用户定义的数据类型，一个具体对象称为类的“实例”。

方法。方法是指允许作用于某个对象上的各种操作。面向对象的程序设计语言，为程序设计人员提供了一种特殊的过程和函数，然后将一些通用的过程和函数封装起来，作为方法供用户直接调用，这给用户的编程带来了很大的方便。

消息。消息是指用来请求对象执行某一操作或回答某些问题的要求。对象之间通过收发消息相互沟通。消息的接收对象会调用一个函数（过程），以产生预期的结果。所传递消息的内容包括接收消息的对象名字，需要调用的函数名字，以及必要的信息。对象有一个生命周期，它们可以被创建和销毁。只要对象正处于其生存期，就可以与其进行通信。

继承。继承是指可以让某个类型的对象获得另一个类型的对象的属性的方法。它支持按级分类的概念。如果类 X 继承类 Y，则 X 为 Y 的子类，Y 为 X 的父类（超类）。例如，“车”是一类对象，“小轿车”、“卡车”等都继承了“车”类的性质，因而是“车”的子类。

封装。封装是指将数据和代码捆绑到一起，避免了外界的干扰和不确定性。目的在于将对象的使用者和对象的设计者分开。用户只能见到对象封装界面上的信息，不必知道实现的细节。封装一方面通过数据抽象，把相关的信息结合在一起，另一方面也简化了接口。在一个对象内部，某些代码和某些数据可以是私有的，不能被外界访问。通过这种方式，对象对内部数据提供了不同级别的保护，以防止程序中无关的部分意外地改变或错误地使用了对象的私有部分。

（2）面向对象技术的特点

与传统的结构化分析与设计技术相比，面向对象技术具有许多明显的优点，主要体现在以下三个方面。

可重用性。继承是面向对象技术的一个重要机制。用面向对象方法设计的系统的基本对象类可以被其他新系统重用。这通常是通过一个包含类和子类层次结构的类库来实现的。因此，面向对象方法可以从一个项目向另一个项目提供一些重用类，从而能显著提高工作效率。

可维护性。由于面向对象方法所构造的系统是建立在系统对象基础上的，结构比较稳定。因此，当系统的功能要求扩充或改善时，可以在保持系统结构不变的情况下进行维护。

表示方法的一致性。面向对象方法要求在从面向对象分析、面向对象设计到面向对象实现的系统整个开发过程中，采用一致的表示方法，从而加强了分析、设计和实现之间的内在一致性，并且改善了用户、分析员以及程序员之间的信息交流。此外，这种一致的表示方法，使得分析、设计的结果很容易向编程转换，从而有利于计算机辅助软件工程的发展。

1.6.2 程序设计语言

程序设计语言，也称为计算机语言，是人和计算机之间用以交流信息的符号系统，人通过使用程序设计语言编写程序来实现与计算机的交流。目前程序设计语言种类繁多，而且是层出不穷，如C、C++、Visual C、Visual Basic、Delphi、Java、ASP和SQL Server等。这些程序设计语言随着计算机硬件、软件的发展而发展，特别是图形界面操作系统的出现和发展，为应用程序的设计提供了一个崭新的空间，相应的程序设计语言也出现了前所未有的拓展和提高。

1. 程序设计语言的分类

程序设计语言按其发展过程可分为机器语言、汇编语言和高级语言。

（1）机器语言

微型计算机的大脑是一块被称为中央处理器（CPU）的集成电路，它只能够识别由0和1两个数字组成的二进制数码。因此，早期人们使用计算机时，就使用这种以二进制代码形式表示机器指令的基本集合，也就是说要写出一串串由“0”和“1”组成的指令序列交由计算机执行。由二进制代码形式组成的规定计算机动作的符号叫作计算机指令，这样一些指令的集合就是机器语言。

机器语言与计算机硬件关系密切。由于机器语言是计算机硬件唯一可以直接识别和执行的语言，因而机器语言执行速度最快。同时使用机器语言又是十分痛苦的，因为组成机器语言的符号全部都是“0”和“1”，在使用时特别烦琐、费时，特别是在程序有错需要修改时，更是如此。同时，由于每台计算机的指令系统往往各不相同，所以，在一台计算机上执行的程序，要想在另一台计算机上执行，必须另编程序，造成了工作的重复。

（2）汇编语言

为了减轻使用机器语言编程的痛苦，20世纪50年代初，人们发明了汇编语言：用一些简洁的英文字母、符号串来替代一个特定含义的二进制串，如用“ADD”代表“加”操作，“MOV”代表数据“移动”等。这样一来，人们就很容易读懂并理解程序在干什么，纠错及维护都变得方便了。由于在汇编语言中，用“助记符”代替操作码，用“地址符号”或“标号”代替地址码，也就是用“符号”代替了机器语言的二进制码，所以汇编语言也被称为符号语言。汇编语言在形式上用了人们熟悉的英文符号和十进制数代替二进制码，因而方便了人们的记忆和使用。

但是，由于计算机只能识别“0”和“1”，而汇编语言中使用的是助记符号，因此用汇编语言编制的程序输入计算机后，不能像用机器语言编写的程序一样直接被识别和执行。它必须通过预先放入计算机中的“汇编程序”进行加工和翻译，才能变成能够被计算机识别和处理的二进制代码程序。这种起翻译作用的程序称为汇编程序。

汇编语言采用助记符号来编写程序，比用机器语言的二进制代码编程更为方便，这在一定程度上简化了编程过程。同时，汇编语言的助记符是与指令代码一一对应的，这基本保留了机器语言的灵活性。因此，使用汇编语言能面向机器并较好地发挥机器的特性，得到质量较高的程序。

汇编语言像机器指令一样，是硬件操作的控制信息，因而仍然是面向机器的语言，在编写复杂程序时还是比较烦琐、费时，具有明显的局限性。同时，汇编语言仍然依赖于具体的机型，不能通用，也不能在不同机型之间移植。但是汇编语言的优点还是很明显的，如它比机器语言易于读写、易于调试和修改，执行速度快，占内存空间少，能准确发挥计算机硬件的功能和特长，程序精炼而质量高等，因此它至今仍是一种常用而强有力的软件开发工具。

（3）高级语言

从最初与计算机交流的痛苦经历中，人们意识到，应该设计一种接近数学语言或自然语言，同时又不依赖于计算机硬件，编写的程序能在所有机器上通用的语言。经过努力，1954年，第一个完全脱离机器硬件的高级语言——FORTRAN 问世了，50 多年来，共有几百种高级语言出现，影响较大、使用较普遍的有 FORTRAN、ALGOL、COBOL、BASIC、LISP、SNOBOL、PL/1、PASCAL、C、PROLOG、Ada、C++、VC、VB、Delphi、Java 等。

高级语言的发展也经历了从早期语言到结构化程序设计语言，从面向过程到面向对象程序设计语言的过程。1969 年，人们提出了结构化程序设计方法，1970 年，第一个结构化程序设计语言——PASCAL 语言出现，它标志着结构化程序设计时期的开始。20 世纪 80 年代初，人们在软件设计思想上，又产生了一次革命，其成果就是面向对象程序设计方法及面向对象程序设计语言，C++就是其中的典型代表，在此之前的高级语言，几乎都是面向过程的。

高级语言最主要特点是不依赖于机器的指令系统，与具体计算机无关，是一种能方便描述算法过程的计算机程序设计语言。因此，使用者可以不必过问计算机硬件的逻辑结构，而直接使用便于人们理解的英文、运算符号和实际数字来编写程序。用高级语言设计的程序比低级语言设计的程序简短、易修改、编写程序的效率高，这主要是因为高级语言的一条语句对应多条机器指令。

类似汇编语言，用高级语言输编写的源程序如果不经过转换，也就是不被翻译为计算机可执行的机器语言，那么它就不能被计算机识别并执行。这时，就需要使用另一个程序来完成高级语言到机器语言的翻译，这种翻译程序被称为编译程序。

通常将高级语言翻译为机器语言的方式有两种：解释和编译。

解释方式是指让计算机运行解释程序，解释程序逐句取出源程序中的语句，对它做解释执行，输入数据，产生结果。解释方式的主要优点是计算机与人的交互性好，调试程序时，能一边执行一边直接改错，能较快得到一个正确的程序。缺点是逐句解释执行，整体运行速度慢。

编译方式是指先运行编译程序，将源程序全部翻译为和机器语言表示等价的目标程序，然后让计算机执行目标程序，输入数据，产生结果。编译方式的主要优点是计算机运行目标程序快，缺点是修改源程序后必须重新编译以产生新的目标程序。

目前，也有将上述两种方式结合起来的，即先编译源程序，产生计算机还是不能直接执行的中间代码，然后让解释程序解释执行中间代码。这样做的好处首先是比直接解释执行快，更大的好处是中间代码独立于计算机，只要有相应的解释程序，就可在任何计算机上运行。

当前最常用的计算机语言有十几种，到底选择哪一门语言作为自己的程序设计语言呢？因为每种语言都有其自己的特点和应用领域，所以不能绝对地说哪种语言好，哪种语言不好。只能说哪种语言更适用于哪个领域。其实，各种高级程序设计语言都有一些共同的规律，只是语法规则会有所不同。因此，无论学习哪一种语言，重要的是掌握基本的程序设计方法和技巧，并且能够做到举一反三，同时也为后续学习和掌握其他语言打下良好的基础。

2. C 语言

C语言是20世纪70年代初问世的，是一种结构化程序设计语言。它层次清晰，便于按模块化方式组织程序，易于调试和维护。C语言的表现能力和处理能力极强，它不仅具有丰富的运算符和数据类型，便于实现各类复杂的数据结构，而且还可以直接访问内存的物理地址，进行位操作。由于C语言实现了对硬件的编程操作，因此其集高级语言和低级语言的功能于一体，既可用于系统软件的开发，也适合于应用软件的开发。此外，C语言还具有效率高、可移植性强等特点，从而被广泛地移植到了各种类型的计算机上，形成了多种版本的C语言。借助自身强大的功能，C语言发展迅速，直至现在，仍是最受欢迎的程序设计语言之一。

C语言的发展颇为有趣，它的原型为ALGOL 60语言（也称为A语言）。1963年，剑桥大学将ALGOL 60语言发展成为CPL（Combined Programming Language）语言。1967年，剑桥大学的Matin Richards对CPL语言进行了简化，于是产生了BCPL语言。1970年，美国贝尔实验室的Ken Thompson将BCPL进行了修改，并为它起了一个有趣的名字“B语言”，意思是将CPL语言煮干，提炼出它的精华。并且，他用B语言写了第一个UNIX操作系统。而在1973年，B语言也被“煮”了一下，美国贝尔实验室的Dennis M Ritchie在B语言的基础上最终设计出了一种新的语言，他取了BCPL的第二个字母作为这种语言的名字，这就是C语言。

为了推广UNIX操作系统，1977年，Dennis M Ritchie 发表了不依赖于具体机器系统的C语言编译文本《可移植的C语言编译程序》。1978年，Brian W Kernighian和Dennis M Ritchie出版了名著《The C Programming Language》，该书的发行，使C语言成为当时世界上最流行、使用最广泛的高级程序设计语言之一。1988年，随着微型计算机的日益普及，出现了许多C语言版本。由于没有统一的标准，使得这些C语言之间出现了一些不一致的地方。为了改变这种情况，美国国家标准学会（ANSI）于1989年为C语言制定了一套ANSI标准，成为现行的C语言标准，该标准被国际标准化组织ISO接受后又进行了多次修订。

3. C++语言

美国AT&T贝尔实验室的Bjarne Stroustrup博士在20世纪80年代初期发明并实现了C++语言（最初这种语言被称作“C with Classes”）。最初C++语言是作为C语言的增强版出现的，从给C语言增加类开始，不断地增加新特性。

C++语言也是当今最流行的高级程序设计语言之一，应用十分广泛。它也是一门复杂的语言，与C语言兼容，既支持结构化的程序设计方法，也支持面向对象的程序设计方法。

4. Visual Basic

Visual Basic（VB）是由微软公司开发的包含协助开发环境的程序设计语言。“BASIC”是Beginners All-purpose Symbolic Instruction Code的缩写，这是一种在计算技术发展史上应用最为广泛的语言。Visual Basic在原有BASIC语言的基础上进一步发展，目前包含数百条语句、函数及关键词，其中很多和Windows GUI有直接关系。Visual Basic具有BASIC语言简单而不贫乏的优点，同时增加了结构化和可视化程序设计语言的功能，使用更加方便。

Visual Basic 是一种可视化的、基于对象和采用事件驱动方式的结构化高级程序设计语言，可用于开发 Windows 环境下的各类应用程序。它简单易学、效率高，且功能强大，可以与 Windows 的专业开发工具 SDK（Software Development Kit）相媲美。在 Visual Basic 环境下，利用事件驱动的编程机制、新颖易用的可视化设计工具，使用 Windows 内部的应用程序接口函数（API），以及动态链接库（DLL）、动态数据交换（DDE）、对象的链接与嵌入（OLE）、开放式数据库连接（ODBC）等技术，可以高效、快速地开发出 Windows 环境下功能强大、图形界面丰富的应用软件系统。

Visual Basic 中的“Visual”是指开发图形用户界面（Graphical User Interface，GUI）的方法，意思是“可视的”，也就是直观的编程方法。在 Visual Basic 中引入了控件的概念，还有各种各样的按钮、文本框、选择框等。Visual Basic 把这些控件模式化，并且每个控件都由若干属性来控制其外观、工作方法。这样，采用 Visual 方法无须编写大量代码去描述界面元素的外观和位置，而只要把预先建立的控件加到屏幕上即可。

Visual Basic.NET 是基于微软.NET Framework 之上的面向对象的中间解释性语言，可以看作是 Visual Basic 在 .Net Framework 平台上的升级版本，增强了对面向对象的支持。.NET 平台相关语言，包括 VB.NET，它们所开发的程序源代码并不是直接编译成能够直接在操作系统上执行的二进制本地代码，而是被编译成为中间代码，然后通过.NET Framework 的通用语言运行时（CLR）执行。

5. Java

Java 是由 Sun Microsystems 公司于 1995 年 5 月推出的 Java 程序设计语言和 Java 平台(即 JavaSE, JavaEE, JavaME）的总称。Java 技术具有卓越的通用性、高效性、平台移植性和安全性，广泛应用于个人 PC、数据中心、游戏控制台、科学超级计算机、移动电话和互联网。在全球云计算和移动互联网的产业环境下，Java 更具备了显著优势和广阔前景。

Java 语言是一种简单的、面向对象的、分布式的、解释性的、健壮的、安全的、与系统无关的、可移植的、高性能的、多线程的、动态的语言。

Java 语言的风格十分接近 C、C++语言。Java 是一个纯粹的面向对象的程序设计语言，它继承了 C++语言面向对象技术的核心。Java 舍弃了 C 语言中容易引起错误的指针（以引用取代）、运算符重载、多重继承（以接口取代）等特性，增加了垃圾回收器功能用于回收不再被引用的对象所占据的内存空间，使得程序员不用再为内存管理而担忧。

Java 不同于一般的编译执行计算机语言和解释执行计算机语言。它首先将源代码编译成二进制字节码（bytecode），然后依赖各种不同平台上的虚拟机来解释执行字节码，从而实现了“一次编译、到处执行”的跨平台特性。

Java 平台由 Java 虚拟机和 Java 应用编程接口（API）构成。Java 分为三个体系：JavaSE（java 平台标准版），JavaEE（java 平台企业版），JavaME（java 平台微型版）。JavaSE 允许开发和部署在桌面、服务器、嵌入式环境和实时环境中使用的 Java 应用程序，它包含了支持 Java Web 服务开发的类，并为 JavaEE 提供基础；JavaEE 是在 JavaSE 的基础上构建的，它提供 Web 服务、组件模型、管理和通信 API，可以用来实现企业级的面向服务体系结构（SOA）和 Web 2.0 应用程序；JavaME 在移动设备和嵌入式设备（如手机、PDA、电视机顶盒和打印机）上运行的应用程序提供一个健壮且灵活的环境。

1.6.3 数据库系统

数据库技术是通过研究数据库结构、存储、设计、管理以及应用的基本理论和实现方法，并利用这些理论来实现对数据库中的数据进行处理、分析和理解的技术。

从最早用文件系统存储数据算起，数据库的发展已经有 50 多年了，其间经历了 20 世纪 60 年代层次数据库（IBM 的 IMS）和网状数据库（GE 的 IDS）的并存，20 世纪 70 年代到 80 年代关系数据库的异军突起，20 世纪 90 年代对象技术的影响，如今，关系数据库依然处于主流地位。未来数据库市场竞争的焦点已不再局限于传统的数据库，新的应用不断赋予数据库新的生命力。一些主流企业数据库厂商认为，关系技术之后，对 XML 的支持、网格技术、开源数据库、整合数据仓库和 BI 应用以及管理自动化已成为下一代数据库在功能上角逐的焦点。

1. 数据库的基本概念

要了解数据库技术，首先应该理解最基本的几个概念，如信息、数据、数据库、数据库管理系统和数据库应用系统、数据库系统等。

（1）信息

信息（Information）是人们对于客观事物的属性和运动状态的反映和表述，它存在于我们的周围。简单地说，信息就是新的、有用的事实和知识。

信息对于人类社会的发展有重要意义：它可以提高人们对事物的认识，减少人们活动的盲目性；信息是社会机体进行活动的纽带，社会的各个组织通过信息网相互了解并协同工作，使整个社会协调发展；社会越发展，信息的作用就越突出；信息又是管理活动的核心，要想把事物管理好就需要掌握更多的信息，并利用信息进行工作。

（2）数据

数据（Data）是反映客观事物存在方式和运动状态的记录，它是用来记录信息的可识别的符号，是信息的载体和具体表现形式。尽管信息有多种表现形式，它可以通过手势、眼神、声音或图形等方式表达，但数据是信息的最佳表现形式。由于数据能够书写，因而它能够被记录、存储和处理，从中挖掘出更深层的信息。可用多种不同的数据形式表示同一信息，而信息不随数据形式的不同而改变。

数据的概念在数据处理领域已大大地拓宽了，其表现形式不仅包括数字和文字，还包括图形、图像、声音等。这些数据可以记录在纸上，也可以记录在各种存储器中。

（3）数据库

数据库（DataBase，DB）是存储在计算机内、有组织、可共享的数据集合，它将数据按一定的数据模型组织、描述和储存，具有较小的冗余度，较高的数据独立性和易扩展性，可被多个不同的用户共享。形象地说，“数据库”就是为了实现一定目的，按某种规则组织起来的“数据”、“集合”，在现实生活中这样的数据库随处可见。学校图书馆的所有藏书及借阅情况、公司的人事档案、企业的商务信息等都是“数据库”。

数据库是数据库系统的核心部分，是数据库系统的管理对象。数据库的概念实际上包含下面两种含义。

数据库是一个实体，它是能够合理保管数据的“仓库”，用户在该“仓库”中存放要管理的事务数据。

数据库是数据管理的新方法和技术，它能够更合理地组织数据，更方便地维护数据，更严密地控制数据和更有效地利用数据。

（4）数据库管理系统

数据库管理系统（DataBase Management System，DBMS）是专门用于管理数据库的计算机系统软件。数据库管理系统能够为数据库提供数据的定义、建立、维护、查询、统计等操作功能，并具有对数据的完整性、安全性进行控制的功能。

数据库管理系统的目标是让用户能够更方便、更有效、更可靠地建立数据库和使用数据库中的信息资源。数据库管理系统不是应用软件，它不能直接用于如工资管理、人事管理或资料管理等事务管理工作，但数据库管理系统能够为事务管理提供技术和方法、应用系统的设计平台和设计工具，使相关的事务管理软件很容易设计。也就是说，数据库管理系统是为设计数据管理应用项目提供的计算机软件，利用数据库管理系统设计事务管理系统可以达到事半功倍的效果。我们周围有关数据库管理系统的计算机软件有很多，其中比较著名的系统有 Oracle 公司开发的 Oracle，Sybase 公司开发的 Sybase，Microsoft 公司开发的 SQL Server，IBM 公司开发的 DB2 等，本章后面将介绍的 Microsoft Access 2013 也是一种常用的数据库管理系统。

数据库管理系统具有以下四个方面的主要功能。

数据定义功能。数据库管理系统能够提供数据定义语言（Data Description Language，DDL），并提供相应的建库机制。用户利用 DDL 可以方便地建立数据库，当需要时，用户还可以将系统的数据及结构情况用 DDL 描述，数据库管理系统能够根据其描述执行建库操作。

数据操纵功能。实现数据的插入、修改、删除、查询、统计等数据存取操作的功能称为数据操纵功能。数据操纵功能是数据库的基本操作功能，数据库管理系统通过提供数据操纵语言（Data Manipulation Language，DML）实现其数据操纵功能，用于实现对数据库中的数据进行存取、检索、插入、修改和删除等操作。

数据库的建立和维护功能。数据库的建立功能是指数据的载入、转储、重组织功能及数据库的恢复功能。数据库的维护功能是指数据库结构的修改、变更及扩充功能。

数据库的运行管理功能。数据库的运行管理功能是数据库管理系统的核心功能，它包括并发控制、数据的存取控制、数据完整性条件的检查和执行、数据库内部的维护等。所有数据库的操作都要在这些控制程序的统一管理下进行，以保证计算机事务的正确运行，保证数据库的正确、有效。

（5）数据库应用系统

凡使用数据库技术管理及其数据（信息）的系统都称为数据库应用系统。一个数据库应用系统应携带有较大的数据量，否则它就不需要数据库管理。数据库应用系统按其实现的功能可以被划分为数据传递系统、数据处理系统和管理信息系统。

数据传递系统只具有信息交换功能，系统工作中不改变信息的结构和状态，如电话、程控交换系统都是数据传递系统。

数据处理系统通过对输入的数据进行转换、加工、提取等一系列操作，从而得出更有价值的新数据，其输出的数据在结构和内容方面与输入的源数据相比有较大的改变。

管理信息系统是具有数据的保存、维护、检索等功能的系统，其作用主要是数据管理，通常所说的事务管理系统就是典型的管理信息系统。

数据库应用系统的应用非常广泛，它可以用于事务管理、计算机辅助设计、计算机图形分析和处理、人工智能等系统中，即所有数据量大、数据成分复杂的地方都可以使用数据库技术进行数据管理工作。

数据库管理系统和数据库应用系统既有区别，又有联系。数据库管理系统是提供数据库管理的计算机系统软件，数据库应用系统是实现某种具体事务管理功能的计算机应用软件。数据库管理系统为数据库应用系统提供了数据库的定义、存储和查询方法，数据库应用系统通过数据库管理系统管理其数据库。

（6）数据库系统

数据库系统是指带有数据库并利用数据库技术进行数据管理的计算机系统。一个数据库系统应由计算机硬件、相关软件系统和相关人员三部分构成。

数据库系统的软件中包括操作系统（Operating System，OS）、数据库管理系统（DBMS）、主语言编译系统、数据库应用开发系统及工具、数据库应用系统和数据库，它们的作用如下所述。

操作系统。操作系统是所有计算机软件的基础，在数据库系统中它起着支持数据库管理系统及主语言编译系统工作的作用。如果管理的信息中有汉字，则需要中文操作系统的支持，以提供汉字的输入/输出方法和对汉字信息的处理方法。

数据库管理系统和主语言编译系统。数据库管理系统是为定义、建立、维护、使用及控制数据库而提供的有关数据管理的系统软件。主语言编译系统是为应用程序提供的如程序控制、数据输入/输出、功能函数、图形处理、计算方法等数据处理功能的系统软件。由于数据库的应用很广泛，它涉及的领域很多，其功能数据库管理系统是不可能全部提供的。因而，应用系统的设计与实现需要数据库管理系统和主语言编译系统配合才能完成。

数据库应用开发系统及工具。数据库应用开发系统及工具是数据库管理系统为应用开发人员和最终用户提供的高效率、多功能的应用生成器、第四代计算机语言等各种软件工具，如报表生成器、表单生成器、查询和视图设计器等。它们为数据库系统的开发和使用提供了良好的环境和帮助。

数据库应用系统和数据库。数据库应用系统包括为特定应用环境建立的数据库、开发的各类应用程序、编写的文档资料等内容，它们是一个有机的整体。数据库应用系统涉及各个方面，如信息管理系统、人工智能、计算机控制和计算机图形处理等。通过运行数据库应用系统，可以实现对数据库中数据的维护、查询、管理和处理操作。

相关人员由软件开发人员、软件管理人员及软件使用人员三部分组成。

软件开发人员包括系统分析员、系统设计员及程序设计员，他们主要负责数据库系统的开发设计工作。

软件管理人员称为数据库管理员（DataBase Administrator，DBA），他们负责全面管理和控制数据库系统。

软件使用人员即数据库的最终用户，他们利用功能选项、表格、图形用户界面等实现数据的查询及数据管理工作。

2．数据模型

数据（data）是描述事物的符号记录，数据只有通过加工才能成为有用的信息。模型（model）是现实世界的抽象。数据模型（data model）是数据特征的抽象，它不是描述个别的数据，而是描述数据的共性。它一般包括两个方面：一是数据库的静态特性，包括数据的结构和限制；二是数据的动态特性，即在数据上所定义的运算或操作。数据库是根据数据模型建立的，因而数据模型是数据库系统的基础。

（1）数据模型的内容

数据模型是一组严格定义的概念集合，这些概念精确地描述了系统的数据结构、数据操作和数据完整性约束条件。也就是说，数据模型所描述的内容包括三个部分：数据结构、数据操作和数据约束。

数据结构：数据模型中的数据结构主要描述数据的类型、内容、性质、数据间的联系等。数据结构是数据模型的基础，是所研究的对象类型的集合，它包括数据的内部组成和对外联系。数据操作和约束都建立在数据结构上，不同的数据结构具有不同的操作和约束。

数据操作：数据操作是指对数据库中各种数据对象允许执行的操作集合，数据模型中数据操作主要描述在相应的数据结构上的操作类型和操作方式两部分内容。

数据约束：数据约束条件是一组数据完整性规则的集合，它是数据模型中的数据及其联系所具有的制约和依存规则。数据模型中的数据约束主要描述数据结构内数据间的语法、词义联系，它们之间的制约和依存关系，以及数据动态变化的规则，以保证数据的正确、有效和相容。

（2）数据模型的分类

数据模型按不同的应用层次分成三种类型，分别是概念数据模型、逻辑数据模型和物理数据模型。

概念数据模型（Conceptual Data Model）：简称概念模型，是面向数据库用户的实现世界的模型，主要用来描述世界的概念化结构，它使数据库的设计人员在设计的初始阶段，摆脱计算机系统及 DBMS 的具体技术问题，集中精力分析数据以及数据之间的联系等，与具体的数据管理系统（Data Base Management System，DBMS）无关。概念数据模型必须换成逻辑数据模型，才能在 DBMS 中实现。在概念数据模型中最常用的是 E-R 模型、扩充的 E-R 模型、面向对象模型及谓词模型。

逻辑数据模型（Logical Data Model）：简称数据模型，这是用户从数据库所看到的模型，是具体的 DBMS 所支持的数据模型，如网状数据模型（Network Data Model）、层次数据模型（Hierarchical Data Model）等。此模型既要面向用户，又要面向系统，主要用于数据库管理系统（DBMS）的实现。在逻辑数据类型中最常用的是层次模型、网状模型和关系模型。

物理数据模型（Physical Data Model）：简称物理模型，是面向计算机物理表示的模型，描述了数据在存储介质上的组织结构，它不但与具体的 DBMS 有关，而且还与操作系统和硬件有关。每一种逻辑数据模型在实现时都有其对应的物理数据模型。DBMS 为了保证其独立性与可移植性，大部分物理数据模型的实现工作由系统自动完成，而设计者只设计索引、聚集等特殊结构。

数据模型是数据库系统与用户的接口，是用户所看到的数据形式。人们希望数据模型尽可能自然地反映现实世界和接近人类对现实世界的观察与理解，也就是数据模型要面向用户。但是数据模型同时又是数据库管理系统实现的基础，它对系统的复杂性性能影响颇大。从这个意义来说，人们又希望数据模型能够接近在计算机中的物理表示，以期便于实现，减小开销，也就是说，数据模型还不得不在一定程度上面向计算机。

与程序设计语言相平行，数据模型也经历着从低向高的发展过程。从面向计算机逐步发展到面向用户；从面向实现逐步发展到面向应用；从语义甚少发展到语义较多；从面向记录逐步发展到面向多样化的、复杂的事物；从单纯直接表示数据发展到兼有推导数据的功能。总之，随着计算机及其应用的发展，数据模型也在不断地发展。

3. 常见的数据库管理系统

目前，流行的数据库管理系统有许多种，大致可分为文件、小型桌面数据库、大型商业数据库、开源数据库等。文件多以文本字符型方式出现，用来保存论文、公文、电子书等。小型桌面数据库主要是运行在 Windows 操作系统下的桌面数据库，如 Microsoft Access、Visual FoxPro 等，适合于初学者学习和管理小规模数据用。以 Oracle 为代表的大型关系数据库，更适合大型中央集中式数据管理场合，这些数据库可存放几十 GB 至上百 GB 的大量数据，并且支持多客户端访问。开源数据库即“开放源代码”的数据库，如 MySQL，其在 WWW 网站建设中应用较广。

（1）小型桌面数据库 Access

Access 是 Microsoft Office 办公软件的组件之一，是当前 Windows 环境下非常流行的桌面型数据库管理系统。使用 Microsoft Access 数据库无须编写任何代码，只需通过直观的可视化操作就可以完成大部分的数据库管理工作。Access 是一个面向对象的、采用事件驱动的关系型数据库管理系统。通过 ODBC（Open DataBase Connectivity，开放数据库互连）可以与其他数据库相连，实现数据交换和数据共享，也可以与 Word、Excel 等办公软件进行数据交换和数据共享，还可以采用对象链接与嵌入（OLE）技术在数据库中嵌入和链接音频、视频、图像等多媒体数据。

（2）Microsoft SQL Server

SQL Server 是大型的关系数据库，适合中型企业使用。建立于 Windows NT 的可伸缩性和可管理性之上，提供功能强大的客户/服务器平台，高性能客户/服务器结构的数据库管理系统可以将 Visual Basic、Visual C++作为客户端开发工具，而将 SQL Server 作为存储数据的后台服务器软件。

SQL Server 有多种实用程序允许用户来访问它的服务，用户可以用这些实用程序对 SQL Server 进行本地管理或远程管理。随着 SQL Server 产品性能的不断扩大和改善，已经在数据库系统领域占有非常重要的地位。

SQL（Structured Query Language）的含义是结构化查询语言，是一种介于关系代数与关系演算之间的语言，其功能包括查询、操纵、定义和控制 4 个方面，是一个通用的功能极强的关系数据库标准语言。目前，SQL 已经被确定为关系数据库系统的国际标准，被绝大多数商品化的关系数据库系统采用，受到用户的普遍接受。利用它，用户可以用几乎同样的语句在不同的数据库系统上执行同样的操作。

SQL 还是与数据库管理系统（DBMS）进行通信的一种语言和工具。将 DBMS 的组件联系在一起，可以为用户提供强大的功能，使用户可以方便地进行数据库的管理和数据的操作。通过 SQL 命令，程序员或数据库管理员（DBA）可以完成以下功能。

- 建立数据库的表格。
- 改变数据库系统环境设置。
- 让用户自己定义所存储数据的结构，以及所存储数据各项之间的关系。

- 让用户或应用程序可以向数据库中增加新的数据、删除旧的数据以及修改已有数据，有效地支持了数据库数据的更新。
- 使用户或应用程序可以从数据库中按照自己的需要查询数据并组织使用它们，其中包括子查询、查询的嵌套、视图等复杂的检索。能对用户和应用程序访问数据、添加数据等操作的权限进行限制，以防止未经授权的访问，有效地保护数据库的安全。
- 使用户或应用程序可以修改数据库的结构。
- 使用户可以定义约束规则，定义的规则将保存在数据库内部，可以防止因数据库更新过程中的意外或系统错误而导致的数据库崩溃。

SQL 几乎可以不加修改地嵌入到如 Visual Basic、Power Builder 这样的前端开发平台上，利用前端工具的计算能力和 SQL 的数据库操纵能力，快速建立数据库应用程序。

（3）Oracle

Oracle 是一种对象关系数据库管理系统（ORDBMS），它提供了关系数据库系统和面向对象数据库系统这两者的功能。Oracle 是目前最流行的客户/服务器（Client/Server）体系结构的数据库之一，它在数据库领域一直处于领先地位。1984 年，首先将关系数据库转到了桌面计算机上。然后，Oracle 的版本 5，率先推出了分布式数据库、客户/服务器结构等崭新的概念。Oracle 是以高级结构化查询语言（SQL）为基础的大型关系数据库，通俗地说，它是用方便逻辑管理的语言操纵大量有规律数据的集合，是目前最流行的客户/服务器体系结构的数据库之一，是目前世界上最流行的大型关系数据库管理系统，具有移植性好、使用方便、性能强大等特点，适合于各类大、中、小、微机和专用服务器环境。

（4）IBM DB2

DB2 是 IBM 公司的产品，起源于 System R 和 System R*。它支持从 PC 到 UNIX，从中小型机到大型机，从 IBM 到非 IBM（HP 及 SUN UNIX 系统等）各种操作平台。它既可以在主机上以主/从方式独立运行，也可以在客户/服务器环境中运行。其中，服务器平台可以是 OS/400、AIX、OS/2、HP-UNIX、SUN-Solaris 等操作系统，客户机平台可以是 OS/2 或 Windows、Dos、AIX、HP-UX、SUN Solaris 等操作系统。

DB2 数据库核心又称作 DB2 公共服务器，采用多进程多线索体系结构，可以运行于多种操作系统之上，并分别根据相应平台环境做了调整和优化，以便能够达到较好的性能。

（5）Sybase

它是美国 Sybase 公司研制的一种关系型数据库系统，是一种典型的 UNIX 或 Windows NT 平台上客户机/服务器环境下的大型数据库系统。Sybase 提供了一套应用程序编程接口和库，可以与非 Sybase 数据源及服务器集成，允许在多个数据库之间复制数据 ，适用于创建多层应用。系统具有完备的触发器、存储过程、规则以及完整性定义，支持优化查询，具有较好的数据安全性。一般关于网络工程方面都会用到，而且目前在其他方面应用也较广阔。

1.6.4 软件工程

1. 软件危机与软件工程

随着计算机软件规模的扩大，软件本身的复杂性不断增加，研制周期显著变长，正确性难以保证，软件开发费用上涨，生产效率急剧下降，从而出现了人们难以控制软件发展的局面，即所谓的“软件危机”。软件危机主要表现在：

- 软件需求的增长得不到满足；
- 软件开发成本和进度无法控制；
- 软件质量难以保证；
- 软件不可维护或维护程度非常低；
- 软件成本不断提高；
- 软件开发生产效率的提高赶不上硬件的发展和应用需求的增长。

总之，可以将软件危机归结为成本、质量和生产率等问题。

为了摆脱软件危机，北大西洋公约组织成员国软件工作者于 1968 年和 1969 年两次召开会议（NATO 会议），认识早期软件开发中所存在的问题和产生问题的原因，提出软件工程的概念。

我国国家标准（简称国标，GB）中指出，软件工程是应用于计算机软件的定义、开发和维护的一整套方法、工具、文档、实践标准和工序。而软件（Software）是与计算机系统操作有关的计算机程序、规程、规则，以及可能有的文件、文档及数据。

软件工程包括 3 个要素，即方法、工具和过程。方法是完成软件工程项目的技术手段；工具支持软件的开发、管理、文档生成；过程支持软件开发的各个环节的控制、管理。

2．软件生命周期

（1）软件生命周期的概念

一个软件从定义、开发、使用和维护，直到最终被废弃而退役，要经历一个漫长的时期，这就如同一个人要经过胎儿、儿童、青年、中年和老年，直到最终死亡的漫长时期一样。

通常把软件产品从提出、实现、使用、维护到停止使用、退役的过程称为软件生命周期。软件生命周期分为 3 个时期共 8 个阶段。

- 软件定义期：包括问题定义、可行性研究和需求分析 3 个阶段。
- 软件开发期：包括概要设计、详细设计、实现和测试 4 个阶段。
- 运行维护期：即运行维护阶段。

软件生命周期各个阶段的活动可以有重复，执行时也可以有迭代，如图 1.20 所示。

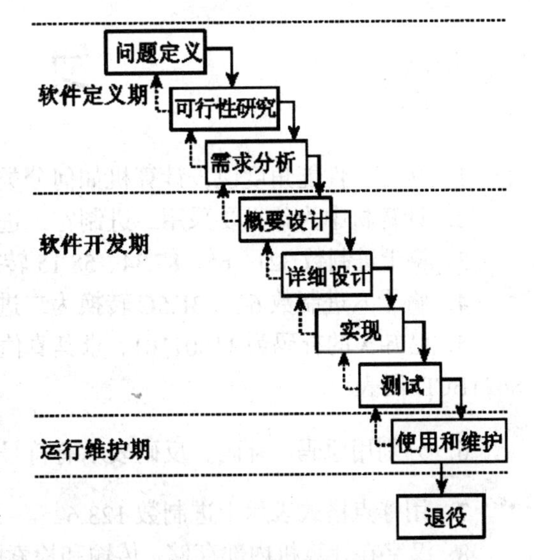

图 1.20　软件生命周期

（2）软件生命周期各阶段的主要任务

图 1.20 所示的软件生命周期各阶段主要任务如下。

问题定义。确定要求解决的问题是什么。

可行性研究与计划制订。决定该问题是否存在一个可行的解决办法，制订完成开发任务的实施计划。

需求分析。对待开发软件提出需求进行分析并给出详细定义。编写软件规格说明书及初步的用户手册，提交评审。

软件设计。通常分为概要设计和详细设计两个阶段，给出软件的结构、模块的划分、功能的分配以及处理流程。该阶段提交评审的文档有概要设计说明书、详细设计说明书和测试计划初稿。

软件实现。在软件设计的基础上编写程序。该阶段完成的文档有用户手册、操作手册等面向用户的文档，以及为下一步做准备而编写的单元测试计划。

软件测试。在设计测试用例的基础上，检验软件的各个组成部分。编写测试分析报告。

运行维护。将已交付的软件投入运行，同时不断地维护，进行必要而且可行的扩充和删改。

3. 软件工程的目标和研究内容

软件工程的目标是：在给定成本、进度的前提下，开发出具有有效性、可靠性、可理解性、可维护性、可重用性、可适应性、可移植性、可追踪性和可互操作性且满足用户需求的产品。

软件工程研究的内容主要包括：软件开发技术和软件工程管理。

软件开发技术包括软件开发方法学、开发过程、开发工具和软件工程环境，其主体内容是软件开发方法学。软件开发方法学是从不同的软件类型，按不同的观点和原则，对软件开发中应遵循的策略、原则、步骤和必须产生的文档资料做出规定，从而使软件的开发能够规范化和工程化，以克服早期的手工方式生产中的随意性和非规范性。

软件工程管理包括软件管理学、软件工程经济学、软件心理学等内容。软件工程管理是软件按工程化生产时的重要环节，它要求按照预先制定的计划、进度和预算执行，以实现预期的经济效益和社会效益。工程管理包括人员组织、进度安排、质量保证、成本核算等；软件工程经济学是研究软件开发中对成本的估算、成本效益分析的方法和技术。它应用经济学的基本原理来研究软件工程开发中的经济效益问题；软件心理学从个体心理、人类行为、组织行为和企业文化等角度来研究软件管理和软件工程的。

习 题 1

1. 从综合性能角度说，计算机如何分类？

2. 计算机中为什么要采用二进制？二进制的基本运算规则如何？

3. 将十进制数 321、65、87.34、58.15 转换成为转换为二进制数、八进制数和十六进制数。

4. 将十六进制数 6C、3F.5C 转换为二进制数、八进制数和十进制数。

5. 已知X的补码为 11001101，求其真值。将二进制数+1100101B 转换为十进制数，并用8421BCD 码表示。

6. 分别用原码、补码、反码表示有符号数+102 和−103。

7. 用浮点格式表示十进制数 123.625。

8. 汉字在计算机内部存储、传输和检索的代码称为什么码？汉字输入码到该代码的变换由什么来完成？

9. 微型计算机系统由哪几部分组成？其中硬件包括哪几部分？软件包括哪几部分？各部分的功能如何？

10. 微型计算机的存储体系如何？内存和外存各有什么特点？

11. 表示计算机存储器容量的单位是什么？如何由地址总线的根数来计算存储器的容量？KB、MB、GB 代表什么意思？

12. 什么是总线？它的作用是什么？

13. 目前常用的外设接口标准有哪几种？

14. 什么是 RAM、ROM？两者有何区别？简述 PROM、EPROM、EEPROM 的特点。

15. 简述结构化程序设计的基本原则。

16. 什么是编译程序？什么是解释程序？

17. 简述软件生命周期各阶段的主要任务。

第二章

操作系统

本章首先对操作系统做了总体概述，包括操作系统的定义、发展、分类等方面进行简要说明，然后介绍了操作系统的五大功能。接下来以 Windows 7 为例，详细讲述操作系统的功能和使用方法，最后简要介绍 Windows 8 操作系统的特点。内容由浅入深，知识覆盖面广，注重对实际操作能力的培养。

2.1　操作系统概述

2.1.1　操作系统的概念

为了使计算机系统中所有软硬件资源协调一致、有条不紊地工作，就必须有一套软件来进行统一的管理和调度，这种软件就是操作系统。操作系统是管理软硬件资源、控制程序执行、改善人机界面、合理组织计算机工作流程和为用户使用计算机提供良好运行环境的一种系统软件。计算机系统不能缺少操作系统，正如人不能没有大脑一样，而且操作系统的性能在很大程度上直接决定整个计算机系统的性能。操作系统直接运行在裸机上，是对计算机硬件系统的第一次扩充。在操作系统的支持下，计算机才能运行其他的软件。从用户的角度看，操作系统加上计算机硬件系统形成一台虚拟机（通常广义上的计算机），它为用户构成了一个方便、有效、友好的使用环境。因此可以说，操作系统不但是计算机硬件与其他软件的接口，而且也是用户和计算机的接口。

2.1.2　操作系统的发展

1. DOS 操作系统

DOS（Disk Operating System）即磁盘操作系统，它是配置在 PC 上的单用户命令行界面操作系统。它曾经被最广泛地应用在 PC 上，对于计算机的应用普及可以说是功不可没的。其功能主要是进行文件管理和设备管理。

2. Windows 操作系统

从 1983 年到 1998 年，美国微软公司陆续推出了 Windows 1.0、Windows 2.0、Windows 3.0、

Windows 3.1、Windows NT、Windows 95、Windows 98 等系列操作系统。Windows 98 以前版本的操作系统都由于存在某些缺点而很快被淘汰。而 Windows 98 提供了更强大的多媒体和网络通信功能，以及更加安全可靠的系统保护措施和控制机制，从而使 Windows 98 系统的功能趋于完善。1998 年 8 月，Microsoft 公司推出了 Windows 98 中文版，这个版本当时应用非常广泛。

2000 年，微软公司推出了 Windows 2000 的英文版。Windows 2000 也就是改名后的 Windows NT5，Windows 2000 具有许多意义深远的新特性。同年，又发行了 Windows Me 操作系统。

2001 年，微软公司推出了 Windows XP。Windows XP 整合了 Windows 2000 的强大功能特性，并植入了新的网络单元和安全技术，具有界面时尚、使用便捷、集成度高、安全性好等优点。

2005 年，微软公司又在 Windows XP 的基础上推出了 Windows Vista。Windows Vista 仍然保留了 Windows XP 整体优良的特性，通过进一步完善，在安全性、可靠性及互动体验等方面更为突出和完善。

Windows 7 第一次在操作系统中引入 Life Immersion 概念，即在系统中集成许多人性因素，一切以人为本，同时沿用了 Vista 的 Aero（Authentic 真实，Energetic 动感，Reflective 反射性，Open 开阔）界面，提供了高质量的视觉感受，使得桌面更加流畅、稳定。为了满足不同定位用户群体的需要，Windows 7 提供了 5 个不同版本：家庭普通版（HomeBasic 版）、家庭高级版（Home Premium 版）、商用版（Business 版）、企业版（Enterprise 版）和旗舰版（Ultimate 版）。2009 年 10 月 22 日，微软公司于美国正式发布 Windows 7 作为微软公司新的操作系统。

目前，微软公司正在陆续发布 Windows 8 的各种版本。

3．UNLX 与 Linux 操作系统

1971 年，UNIX 诞生于美国 AT&T 公司的贝尔实验室。经过三十多年的发展和完善，UNIX 已经成为一种主流的操作系统技术，基于此项技术的产品也形成了一个大家族。一直以来，UNIX 技术始终处于国际操作系统领域的主流地位。它支持多个用户和多任务网络且数据库功能强，可靠性高，伸缩性突出，并支持多种处理器架构，在巨型计算机、服务器和普通个人计算机等多种硬件平台上均可运行。

UNIX 的家族庞大，从贝尔实验室的 IMIX V，到伯克利的 BSD，再到 DEC 的 Ultrx、惠普的 HP-WX、IBM 的 AIX、SGI 的 IRIX、Novell 的 UnixWare、SCO 的 OpenSver、Compaq 的 Tru64 UNIX 等，甚至苹果公司的 Mac OS X、教学用的 Minix 和开源 Linux 等都可以从 UNIX 版本演化或者技术属性上归入 UNIX 类系统操作，它们为 UNIX 的繁荣做出了巨大贡献。

Linux 是一套免费使用和自由传播的类似 UNIX 操作系统，是一个基于多用户、多任务、支持多线程和多 CPU 的操作系统。它能运行主要的 UNIX 工具软件、应用程序和网络协议。

Linux 最初由一个芬兰的大学生 Linus Torvalds 编写，他将源代码公开并放到 Internet 传播，后来被全球各地成千上万的程序员完善。其目的是建立不受任何商品化软件版权制约的、全世界都能自由使用的 UNIX 兼容产品。

我国中科红旗软件技术公司也研制开发了一套相应的 Linux 产品——红旗 Linux，目前红旗 Linux 在政府机关、企事业单位有着广泛的应用。

现在，UNIX、Linux和Windows成为三大类主流操作系统。UNIX作为应用面最广、影响力最大的操作系统，一直是关键应用中的首选操作系统。从技术属性上看，Linux应当归属于类UNIX操作系统（UNIX-like），但Linux作为UNIX技术的继承者，已日渐成为UNIX后续发展的重要替代品和有力竞争者。面对Linux的冲击，传统UNIX厂商，包括Sun、SCO、IBM、惠普、SGI和Compaq等在对立、支持或观望中做着不同的选择。而在高速发展的同时，Linux也面临着不同发行版本之间的不兼容以及Linux与GNU理念及其Hurd内核之间潜在的冲突隐患。此外，传统商业UNIX厂商还通过并购以及不停地发布功能不断增强的UNIX新版本来完善自己。

2.1.3 操作系统的分类

经过了50多年的迅速发展，操作系统多种多样，功能也相差很大，已经发展到能够适应各种不同的应用环境和各种不同的硬件配置。操作系统按不同的分类标准可分为不同类型的操作系统，如图2.1所示。

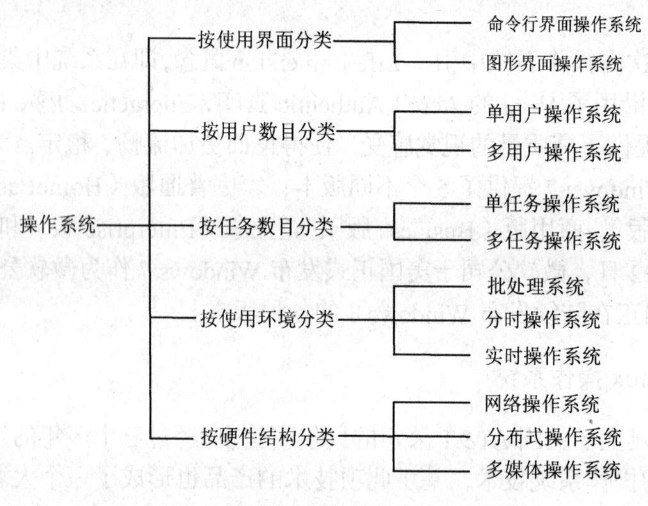

图2.1 操作系统的分类示意图

1．按与用户交互的界面分类

（1）命令行界面操作系统

在命令行界面操作系统中，用户只能在命令提示符后（如C:\>）输入命令才能操作计算机。其界面不友好，用户需要记忆各种命令，否则无法使用系统，如MSDOS、Novell等系统。

（2）图形界面操作系统

图形界面操作系统交互性好，用户无须记忆命令，可根据界面的提示进行操作，简单易学，如Windows系统。

2．按能够支持的用户数目分类

（1）单用户操作系统

单用户操作系统只允许一个用户使用操作系统，该用户独占计算机系统的全部软、硬件资源。在微型计算机上使用的MS-DOS、Windows 3.x和OS/2等属于单用户操作系统。

单用户操作系统可分为单任务操作系统和多任务操作系统。其区别是一台计算机能否同时执行两项（含两项）以上的任务，如在数据统计的同时能否播放音乐等。

（2）多用户操作系统

多用户操作系统是在一台主机上连接有若干台终端，能够支持多个用户同时通过这些终端机使用该主机进行工作。根据各用户占用该主机资源的方式，多用户操作系统又分为分时操作系统和实时操作系统。典型的多用户操作系统有UNIX、Linux、VAX-VMS等。

3. 按是否能够运行多个任务分类

（1）单任务操作系统

单任务操作系统的主要特征是系统每次只能执行一个程序。例如，在打印时，微机就不能再进行其他工作了，如DOS操作系统。

（2）多任务操作系统

多任务操作系统允许同时运行两个以上的程序。例如，在打印时，可以同时执行另一个程序，如Windows NT、Windows 2000/XP、Windows Vista/7、UNIX等系统。

4. 按使用环境分类

（1）批处理操作系统

将若干作业按一定的顺序统一交给计算机系统，由计算机自动地、顺序地完成这些作业，这样的系统称为批处理系统。批处理系统的主要特点是用户脱机使用计算机和成批处理，从而大大提高了系统资源的利用率和系统的吞吐量，如MVX、DOS/VSE、AOS/V等操作系统。

（2）分时操作系统

分时操作系统是一台主机带有若干台终端，CPU按照预先分配给各个终端的时间片，轮流为各个终端服务，即各个用户分时共享计算机系统的资源。它是一种多用户系统，其特点是具有交互性、即时性、同时性和独占性，如UNIX、XENIX等操作系统。

（3）实时操作系统

实时操作系统是对来自外界的信息在规定的时间内即时响应并进行处理的系统。它的两大特点是响应的即时性和系统的高可靠性，如IRMX、VRTX等操作系统。

5. 按硬件结构分类

（1）网络操作系统

网络操作系统是用来管理连接在计算机网络上的多个独立的计算机系统（包括微机、无盘工作站、大型机和中小型机系统等），使它们在各自原来操作系统的基础上实现相互之间的数据交换、资源共享、相互操作等网络管理和网络应用的操作系统。连接在网络上的计算机被称为网络工作站，简称工作站。工作站和终端的区别是前者具有自己的操作系统和数据处理能力，后者要通过主机实现运算操作，如Netware、Windows NT、OS/2Warp、Sonos操作系统。

（2）分布式操作系统

分布式操作系统也是通过通信网络将物理上分布存在的、具有独立运算功能的数据处理系统或者计算机系统连接起来，实现信息交换、资源共享和协作完成任务的系统。分布式操作系统的管理系统中全部资源，为用户提供一个统一的界面，强调分布式计算和处理，更强调系统的坚强性、重构性、容错性、可靠性和快速性。从物理连接上看它与网络系统十分相似，它与一般网络系统的主要区别表现在：当操作人员向系统发出命令后能迅速得到处理结果，但运算处理是在系统中的哪台计算机上完成的操作人员并不知道，如 Amoeba 操作系统。

（3）多媒体操作系统

多媒体计算机是近几年发展起来的集文字、图形、声音、动画于一体的计算机。多媒体操作系统对上述各种信息和资源进行管理，包括数据压缩、声像同步、文件格式管理、设备管理、提供用户接口等。

6. 手机操作系统

Android 操作系统。Android 是基于 Linux 内核的操作系统，是 Google 公司在 2007 年 11 月 5 日公布的手机操作系统，早期由 Google 开发，后由开放手持设备联盟（Open Handset Alliance）开发。它采用了软件堆层（Software Stack，又名以软件叠层）的架构，主要分为三部分。底层 Linux 内核只提供基本功能；其他的应用软件则由各公司自行开发，部分程序用 Java 编写。

iPhone 操作系统。iPhone OS 或 OS X iPhone 是由苹果公司为 iPhone 开发的操作系统，它主要是给 iPhone、iPod、iTouch 和最新的 iPad 使用。就像其基于的 Mac OS X 操作系统一样，它也是以 Darwin 为基础的。iPhone OS 的系统架构分为四个层次：核心操作系统层（the Core OS layr）、核心服务层（the Core Servicer）、媒体层（the Media layer）、可轻储层（the Cocoa Touch layer）。

Symbian 是一个实时性、多任务的纯 32 位操作系统，具有功耗低、内存占用少等特点，在有限的内存和外存情况下，Symbian 非常适合手机等移动设备使用，经过不断完善，可以支持 GPRS、蓝牙、SyncML 以及 3G 技术。它包含联合的数据库、使用者界面架构和公共工具的参考实现，它的前身是 Psion 的 EPOC。最重要的是它是一个标准化的开放式平台，任何人都可以为支持 Symbian 的设备开发软件。与微软产品不同的是，Symbian 将移动设备的通用技术，也就是操作系统的内核，与图形用户界面技术分开，能很好地适应不同方式输入的平台，也使厂商可以为自己的产品制作更加友好的操作界面，符合个性化的潮流，这也是用户能见到不同样子的 Symbian 系统的主要原因。为这个平台开发的 Java 程序在互联网上盛行。用户可以通过安装软件，扩展手机功能。

2.2 操作系统的基本功能

操作系统作为计算机系统的管理者，它的主要功能是对系统所有的软硬件资源进行合理而有效的管理和调度，提高计算机系统的整体性能。一般而言，引入操作系统有两个目的：第一，从用户角度来看，操作系统将裸机改造成一台功能更强、服务质量更高、用户使用起来更加灵活方便、更加安全可靠的虚拟机，使用户无须了解更多有关硬件和软件的细节就能使用计算机，从而提高用户的工作效率；第二，为了合理地使用系统包含的各种软硬件资源，提高整个系统的使用效率。具体地说，操作系统具有处理器管理、存储管理、设备管理、文件管理、作业管理等功能。

2.2.1 处理机管理

处理机管理也称进程管理。进程是一个动态的过程，是执行起来的程序，是系统进行资源调度和分配的独立单位。

进程与程序的区别，有以下 4 点。

- 程序是“静止”的，它描述的是静态指令集合及相关的数据结构，所以程序是无生命的；进程是“活动”的，它描述的是程序执行起来的动态行为，所以进程是有生命周期的。
- 程序可以脱离机器长期保存，即使不执行的程序也是存在的。而进程是执行着的程序，当程序执行完毕，进程也就不存在了。进程的生命是暂时的。
- 程序不具有并发特征，不占用 CPU、存储器、输入/输出设备等系统资源，因此不会受到其他程序的制约和影响。进程具有并发性，在并发执行时，由于需要使用 CPU、存储器、输入/输出设备等系统资源，因此受到其他进程的制约和影响。
- 进程与程序不是一一对应的。一个程序多次执行，可以产生多个不同的进程。一个进程也可以对应多个程序。

进程在其生命周期内，由于受资源制约，其执行过程是间断的，因此进程状态也是不断变化的。一般来说，进程有以下 3 种基本状态。

- 就绪状态。进程已经获取了除 CPU 之外所必需的一切资源，一旦分配到 CPU，就可以立即执行。
- 运行状态。进程获得了 CPU 及其他一切所需的资源，正在运行。
- 等待状态。由于某种资源得不到满足，进程运行受阻，处于暂停状态，等待分配到所需资源后，再投入运行。

操作系统对进程的管理主要体现在调度和管理进程从“创生”到“消亡”整个生命周期过程中的所有活动，包括创建进程、转变进程的状态、执行进程和撤销进程等操作。

2.2.2 存储管理

存储器是计算机系统中存放各种信息的主要场所，因而是系统的关键资源之一，能否合理、有效地使用这种资源，在很大程度上影响到整个计算机系统的性能。操作系统的存储管理主要是对内存的管理。除了为各个作业及进程分配互不发生冲突的内存空间，保护放在内存中的程序和数据不被破坏外，还要组织最大限度地共享内存空间，甚至将内存和外存结合起来，为用户提供一个容量比实际内存大得多的虚拟存储空间。

2.2.3 设备管理

外部设备是计算机系统中完成和人及其他系统间进行信息交流的重要资源，也是系统中最具多样性和变化性的部分。设备管理是负责对接入本计算机系统的所有外部设备进行管理，主要功能有设备分配、设备驱动、缓冲管理、数据传输控制、中断控制、故障处理等。常采用缓冲、中断、通道、虚拟设备等技术尽可能地使外部设备和主机并行工作，解决快速 CPU 与慢速外部设备的矛盾，使用户不必去涉及具体设备的物理特性和具体控制命令就能方便、灵活地使用这些设备。

2.3.4 文件管理

计算机中存放着成千上万的文件，这些文件保存在外存中，但其处理却是在内存中进行的。对文件的组织管理和操作都是由被称为文件系统的软件来完成的。文件系统由文件、管理文件的软件和相应的数据结构组成。文件管理支持文件的建立、存储、检索、调用、修改等操作，解决文件的共享、保密、保护等问题，并提供方便的用户使用界面，使用户能实现对文件的按名存取，而不必关心文件在磁盘上的存放细节。

2.3.5 作业管理

作业管理是为处理机管理做准备的，包括对作业的组织、调度和运行控制。我们将一次解题过程中或者一个事务处理过程中要求计算机系统所完成的工作的集合，包括要执行的全部程序模块和需要处理的全部数据，称为一个作业（Job）。

作业有 3 个状态：当作业被输入到系统的后备存储器中，并建立了作业控制模块（Job Control Block，JCB）时，称其处于后备态；作业被作业调度程序选中并为它分配了必要的资源，建立了一组相应的进程时，称其处于运行态；作业正常完成或者因程序出错等而被终止运行时，称其进入完成态。

CPU 是整个计算机系统中较昂贵的资源，它的速度要比其他硬件快得多，所以操作系统要采用各种方式充分利用它的处理能力，组织多个作业同时运行，主要解决对处理器的调度、冲突处理和资源回收等问题。

2.3 中文 Windows 7 使用基础

2.3.1 Windows 7 的桌面

在第一次启动 Windows 7 时，首先看到桌面，即整个屏幕区域（用来显示信息的有效范围）。为了简洁，桌面只保留了“回收站”图标。我们在 Windows XP 中熟悉的“我的电脑”、“Internet Explorer”、“我的文档”、“网上邻居”等图标被整理到了“开始”菜单中。“开始”菜单带有用户的个人特色，由两个部分组成，左边是常用程序的快捷列表，右边为系统工具和文件管理工具列表。

Windows 7 仍然保留了大部分 Windows 9x、Windows NT 和 Windows 2000/XP 等操作系统用户的操作习惯及与其一致的桌面模式，如图 2.2 所示。

桌面由桌面背景、图标、任务栏、“开始”菜单、语言栏和通知区域组成。桌面上放置有各式各样的图标，如“我的文档”、“我的电脑”、“网上邻居”、“回收站”和“Internet Explorer”图标。图标的多少与系统设置有关。

图 2.2　Windows 7 的桌面

1. 图标

每个图标由两部分组成，一是图标的图案，二是图标的标题。图案部分是图标的图形标识，为了便于区别，不同的图标一般使用不同的图案。标题是说明图标的文字信息。图标的图案和标题都可以修改。

桌面上的图标有一部分是快捷方式图标，其特征是在图案的左下方有一个向右上方的箭头。快捷方式图标是用来方便启动与其相对应的应用程序，快捷方式图标只是相应应用程序的一个映像，它的删除并不影响应用程序的存在。

为了保持桌面的整洁和美观，可以用以下几种方式对桌面上的图标进行排列。

- 用鼠标拖动：先选中要拖动的图标（可以是一个，也可多个），然后按住鼠标左键把图标拖到适当的位置松开即可。
- 使用快捷菜单：在桌面的空白处（即没有图标和窗口的地方）单击鼠标右键，在弹出的快捷菜单中选择“查看”、“排序方式”，然后根据需求对桌面图标进行自动排列。

桌面上图标的大小可以调整，最简单的方法是：按住<Ctrl>键的同时，向上或向下滚动鼠标轮即可改变图标的大小。

2. 任务栏

在桌面的底部有一个长条，称为“任务栏”。“任务栏”的左端是“开始”按钮，右边是窗口区域、语言栏、工具栏、通知区域、时钟区等，最右端为显示桌面按钮，中间是应用程序按钮分布区。工具栏默认不显示，它的显示与否可以通过“任务栏”和“「开始」菜单属性”里的“工具栏”进行设置。

- “开始”按钮。“开始”按钮是 Windows 7 进行工作的起点，在这里不仅可以使用 Windows 7 提供的附件和各种应用程序，而且还可以安装各种应用程序以及对计算机进行各项设置等。在 Windows 7 中取消了 Windows XP 中的快速启动栏，取而代之的是用户可以直接把程序附加在任务栏上快速启动。
- 时钟。显示当前计算机的时间和日期。若要了解当前的日期，只需要将光标移动到时钟上，信息会自动显示。单击该图标，可以显示当前的日期和时间及设置信息。
- 空白区。每当用户启动一个应用程序时，应用程序就会作为一个按钮出现在任务栏上。当该程序处于活动状态时，任务栏上的相应按钮是处于被按下的状态，否则，处于弹起状态。可利用此区域在多个应用程序之间进行切换（只需要单击相应的应用程序按钮即可）。

任务栏在默认情况下，总是出现在屏幕的底部，而且不被其他窗口所覆盖，其高度只能够容纳一行按钮。在任务栏为非锁定状态时，将鼠标指针移到任务栏的边缘附近，当鼠标指针变成上下箭头形状时按住鼠标左键上下拖动，就可改变任务栏的高度（最高到屏幕高度的一半）。若用鼠标拖动任务栏，可以将任务栏拖到屏幕的上、下、左、右 4 个边缘位置。

在 Windows 7 中也可根据个人的喜好定制任务栏。右键单击任务栏的空白处，在弹出的快捷菜单中选择“属性”命令，出现“任务栏和「开始」菜单属性”对话框，选择“任务栏”选项卡，出现如图 2.3 所示的对话框。

设置包括：锁定任务栏、自动隐藏任务栏、使用小图标、屏幕上的任务栏位置、任务栏按钮、通知区域和使用 Aero Peek 预览桌面。

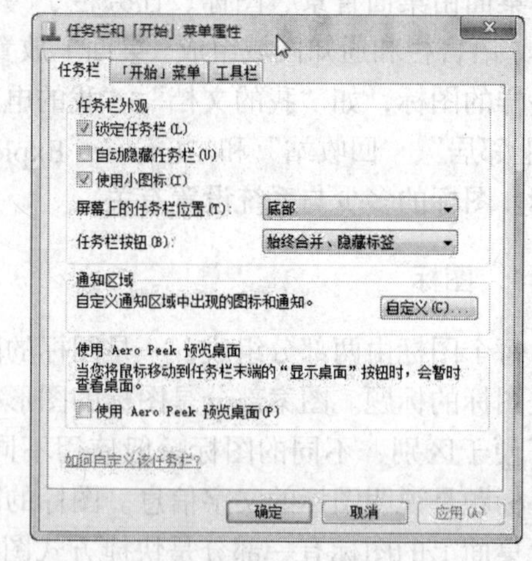

图 2.3　“任务栏和「开始」菜单属性”对话框

3．“开始”菜单

单击“开始”按钮会弹出“开始”菜单。开始菜单集成了 Windows 7 中大部分的应用程序和系统设置工具，如图 2.4 所示（普通方式下），显示的具体内容与计算机的设置和安装的软件有关。

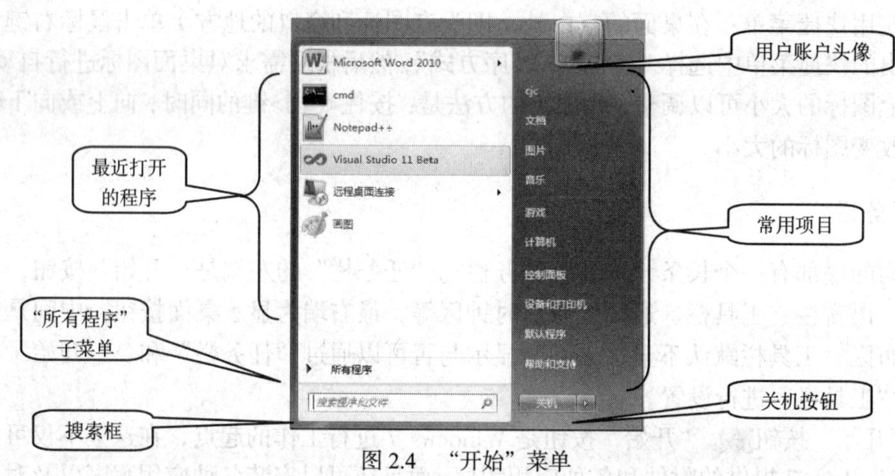

图 2.4　“开始”菜单

在“开始”菜单中，每一项菜单除了有文字之外，还有一些标记，其中，文字是该菜单项的标题，图案是为了美观和好看；文件夹图标表示里面有菜单；“▶”或者“◀”表示显示或隐藏子菜单项；字母表示当该菜单项在显示时，直接按该字母就可以打开相应的菜单项。当某个菜单项灰色时，表示此时不可用。

当“开始”菜单显示之后，可以用键盘或鼠标进行选择某一项来执行相应的操作。选择的方法有以下两种。

- 单击要用的菜单项。
- 用键盘上的上下箭头移动光标到要用的菜单项上（此菜单项高亮显示），然后按回车键。

“开始”菜单最常用的是打开安装到计算机中的应用程序，由常用程序列表、搜索框、右侧窗格、关机按钮及其他选项组成。

菜单中主要项如下。

- 关闭计算机：选择此命令后，计算机会执行快速关机命令，默认有 5 个选项，包括切换用户、注销、锁定、重新启动和睡眠。
- 搜索框：使用搜索框可以快速找到所需要的程序和文件。搜索框还能取代“运行”对话框，在搜索框中输入程序名，可以启动程序。
- 所有程序菜单：单击该菜单项，会列出一个按字母顺序排列的程序列表，在程序列表的下方还有一个文件夹列表。单击程序列表中的某个程序图标来打开该应用程序。打开应用程序的同时，“开始”菜单会自动关闭。
- 帮助和支持：该命令可打开“帮助和支持中心”窗口，也可通过<F1>功能键打开。在帮助窗口中，可以通过两种方式获得帮助。
- 常用项目：我们可以通过常用项目中的游戏、计算机、控制面板、设备和打印机等菜单进行快速访问及其他操作。
- 列表栏：列出用户最近使用过的文档或者程序。
- 运行栏：可以使用该命令来启动或者打开文档。

2.3.2 Windows 7 窗口

Windows 7 窗口在屏幕上呈一个矩形，是用户和计算机进行信息交换的界面。

1. 窗口的分类

窗口一般分为应用程序窗口、文档窗口和对话框窗口。

应用程序窗口：表示一个正在运行的应用程序。

文档窗口：在应用程序中用来显示文档信息的窗口。文档窗口顶部有自己的名字，但没有自己的菜单栏，它共享应用程序的菜单栏。当文档窗口最大化时，它的标题栏将与应用程序的标题栏合为一行。文档窗口总是位于某一应用程序的窗口内。

对话框窗口：它是在程序运行期间，用来向用户显示信息或者让用户输入信息的窗口。

2. 窗口的组成

每一个窗口都有一些共同的组成元素，但并不是所有的窗口都具有相同的元素，如对话框无菜单栏。窗口一般包括 3 种状态：正常、最大化和最小化。正常窗口是 Windows 系统的默认大小；最大化窗口充满整个屏幕；最小化窗口则缩小为一个图标和按钮。当工作窗口处于正常或者最大化状态时，都有边界、工作区、标题栏、状态控制按钮等组成部分，如图 2.5 所示。

Windows 7 在应用工作区中设置了一个功能区，即位于窗口左边部分的列表框。通过“组织”、“布局”菜单调整是否显示菜单栏以及各种窗格，如图 2.6 所示。

控制菜单。控制菜单位于窗口的左上角，其图标为该应用程序的图标。单击该图标，可弹出控制菜单，其中包括改变窗口的大小、最大化、最小化、恢复和关闭窗口等菜单项。双击系统菜单，则关闭当前窗口。

标题栏。标题栏位于窗口的顶部，单独占一行。其中显示的有当前文档的名称和应用程序的名称，两者之间用短横线隔开。拖动标题栏可以移动窗口的位置，双击它可最大化或恢复窗口。当标题栏为深蓝色显示时，表示当前窗口是活动窗口。非活动窗口的标题栏为灰色显示。

图 2.5　Windows 7 窗口示意图

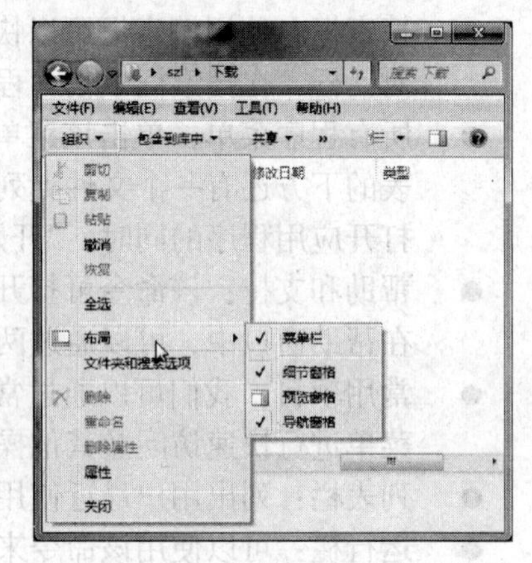

图 2.6　Windows 窗口“布局”示意图

菜单栏。菜单栏位于标题栏的下面，列出该应用程序可用的菜单。每个菜单都包含若干个菜单命令，通过选择菜单命令可完成相应操作。不同的应用程序，其菜单的内容可能有所不同。

工具栏。工具栏位于菜单栏的下面，它的内容可由用户自己定义。工具栏上有一系列的小图标，单击它可完成相应的操作。它的功能与菜单栏的功能是相同的，只不过使用工具栏更方便、快捷。

2.3.3　浏览计算机中的资源

为了很好地使用计算机，用户要对计算机的资源（主要是存放在计算机上的文件或者文件夹）进行了解，一般来说，是对相关的内容进行浏览和操作。在 Windows 7 中，资源管理器发生了很大的变化，从布局到内在都焕然一新。

打开资源管理器窗口的方法。

计算机

双击桌面上的“计算机”图标，出现“计算机”窗口，如图 2.7 所示。

Windows 7 的资源管理器主要由地址栏、搜索栏、工具栏、导航窗格、资源管理器窗格、预览窗格以及细节窗格 7 部分组成。其中的预览窗格默认不显示。用户可以通过“组织”菜单中的“布局”来设置“菜单栏”、“细节窗格”、“预览窗格”和“导航窗格”是否显示。

地址栏：有“后退”、“前进”、“记录”、“地址栏”、“上一位置”、“刷新”等按钮。其中，“记录”按钮的列表最多可以记录最近的 10 个项目。Windows 7 的地址栏引入了“按钮”的概念，用户能够更快地切换文件夹，地址栏同时具有搜索的功能。

搜索栏：输入内容的同时，系统就开始搜索。在搜索时，用户还可以设置搜索条件，如种类、修改日期、类型、大小、名称。

导航窗格：能够辅助用户在磁盘、库中切换。导航窗格中分为收藏夹、库、家庭组、计算机和网络 5 部分，其中的家庭组仅当加入某个家庭组后才会显示。

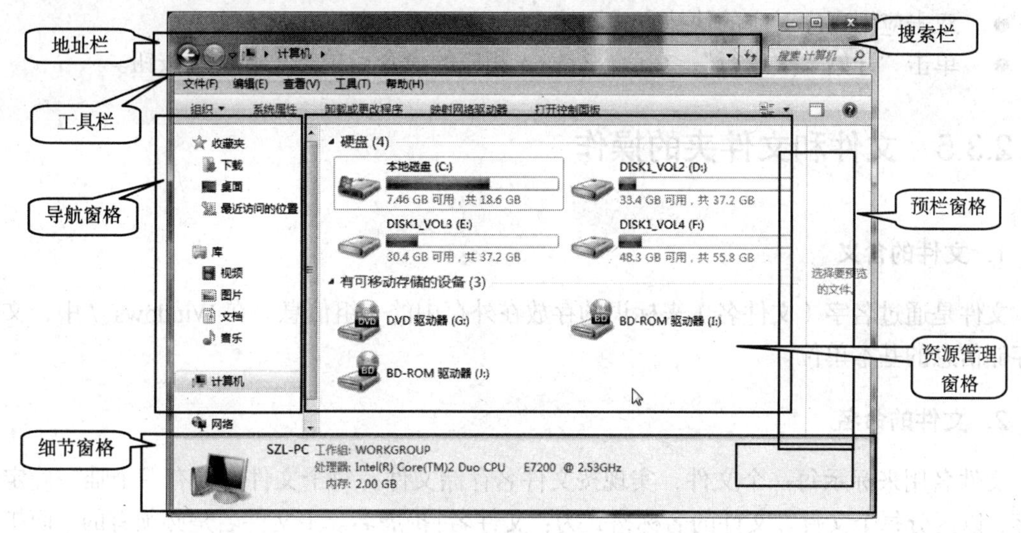

图 2.7 “计算机”窗口

细节窗格：用于显示一些特定文件、文件夹以及对象的信息。当在资源管理窗格中没有选中对象时，细节窗格显示的是本机的信息。

预览窗格：是 Windows 7 中的一项改进，它在默认情况下不显示，这是因为大多数用户不会经常预览文件内容。它可以通过单击工具栏右端的“显示/隐藏预览窗格”按钮来显示或者隐藏预览窗格。Windows 7 资源管理器支持多种文件的预览，包括音乐、视频、图片、文档等。如果文件是比较专业的，则需要安装有相应的软件才能预览。

工具栏：工具栏按钮会根据不同文件夹显示不同的内容。通过单击工具栏上左边的“更改视图”来切换资源管理器格中对象的显示方式，也可单击其右边的“更多选项”直接选择某一显示方式。

资源管理窗格：是用户进行操作的主要地方。在此窗格中，用户可进行选择、打开、复制、移动、创建、删除、重命名等操作。同时，根据显示的内容，在资源管理窗格的上部会显示不同的相关操作。

资源管理器：右击“开始”按钮，选择“打开 Windows 资源管理器”，也可打开资源管理器窗口。

网络：双击桌面上的“网络”图标，也可打开资源管理器窗口。

2.3.4 执行应用程序

用户要想使用计算机，必须通过执行各种应用程序来完成。例如，播放视频，需要执行“暴风影音”等应用程序；上网，需要执行“Internet Explorer”等应用程序。

执行应用程序的方法有以下几种。

- 对 Windows 自带的应用程序，可以通过“开始”、“所有程序”，再选择相应的菜单项来执行。
- 在“计算机”窗口中找到要执行的应用程序文件，用鼠标双击（也可以选中之后按回车键；也可以用右键单击程序文件，然后选择“打开”)。

- 双击应用程序对应的快捷方式图标。
- 单击“开始”、“运行”，在命令行输入相应的命令后单击“确定”按钮。

2.3.5 文件和文件夹的操作

1. 文件的含义

文件是通过名字（文件名）来标识的存放在外存中的一组信息。在 Windows 7 中，文件是存储信息的基本单位。

2. 文件的命名

文件名用来标示每一个文件，实现按文件名存储文件。每个文件必须有一个唯一确定的名字，以区分每个文件。文件的名称格式为：文件名+扩展名。主文件名是必须有的，而扩展名是可选的。主文件名是由用户命名的，是文件的描述和标记。扩展名大多是由文件类型来决定的，是在文件生成的时候由系统自动生成的，也可以由用户自己添加和改变。

在同一个文件夹内可以有两个相同主文件名、不同扩展名的文件，但是不能有两个主文件名和扩展名都相同的文件。文件名可以多达 255 个字符。文件名中的字符可以是汉字、空格和特殊字符，但不能是“？”、“\ /”、“：”、“"”、“*”、“<”、“>”、“|”。例如，文件名#abc123%.doc 是合法文件名；文件名 a<sd>.doc 是不合法文件名。

当创建文件时，必须按照文件命名规范设置该文件的合法文件名，各种文件系统的文件命名不尽相同，表 2.1 列出了几种操作系统所遵从的命名规范集。

表 2.1　　文件命名规范

<table>
<tr><th></th><th>DOC 和 Windows 3.1</th><th>Windows95/98/NT2000/XP</th><th>Mac OS</th><th>UNIX/Linux</th></tr>
<tr><td>文件名的最大长度</td><td>文件名最多 8 个字符，外加最多 3 个字符的扩展名</td><td>文件名最多 255 个字符，其中包含了最多 4 个字符的扩展名</td><td>31 个字符（没有扩展名）</td><td>14 ~ 256 个字符，包括任意长度的扩展名</td></tr>
<tr><td>是否允许包含空格</td><td>否</td><td>是</td><td>是</td><td>否</td></tr>
<tr><td>是否允许包含数字</td><td>是</td><td>是</td><td>是</td><td>是</td></tr>
<tr><td>不允许包含的字符</td><td>空格 /[]；=
“ \ :, |* ?</td><td>\? :” <>|*</td><td>无</td><td>! @ # $ % ^ & ( ) { }
[ ] ” \ ’； <></td></tr>
<tr><td>不允许设置的文件名</td><td>Aux、Com1、Com2、Com3、Com4、Con、Lpt1、Lpt2、Lpt3、Prn、Nul</td><td>Aux、Com1、Com2、Com3、Com4、Con、Lpt1、Lpt2、Lpt3、Prn、Nul</td><td>无</td><td>根据 UNIX 和 Linux 版本不同而不同</td></tr>
<tr><td>是否区分大小写</td><td>否</td><td>否</td><td>是</td><td>是（采用小写格式）</td></tr>
</table>

3. 文件的类型

在计算机中储存的文件类型有多种，如图片文件、音乐文件、视频文件、可执行文件等。

不同类型的文件在存储时的扩展名是不同的，如音乐文件有.MP3、.WMA 等；视频文件有.AVI、.RMVB、.RM 等；图片文件有.JPG、.BMP 等。不同类型的文件在显示时的图标也不同，如图 2.8 所示。Windows 7 默认会将已知的文件扩展名隐藏。

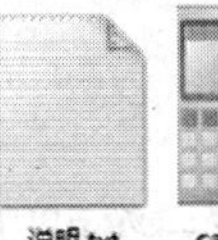

图 2.8　不同的文件类型示意图

4．文件夹

文件夹是用来存放文件或文件夹，与生活中的“文件夹”相似。在文件夹中还可以再存储文件夹。相对于当前文件夹来说，它里面的文件夹称为子文件夹。文件夹在显示时，也是图标显示，包含内容不同的文件夹，在显示时的图标是不太一样的，如图 2.9 所示。

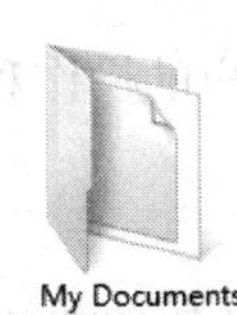

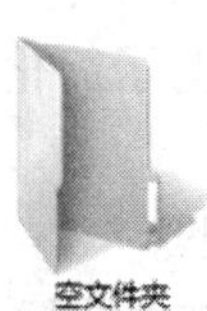

图 2.9　不同文件夹的图标示意图

5．文件的选择操作

在 Windows 中，对文件或文件夹操作之前，必须先选中它。根据选择的对象，选中分单个的、连续的多个、不连续的多个 3 种情况。

- 选中单个文件：用鼠标单击即可。
- 选中连续的多个文件：先选第 1 个（方法同 1），然后按住<Shift>键的同时单击最后 1 个，则它们之间的文件就被选中了。
- 选中不连续的多个文件：先选中第 1 个，然后按住<Ctrl>键的同时再单击其余的每个文件。

如果想把当前窗口中的对象全部选中，则选择“编辑”、“全部选中”命令，也可按<Ctrl>+<A>组合键。

只有先选中文件，才可以进行各种操作。

6．复制、移动和删除文件

复制文件的操作方法如下。

方法一：先选择“编辑”、“复制”（也可以用<Ctrl>+<C>组合键），然后转换到目标位置，选择“编辑”、“粘贴”（也可用<Ctrl>+<V>组合键）。

方法二：用鼠标直接把文件拖动到目标位置松开即可（如果是在同一个磁盘内进行复制的，则在拖动的同时按住<Ctrl>键）。

方法三：如果是把文件从硬盘复制到软盘、U 盘或活动硬盘则可右键单击文件，在弹出的快捷菜单中选择“发送到”，然后选择一个盘符即可。

移动文件与复制文件的操作类似

删除文件可以使用<Delete>键。若在删除文件的同时按住<Shift>键，文件则被直接彻底删除，而不放入回收站。

7．文件重新命名

文件的复制、移动、删除操作一次可以操作多个对象。而文件的重命名只能一次操作一个文件。

方法一：右键单击图标，从快捷菜单中选择“重命名”，然后输入新的文件名即可。

方法二：选择“文件”、“重命名”命令，然后输入新的文件名即可。

方法三：单击图标标题，然后输入新的文件名即可。

方法四：按<F2>键，输入新的文件名即可。

8．修改文件的属性

在 Windows 7 中，为了简化用户的操作和提高系统的安全性，只有“只读”和“隐藏”属性可以供用户操作。

修改属性的方法如下。

方法一：右键单击文件图标，从快捷菜单中选择“属性”命令。

方法二：选择“文件”、“属性”命令。

以上两种方法都会出现“属性”对话框，分别在属性前面的复选框中加以选择，然后单击“确定”按钮。

在文件属性对话框中，还可以更改文件的打开方式，查看文件的安全性以及详细信息等。

9．文件夹的操作

在 Windows 中，文件夹是一个存储区域，用来存储文件和文件夹等信息。

文件夹的选中、移动、删除、复制和重命名与文件的操作完全一样，在此不再重复。在这里，主要介绍与文件不同的操作。要特别注意：文件夹的移动、复制和删除操作，不仅仅是文件夹本身，而且还包括它所包含的所有内容。

（1）创建文件夹

先确定文件夹所在的位置，再选择“文件”、“新建”，或者在窗口中的空白处单击鼠标右键，在弹出的快捷菜单中选择“新建”、“文件夹”，系统将生成相应的文件夹，用户只要在图标下面的文本框中输入文件夹的名字即可。系统默认的文件夹名是“新建文件夹”。

（2）修改文件夹选项

“文件夹选项”命令用于定义资源管理器中文件与文件夹的显示风格，选择“工具”、“文件夹选项”命令，打开“文件夹选项”对话框，它包括“常规”、“查看”和“搜索”3 个选项卡。

“常规”选项卡。常规选项卡中包括 3 个选项：“浏览文件夹”、“打开项目的方式”和导航窗格，分别可以对文件夹显示的方式、窗口打开的方式以及文件和导航窗格的方式进行设置。

“查看”选项卡。单击“文件夹选项”对话框中的“查看”选项卡，将打开如图 2.10 所示的对话框。

“查看”选项卡中包括了两部分的内容：“文件夹视图”和“高级设置”。

“文件夹视图”提供了简单的文件夹设置方式。单击“应用到所有文件夹”按钮，会使所有的文件夹的属性同当前打开的文件夹相同；单击“重置所有文件夹”按钮，将恢复文件夹的默认状态，用户可以重新设置所有的文件夹属性。

在“高级设置”列表框中可以对多种文件的操作属性进行设定和修改。

“搜索”选项卡。“搜索”选项卡可以设置搜索内容、搜索方式等。

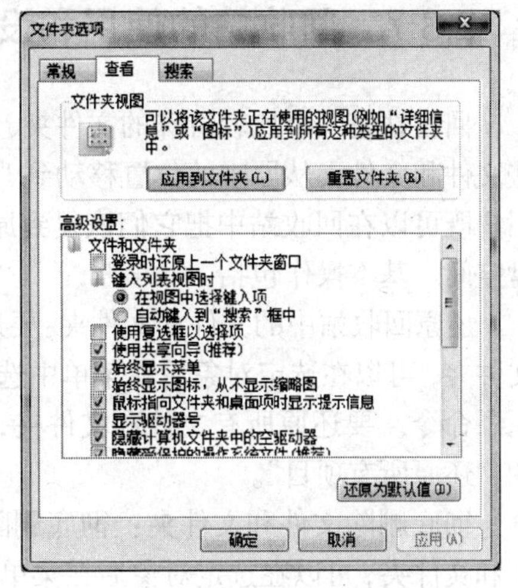

图 2.10 “查看”选项卡

2.3.6 库

库（Libraries）在前面已经提到，有视频库、图片库、文档库、音乐库等。库是 Windows 7 中新一代文件管理系统，也是 Windows 7 系统最大的亮点之一，它彻底改变了文件管理方式，将死板的文件夹方式变得更为灵活和方便。

库可以集中管理视频、文档、音乐、图片和其他文件。在某些方面，库类似传统的文件夹，在库中查看文件的方式与文件夹完全一致。但与文件夹不同的是，库可以收集存储在任意位置的文件，这是一个细微但重要的差异。库仅是文件（夹）的一种映射，库中的文件并不位于库中。库实际上并没有真实存储数据，它只是采用索引文件的管理方式，监视其包含项目的文件夹，并允许用户以不同的方式访问和排列这些项目。库中的文件都会随着原始文件的变化而自动更新，并且可以同名的形式存在于文件库中。

不同类型的库，库中项目的排列方式也不尽相同，如图片库有月、日、分级、标记几个选项，文档库中有作者、修改日期、标记、类型、名称几大选项，如图 2.11 所示。

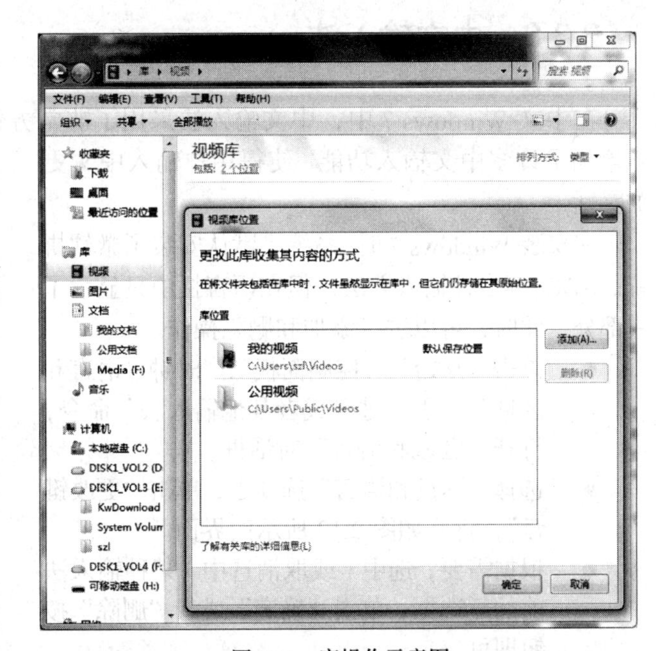

图 2.11 库操作示意图

2.3.7 回收站的使用和设置

回收站是一个比较特殊的文件夹，它的主要功能是临时存放用户删除的文件和文件夹（这些文件和文件夹从原来的位置移动到“回收站”这个文件夹中），此时它们仍然存在于硬盘中。用户既可以在回收站中把它们恢复到原来的位置，也可以在回收站中彻底删除它们以释放硬盘空间。基本操作包括：

还原回收站中的文件和文件夹：要还原一个或多个文件夹，可以在选定对象后在菜单中选择“文件”、“还原”命令。要还原所有文件和文件夹，单击工具栏中的“还原所有项目”。

彻底删除文件和文件夹：彻底删除一个或多个文件和文件夹，可以在选定对象后在菜单中选择“文件”、“删除”。要彻底删除所有文件和文件夹，即清空回收站。当“回收站”中的文件所占用的空间达到了回收站的最大容量时，“回收站”就会按照文件被删除的时间先后从回收站中彻底删除。

回收站的设置：在桌面上右键单击“回收站”图标，单击“属性”命令，即可打开“回收站属性”对话框，如图 2.12 所示。

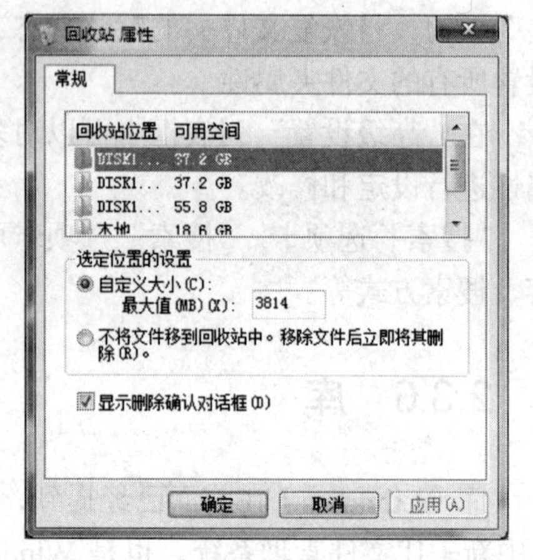

图 2.12 “回收站属性”对话框

2.3.8 中文输入法

在中文 Windows 7 中，中文输入法采用了非常方便、友好而又有个性化的用户界面，新增加了许多中文输入功能，使得用户输入中文更加灵活。

在安装 Windows 7 时，系统已默认安装了微软拼音、ABC 等多种输入方法，但在语言栏中只显示了一部分，此时，可以进行添加和删除操作。

- 单击“开始”、“控制面板”、“时钟、语言和区域”、“更改键盘或者其他输入法”命令，打开“区域和语言”对话框。
- 选择“键盘和语言”选项卡，单击“更改键盘”，打开如图 2.13 所示的界面。
- 根据需要，选中（或取消选中）某种输入法前的复选框，单击“确定”或者“删除”按钮即可。

对于计算机上没有安装的输入方法，可使用相应的输入法安装软件直接安装即可。

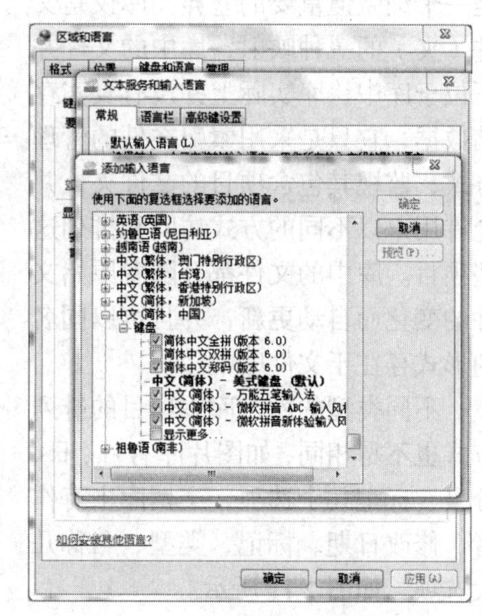

图 2.13 “区域和语言”对话框

2.4 磁盘管理

磁盘是计算机用于存储数据的硬件设备。Windows 7 的磁盘管理任务是以一组磁盘管理实用程序的形式提供给用户的，包括查错程序、磁盘碎片整理程序、磁盘整理程序等。这些应用程序在保留 Windows XP 的优点之外，又在其基础上做了相应的改进，使用更加方便、高效。

在 Windows 7 中没有提供一个单独的应用程序来管理磁盘，而是将磁盘管理集成到“计算机管理”程序中。执行“开始”、“控制面板”、“系统和安全”、“管理工具”、“计算机管理”命令（也可右击桌面上的“计算机”图标，在弹出的快捷菜单中选择“管理”），选择“存储”中的“磁盘管理”，打开“计算机管理”窗口，如图 2.14 所示。

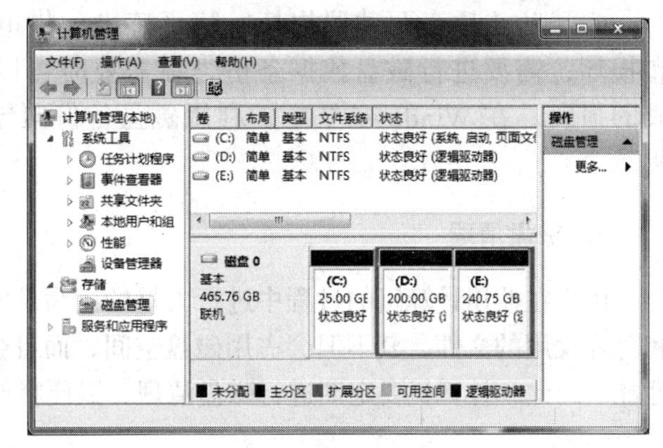

图 2.14 “计算机管理”窗口

在 Windows 7 中，几乎所有的磁盘管理操作都能够通过计算机管理中的磁盘管理功能来完成，而且这些磁盘管理大多是基于图形界面的。

2.4.1 分区管理

在 Windows 7 中提供了方便快捷的分区管理工具，用户可在程序向导的帮助下能够轻松地完成删除已有分区、新建分区、扩展已有分区大小的操作。

删除已有分区：在磁盘分区管理的分区列表或者图形显示中，选中要删除的分区，单击鼠标右键，在弹出的快捷菜单中选择“删除卷”命令，会弹出系统警告，单击“是”按钮，即可完成对分区的删除操作。删除选中分区后，会在磁盘的图形显示中显示相应分区大小的未分配分区。

新建分区：选择未分配的分区，可以进行指定卷大小、分配驱动器号和路径、格式化分区等操作。

扩展分区大小：这是 Windows 7 新增加的功能，可以在不用格式化已有分区的情况下，对其进行分区容量的扩展。扩展分区后，新的分区仍保留原有分区数据。在扩展分区大小时，磁盘需有一个未分配空间才能为其他的分区扩展大小。

2.4.2 磁盘操作

系统能否正常运转，能否有效利用内部和外部资源，并使系统达到高效稳定，在很大程度上取决于系统的维护管理。Windows 7 提供的磁盘管理工具使系统运行更可靠、管理更方便。

1．格式化驱动器

格式化过程是把文件系统放置在分区上，并在磁盘上划出区域。通常可以用 FAT、FAT32 或者 NTFS 类型来格式化分区，Windows 7 系统中的格式化工具可以转化或者重新格式化现有分区。

注意：格式化操作会把当前盘上的所有信息全部抹掉，请谨慎操作。

2．磁盘备份

为了防止磁盘驱动器损坏、病毒感染、供电中断等各种意外故障造成的数据丢失和损坏，需要进行磁盘数据备份，在需要时可以还原，以避免出现数据错误或丢失造成的损失。在 Windows 7 中，利用磁盘备份向导可以快捷地完成备份工作，如图 2.15 所示。

3．磁盘清理

用户在使用计算机的过程中进行大量的读写及安装操作，使得磁盘上存留许多临时文件和已经没用的文件，其不但会占用磁盘空间，而且会降低系统的处理速度，降低系统的整体性能。因此，计算机要定期进行磁盘清理，以便释放磁盘空间，如图 2.16 所示。

4．磁盘碎片整理

在计算机使用过程中，由于频繁地建立和删除数据，将会造成磁盘上文件和文件夹增多，而这些文件和文件夹可能被分割放在一个卷上的不同位置，Windows 系统需额外时间来读取数据。由于磁盘空间分散，存储时把数据存在不同的部分，也会花费额外时间，所以要定期对磁盘碎片进行整理。其原理为：系统将把碎片文件和文件夹的不同部分移动到卷上的相邻位置，使其拥有一个独立的连续空间。

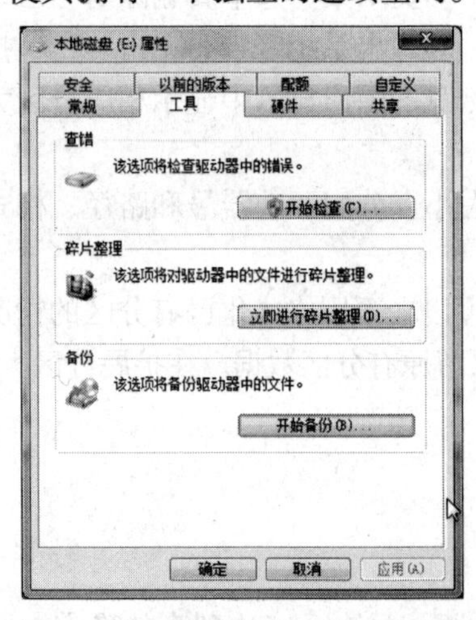

图 2.15　磁盘操作的“工具”界面图

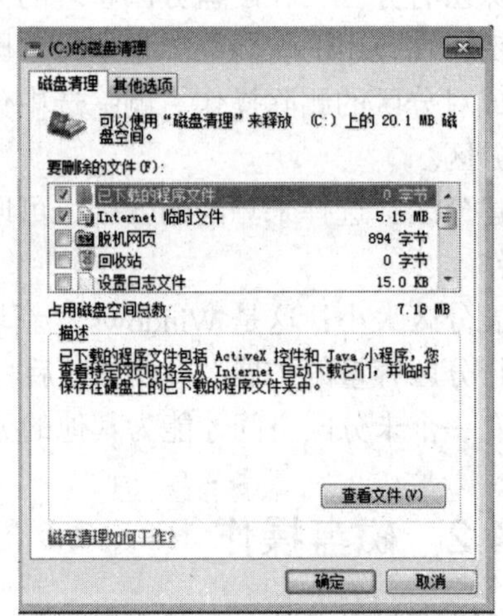

图 2.16　“磁盘清理”对话框

2.5 Windows 7 控制面板和系统管理

2.5.1 控制面板

在 Windows 7 系统中，几乎所有的硬件和软件资源都可设置和调整，用户可以根据自身的需要对其进行设定。Windows 7 中的相关软硬件设置以及功能的启用等管理工作都可以在控制面板中进行，控制面板是普通计算机用户使用较多的系统设置工具。这些工具的功能几乎涵盖了 Windows 系统的所有方面，如图 2.17 所示，主要包括：

图 2.17 类别“控制面板”对话框

系统和安全：Windows 系统的系统和安全主要实现对计算机状态的查看、计算机备份以及查找和解决问题的功能，包括防火墙设置，系统信息查询、系统更新、磁盘备份整理等一系列系统安全的配置。

外观和个性化：Windows 系统的外观和个性化包括对桌面、窗口、按钮、菜单等一系列系统组件的显示设置，系统外观是计算机用户接触最多的部分。

时钟、语言和区域设置：在控制面板中运行“时钟、语言和区域”程序，打开“时钟、语言和区域”对话框，用户可以设置计算机的时间和日期、所在的位置，也可以设置格式、键盘、语言等。

程序：应用程序的运行是建立在 Windows 系统的基础上，目前，大部分应用程序都需要安装到操作系统中才能够使用。在 Windows 系统中安装程序很方便，既可以直接运行程序的安装文件，也可以通过系统的“程序和功能”工具更改和删除操作。通过“打开或关闭 Windows 功能”，可以安装和删除 Windows 组件，此功能大大扩充了 Windows 系统的功能。在控制面板中打开“程序”对话框，包括 3 个属性：“程序和功能”、“默认程序”和“桌面小工具”。

硬件和声音：在控制面板中选择“硬件和声音”可以实现对设备和打印机、自动播放、声音、电源选项和显示的操作。

用户账户和家庭安全：Windows 7 支持多用户管理，可以为每一个用户创建一个用户账户并为每个用户配置独立的用户文件，从而使得每个用户登录计算机时，都可以进行个性化的环境设置。除此之外，Windows 7 内置的家长控制旨在让家长轻松放心地管理孩子能够在计算机上进行的操作。

系统和安全：在控制面板中选择“系统和安全”，可设置 Windows 防火墙、Windows Update、备份和还原。

2.5.2 系统管理

系统管理主要是指对一些重要的系统服务、系统设备、系统选项等涉及计算机整体性的参数进行配置和调整。在 Windows 7 中用户可设置的参数很多，为定制有个人特色的操作系统提供了很大的空间，使用户方便、快速地完成系统的配置，主要包括;

任务计划：定义任务计划主要是针对那些每天或定期都要执行某些应用程序的用户，通过自定义任务计划用户可省去每次都要手动打开应用程序的操作，系统将按照用户预先设定，自动在规定时间执行选定的应用程序。

任务计划程序 MMC 管理单元可帮助用户计划在特定时间或者在特定事件发生时执行操作的自动任务。该管理单元可以维护所有计划任务的库，从而提供了任务的组织视图以及用于管理这些任务的方便访问点。从该库中，可以运行、禁用、修改和删除任务。任务计划程序用户界面（UI）是一个 MMC 管理单元，它取代了 Windows XP、Windows Server 2003 和 Windows 2000 中的计划任务浏览器扩展功能。

系统属性：此项为设置各种不同的系统资源提供了大量的工具。在“系统属性”对话框中共有 5 个选项：计算机名、硬件、高级、系统保护和远程，在每个选项中分别提供了不同的系统工具。

硬件管理：从安装和删除的角度划分，硬件可分为即插即用硬件和非即插即用硬件两类。即插即用硬件设备的安装和管理比较简单，而非即插即用设备需要在安装向导中进行繁杂的配置工作。

2.6 Windows 7 的网络功能

随着计算机的发展，网络技术的应用也越来越广泛。网络是连接个人计算机的一种手段，通过联网，能够彼此共享应用程序、文档和一些外部设备，还能让网上的用户互相交流和通信，使得物理上分散的微机在逻辑上紧密地联系起来。

2.6.1 网络软硬件的安装

任何网络连接，除了需要安装一定的硬件外（如网卡），还必须安装和配置相应的驱动程序。如果在安装 Windows 7 前已经完成了网络硬件的物理连接，Windows 7 安装程序一般都能帮助用户完成所有必要的网络配置工作。但有些时候，仍然需要进行网络的手工配置。

1. 网卡的安装与配置

网卡的安装很简单，打开机箱，只要将它插入到计算机主板上相应的扩展槽内即可。如果安装的是专为 Windows 7 设计的“即插即用”型网卡，Windows 7 在启动时，会自动检测并进行配置。Windows 7 在进行自动配置的过程中，如果没有找到对应的驱动程序，则会提示插入包含该网卡驱动程序的盘片。

2. IP 地址的配置

执行“控制面板”、“网络和 Internet”、“网络和共享中心”、“查看网络状态和任务”、“本地连接”，打开“本地连接状态”对话框，单击“属性”按钮，在弹出的“本地连接属性”对话框中，选中“Internet 协议版本 4（TCP/IP）”选项，然后单击“属性”按钮，出现如图 2.18 所示的“Internet 协议版本 4（TCP/IP4）属性”对话框，在对话框中填入相应的 IP 地址，同时配置 DNS 服务器。

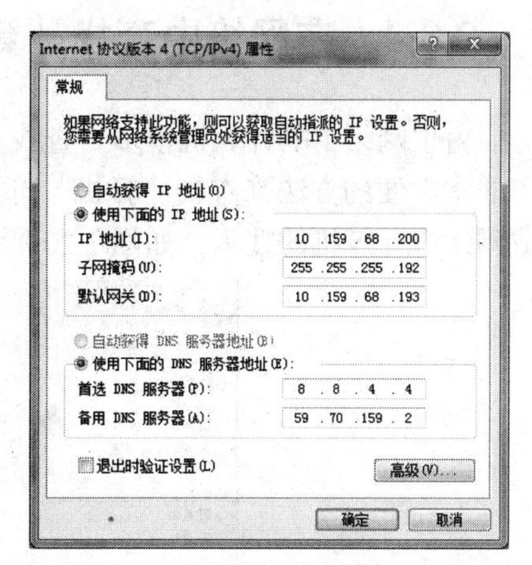

图 2.18　“（TCP/IP）属性”对话框

2.6.2　Windows 7 选择网络位置

初次连接网络时，需要选择网络位置的类型，如图 2.19 所示，为所连接的网络类型自动设置适当的防火墙和安全选项。在家庭、本地咖啡店或者办公室等不同位置连接网络时，选择一个合适的网络位置，可以确保将计算机设置为适当的安全级别。选择网络位置时，可以根据实际情况选择下列之一：家庭网络、工作网络、公用网络。

域类型的网络位置由网络管理员控制，因此无法选择或者更改。

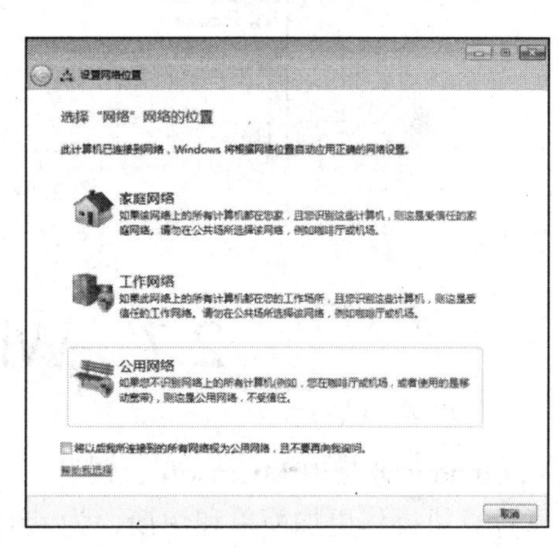

图 2.19　设置网络位置

2.6.3　资源共享

计算机中的资源共享可分为以下 3 类。

存储资源共享：共享计算机系统中的软盘、硬盘、光盘等存储介质，以提高存储效率，方便数据的提取和分析。

硬件资源共享：共享打印机或者扫描仪等外部设备，以提高外部设备的使用效率。

程序资源共享：网络上的各种程序资源。

共享资源可以采用以下 3 种类型访问权限进行保护。

完全控制：可以对共享资源进行任何操作，如同使用自己的资源一样。

更改：允许对共享资源进行修改操作。

读取：对共享资源只能进行复制、打开或查看等操作，不能对它们进行移动、删除、修改、重命名及添加文件等操作。

在 Windows 7 中，用户主要通过配置家庭组、工作组中的高级共享设置实现资源共享，共享存储在计算机、网络以及 Web 上的文件和文件夹。

2.6.4 在网络中查找计算机

由于网络中的计算机很多，查找自己需要访问的计算机非常麻烦，为此 Windows 7 提供了非常方便的方法来查找计算机。打开任意一个窗口，在窗口左侧单击“网络”选项即可完成网络中计算机的搜索，如图 2.20 所示。

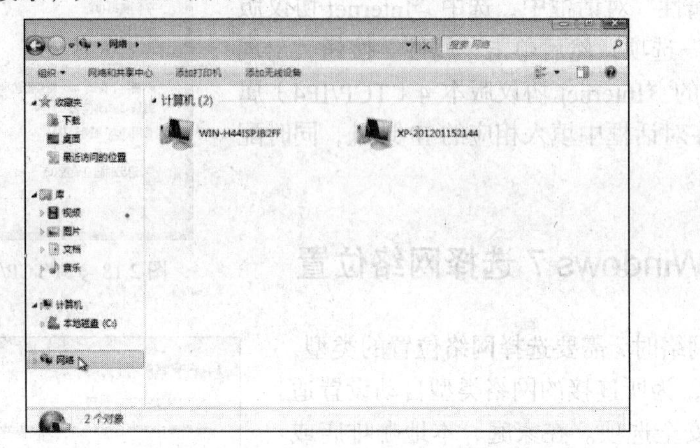

图 2.20 在网络中查找计算机

2.7 Windows 8 简介

Windows 8 是由 Microsoft 公司开发的，具有革命性变化的操作系统。该系统旨在让人们日常计算机操作更加简单和快捷，为人们提供高效易行的工作环境。Windows 8 将支持来自 Intel、AMD 和 ARM 的芯片架构。Microsoft 公司表示，这一决策意味着 Windows 系统开始向更多平台迈进，包括平板计算机和 PC。Windows Phone 8 将采用和 Windows 8 相同的内容。2011 年 9 月 14 日，Windows 8 开发者预览版发布，宣布兼容移动终端，Microsoft 公司将苹果的 iOS、谷歌的 Android 视为 Windows 8 在移动领域的主要竞争对手。2012 年 2 月，Microsoft 公司发布“视窗 8”消费者预览版，可以在平板计算机上使用。

Windows 8 的优点主要有：

- 采用 Metro UI 的主界面；
- 兼容 Windows 7 应用程序；
- 启动更快、硬件配置要求更低；
- 支持智能手机和平板电脑；
- 支持触控、键盘和鼠标 3 种输入方式；
- 支持 ARM 和 x86 架构；
- 内置 Windows 应用商店；
- IE10 浏览器；
- 分屏多任务处理界面，右侧边框中是正在运行的应用；
- 结合云服务和社交网络。

Windows 8 的版本主要有：

- Windows 8 普通版；
- Windows 8 Professional 专业版；
- Windows 8RT；
- Windows 8Enterprise 企业版。

习 题 2

1．什么是操作系统？它的主要作用是什么？

2．简述操作系统的发展过程。

3．中文 Windows 7 提供了哪些安装方法？各有什么特点？

4．如何启动和退出 Windows 7？

5．中文 Windows 7 的桌面由哪些部分组成？

6．如何在“资源管理器”中进行文件的复制、移动、改名？共有几种方法？

7．在资源管理器中删除的文件可以恢复吗？如果能，如何恢复？如果不能，请说明为什么。

8．在中文 Windows 7 中，如何切换输入法的状态？

9．Windows 7 的控制面板有何作用？

10．如何添加一个硬件？

11．如何添加一个新用户？

12．如何使用网络上其他用户所开放的资源？

第三章

文字处理

Microsoft Office 2013 是微软公司发布的新一代办公软件，主要包括 Word 2013、Excel 2013、Power Point 2013、Outlook 2013、Access 2013、OneNote 2013、Publisher 2013 等常用的办公组件。该版本采用了 Ribbon 新界面主题，界面更加简洁明快，同时也增加了很多新功能，特别是在线应用，可以让用户更加方便地去表达自己的想法、去解决问题以及与他人联系。本章主要介绍中文版 Word 2013 的基本操作，段落文本的格式，文档段落样式的设置，页面结构的调整，表格的创建，图形的插入与绘制等功能，并通过综合实例加以应用实践。

3.1 Word 2013 入门

文字处理是计算机应用的一个非常重要的功能，而 Word 2013 中文版是 Microsoft 公司最新推出的 Office 2013 办公自动化套装软件中的一个组件，是目前应用最为广泛的文字处理软件，它以功能强大、操作简单等特点深受广大用户的喜爱。

3.1.1 Word 2013 基本功能和新特色

1．Word 2013 简介

Word 2013 在继承 Word 以前版本优点的基础上做了很多改进，使其操作界面更加友好，同时还增加了许多新的功能。Word 2013 为用户提供了丰富的文档格式设置工具，利用它能够更加轻松、高效地组织和编写文档，并能轻松地与他人协同工作。Word 2013 的基本功能包括审查批阅文档、文字处理、编写长文档、使用表格、在 Word 中插入图表，进行数据分析、制作并茂的文档。

2．Word 2013 新特色

Word 从 2007 开始就采用了 Ribbon 界面设计。Ribbon 由选项卡形式的多个功能区组成，还有快速访问栏和应用程序菜单作为辅助组成部分。Word 2013 与 Word 2010，虽然延续了 Ribbon 简单的设计，但是在设计上更强调干净、Metro 风格的用户界面，以配合 Windows 8 操作系统。

Word 2013 的起始画面相比以前版本发生很大改变。以往的版本打开程序后，出现空白文

档，而在 Word 2013 中则是一个全新的初始界面，在界面中同时包含了“打开”和“新建”两个基础的操作，如图 3.1 所示。

图 3.1　Word 2013 主题选项界面

Word 2013 为用户提供了大量的模板，用户可以根据需要直接调用已有的模板使用。

Word 2013 较以前版本在功能上有所改善，主要有：

- 在 Word 中直接编辑 PDF 文件：Word 2013 中增加了直接编辑 PDF 的功能，不用再将 PDF 文档转成 Word 文件后进行修改。
- SkyDrive 网盘服务：Windows SkyDrive 是由 Microsoft 公司推出的一项云存储服务，用户可以通过自己的 Windows Live 账户进行登录，上传自己的图片、文档、视频等。
- 全新翻页阅读模式：Word 2013 不仅是一个强大的文字排版软件，还是一款优秀的阅读软件。新增加的“阅读视图”功能，能够让文字自动在列中重排，以便于阅读。当查看表、图表、图像或在线视频时，双击可查看详细信息，单击可返回原始大小。
- 插入在线视频和在线图片：这一功能为用户节约了大量寻找素材的时间。
- 智能的图文混排功能：在 Word 2013 中单击任何图像、视频、形状、图表、SmartArt 图形或文本框，该对象右上角就会出现“布局选项”按钮，在其下拉菜单中可以选择不同的文字环绕选项。
- 改善后的修订、注解功能：在 Word 2013 中预设将改动的内容隐藏起来，使用者只会在段落的左边看到一条红色直线，如果想查看详情，可单击该直线。

3.1.2　Word 2013 的启动与退出

1. Word 2013 的启动

安装了 Word 2013 之后，就可以使用其所提供的强大功能了。首先要启动 Word 2013，进入其工作环境，打开方法有多种，下面介绍几种常用的方法。

- 正常启动：选择菜单命令“开始”、“所有程序”、“Microsoft Office”、“Microsoft Word 2013”。
- 创建快捷方式启动：如果在桌面上已经创建了启动 Word 2013 的快捷方式，则双击快捷方式图标。

- 通过创建 Word 文档启动：双击任意一个 Word 文档，Word 2013 就会启动并且打开相应的文件。

2．Word 2013 的退出

完成文档的编辑操作后就要退出 Word 2013 工作环境，下面介绍几种常用的退出方法。

- 单击 Word 应用程序窗口右上角的“关闭”按钮。
- 单击 Word 应用程序窗口左上角的“文件”按钮，单击“退出”项。
- 在标题栏上单击鼠标右键，在弹出的快捷菜单中单击“关闭”命令。

如果在退出 Word 2013 时，用户对当前文档做过修改且还没有执行保存操作，系统将弹出一个对话框询问用户是否要将修改操作进行保存。如果要保存文档，单击“保存”按钮，如果不需要保存，单击“不保存”按钮，单击“取消”按钮则取消此次关闭操作。

3.1.3 Word 2013 操作界面

打开 Word 2013 文档后，如果要对文字进行处理，首先需要了解文档的窗口具有什么功能。Word 2013 工作窗口主要包括标题栏、快速访问工具栏、“文件”按钮、功能区、标尺栏、文档编辑区和状态栏，如图 3.2 所示。

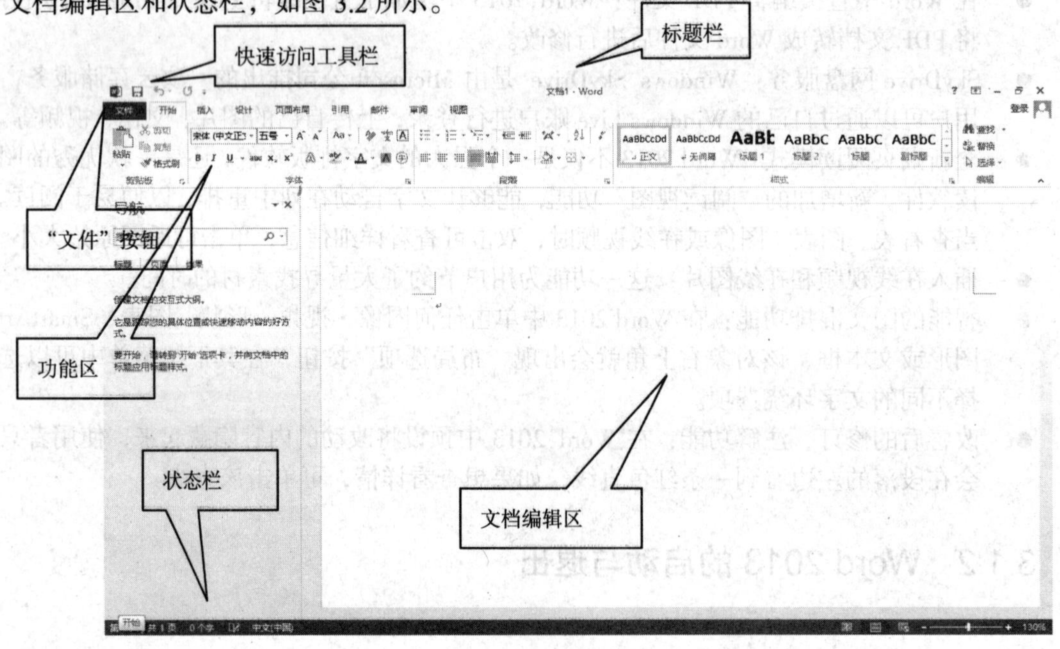

图 3.2 Word 2013 工作界面

1．标题栏

标题栏主要显示正在编辑的文档名称及编辑软件名称信息，在其右端有 4 个窗口控制按钮，分别完成功能区显示选项、最小化、最大化（还原）和关闭窗口操作。

2．快速访问工具栏

快速访问工具栏主要显示用户日常工作中频繁使用的命令，安装好 Word 2013 之后，其默认显示“保存”、“撤销”和“重复”命令按钮。当然用户也可以单击此工具栏中的“自定义快速访问工具栏”按钮，在弹出的菜单中勾选某些命令项将其添加至工具栏中，以便以后可以快速地使用这些命令。

3．“文件”按钮

Word 2013 的“文件”按钮集合了 Word 中最常规的文件操作和设置命令，默认情况下，在切换到“文件”选项卡后，系统自动切换到“信息”选项卡，如图 3.3 所示。

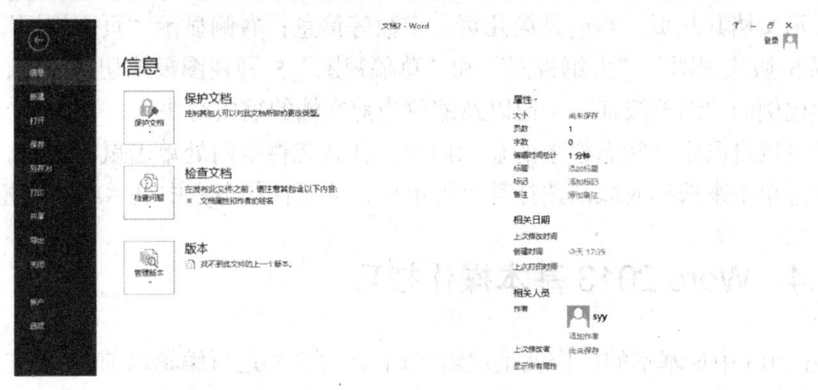

图 3.3　“文件”选项卡

4．功能区

Word 2013 的功能区是一个动态的带状区域，它由多个选项卡组成，每个选项卡下又集成了多个功能组，每个功能组中又包含了多个相关的按钮或选项。整个功能区嵌入在标题栏下的固定位置，如图 3.4 所示。

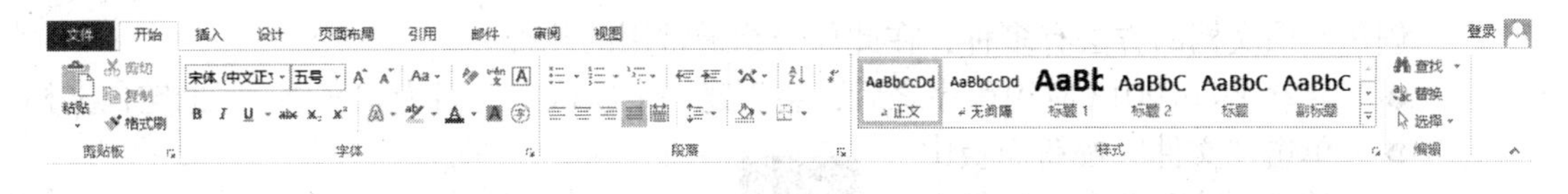

图 3.4　功能区

5．标尺栏

Word 2013 具有水平标尺和垂直标尺，用于对齐文档中的文本、图形、表格等，也可用来设置所选段落的缩进方式和距离。标尺栏可以通过垂直滚动条上方的“标尺”按钮显示或隐藏标尺，也可通过“视图”选项卡“显示”组中“标尺”复选框来显示或隐藏标尺。

6．文档编辑区

文档编辑区是用户使用 Word 2013 进行文档编辑排版的主要工作区域，在该区域中有一个垂直闪烁的光标，这个光标就是插入点，输入的字符总是显示在插入点的位置上。在输入的过程中，当文字显示到文档右边界时，光标会自动转到下一行行首，而当一个自然段落输入完成后，则可通过按一下回车键来结束当前段落的输入。

在文档编辑区中进行文字编辑排版时，如果用户通过鼠标拖动选择文本并将鼠标指针指向该文本时，会看到在所选文字的右上方以淡出形式出现一个工具栏，并且将鼠标指针指向该工具栏时，它的颜色会加深。此工具栏称为浮动工具栏，其中的格式命令非常有用，用户可以通过此工具栏快速地访问这些命令，对所选择文本进行格式设置。

7. 状态栏

状态栏位于应用程序窗口的底部，用来显示当前文档的信息以及编辑信息等。在状态栏的左侧显示文档共几页、当前是第几页、字数等信息；右侧显示“页面视图”、“阅读版式视图”、“Web 版式视图”、“大纲视图”和“草稿视图”5 种视图模式切换按钮，并有显示当前文档显示比例的“缩放级别”按钮以及缩放当前文档的缩放滑块。

用户可以自己定制状态栏上的显示内容，在状态栏空白处单击鼠标右键，在右键弹出菜单中，通过单击来选择或取消选择某个菜单项，从而在状态栏中显示或隐藏相应项。

3.1.4 Word 2013 基本操作技巧

Word 2013 中最基本的操作就是编辑文档。在对文档进行编辑以前，需要先创建一个文档，然后再对创建的文档进行打开、编辑、保存和关闭等操作。这是 Word 2013 中最基本的一些操作，也是用户在对文档进行编辑之前需要熟练掌握的基本操作。

1. 创建新文档

在 Word 2013 中，可以创建两种形式的新文档，一种是没有任何内容的空白文档，另一种是根据模板创建的文档，如传真、信函和简历等。

（1）创建空白文档

创建空白文档的方法有多种，在此仅介绍最常用的几种。

- 启动 Word 2013 应用程序之后，会创建一个默认文件名为“文档 1”的空白文档。
- 单击“文件”按钮面板中的“新建”命令，选择右侧“可用模板”下的“空白文档”，再单击“创建”按钮即可创建一个空白文档，如图 3.5 所示。
- 单击“自定义快速访问工具栏”按钮，在弹出的下拉菜单中选择“新建”项，之后可以通过单击快速访问工具栏中新添加的“新

图 3.5　新建空白文档

建”按钮创建空白文档。

（2）根据模板创建文档

Word 2013 提供了许多已经设置好的文档模板，选择不同的模板可以快速地创建各种类型的文档，如信函和传真等。模板中已经包含了特定类型文档的格式和内容等，只需根据个人需求稍做修改即可创建一个精美的文档。

2. 输入文本

文本是文字、符号、特殊字符和图形等内容的总称。创建新文档后，用户就可以在文本编辑区中输入文本了。普通文本的输入非常简单，用户只需将光标移到指定位置，选择好合适的输入法后即可进行录入操作。常用的输入法切换的快捷键如下。

- 组合键<Ctrl>+<Space>：中/英文输入法切换；
- 组合键<Ctrl>+<Shift>：各种输入法之间的切换；
- 组合键<Shift>+<Space>：全/半角之间的切换。

在输入文本的过程中，用户会发现在文本的下方有时出现红色或绿色的波浪线，这是 Word 2013 所提供的拼写和语法检查功能。如果用户在输入过程中出现拼写错误，在文本下方即会出现红色波浪线；如果是语法错误，则显示为绿色波浪线。当出现拼写错误时，如误将“Computer”输入为“Conputer”，则“Conputer”下会马上显示出红色波浪线，用户只需在其上单击鼠标右键，在之后弹出的修改建议的菜单中单击想要替换的单词选项就可以将错误的单词替换。

3. 保存文档

文档编辑之后必须保存起来，这样才能在需要的时候不断重复使用。不仅在文档编辑完成后要保存文档，在文档编辑过程中也要特别注意保存，以免遇到停电或死机等情况使之前所做的工作丢失。通常，保存文档有以下几种情况。

（1）保存新建文档

Word 2013 为用户提供了多种便捷地保存文档的方法。如果文档是第一次进行保存，可以单击左上角的“保存”按钮，程序会自动切换到“另存为”选项卡中，此时，可以将文档保存在 SkyDrive 或计算机中，如图 3.6 所示。

（2）旧文档与换名、换类型文档保存

如果当前编辑的文档是旧文档且不需要更名或更改位置保存，直接单击“快速访问工具栏”中的“保存”按钮，或者选择“文件”按钮面板中的“保存”命令即可保存文档。此时，不会出现对话框，只是以新内容代替了旧内容保存到原来的旧文档中了。

若要为一篇正在编辑的文档更改名称或保存位置，单击“文件”按钮面板中的“另存为”命令，此时也会弹出如图 3.6 所示的“另存为”对话框，根据需要选择新的存储路径或者输入新的文档名称即可。通过“保存类型”下拉列表中的选项还可以更改文档的保存类型，选择“Word 97-2003 文档”选项可将文档保存为 Word 的早期版本类型，选择“Word 模板”选项可将该文档保存为模板类型。

（3）文档加密保存

为了防止他人未经允许打开或修改文档，可以对文档进行保护，即在保存时为文档加设密码，步骤如下。

第一步：单击如图 3.7 所示的“另存为”对话框中的“工具”按钮，在弹出的下拉框中选择“常规选项”，则弹出“常规选项”对话框。

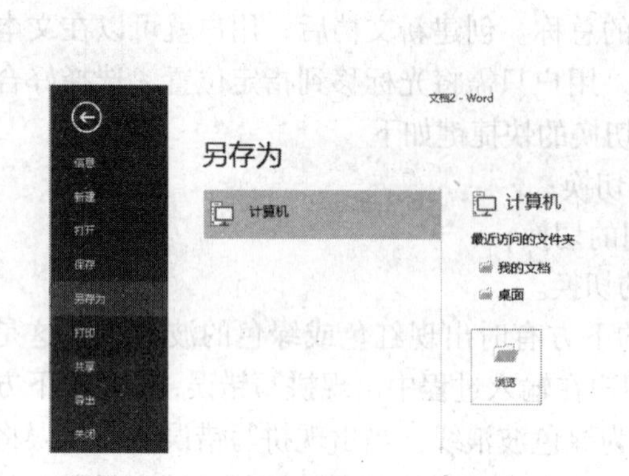

图 3.6 “另存为”选项卡

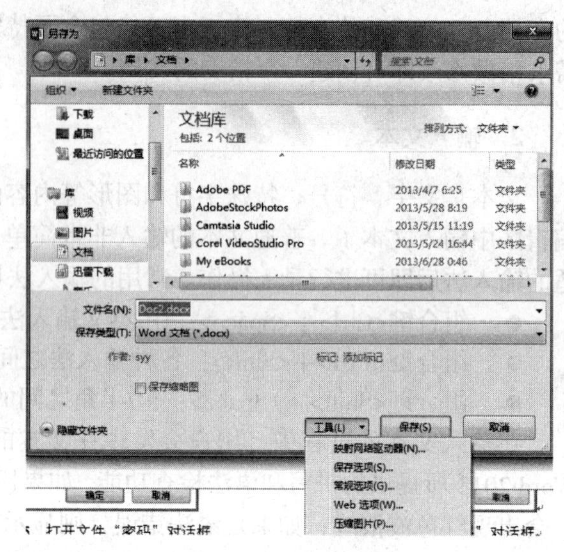

图 3.7 “另存为”对话框

第二步：分别在对话框中的“打开文件时的密码”和“修改文件时的密码”文本框中输入密码，单击“确定”按钮后会弹出“确认密码”对话框，再次输入打开及修改文件时的密码后单击“确定”按钮，返回到图 3.7 所示的对话框。

第三步：单击图 3.7 中的“保存”按钮。

设置完成后再打开文件时，将会弹出如图 3.8 所示的对话框，输入正确的密码后弹出如图 3.9 所示的对话框。只有输入正确的修改文件密码时，才可以修改打开的文件，否则只能以只读方式打开。说明：对文件设置打开及修改密码，不能阻止文件被删除。

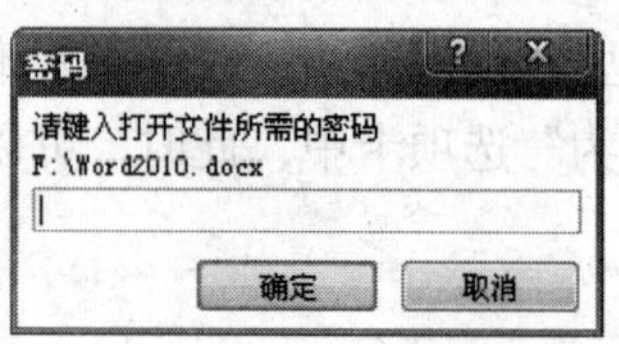

图 3.8 打开文件“密码”对话框

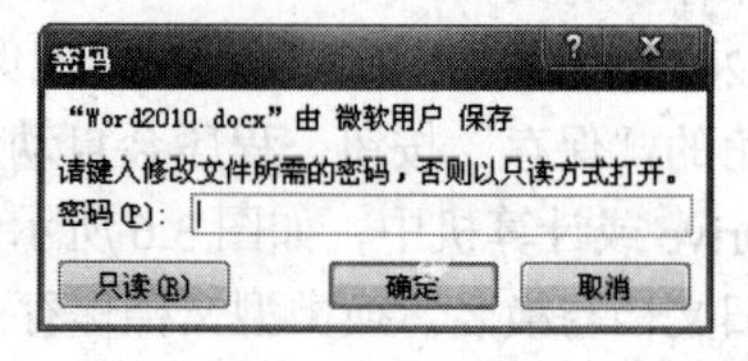

图 3.9 修改文件“密码”对话框

（4）文档定时保存

在文档的编辑过程中，建议设置定时自动保存功能，以防不可预期的情况发生使文件内容丢失。操作步骤如下。

第一步：单击如图 3.7 所示的“另存为”对话框中的“工具”按钮，在弹出的下拉框中选择“保存选项”，弹出“Word 选项”对话框，如图 3.10 所示。

第二步：选中对话框中的“保存自动恢复信息时间间隔”复选框，并在“分钟”数值框中输入保存的时间间隔，单击“确定”按钮返回。

第三步：单击如图 3.7 所示的“保存”按钮。

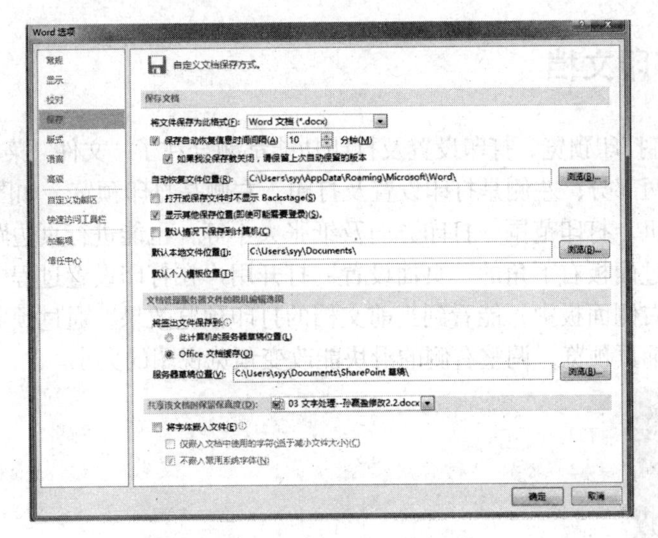

图 3.10　“Word 选项”选项卡

4. 打开文档

如果要对已经存在的文档进行操作，则必须先将其打开。方法很简单，直接双击要打开的文件图标，或者在打开 Word 2013 工作环境后，通过选择“文件”按钮面板中的“打开”项，在之后显示的对话框中选择要打开的文件后，单击“打开”按钮即可。

3.1.5　视图操作

视图是指文档的显示方式。在编辑的过程中用户常常需要因不同的编辑目的而突出文档中的某一部分的内容，以便能更有效地编辑文档。Word 2013 提供 5 种视图显示方式。这些视图有自己不同的作用和优点，如图 3.11 所示。

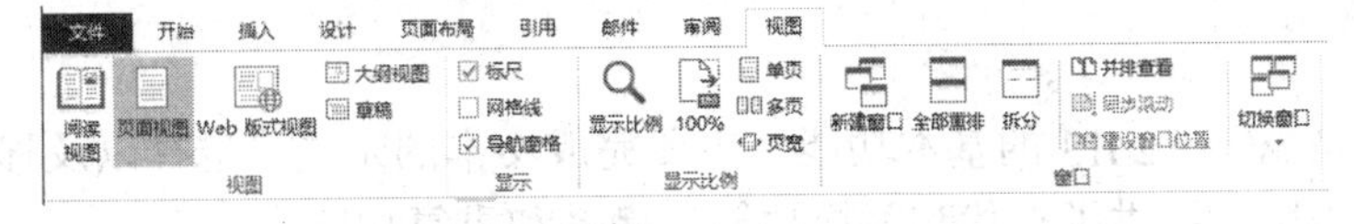

图 3.11　“视图”选项卡

- 页面视图：进行文本输入和编辑时通常采用页面视图，该视图的页面布局简单，能最接近地显示文本、图形及其他元素在最终的打印文档中的真实效果。
- 阅读版式视图：默认以双页形式显示当前文档，隐藏“文件”按钮、功能区等窗口元素，便于用户阅读。它最大的优点是利用最大的空间来阅读或批注文档。
- Web 版式视图：主要用于查看网页形式的文档外观，编辑窗口将显示得更大，并自动换行以适应窗口，适用于发送电子邮件和创建网页。
- 大纲视图：可以显示和更改标题的层级结构，并能折叠、展开各种层级的文档内容，适用于长文档的快速浏览和设置。
- 草稿视图：仅显示标题和正文，是最节省计算机系统硬件资源的视图模式。

3.1.6 打印文档

Word 2013 将打印预览、打印设置及打印功能都融合在了“文件”菜单的“打印”命令面板，该面板分为两部分，左侧是打印设置及打印，右侧是打印预览，如图 3.12 所示。它包括打印份数、打印机、打印范围、打印方向及纸张大小等，也能进行页边距的调整以及设置双面打印，还可通过面板右下角的“页面设置”打开用户在打印设置过程中最常用的“页面设置”对话框。在右侧面板中，能看到当前文档的打印预览效果，通过预览区下方左侧的翻页按钮能进行前后翻页预览，调整右侧的滑块能改变预览视图的大小。

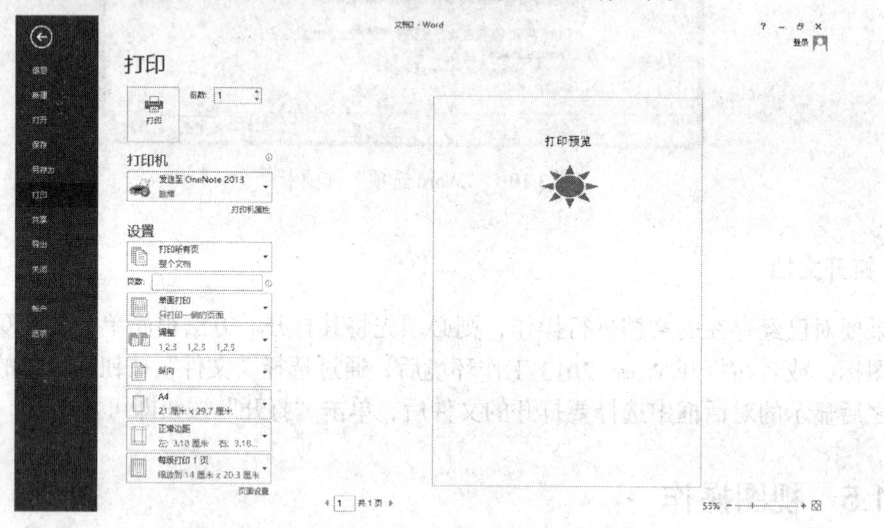

图 3.12 “预览”模式下的“打印预览”选项卡

3.2 文字处理

文档编辑是 Word 2013 的基本功能，主要完成文本的录入、选择以及移动、复制等基本操作，并且也为用户提供了查找和替换功能、撤销和重复功能。

3.2.1 输入内容

1. 输入文档的方法

要想熟练操作文档中的文本，首先要学会如何向文档中输入文本。输入文档的方法包括：

- 使用键盘输入文档。
- 使用语音输入：根据操作者的讲话，计算机利用语音识别系统辨识汉字或词组。
- 将现成的文档内容添加到 Word 中：要在文档中插入一个完整的文件时，可以使用 Word 提供的插入文件功能来实现，还可以插入网页、插入记事本文件。

2．快速输入符号

在输入过程中常会遇到一些特殊的符号使用键盘无法录入，此时可以单击“插入”选项卡，通过“符号”组中的“符号”命令按钮下拉框来录入相应的符号。如果要录入的符号不在“符号”命令按钮下拉框中显示，则可以单击下拉框中的“其他符号”选项，在弹出的“符号”对话框中选择所要录入的符号后单击“插入”按钮即可，如图 3.13 所示。

3．日期和时间的输入

在 Word 2013 中，可以直接插入系统的当前日期和时间，操作步骤如下。

第一步：将插入点定位到要插入日期或时间的位置。

第二步：单击“插入”选项卡“文本”组中的“日期和时间”命令，弹出“日期和时间”对话框，如图 3.14 所示。

第三步：在对话框中选择语言后，在“可用格式”列表中选择需要的格式，如果要使插入的时间能随系统时间自动更新，选中对话框中的“自动更新”复选框，单击“确定”按钮即可。

图 3.13 “符号”对话框

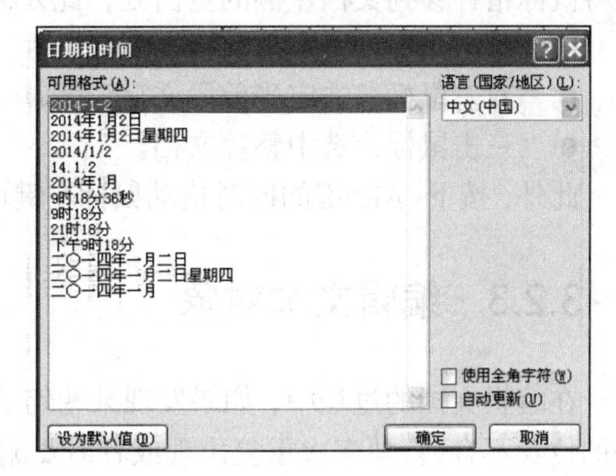

图 3.14 “日期和时间”对话框

4．输入数学公式

数学公式在编辑数学方面的文档时使用很广泛。如果直接输入公式，比较繁琐，而在 Word 2013 中可以直接输入数学符号，快速便捷。具体的操作步骤如下。

第一步：单击“插入”选项卡的“符号”组中的“公式”命令，弹出“公式”对话框。

第二步：拖动鼠标指针选择需要插入的公式，单击该公式即可插入到文档中。

第三步：插入公式后，窗口停留在“公式工具设计”选项卡下，单击“符号”组中的“其他”按钮，在“基础数学”中可以选择更多的符号类型，在“结构”组中可以单击相应名称的按钮，选择需要插入的内容，如图 3.15 所示。

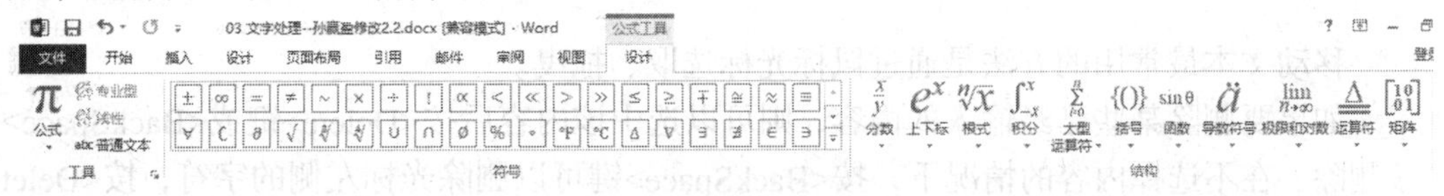

图 3.15 “日期和时间”对话框

3.2.2 选择文本

1. 使用鼠标快速选择

要选择文本对象，最常用的方法是通过鼠标选取。采用这种方法可以选择文档中的任意文字，这是最基本、最灵活的选取文本的方法，包括：

- 拖曳鼠标选中文本：从要选择文本的起点处按下鼠标左键，一直拖动至终点处松开鼠标即可选择文本，选中的文本将以蓝底黑字的形式出现。
- 双击鼠标选择文本：可以选中某个字符、词语或者词组。
- 三击鼠标选择文本：选择整句或整段文本。

2. 使用鼠标和键盘快速选择

如果要选择的是篇幅比较大的连续文本，可以在要选择的文本起点处单击鼠标左键，然后将鼠标指针移至选取终点处，同时按下<Shift>键与鼠标左键即可。在 Word 2013 中，还可以将鼠标指针移到文档左侧的空白处，此处称为选定区，鼠标变为右上方向的箭头。

- 单击鼠标，选定当前行文字；
- 双击鼠标，选定当前段文字；
- 三击鼠标，选中整篇文档。

此外，按下<Alt>键的同时拖动鼠标左键可以选中矩形区域。

3.2.3 编辑文本对象

在编辑文档的过程中，如果发现某些句子、段落在文档中所处的位置不合适、要多次重复出现或者需要删除，就要用到复制、粘贴或删除命令。

1. 复制和粘贴文本

复制是将文档中的某些文本放入剪贴板，操作时用户可以通过粘贴的形式直接将该文本从剪贴板放到文档中，并且可以多次重复粘贴操作。复制内容不仅可以是文档中任何部分，而且可以将复制的内容粘贴到同一文档或不同文档的任何位置。

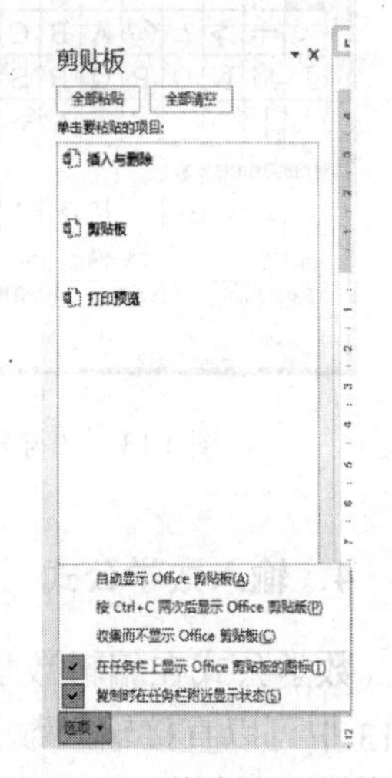

图 3.16 “剪贴板”对话框

用户可以通过剪贴板工具任意选择需要复制的内容，Office 剪贴板最多可以保存 24 项内容，当复制到第 25 项时，原来的第 1 项内容将被清除出剪贴板，如图 3.16 所示。

2. 移动与删除文本

移动文本最常用的方法是通过鼠标光标选取、拖曳。

如果要删除某些已经输入的内容，则可以选中该内容后按<Delete>键或<BackSpace>键直接删除。在不选择内容的情况下，按<BackSpace>键可以删除光标左侧的字符，按<Delete>键删除光标右侧的字符。

3. 撤销和重复

Word 2013 的快速访问工具栏中提供的“撤销”按钮 可以帮助用户撤销前一步或前几步错误操作，而“重复”按钮 则可以重复执行上一步被撤销的操作。

如果是撤销前一步操作，可以直接单击“撤销”按钮，若要撤销前几步操作，则可以单击“撤销”按钮旁的下拉按钮，在弹出的下拉框中选择要撤销的操作即可。

3.2.4 文本的查找、替换和定位

1. 查找文本

利用查找功能可以方便快速地在文档中找到指定的文本。选择“开始”选项卡，单击“编辑”下拉框中的“查找”按钮，在文本编辑区的左侧会显示如图 3.17 所示的“导航”窗格，在显示“搜索文档”的文本框内键入查找关键字后按回车键，即可列出整篇文档中所有包含该关键字的匹配结果项，并在文档中高亮显示相匹配的关键词，单击某个搜索结果能快速定位到正文中的相应位置。

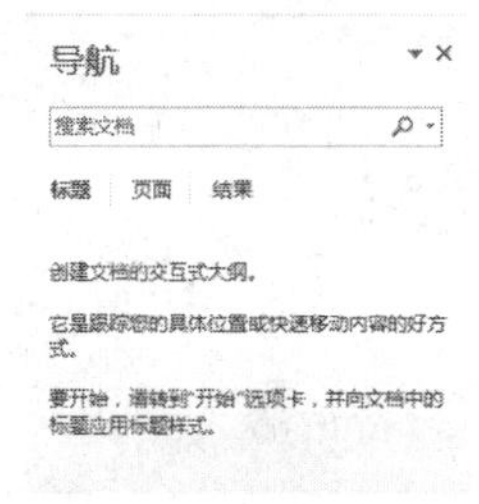

图 3.17 “导航”窗格

也可以选择“查找”按钮下拉框中的“高级查找”选项，在弹出的“查找和替换”对话框中的“查找内容”文本框内键入查找关键字，如“Word 2013”，然后单击“查找下一处”按钮即能定位到正文中匹配该关键字的位置，如图 3.18 所示。通过该对话框中的“更多”按钮，能看到更多的查找功能选项，如是否区分大小写、是否全字匹配以及是否使用通配符等，利用这些选项能完成更高功能的查找操作。

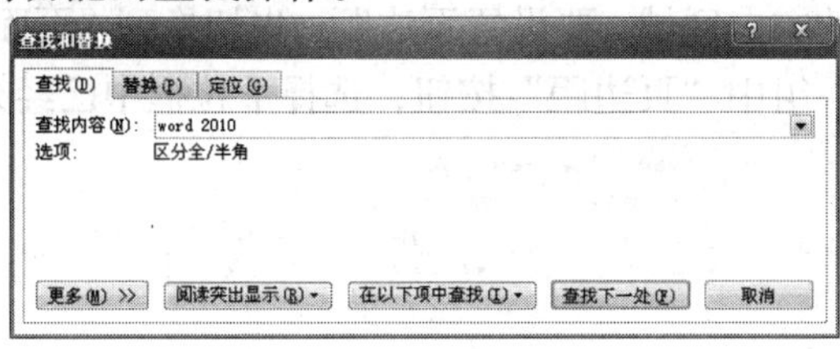

图 3.18 “查找”对话框

2. 替换文本

替换操作是在查找的基础上进行的，如图 3.19 所示，单击“替换”选项卡，在对话框的“替换为”文本框中输入要替换的内容，选择“替换”还是“全部替换”按钮即可。

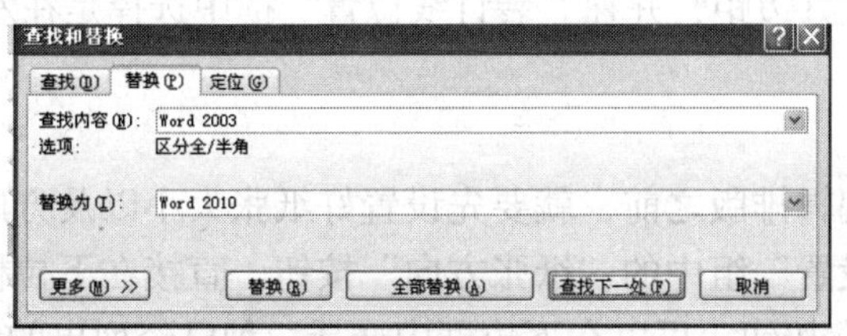

图 3.19 “替换”对话框

3. 定位文本

定位也是一种查找，它可以定位到一个指定位置，而不是指定的内容，如某一行、某一页或某一节等。可以使用鼠标定位文本，使用快捷键定位文档或使用“转到”命令定位文档，如图 3.20 所示。

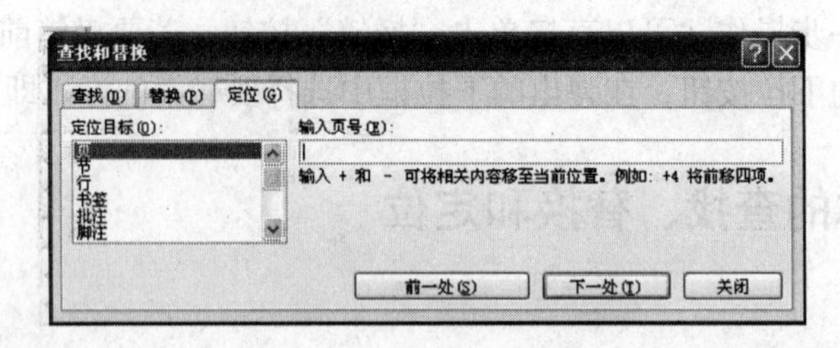

图 3.20　“定位”对话框

3.3　基本排版操作

文档编辑完成之后，就要对整篇文档进行排版以使文档具有美观的视觉效果。

3.3.1　页面设置

1. 设置页边距

页边距是页面四周的空白区域，要设置页边距，先切换到“页面布局”选项卡，如图 3.21 所示，单击“页面设置”组中“页边距”按钮，选择下拉框中已经列出的页边距设置。

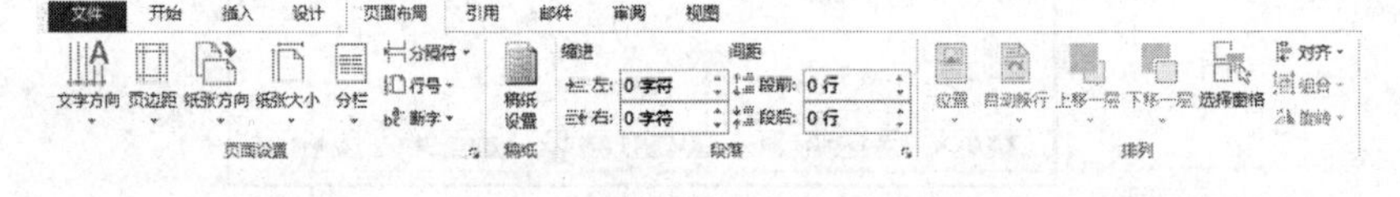

图 3.21　“页面设置”对话框

也可以单击“自定义边距”选项，在之后弹出的“页面设置”对话框中进行设置，如图 3.22 所示。在“页边距”区域中的“上”、“下”、“左”、“右”数值框中输入要设置的数值，或者通过数值框右侧的上下微调按钮进行设置。如果文档需要装订，则可以在该区域中的“装订线”数值框中输入装订边距，并在“装订线位置”框中选择是在左侧还是上方进行装订。

2. 设置纸张

通常在进行文字编辑排版之前，就要先设置好纸张大小以及方向。切换至“页面布局”选项卡，单击“页面设置”组中的“纸张方向”按钮。直接在下拉框中选择“纵向”或“横向”；单击“纸张大小”按钮，可以在下拉框中选择一种已经列出的纸张大小，或者单击“其他页面大小”选项，在之后弹出的“页面设置”对话框中进行纸张大小的选择。

3. 设置版式

版式即版面格式，具体指的是开本、版心和周围空白的尺寸等项的排法。单击“页面设置”组中的“版式”选项卡进行设置，如图 3.23 所示。

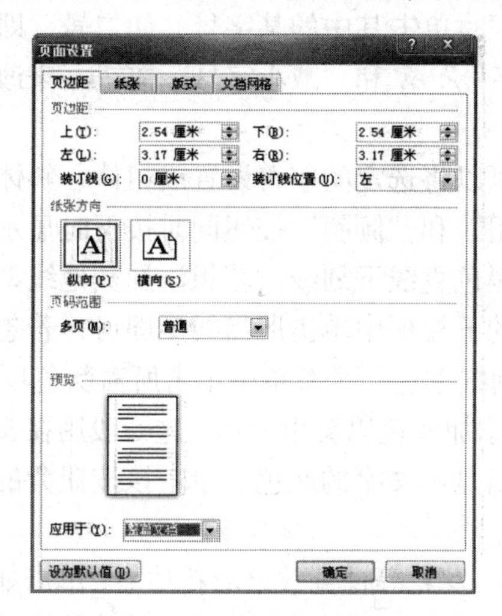

图 3.22　“页面设置”对话框

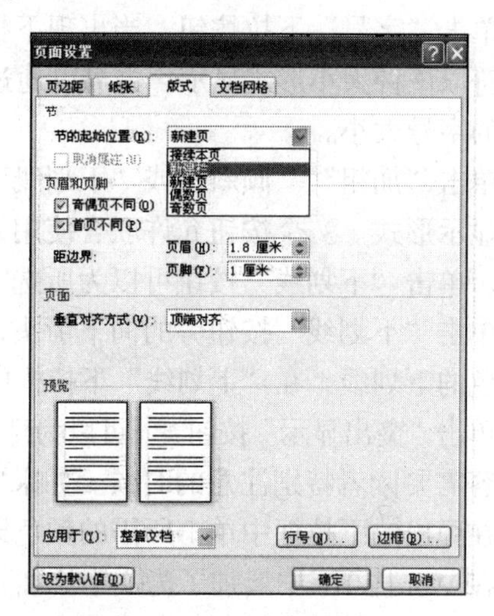

图 3.23　“版式”对话框

4. 设置文档网格

在页面上设置网格，可以给用户一种在方格纸上写字的感觉，同时还可以利用网格对齐文档。单击“页面设置”组中的“文档网格”选项卡进行设置，如图 3.24 所示。

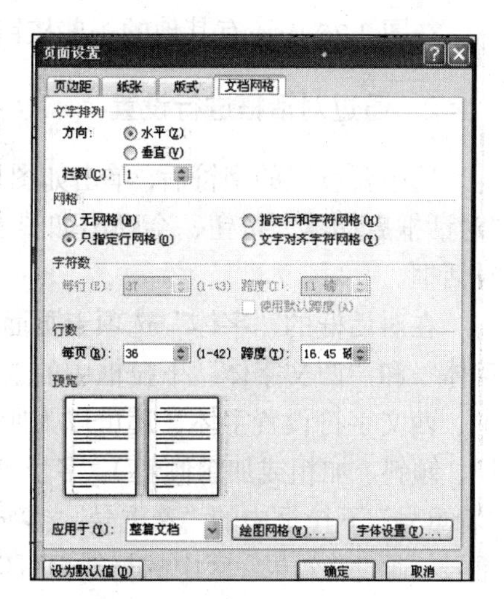

图 3.24　“文档网格”对话框

3.3.2　字体格式

字符格式设置包括汉字、字母、数字、符号及各种可见字符，当它们出现在文档中时，就可以通过设置其字体、字号、颜色等对其进行修饰。对字符格式的设置决定了字符在屏幕上显示和打印输出的样式。字符格式设置可以通过功能区、对话框和浮动工具栏 3 种方式来完成。不管使用哪种方式，都需要在设置前先选择字符，即先选中再设置。

1. 通过功能区进行设置

使用此种方法进行设置，要先单击功能区的“开始”选项卡，此时可以看到“字体”组中的相关命令项，如图 3.25 所示，利用这些命令项即可完成对字

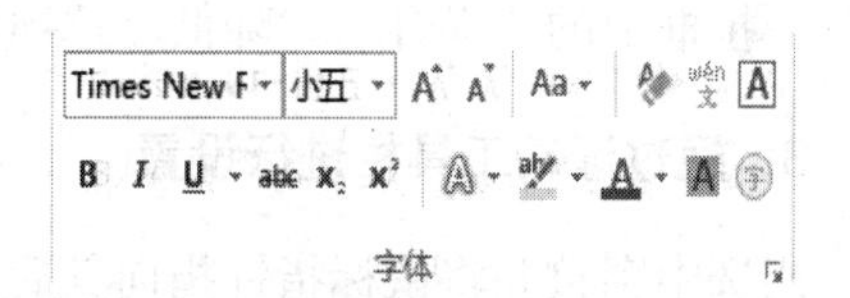

图 3.25　“开始”选项卡中的“字体”组

符的格式设置。

单击“字体”下拉按钮，当出现下拉式列表框时单击其中的某字体，如楷体，即可将所选字符以该字体形式显示。当用户将鼠标指针在下拉列表框的字体选项上移动时，所选字符的显示形式也会随之发生改变，这是 Word 2013 提供给用户在实施格式修改之前预览显示效果的功能。

单击“字号”下拉按钮，当出现下拉式列表框时单击其中的某字号，如二号，即可将所选字符以该种大小形式显示。也可以通过“增大字号”和“减小字号”按钮来改变所选字符的字号大小。

单击“加粗”、“倾斜”或“下划线”按钮，可以将选定的字符设置成粗体、斜体或加下划线显示形式。3 个按钮允许联合使用，当“加粗”和“倾斜”按钮同时按下时显示的是粗斜体。单击“下划线”按钮可以为所选字符添加黑色直线下划线，若想添加其他线型的下划线，单击“下划线”按钮旁的向下箭头，在弹出的下拉框中单击所需线型即可；若想添加其他颜色的下划线，在“下划线”下拉框中的“下划线颜色”子菜单中单击所需颜色项即可。

单击“突出显示”按钮可以为选中的文字添加底色以突出显示，这一般用在文中的某些内容需要读者特别注意的时候。如果要更改突出显示文字的底色，单击该按钮旁的向下箭头，在弹出的下拉框中单击所需的颜色即可。

在 Word 2013 中增加了为文字添加轮廓、阴影、发光等视觉效果的新功能，单击如图 3.25 所示的“文本效果”按钮，在弹出的下拉框中选择所需的效果设置选项就能将该种效果应用于所选文字。

在图 3.25 中还有其他的一些按钮，如将字符设置为上标或下标等，在此不做详述。

2．通过对话框进行设置

选中要设置的字符后，单击如图 3.25 所示的右下角的“对话框启动器”按钮，会弹出如图 3.26 所示的“字体”对话框。

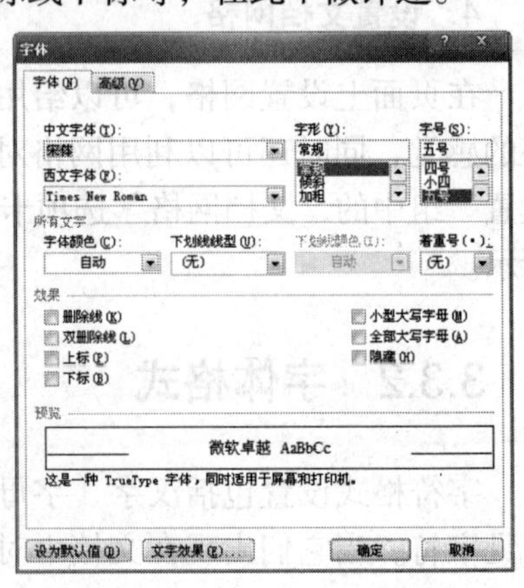

图 3.26　“字体”对话框

在对话框的“字体”选项卡页面中，可以通过“中文字体”和“西文字体”下拉框中的选项为所选择字符中的中、西文字符设置字体，还可以为所选字符进行字形（常规、倾斜、加粗或加粗倾斜）、字号、颜色等的设置。通过“着重号”下拉框中的“着重号”选项可以为选定字符加着重号，通过“效果”区中的复选框可以进行特殊效果设置，如为所选文字加删除线或将其设为上标、下标等。

在对话框的“高级”选项卡页面中，可以通过“缩放”下拉框中的选项放大或缩小字符，通过“间距”下拉框中的“加宽”、“紧缩”选项使字符之间的间距加大或缩小，还可通过“位置”下拉框中的“提升”、“降低”选项使字符向上提升或向下降低显示。

3．通过浮动工具栏进行设置

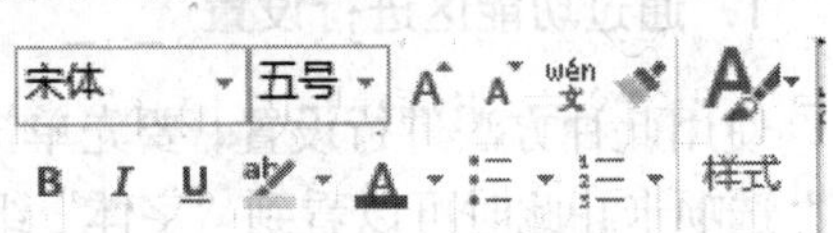

图 3.27　浮动工具栏

当选中字符并将鼠标指针指向其后，在选中字符的右上角会出现如图 3.27 所示的浮动工具栏，利用它进

编号的文字，然后选择功能区的“开始”选项卡，若要为所选文字添加项目符号，单击“段落”组中的“项目符号”按钮，也可单击该按钮旁的向下箭头，在弹出的下拉框中选择其他的项目符号样式，如图 3.31 所示；若要为所选文字添加编号，单击“段落”组中的“编号”按钮，也可单击该按钮旁的向下箭头，在弹出的下拉框中选择其他的编号样式，如图 3.32 所示。

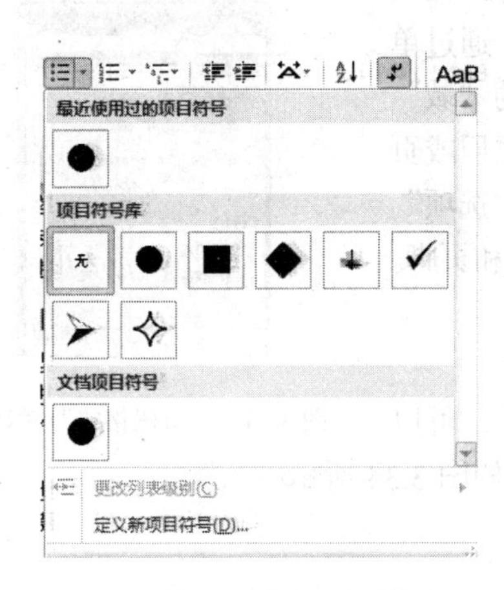

图 3.31　“项目符号”对话框

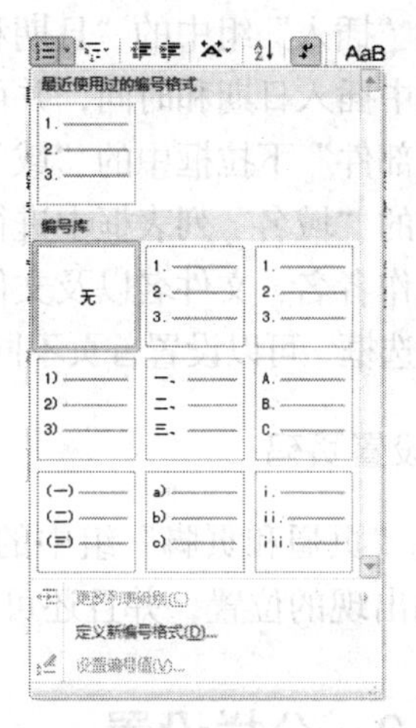

图 3.32　“编号”对话框

3.4　高级排版操作

Word 不仅能用来完成一般的文字编辑工作，其在排版方面也具有强大功能。

3.4.1　设置页眉与页脚

页眉和页脚分别位于文档每页的顶部或底部，页眉和页脚中含有在页面的顶部和底部重复出现的信息，可以在页眉和页脚中插入文本或图形，如页码、日期、公司徽标、文档标题、文件名或作者名等。页眉与页脚只能在页面视图下才可以看到，在其他视图下无法看到。

1．插入页眉和页脚

切换至功能区的“插入”选项卡，要插入页眉，单击“页眉和页脚”组中的“页眉”按钮，在弹出的下拉框中选择内置的页眉样式或者选择“编辑页眉”项，之后键入页眉内容。

要插入页脚，单击“页眉和页脚”组中的“页脚”按钮，在弹出的下拉框中选择内置的页脚样式或者选择“编辑页脚”项，之后键入页脚内容。

2．设置页眉和页脚

在进行页眉和页脚设置的过程中，页眉和页脚的内容会突出显示，而正文中的内容则变为灰色，同时在功能区中会出现用于编辑页眉和页脚的“设计”选项卡，如图 3.33 所示。

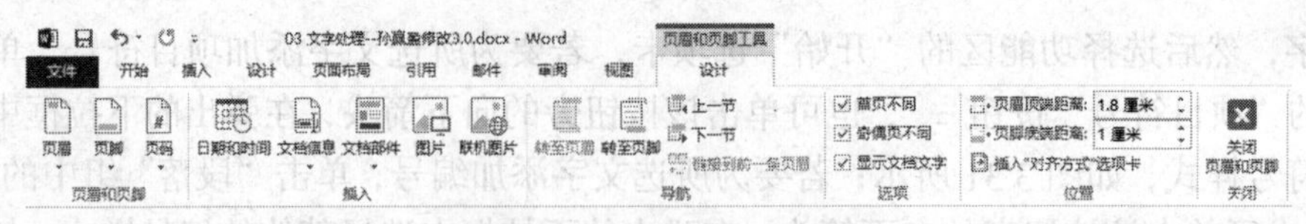

图 3.33　页眉和页脚工具

通过“插入”组中的“日期和时间”命令按钮，可以在页眉或页脚中插入日期和时间，并可以设置其显示格式；通过单击“文档部件”下拉框中的“域”选项，在之后弹出的“域”对话框中的“域名”列表框中进行选择，从而可以在页眉或页脚中显示作者名、文件名以及文件大小等信息；通过“选项”组中的复选框，可以设置首页不同或奇偶页不同的页眉和页脚。

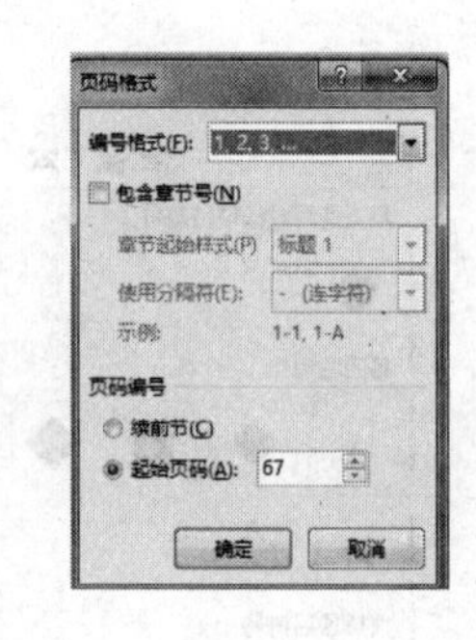

图 3.34　“页码格式”对话框

3．设置页码

通过“页眉和页脚”组中的“页码”按钮下拉框，可以设置页码出现的位置，并且还可以设置页码的格式，如图 3.34 所示。

3.4.2　分栏设置

分栏排版就是将文字分成几栏排列，常见于报纸、杂志的一种排版形式。先选择需要分栏排版的文字，若不选择，则系统默认对整篇文档进行分栏排版，再单击“页面布局”选项卡，在“页面设置”组中单击“分栏”按钮，在弹出的下拉框中选择某个选项即可将所选内容进行相应的分栏设置。

如果想对文档进行其他形式的分栏，选择“分栏”按钮下拉框中的“更多分栏”选项，在之后弹出的“分栏”对话框中可以进行详细的分栏设置，包括设置更多的栏数、每一栏的宽度以及栏与栏的间距等。若要撤销分栏，选择一栏即可，如图 3.35 所示。

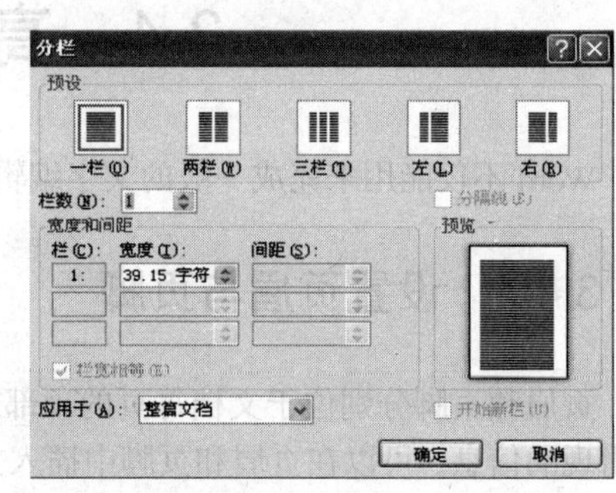

图 3.35　“分栏”对话框

需要注意的是，分栏排版只有在页面视图下才能够显示出来。

3.4.3　样式与模板

样式与模板是 Word 中非常重要的内容，熟练使用这两个工具可以简化格式设置的操作，提高排版的质量和速度。

1．样式

样式是应用于文档中的文本、表格等的一组格式特征，利用它能迅速改变文档的外观。应用样式时，只需执行简单的操作就可以应用一组格式。选择功能区的“开始”选项卡下“样式”组中的样式显示区域右下角的“其他”按钮，出现如图 3.36 所示的下拉框，其中显示出了可供选择的样式。

要对文档中的文本应用样式，先选中这段文本，然后单击下拉框中需要使用的样式名称就可以了。要删除某文本中已经应用的样式，可先将其选中，再选择图 3.36 中的“清除格式”选项即可。

如果要快速改变具有某种样式的所有文本的格式，可通过重新定义样式来完成。选择如图 3.36 所示下拉框中的“应用样式”选项，在弹出的“应用样式”任务窗格中的“样式名”框中选择要修改的样式名称，如图 3.37 所示。

图 3.36 “样式”下拉框

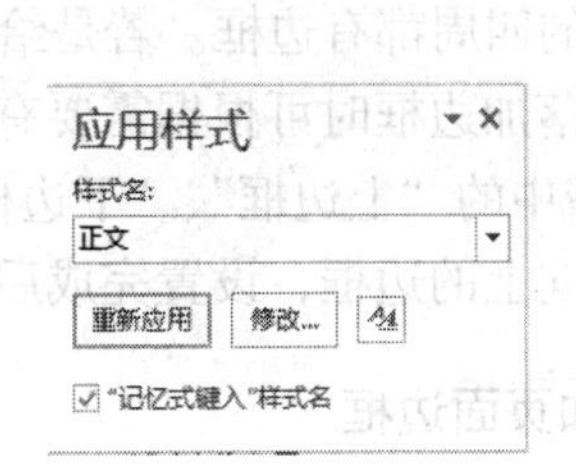

图 3.37 “应用样式”下拉框

单击“修改”按钮，弹出如图 3.38 所示的对话框，此时可以看到“正文”样式的字体格式为“中文宋体，西文 Times New Roman，五号”；段落格式为“两端对齐，单倍行距”。若要将文档中正文的段落格式修改为“两端对齐，1.25 倍行距，首行缩进 2 字符”，则可以选择对话框中“格式”按钮下拉框中的“段落”项，在弹出的“段落”对话框中设置行距为 1.25 倍，首行缩进为 2 字符，单击“确定”按钮使设置生效后，即可看到文档中所有使用“正文”样式的文本段落格式已发生改变。

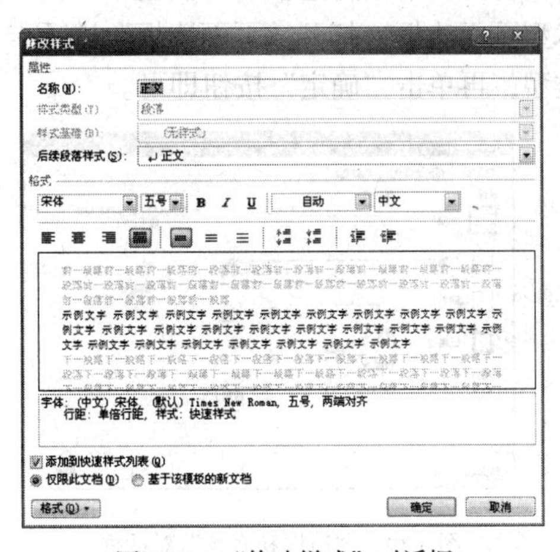

图 3.38 “修改样式”对话框

2. 模板

模板就是一种预先设定好的特殊文档，已经包含了文档的基本结构和文档设置，如页面设置、字体格式、段落格式等，方便以后重复使用，省去每次都要排版和设置的烦恼。对于某些格式相同或相近文档的排版工作，模板是不可缺少的工具。Word 2013 提供了内容涵盖广泛的模板，有博客文章、书法字帖以及信函、传真、简历和报告等，利用其可以快速地创建专业而且美观的文档。另外，Office.com 网站还提供了贺卡、名片、信封、发票等特定功能模板。Word 2013 模板文件的扩展名为“.dotx”，利用模板创建新文档的方法在前面已经介绍到，在此不再赘述。

3.4.4 边框与底纹设置

边框与底纹能增加读者对文档内容的兴趣和注意程度，并能对文档起到一定美化效果。

1. 添加边框

选中要添加边框的文字或段落后，在功能区的“开始”选项卡下，单击“段落”组中的“下框线”按钮右侧的下拉按钮，在弹出的下拉框中选择“边框和底纹”选项，弹出如图3.39所示的对话框，在此对话框的“边框”选项卡页面下可以进行边框设置。

用户可以设置边框的类型为“方框”、“阴影”、“三维”或“自定义”类型，若要取消边框可选择“无”。选择好边框类型后，还可以选择边框的线型、颜色和宽度，只要打开相应的下拉列表框进行选择即可。若是给文字加边框，要在“应用于”下拉列表框中选择“文字”选项，文字的四周都有边框。若是给段落加边框，要在“应用于”下拉列表框中选择“段落”选项，对段落加边框时可根据需要有选择地添加上、下、左、右4个方向的边框，可以利用“预览”区域中的“上边框”、“下边框”、“左边框”、“右边框”4个按钮来为所选段落添加或删除相应方向上的边框，设置完成后单击“确定”按钮。

2. 添加页面边框

为文档添加页面边框要通过如图3.40所示的“页面边框”选项卡来完成，页面边框的设置方法与为段落添加边框的方法基本相同。除了可以添加线型页面边框外，用户还可以添加艺术型页面边框。打开“页面边框”选项卡页面中的“艺术型”下拉列表框，选择喜欢的边框类型，再单击“确定”按钮即可。

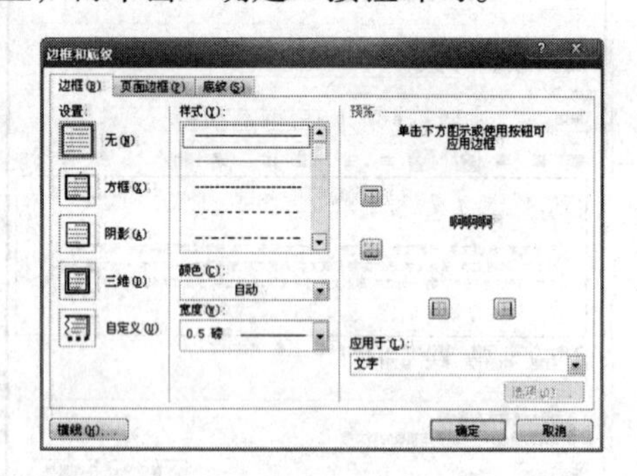

图3.39 “边框和底纹”对话框

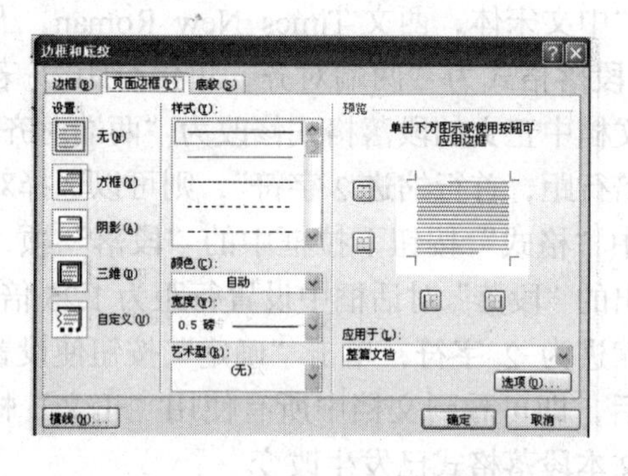

图3.40 “页面边框”对话框

3. 添加底纹

单击如图3.41所示中的“底纹”选项卡，在对话框的相应选项中选择填充色、图案样式和颜色以及应用的范围后再单击“确定”按钮即可。也可通过“段落”组中的“底纹”按钮为所选内容设置底纹。

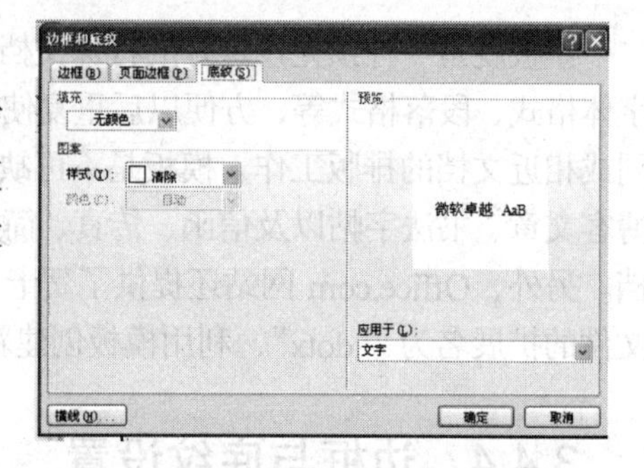

图3.41 “底纹”对话框

3.4.5 创建目录

在撰写书籍或杂志等类型的文档时，通常需要创建目录来使读者可以快速浏览文档中的内容，并可通过目录右侧的页码显示找到所需内容。

在 Word 2013 中，可以非常方便地创建目录，并且在目录发生变化时，通过简单的操作就可以对目录进行更新。

1. 标记目录项

在创建目录之前，需要先将要在目录中显示的内容标记为目录项，操作步骤如下。

第一步：选中要成为目录的文本。

第二步：选择功能区的“开始”选项卡下“样式”组中的样式显示区域右下角的“其他”按钮，弹出如图 3.42 所示下拉框。

第三步：根据所要创建的目录项级别，选择“标题 1”、“标题 2”或“标题 3”选项。

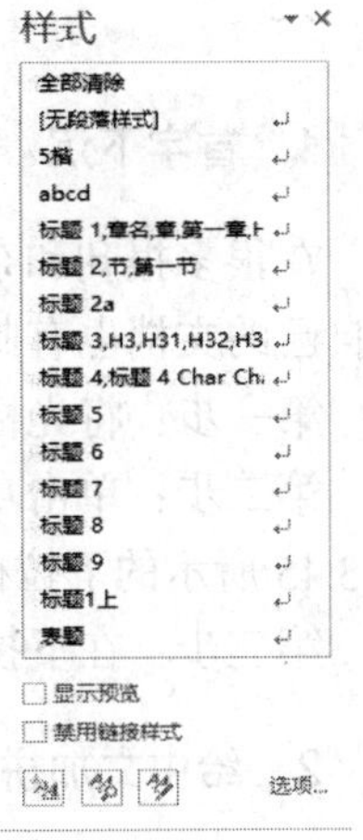

如果所要使用的样式不在图 3.42 中显示，则可以通过以下步骤标记目录项。

图 3.42　标记目录项

第一步：选中要成为目录的文本。

第二步：单击功能区的“开始”选项卡下“样式”组中的对话框启动器打开“样式”窗格。

第三步：单击“样式”窗格右下角的“选项”，则弹出“样式窗格选项”对话框。

第四步：选择对话框中“选择要显示的样式”列表框中的“所有样式”选项，单击“确定”按钮返回到“样式”窗格。

第五步：此时可以看到在“样式”窗格中已经显示出了所有的样式，单击选择所要的样式选项即可。

2. 创建目录

标记好目录项之后，就可以创建目录了，操作步骤如下。

第一步：将光标定位到需要显示目录的位置。

第二步：选择功能区的“引用”选项卡下“目录”组中“目录”按钮下拉框中“自定义目录”项，弹出如图 3.43 所示对话框。

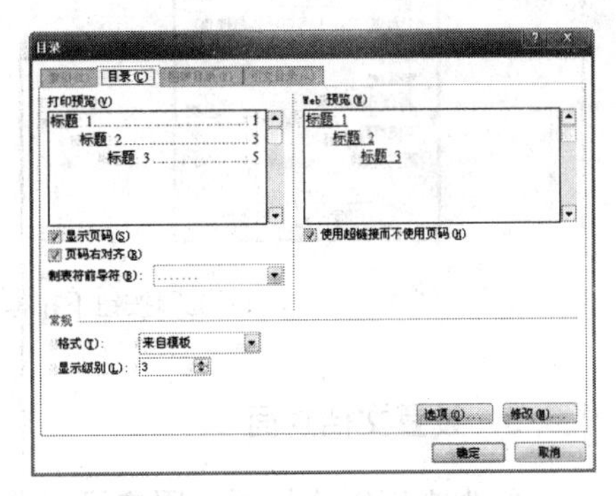

图 3.43　“目录”对话框

第三步：选择是否显示页码、页码是否右对齐，并设置制表符前导符的样式。

第四步：在“常规”区选择目录的格式以及目录的显示级别，一般目录显示到 3 级。

第五步：单击“确定”按钮即可。

3. 更新目录

当文档中的目录内容发生变化时，就需要对目录进行及时更新。

要更新目录，单击功能区的“引用”选项卡下“目录”组中“更新目录”按钮，在弹出的如图 3.44 所示对话框中选择是对整个目录进行更新还是只进行页码更新。也可以先将光标定位到目录上，按<F9>键打开“更新目录”对话框进行更新设置。

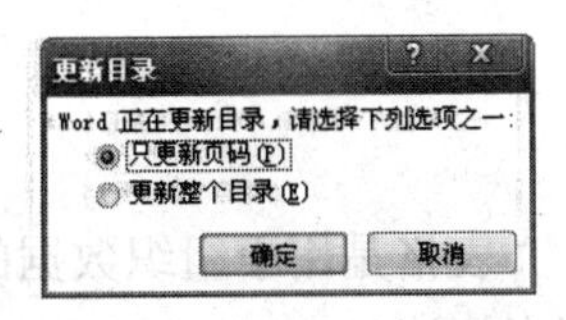

图 3.44　“更新目录”对话框

3.4.6 特殊格式设置

1. 首字下沉

在很多报刊和杂志当中，经常可以看到将正文的第一个字放大突出显示的排版形式。要使自己的文档也有此种效果，可以通过设置首字下沉来实现，操作步骤如下。

第一步：将光标定位到要设置首字下沉的段落。

第二步：单击功能区“插入”选项卡下“文本”组中的“首字下沉”命令按钮，弹出如图 3.45 所示的下拉框。

第三步：在下拉框中选择“下沉”，也可选择“悬挂”项。

2. 给中文加拼音

在中文排版时如果需要给中文加拼音，先选中要加拼音的文字，再单击功能区“开始”选项卡下“字体”组中的“拼音指南”按钮，就会弹出如图 3.46 所示的对话框。

在“基准文字”文本框中显示的是文中选中要加拼音的文字，在“拼音文字”文本框中显示的是基准文字的拼音，设置后的效果显示在对话框下边的预览框中，若不符合要求，可以通过“对齐方式”、“字体”、“偏移量”和“字号”选择框进行调整。

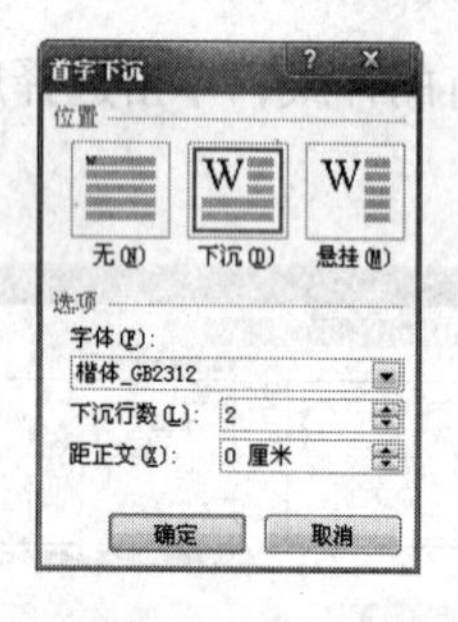

图 3.45 “首字下沉”按钮下拉框

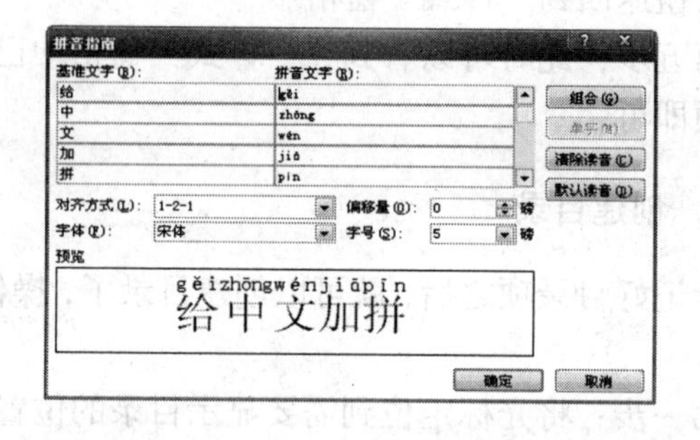

图 3.46 “拼音指南”对话框

3. 设置文档封面

要为文档创建封面，用户可以单击功能区的“插入”选项卡中“页”组中的“封面”按钮，在弹出的下拉框中单击选择所需的封面即可在文档首页插入所选类型的封面，之后在封面的指定位置输入文档标题、副标题等信息即可完成封面的创建。

3.5 表格

表格是用于组织数据的最有用的工具之一，以行和列的形式简明扼要地表达信息，便于读者阅读。在 Word 2013 中，不仅可以非常快捷地创建表格，还可以对表格进行修饰以增加其视觉上的美观程度，而且还能对表格中的数据进行排序以及简单计算等。

3.5.1 创建表格

1. 插入表格

要在文档中插入表格，先将光标定位到要插入表格的位置，单击功能区“插入”选项卡下“表格”组中的“表格”按钮，弹出如图 3.47 所示的下拉框，其中显示一个示意网格，沿网格右下方移动鼠标，当达到需要的行列位置后单击鼠标即可。

除上述方法外，也可选择下拉框中的“插入表格”项，弹出如图 3.48 所示对话框，在“列数”文本框中输入列数，“行数”文本框中输入行数，在“自动调整操作”选项中根据需要进行选择，设置完成后单击“确定”按钮即可创建一个新表格。

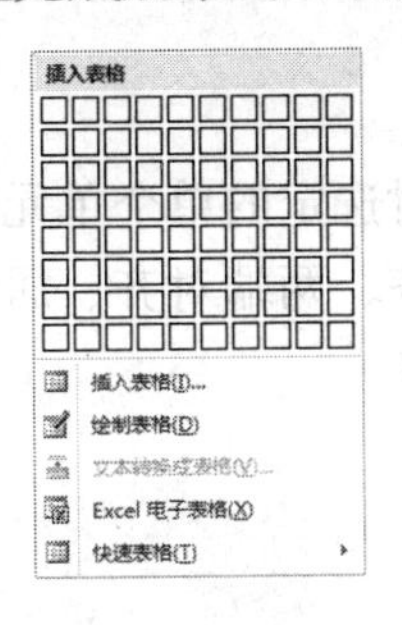

图 3.47 “表格”按钮下拉框

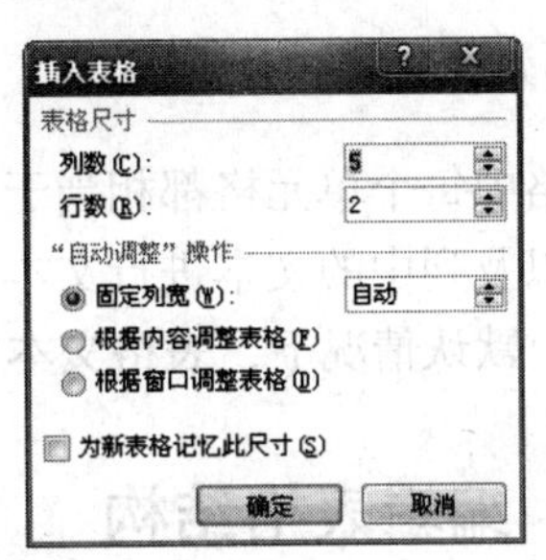

图 3.48 “插入表格”对话框

2. 绘制表格

插入表格的方法只能创建规则的表格，对于一些复杂的不规则表格，则可以通过绘制表格的方法来实现。要绘制表格，需单击如图 3.47 所示的“绘制表格”选项，之后将鼠标指针移到文本编辑区会看到鼠标指针已变成一个笔状图标，此时就可以像自己拿了画笔一样通过鼠标拖动画出所需的任意表格。

需要注意的是，首次通过鼠标拖动绘制出的是表格的外围边框，之后才可以绘制表格的内部框线，要结束绘制表格，双击鼠标或者按<Esc>键。

3. 快速制表

要快速创建具有一定样式的表格，选择如图 3.47 所示的“快速表格”选项，在弹出的子菜单中根据需要单击某种样式的表格选项即可。

3.5.2 编辑表格文本

1. 表格内容的输入和编辑

表格中的每一个小格叫作单元格，在每一个单元格中都有一个段落标记，可以把每一个单元格当作一个小的段落来处理。要在单元格中输入内容，需要先将光标定位到单元格中，可以通过在单元格上单击鼠标左键或者使用方向键将光标移至单元格中。例如，可以对新创建的空表进行内容的填充，得到如表 3.1 所示的表格。

当然，也可以修改录入内容的字体、字号、颜色等，这与文档的字符格式设置方法相同，都需要先选中内容再设置。

表 3.1　　成绩表　　单位：分

姓名	英语	计算机	高数
李明	86	80	93
王芳	92	76	89
张楠	78	87	88

2．表格内容的对齐方式

由于表格中每个单元格都相当于一个小文档，因此可以对选定的单个单元格、多个单元格、块或行以及列中的文本进行文本的对齐操作，包括左对齐、两端对齐、居中、右对齐和分散对齐等。默认情况下，表格文本对齐方式为靠上居左对齐。

3.5.3　编辑表格结构

一般情况下不可能一次就创建出完全符合要求的表格，这就需要对表格的结构进行适当地调整。此外，由于内容等的变更也需要对表格进行一定的修改。编辑表格结构可以使用“表格工具”下的“布局”选项卡来实现，如图 3.49 所示。

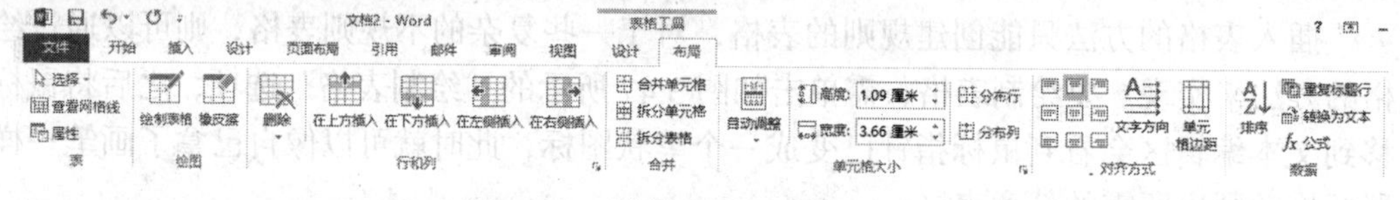

图 3.49　“表格布局”选项卡

1．选定表格

在对表格进行编辑之前，需要学会如何选中表格中的不同元素，如单元格、行、列或整个表格等。Word 2013 中有如下一些选中的技巧。

- 选定一个单元格：将鼠标指针移动到该单元格左边，当鼠标指针变成实心右上方向的箭头时单击鼠标左键，该单元格即被选中。
- 选定一行：将鼠标指针移到表格外该行的左侧，当鼠标指针变成空心右上方向的箭头时单击鼠标左键，该行即被选中。
- 选定一列：将鼠标指针移到表格外该列的最上方，当鼠标指针变成实心向下方向的黑色箭头时单击鼠标左键，该列即被选中。
- 选定整个表格：可以拖动鼠标指针选取，也可以通过单击表格左上角的被方框框起来的四向箭头图标⊞来选中整个表格。

2．插入/删除行或列

使用表格时，经常会出现行数或列数不够用或者多余的情况。要在表格中插入新行或新列，只需先将光标定位到要在其周围加入新行或新列的那个单元格，再根据需要选择功能区的“布局”选项卡中“行和列”组中的命令按钮，单击“在上方插入”或“在下方插入”可以在单元格的上方或下方插入一个新行，单击“在左侧插入”或“在右侧插入”可以在单元格的左侧或右侧插入一个新列。

在此，对表 3.1 进行修改，为其插入一个“平均分”行和一个“总成绩”列，得到表 3.2。

表 3.2　　插入新行和列的成绩表　　单位：分

姓名	英语	计算机	高数	总成绩
李明	86	80	93	
王芳	92	76	89	
张楠	78	87	88	
平均分				

要删除表格中的某一列或某一行，先将光标定位到此行或此列中的任一单元格中，再单击功能区的“布局”选项卡中“行和列”组中的“删除”按钮，在弹出的下拉框中根据需要单击相应选项即可。若要一次删除多行或多列，则需将其都选中，再执行上述操作。

需要注意的是，选中行或列后直接按<Delete>键只能删除其中的内容而不能删除行或列。

3．插入/删除单元格

插入与删除单元格的操作与插入语删除行或列的操作有所区别，使用“插入单元格”对话框进行设置，有如下 4 种插入方式可供选择，如图 3.50 所示。

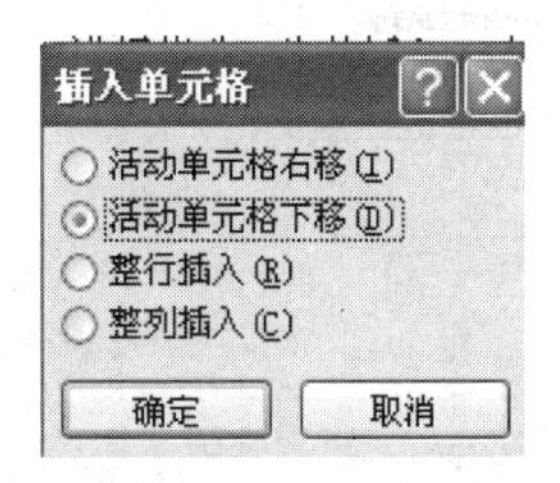

图 3.50　“插入单元格”对话框

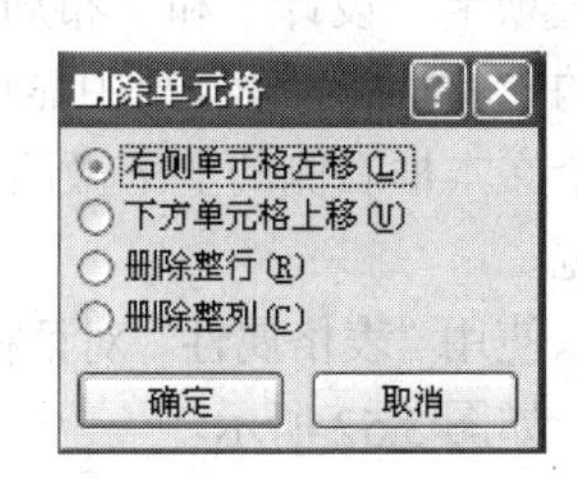

图 3.51　“删除单元格”对话框

- 活动单元格右移：可在选中的单元格的左边增加单元格，此时选中单元格和其右侧的单元格将向右移动相应列数。
- 活动单元格下移：可在选中的单元格的上方增加单元格，此时选中单元格和此列中其下方的单元格将向下移动相应行数。
- 整行插入：在当前光标位置插入整行。
- 整列插入：在当前光标位置插入整列。

删除单元格与插入单元格操作类似，如图 3.51 所示。

4．合并和拆分

在创建一些不规则表格的过程中，可能经常会遇到要将某一个单元格拆分成若干个小的单元格，或者要将某些相邻的单元格合并成一个，此时就需要使用表格的合并与拆分功能。

要合并某些相邻的单元格，首先要将其选中，然后单击功能区的“布局”选项卡中“合并”组中的“合并单元格”按钮，或者单击鼠标右键，在弹出的快捷菜单中选择“合并单元格”命令，就可以将选中的多个单元格合并成一个，合并前各单元格中的内容将以一列的形式显示在新单元格中。

要将一个单元格拆分，先将光标放到该单元格中，然后单击功能区的“布局”选项卡中“合并”组中的“拆分单元格”按钮，在弹出的“拆分单元格”对话框中设置要拆分的行数和列数，最后单击“确定”按钮即可。原有单元格中的内容将显示在拆分后的首个单元格中。

如果要将一个表格拆分成两个，先将光标定位到拆分分界处（即第二个表格的首行上），再单击功能区的“布局”选项卡中“合并”组中的“拆分表格”按钮，即完成了表格的拆分。

5．调节表格

（1）利用鼠标调整行高和列宽

调整行高是指改变本行中所有单元格的高度，将鼠标指针指向此行的下边框线，鼠标指针会变成垂直分离的双向箭头，直接拖动即可调整本行的高度。

调整列宽是指改变本列中所有单元格的宽度，将鼠标指针指向此列的右边框线，鼠标指针会变成水平分离的双向箭头，直接拖动即可调整本列的宽度。要调整某个单元格的宽度，则要先选中该单元格，再执行上述操作，此时的改变仅限于选中的单元格。

（2）使用命令调整行高和列宽

可以将光标定位到要改变行高或列宽的那一行或列中的任一单元格，此时，功能区中会出现用于表格操作的两个选项卡“设计”和“布局”，再单击“布局”选项卡中的“单元格大小”组中显示当前单元格行高和列宽的两个文本框右侧的上下微调按钮，即可精确调整行高和列宽。

还可以使用“表格属性”对话框精确调整表格的行高和列宽，如图 3.52 所示。

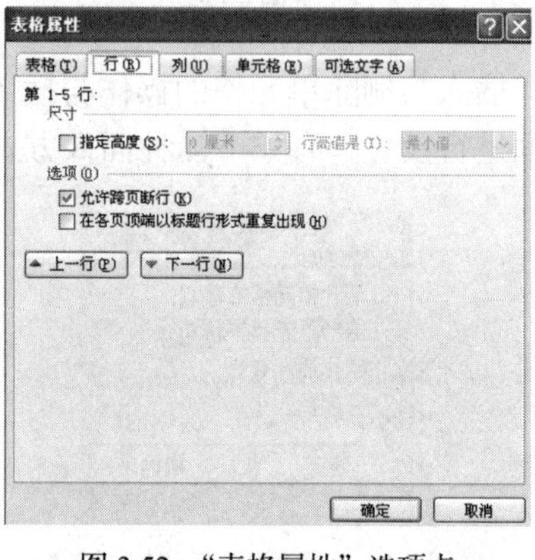

图 3.52 “表格属性”选项卡

6．绘制斜线表头

在创建一些表格时，需要在首行的第一个单元格中分别显示出行标题和列标题，有时还需要显示出数据标题，这就需要通过绘制斜线表头来进行制作。

要为表 3.2 创建表头，可以通过以下步骤来实现。

第一步：将光标定位在表格首行的第一个单元格当中，并将此单元格的尺寸调大。

第二步：单击功能区的“设计”选项卡，在“表格样式”组的“边框”按钮下拉框中选择“斜下框线”选项即可在单元格中出现一条斜线。

第三步：在单元格中的“姓名”文字前输入“科目”后按<Enter>键。

第四步：调整对齐方式分别为“右对齐”、“左对齐”，完成设置后如表 3.3 所示。

表 3.3　　　插入斜线表头后的成绩表　　　单位：分

科目 姓名	英语	计算机	高数	总成绩
李明	86	80	93	
王芳	92	76	89	
张楠	78	87	88	
平均分				

3.5.4 设置表格格式

1. 表格自动套用格式

表格格式直接影响着表格的美观程度。为表格设置格式也称格式化表格。Word 2013 提供了多种预置的表格格式，用户可以通过自动套用格式功能来快速地编辑表格，可以在“表格工具”中的“设计”选项卡中进行设置，如图 3.53 所示。

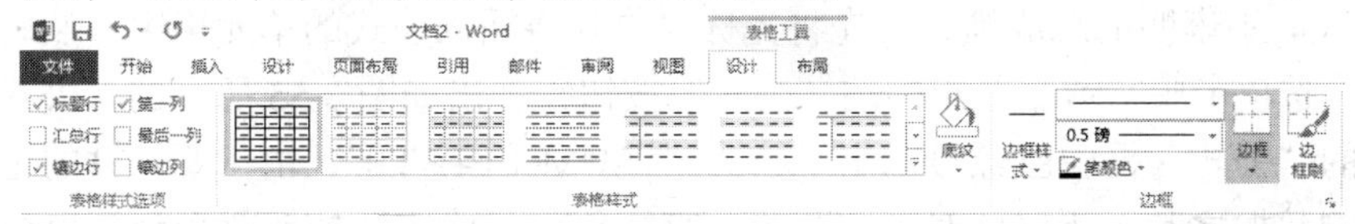

图 3.53　“表格设计”选项卡

2. 修改表格框线

如果要对已创建表格的框线颜色或线型等进行修改，先选中要更改的单元格。若是对整个表格进行更改，将光标定位在任一单元格均可，之后切换到功能区的“设计”选项卡，单击“表格样式”组中的“边框”按钮下拉框中的“边框和底纹”项，在弹出的“边框和底纹”对话框中分别选择边框的样式、颜色和宽度，如图 3.54 所示。根据需要在该对话框的右侧“预览”区中选择上、下、左、右等图示按钮将该种设置应用于不同边框，设置完成后单击“确定”按钮。

图 3.54　“边框和底纹”选项卡

3. 添加底纹

为表格添加底纹，先选中要添加底纹的单元格，若是为整个表格添加，则需选中整个表格，之后切换到功能区的“设计”选项卡，单击“表格样式”组中的“底纹”按钮下拉框中的颜色即可。

将表 3.3 进行边框和底纹修饰后的效果如表 3.4 所示。

表 3.4　　边框和底纹设置后的成绩表　　单位：分

科目 姓名	英语	计算机	高数	总成绩
李明	86	80	93	
王芳	92	76	89	
张楠	78	87	88	
平均分				

3.5.5　表格的其他功能

1．表格中数据的计算

在 Word 2013 中，可以通过在表格中插入公式的方法来对表格中的数据进行计算。例如，要计算表 3.4 中李明的总成绩，首先将光标定位到要插入公式的单元格中，然后单击功能区的“布局”选项卡中“数据”组中的“公式”按钮，弹出如图 3.55 所示的“公式”对话框。在对话框的“公式”框中已经显示出了公式“=SUM（LEFT）”，由于要计算的正是公式所在单元格左侧数据之和，所以此时不需更改，直接单击“确定”按钮就会计算出李明的总成绩并显示。若要计算英语课程的平均成绩，将光标定位到要插入公式的单元格中之后，再重复以上操作，也会弹出“公式”对话框，只是此时“公式”框中显示的公式是“=SUM（ABOVE）”，由于要计算的是平均成绩，所以此时要使用的计算函数是“AVERAGE”，将“公式”框中的“SUM”修改为“AVERAGE”或者通过“粘贴函数”下拉框选择“AVERAGE”函数，在“编号格式”下拉框中选择数据显示格式为保留两位小数“0.00”，然后单击“确定”按钮就可计算并显示英语课程的平均成绩。以相同方式计算其余数据，结果如表 3.5 所示。

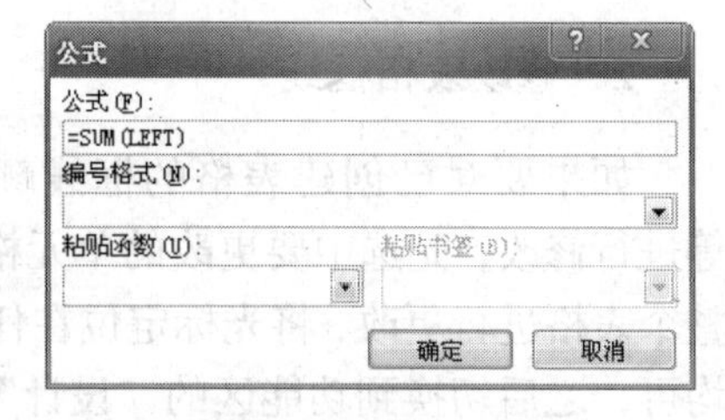

图 3.55　“公式”对话框

表 3.5　　公式计算后的成绩表　　单位：分

科目 姓名	英语	计算机	高数	总成绩
李明	86	80	93	259
王芳	92	76	89	257
张楠	78	87	88	253
平均分	85.33	81.00	90.00	256.33

2. 表格中数据的排序

要对表格排序，首先要选择排序区域，如果不选择，则默认是对整个表格进行排序。如果要将表 3.5 按“总成绩”进行升序、排序，则要选择表中除“平均分”以外的所有行，之后单击功能区的“布局”选项卡中“数据”组中的“排序”按钮，打开如图 3.56 所示的“排序”对话框。

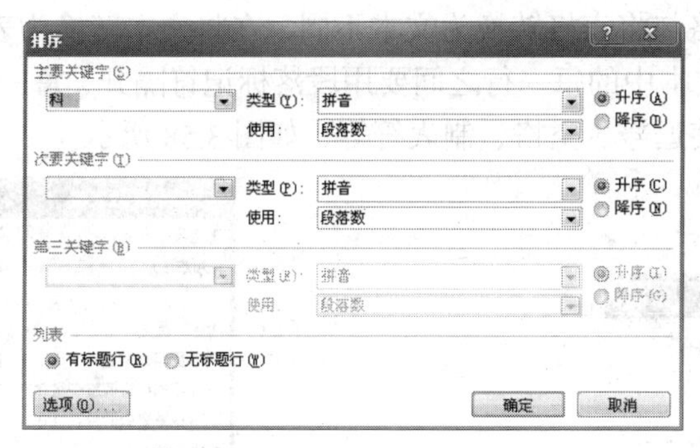

图 3.56 “排序”对话框

在“主要关键字”下拉框中选择“总成绩”，则“类型”框的排序方式自动变为“数字”，再选择“升序”排序，根据需要用同样的方式设置“次要关键字”以及“第三关键字”。在对话框底部，选择表格是否有标题行。如果选择“有标题行”，那么顶行条目就不参与排序，并且这些数据列将用相应标题行中的条目来表示，而不是用“列 1”、“列 2”等方式表示；选择“无标题行”则顶行条目将参与排序，此时选择“有标题行”，再单击“选项”按钮微调排序命令，如排序时是否区分大小写等，设置完成后单击“确定”按钮就完成了排序，结果如表 3.6 所示。

表 3.6　　按“总成绩”升序排序后的成绩表　　单位：分

科目 姓名	英语	计算机	高数	总成绩
张楠	78	87	88	253
王芳	92	76	89	257
李明	86	80	93	259
平均分	85.33	81.00	90.00	256.33

3. 表格与文本之间的互相转换

为了使数据的处理和编辑更加方便，Word 2013 中提供了表格与文本之间相互转换的功能。

（1）表格转换为文本

要把一个表格转换为文本，先选择整个表格或将光标定位到表格中，再单击功能区的“布局”选项卡“数据”组中的“转换为文本”按钮，在弹出的“表格转换成文本”对话框中选择分隔单元格中文字的分隔符，之后单击“确定”按钮即可将表格转换成文本，如图 3.57 所示。

- 段落标记：把每个单元格的内容转换成一个文本段落。
- 制表符：把每个单元格的内容转换后用制表符分隔，每行单元格的内容成为一个文本段落。
- 逗号：把每个单元格的内容转换后用逗号分隔，每行单元格的内容成为一个文本段落。
- 其他字符：在对应的文本框中输入用作分隔符的半角字符。

（2）将文本转换为表格

将文本转换为表格与将表格转换为文本不同，在将文本转换为表格之前必须对需要转换的文本进行格式化。文本中的每一行之间要用段落标记符隔开，每一列之间要用分隔符隔开。列之间的分隔符可以使逗号、空格、制表符等，如图 3.58 所示。

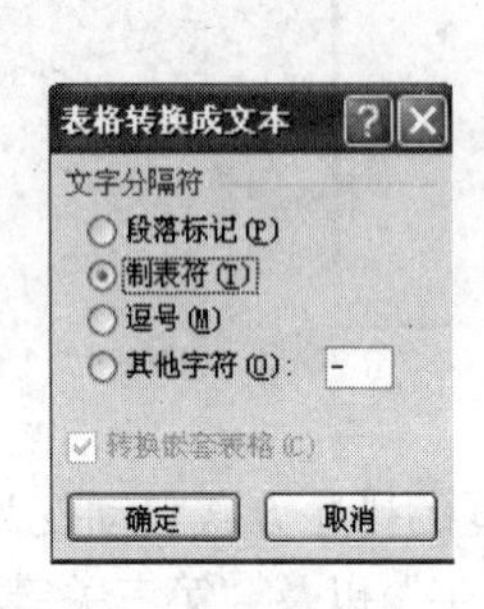

图 3.57 “表格转换成文本”对话框

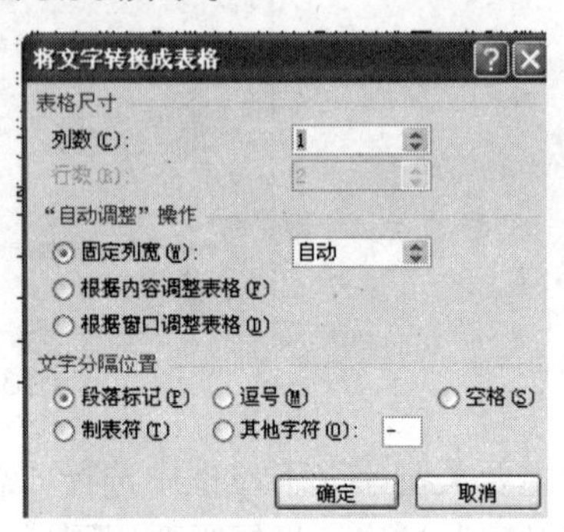

图 3.58 “文本转换成表格”对话框

3.6 图文并茂

要想使文档具有很好的美观效果，仅仅通过编辑和排版是不够的，有时还需要在文档中适当的位置放置一些图片并对其进行编辑修改以增加文档的美观程度。在 Word 2013 中，为用户提供了功能强大的图片编辑工具，无需其他专用的图片工具，即能完成对图片的插入、剪裁和添加图片特效，也可以更改图片亮度、对比度、颜色饱和度、色调等，能够轻松、快速地将简单的文档转换为图文并茂的艺术作品。通过新增的去除图片背景功能还能方便地移除所选图片的背景。

3.6.1 绘制图形

1. 绘制图形

Word 2013 提供了很多自选图形绘制工具，其中包括各种线条、矩形、基本形状（圆、椭圆以及梯形等）、箭头和流程图等，如图 3.59 所示。插入自选图形的操作步骤如下。

图 3.59 “形状”按钮

第一步：单击功能区的“插入”选项卡中“插图”组中的“形状”按钮，在弹出的形状选择下拉框中选择所需的自选图形。

第二步：移动鼠标指针到文档中要显示自选图形的位置，按下鼠标左键并拖动至合适的大小后松开即可绘出所选图形。

自选图形插入文档后，在功能区中显示出绘图工具“格式”选项卡，可以对自选图形更改边框、填充色、阴影、发光、三维旋转以及文字环绕等设置。如图 3.60 所示。

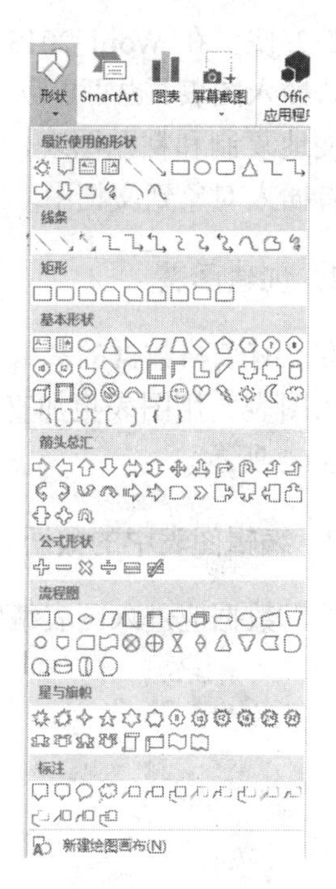

图 3.60　“形状”按钮与“格式”选项卡

2. 图形的编辑

在文档中创建好图形后，有时需要对绘制好的图形做适当的修改和调整。首先选中该图形，图形周围会出现 8 个控制点，可以通过鼠标指针拖曳的方式对其进行设置，调整图形大小、调整图形的位置、调节图形的颜色，组合多个图形并调整其叠放次序以及对齐和排列图形等。

3. 图形效果的设置

为了使绘制的图形更加美观，可以设置图形效果，给图形填充颜色、绘制边框以及添加阴影和三维效果等，具体包括图形的线型设置、图形的阴影设置以及图形的三维设置等，如图 3.61 所示。

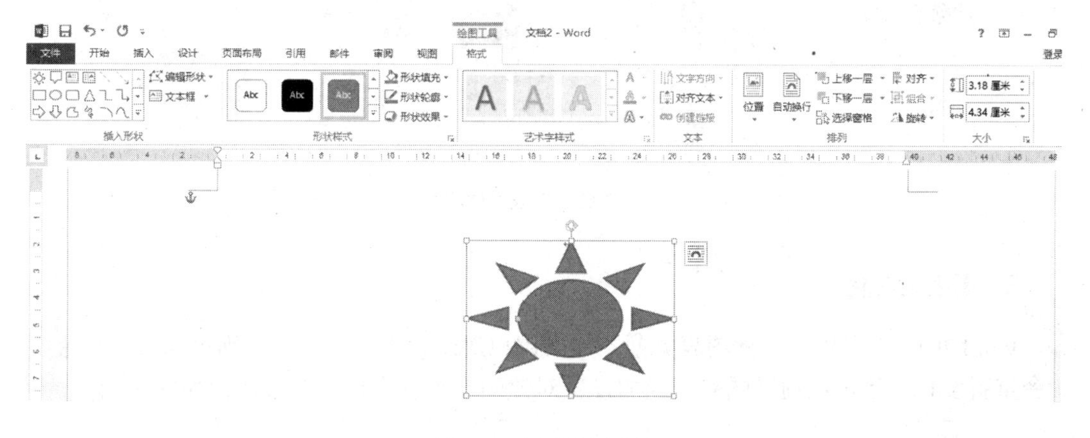

图 3.61　图形效果设置

3.6.2　使用图表

在很多情况下，如果能根据数据表格绘制一幅统计图，会使数据的表示更加直观，分析也更加方便。在 Word 2013 中，既可以使用插入对象的方法插入图表，也可以创建 Word 图表。用户可以非常方便地复制和粘贴图表，还可以将图表作为链接对象或者插入对象到文档中。

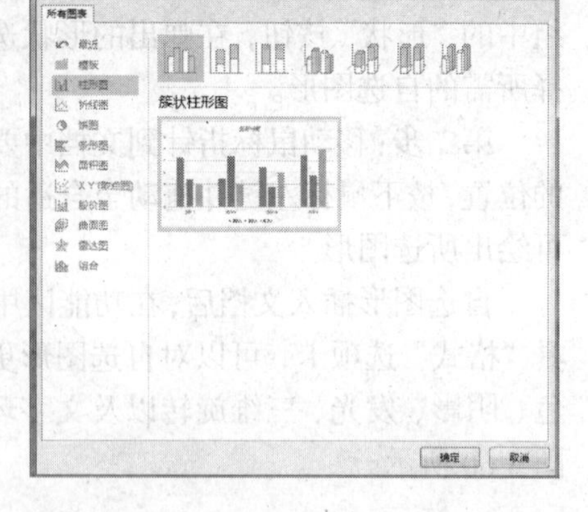

图 3.62 “插入图表”对话框

1. 创建图表

在已有表格数据的基础上，Word 2013 能够很方便地导入图表，用图表更加直观地表示一些统计数字，如图 3.62 所示。

2. 编辑图表中的数据

编辑数据应进入图表编辑窗口，并且打开数据表，如图 3.63 所示。

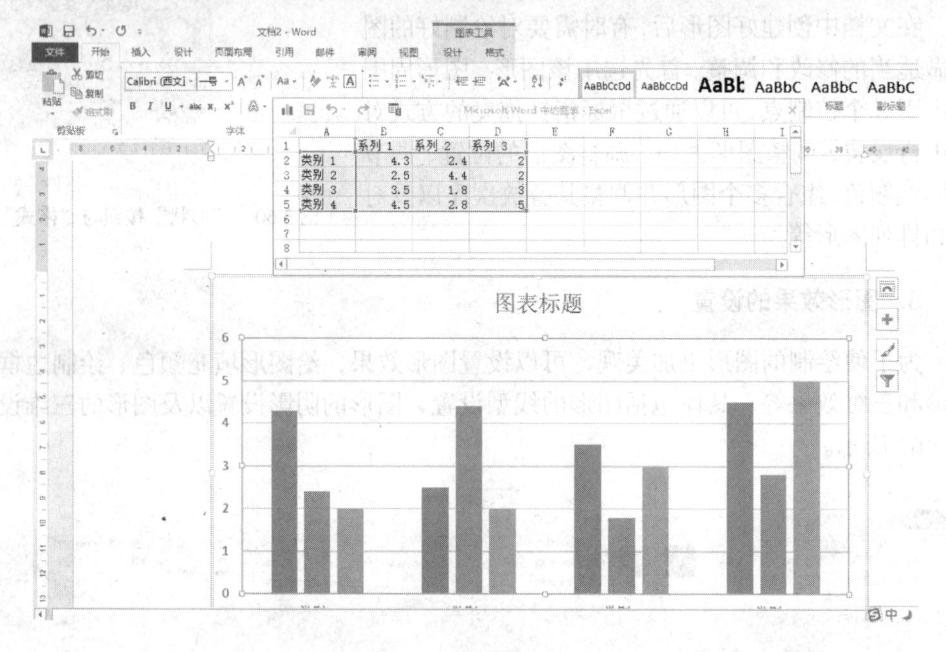

图 3.63 图表编辑界面

3. 图表的美化

Word 2013 中提供了多种图表类型，如果用户对图表类型不满意，则可通过“图表类型”命令重新设置，还可以通过图表布局的设置对该图表类型进行完善操作，如图 3.64 所示。

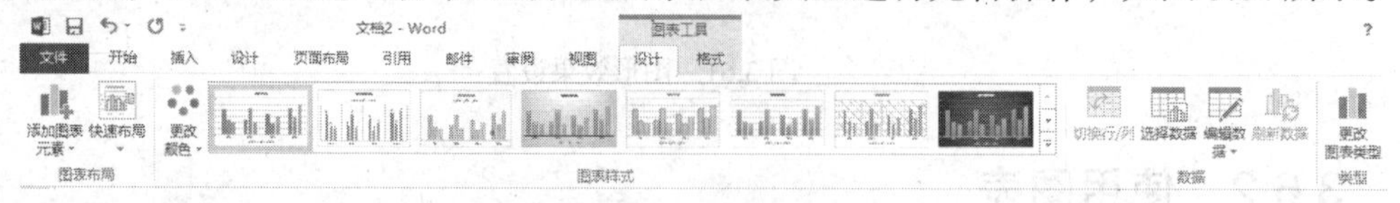

图 3.64 “图表类型”选项卡

设置完图表类型及选项后，用户可以根据自己需要设置图表的格式，如图 3.65 所示。

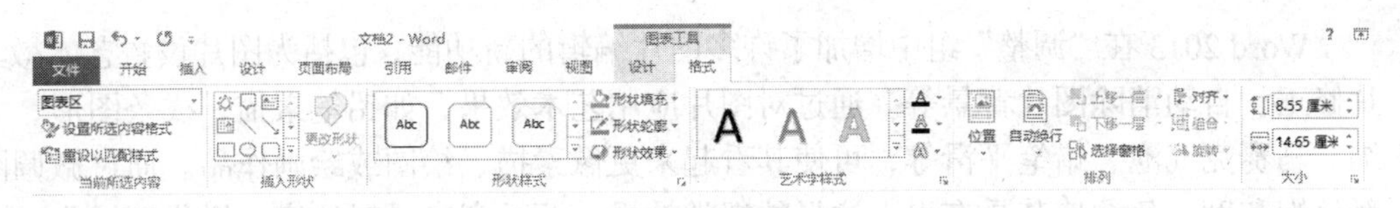

图 3.65　“图表格式”选项卡

3.6.3　插入图片

在文档中插入图片可以使文档更加生动形象，插入的图片可以是一张照片或一幅图画。用户可以从其他的程序或位置插入图片，也可以直接插入来自扫描仪和数码相机的图片。Word 2013 不仅可以接受以多种格式保存的图形，而且提供了对图片进行处理的工具。

1．插入来自文件的图片

在文档中插入图片的操作步骤如下。

第一步：将光标定位到文档中要插入图片的位置。

第二步：单击功能区的“插入”选项卡中“插图”组中的“图片”按钮，打开“插入图片”对话框。

第三步：找到要选用的图片并选中。

第四步：单击“插入”按钮即可将图片插入到文档中。

2．图片的编辑和美化

图片插入到文档中后，四周会出现 8 个蓝色的控制点，把鼠标指针移动到控制点上，当鼠标指针变成双向箭头时，拖动鼠标指针可以改变图片的大小。同时功能区中出现用于图片编辑的“格式”选项卡，如图 3.66 所示，在该选项卡中有“调整”、“图片样式”、“排列”和“大小” 4 个组，利用其中的命令按钮可以对图片进行亮度、对比度、位置、环绕方式等设置。

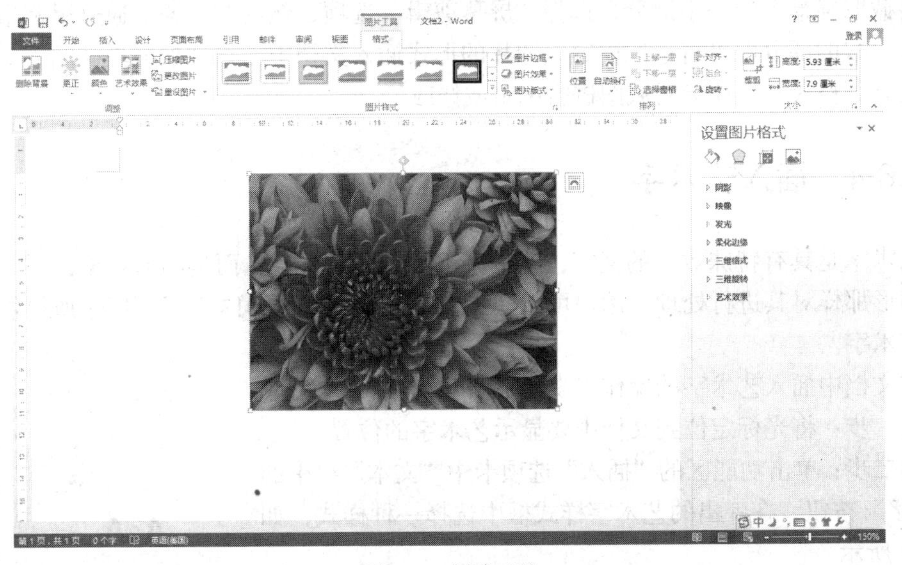

图 3.66　图片工具

Word 2013 在“调整”组中增加了许多图片编辑的新功能，包括为图片设置艺术效果、图片修正、自动消除图片背景等。通过对图片应用艺术效果，如铅笔素描、线条图形、水彩海绵、马赛克气泡、蜡笔平滑等，可使其看起来更像素描、绘图或绘画作品。通过微调图片的颜色饱和度、色调使其具有引人注目的视觉效果。调整亮度、对比度、锐化和柔化，或重新着色能使其更适合文档内容。通过将图片背景去除能够更好地突出图片主题。要对所选图片进行以上设置，只需在图 3.66 中单击相应的设置按钮，在弹出的下拉框中进行选择即可。

需要注意的是，在为图片删除背景时，单击“删除背景”按钮，会显示出“背景消除”选项卡，Word 2013 会自动在图片上标记出要删除的部分。一般用户还需要手动拖动标记框周围的调整按钮进行设置，之后通过“标记要保留的区域”或“标记要删除的区域”按钮修改图片的边缘效果，完成设置后单击“保留更改”按钮就会删除所选图片的背景。如果用户想恢复图片到未设置前的样式，单击 “重设图片”按钮即可。

通过“图片样式”组不仅可以将图片设置成该组中预设好的样式，还可以根据自己的需要通过“图片边框”、“图片效果”和“图片版式”3 个下拉按钮对图片进行自定义设置，包括更改图片的边框以及阴影、发光、三维旋转等效果的设置、将图片转换为 Smart Art 图形等。

对于图片来说，将其插入到文档中后，一般都要进行环绕方式设置，这样可以使文字与图片以不同的方式显示。选中图片后单击图 3.66 所示“排列”组中的“自动换行”按钮，在弹出的下拉框中根据需要进行选择即可。图 3.67 所示为将图片设置为“衬于文字下方”环绕方式的显示效果。

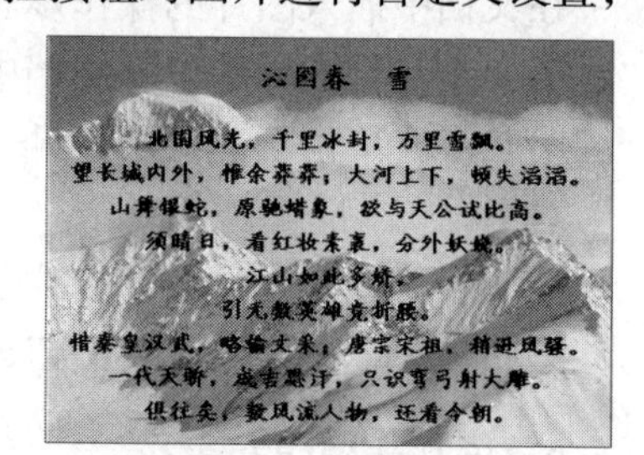

图 3.67 “衬于文字下方”效果图

在 Word 2013 中增加了屏幕截图功能，能将屏幕截图即时插入到文档中。单击功能区的“插入”选项卡中“插图”组中的“屏幕截图”按钮，在弹出的下拉菜单中可以看到所有已经开启的窗口缩略图，单击任意一个窗口即可将该窗口完整的截图并自动插入到文档中。如果只想要截取屏幕上的一小部分，选择“屏幕剪辑”选项，然后在屏幕上通过鼠标指针拖动选取想要截取的部分即可将选取内容以图片的形式插入文档中。在添加屏幕截图后，可以使用图片工具“格式”选项卡对截图进行编辑或修改。

3.6.4 插入艺术字

艺术字是具有特殊效果的文字，艺术字不是普通的文字，而是图形对象，可以像处理其他的图形那样对其进行处理。用户可以在文档中插入 Word 2013 艺术字库中所提供的任一效果的艺术字。

在文档中插入艺术字的操作步骤如下。

第一步：将光标定位到文档中要显示艺术字的位置。

第二步：单击功能区的“插入”选项卡中“文本”组中的“艺术字”按钮，在弹出的艺术字样式框中选择一种样式，如图 3.68 所示。

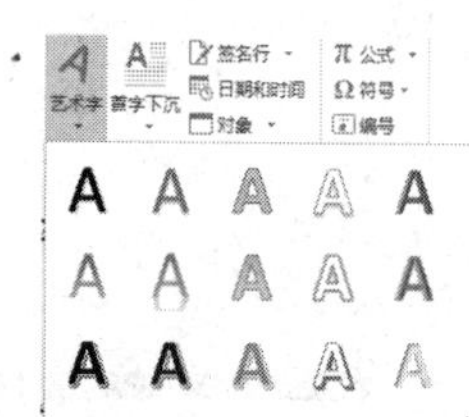

图 3.68 “插入艺术字”按钮

第三步：在文本编辑区中“请在此放置您的文字”框中键

入文字即可。

艺术字插入文档中后，功能区中会出现用于艺术字编辑的绘图工具“格式”选项卡，如图 3.69 所示，利用“形状样式”组中的命令按钮可以对显示艺术字的形状进行边框、填充、阴影、发光、三维效果等设置。利用“艺术字样式”组中的命令按钮可以对艺术字进行边框、填充、阴影、发光、三维效果和转换等设置。

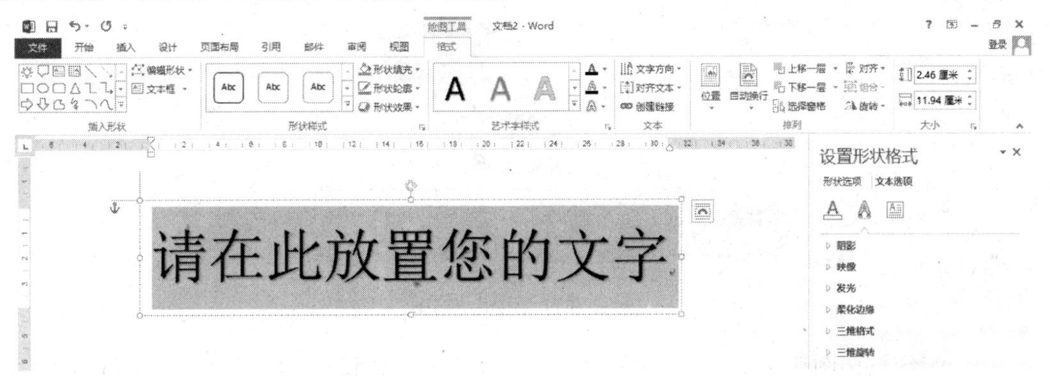

图 3.69　绘图工具

3.6.5　插入 SmartArt 图形

SmartArt 图是用来表现结构、关系或者过程的图表，以非常直观的方式与读者交流信息，它包括图形列表、流程图、关系图和组织结构图等各种图形。Word 2013 中的“SmartArt”工具增加了大量新模板，还新添了多个新类别，提供更丰富多彩的各种图表绘制功能，能帮助用户制作出精美的文档图表对象。使用“SmartArt”工具，可以非常方便地在文档中插入用于演示流程、层次结构、循环或者关系的 SmartArt 图形。

在文档中插入 SmartArt 图形的操作步骤如下。

第一步：将光标定位到文档中要显示图形的位置。

第二步：单击功能区的“插入”选项卡中“插图”组中的“SmartArt”按钮，打开“选择 SmartArt 图形”对话框，如图 3.70 所示。

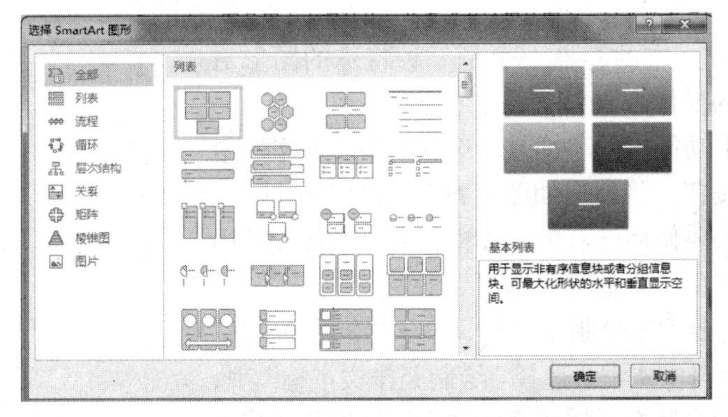

图 3.70　“选择 Smart Art 图形”对话框

第三步：图中左侧列表中显示的是 Word 2013 提供的 SmartArt 图形分类列表，有列表、流程、循环、层次结构、关系等。单击某一种类别，会在对话框中间显示出该类别下的所有SmartArt图形的图例。单击某一图例，在右侧可以预览到该种SmartArt图形并在预览图的下方显示该图的文字介绍，在此选择“层次结构”分类下的组织结构图。

第四步：单击“确定”按钮，即可在文档中插入如图3.71所示的显示文本窗格的组织结构图。

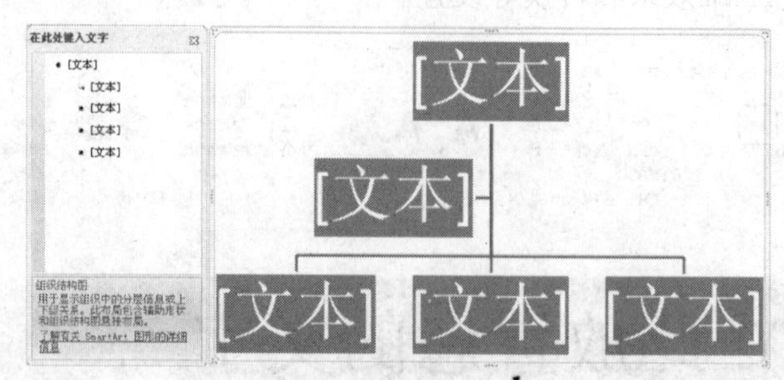

图3.71　组织结构图

插入组织结构图后，就可以在图3.71所示中显示“文本”的位置输入，也可在图左侧的“在此处输入文字”文本窗格中输入。输入文字的格式按照预先设计的格式显示，当然用户也可以根据自己的需要进行更改。

当文档中插入组织结构图后，在功能区会显示用于编辑SmartArt图形的“设计”和“格式”选项卡，如图3.72所示。通过SmartArt工具可以为SmartArt图形进行添加新形状、更改布局、更改颜色、更改形状样式（包括填充、轮廓以及阴影、发光等效果设置），还能为文字更改边框、填充色以及设置发光、阴影、三维旋转和转换等效果。

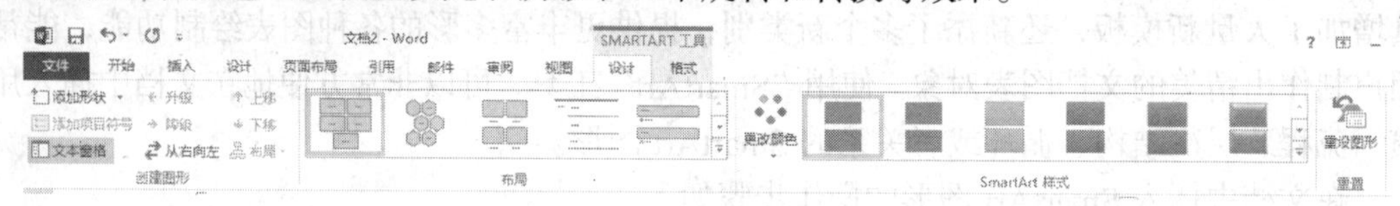

图3.72　SmartArt工具

3.6.6　插入文本框

文本框是存放文本的容器，也是一种特殊的图形对象。插入文本框的操作步骤如下。

第一步：单击功能区的“插入”选项卡中“文本”组中的“文本框”按钮，将弹出如图3.73所示的下拉框。

第二步：如果要使用已有的文本框样式，直接在“内置”栏中选择所需的文本框样式即可。

第三步：如果要手工绘制文本框，选择“绘制文本框”项；如果要使用竖排文本框，选择“绘制竖排文本框”项；进行选择后，鼠标指针在文档中变成“十”字形状，将鼠标指针移动到要插入文本框的位置，按下鼠标左键并拖动至合适大小后松开即可。

图3.73　“文本框”按钮下拉框

第四步：在插入的文本框中输入文字。

文本框插入文档后，在功能区中显示出绘图工具“格式”选项卡，文本框的编辑方法与艺术字类似，可以对其及其上文字设置边框、填充色、阴影、发光、三维旋转等。若想更改文本框中的文字方向，单击“文本”组中的“文字方向”按钮，在弹出的下拉框中进行选择即可。

3.7 综合实例

3.7.1 Word 公文实例

第一步：页面设置

启动 Microsoft Word 2013，新建一个 word 文档。

在工具栏选择【页面布局】选项卡，单击“页面设置”标签上的“页边距”，选择“自定义边距(A)...”，打开“页面设置”对话框，选择“页边距”选项卡，将页边距分别设置为“上：3.7 厘米；下：3.5 厘米；左：2.8 厘米；右：2.6 厘米”，如图 3.74 所示。

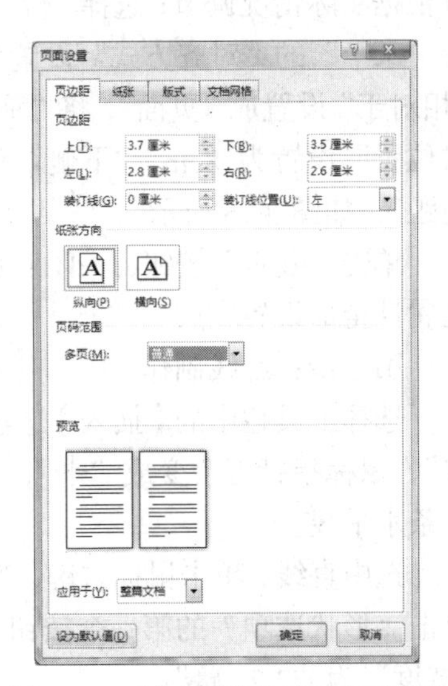

图 3.74 “公文写作”页面布局设置

选择“版式”选项卡，将“页眉和页脚”设置成“奇偶页不同”；选择“文档网格”选项卡，单击右下角的“字体设置”按钮，打开“字体”对话框，在“中文字体”下拉列表中选择“仿宋”，在“字号”中选择“三号”，单击“确定”按钮，关闭对话框；在“文档网格”选项卡“网格”一项中，选择“指定行网格和字符网格”，将“每行”设置成“28”个字符，“每页”设置成“22”行，单击“确定”按钮，关闭对话框。

第二步：发文机关标识制作

在工具栏中选择【插入】选项卡，单击“文本框”，选择“绘制文本框(D)”，鼠标指针将会变成“十”，在正文版面上单击鼠标左键，出现一个文本框，在该文本框内输入发文机关标识“××工程大学人事处”，将颜色设置成“红色”，字体设置成“小标宋简体”，字号为“小初”，段落为“居中”。

注：若在字体下拉列表中没有找到“小标宋简体”，需要下载“方正小标宋简体.ttf”文件，并依次打开【开始菜单】-【控制面板】-【外观和个性化】-【字体】，复制“方正小标宋简体.ttf”文件，在空白处单击鼠标右键选择“粘贴”即可完成安装。

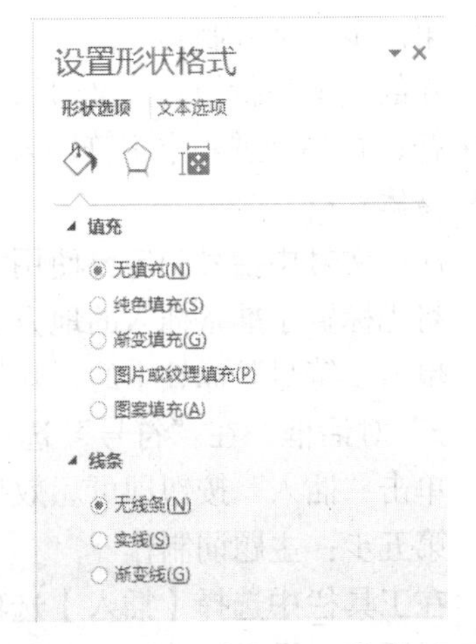

图 3.75 “公文写作”文本框的设置

选中该文本框，单击鼠标右键选择“设置形状格式”，在右侧打开“设置形状格式”窗口，单击“形状选项”的第一个按钮“填充线条”，分别设置“填充”为“无填充”，“线条”为“无线条”，如图 3.75 所示。

单击“形状选项”的第三个按钮“布局属性”，将“文本框”左、右、上、下的边距都设置成“0cm”。继续选中该文本框，右击选择“其他布局选项”，打开“布局”对话框，选择“大小”选项卡，将“高度”设置成“2cm”，“宽度”设置成“15.5cm”，也可根据实际情况调节；选择“位置”选项卡，将“水平”的“对齐方式”设置为“居中”，“相对于”设置成“页面”，将“垂直”的“绝对位置”设置为 8cm，“下侧”设置成“页边距”，如图 3.76 所示。

图 3.76 “公文写作”布局的设置

单击“确定”按钮，关闭对话框，文本框属性全部设置完成。

第三步：红线制作

选择工具栏中的【插入】选项卡，单击“插图”标签中的“形状”，选择“线条”中的“直线”，鼠标指针将会变成“十”，左手按住键盘上的<Shift>键，右手拖动鼠标指针从左到右画一条水平线。

选中直线，单击鼠标右键，选择“设置形状格式”，在右侧打开的“设置形状格式”窗口，单击“形状选项”的第一个按钮“填充线条”，分别设置“线条”为“实线”，颜色为“红色”，“宽度”为“2.25 磅”。

继续选中直线，右键单击选择“其他布局选项”，打开“布局”对话框，选择“大小”选项卡，将“宽度”设置成“15.5cm”，选择“位置”选项卡，将“水平”的“对齐方式”设置为“居中”，“相对于”设置成“页边距”，将“垂直”的“绝对位置”设置为 13.5cm，“下侧”设置成“页面”，单击“确定”按钮，关闭“布局”对话框。

第四步：文号制作

在红线上一行填写“文号”，输入“人事处〔2013〕78 号”采用三号仿宋，左侧缩进一个字符；右侧缩进一个字符输入“签发人:”，采用三号仿宋，签发人的姓名“×××”采用三号楷体。

注：文号中括号一定要使用六角符号，插入方法为：将光标置于准备插入的地方，选择“插入”选项卡，单击“符号”标签中的“其他符号(M)…”，打开“符号”对话框，在“符号”选项卡中找到六角符号后，单击“插入”按钮即可。效果如图 3.77 所示。

xx 工程大学人事处

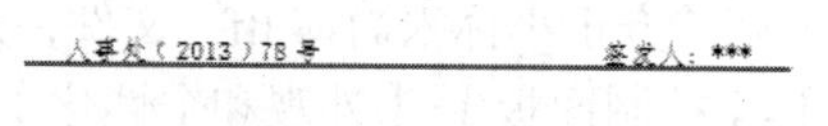

图 3.77 “公文写作”眉首效果

第五步：主题词制作

在工具栏中选择【插入】选项卡，单击“表格”，选择“插入表格(I)…”，打开“插入表格”对话框，设置列数为 1、行数为 3，单击“确定”按钮关闭对话框。

选中表格，单击鼠标右键，打开“表格属性”对话框，选择“表格”选项卡，先对齐方式为“居中”，再单击右下角的“边框和底纹”按钮，在“预览”窗口中将每行的下线选中，其他线取消，单击“确定”选择“列”选项卡，将列宽设置为“15.5cm”。

在表格第一行中填写：

主题词：第一批 百人计划 申报和审核 通知

注：主题词用三号黑体；主题词词目用三号小标宋。

在表格第二行中填写：

抄送：××× （共印 120 份）

注：用三号仿宋。

在表格第三行中填写：

承办单位：人事处 承办人：×× 2013 年 12 月 6 日印发

注：用三号仿宋。

效果如图 3.78 所示。

主题词：第一批 百人计划 申报和审核 通知
抄送：xxx （共印 120 份）
承办单位：人事处 承办人：xxx 2013 年 12 月 6 日印发

图 3.78 “公文写作”主题词效果

第六步：公文正文排版

在红线下空一行（注：主题词表格之前）开始输入公文的正文文字：

“关于开展我校第一批“百人计划”人选申报和评审工作的通知

各院系组织人事部门：

根据《全国高校引进高层次人才暂行办法》，现就组织开展第一批“百人计划”申报和评审工作有关事项通知如下。

一、引进对象和重点领域

围绕我校发展需要，面向海内外引进具有良好职业道德和较强创新创业能力，拥有自主知识产权和发明专利，能够解决关键技术和工艺操作性难题，在学科建设、技术开发、产业发展中发挥引领作用的高层次创新创业人才。

二、申报类型和条件

1.创新人才全职项目条件

具有博士学位，年龄一般不超过 55 岁。

2.创业人才条件

具有硕士及以上学位，年龄一般不超过 55 岁，具有两年以上海外学习或工作（含在国内的外国独资企业工作）经历。

三、申报时间及要求

1.个人网上申报从 2013 年 12 月 11 日 0 时开始，12 月 24 日 24 时截止；用人单位（二级单位）填写推荐意见从 2013 年 12 月 15 日 0 时开始，12 月 25 日 24 时结束。

2.网上申报请登录校园网的“高层次人才评审系统”，各级用户登录系统用户名为单位名称的全拼首字母小写。

3.请各院系各有关单位接此通知后，抓紧部署相关工作，严格按照规定程序，认真做好申报工作。”

接下来，修改正文格式：

将标题 “关于开展我校第一批“百人计划”人选申报和评审工作的通知”，设置成二号小标宋字体，居中显示；主送机关“各院系组织人事部门:”，设置成三号仿宋字体，顶格，冒号使用全角方式；正文采用三号仿宋字体，段落设置为首行缩进 2 个字符。

正文结束后（可以根据需要空几行），右对齐输入“××工程大学人事处”，设置成三号仿宋字体，右缩进 2 个字符；接下来一行，输入成文日期，“二〇一三年十二月五号”，设置成三号仿宋字体，右缩进 0.5 个字符，“〇”要采用软键盘中的“特殊字符”输入。

第七步：插入页码

将光标置于第一页的任意位置，在工具栏选择【插入】选项卡，单击“页眉和页脚”标签中的“页码”，选择“页面底端”中的“普通数字 3”。此时，页面底端出现数字“1”，工具栏中出现一个新的【页眉和页脚工具设计】选项卡，选中数字“1”，单击“页眉和页脚”标签中的“页码”，选择“设置页码格式”，打开“页面格式”对话框，在“编号格式”的下拉列表中选择第二种，即页码两边各加上一条短线，即“– 1 –”。如图 3.79 所示。

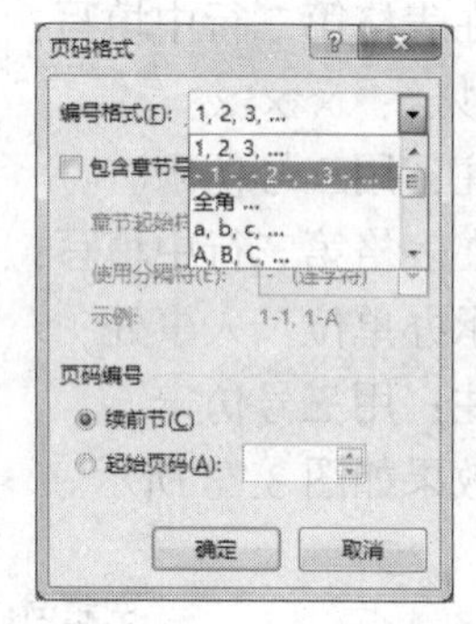

图 3.79 “公文写作”页码格式的设置

继续选中数字“– 1 –”，单击工具栏上的【开始】选项卡，在“段落”标签的缩进一项改为右缩进 1 字符，在“字体”标签中将页码字号设置成“四号”，字体可任意选择。

切换回【页眉和页脚工具设计】选项卡，观察“选项”标签，确定已经勾选 “奇偶页不同”，在“导航”标签中单击“下一节”，光标跳至第二页（偶数页）的页脚处，单击“页眉和页脚”标签中的“页码”，选择“页面底端”中的“普通数字 1”。此时，页面底端出现页码数字，如“– 2 –”。选中数字“–2–”将页码字号设置成“四号”，字体可任意选择，左缩进 1 字符。然后，在正文任意地方双击，退出页眉页脚的设计状态。

上述操作完成后，即可生成一个规范的公文实例。如图 3.80 所示。

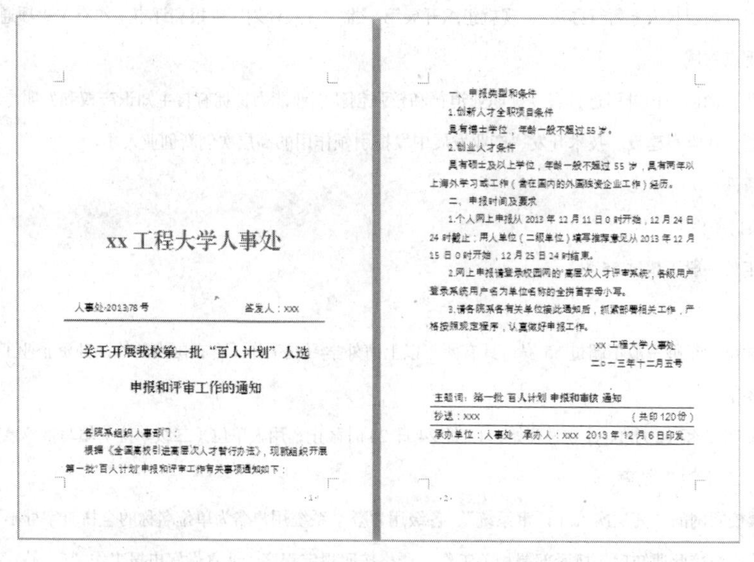

xx 工程大学人事处

人事处-2013)78 号　　签发人：xxx

关于开展我校第一批“百人计划”人选

申报和评审工作的通知

各院系组织人事部门：

根据《全国高校引进高层次人才暂行办法》，现就组织开展第一批“百人计划”申报和评审工作有关事项通知如下：

一、申报类型和条件

1.创新人才全职项目条件

具有博士学位，年龄一般不超过 55 岁。

2.创业人才条件

具有硕士及以上学位，年龄一般不超过 55 岁，具有两年以上海外学习或工作（含在国内的外国独资企业工作）经历。

二、申报时间及要求

1.个人网上申报从 2013 年 12 月 11 日 0 时开始，12 月 24 日 24 时截止；用人单位（二级单位）填写推荐意见从 2013 年 12 月 15 日 0 时开始，12 月 25 日 24 时结束。

2.网上申报请登录校园网的“高层次人才评审系统”，各级用户登录系统用户名为单位名称的全拼首字母小写。

3.请各院系各有关单位接此通知后，抓紧部署相关工作，严格按照规定程序，认真做好申报工作。

xx 工程大学人事处

二○一三年十二月五号

主题词：第一批 百人计划 申报和审核 通知

抄送：xxx　　（共印 120 份）

承办单位：人事处　承办人：xxx　2013 年 12 月 6 日印发

图 3.80 “公文写作”效果

3.7.2 Word 毕业论文排版实例

第一步：页面设置

启动 Microsoft Word 2013，新建一个 Word 文档，命名为“毕业论文排版.docx”。打开的 word 素材文件夹下的 “word 毕业论文素材文档.docx”中的文字全部拷贝并粘贴至“毕业论文排版.docx”中，按照毕业论文的格式要求完成毕业论文排版。

在工具栏选择【页面布局】选项卡，单击“页面设置”标签右下角的按钮“ ”，打开“页面设置”对话框，如图 3.81 所示。

选择“页边距”选项卡，将页边距分别设置为：上：3.8 厘米；下：3.8 厘米；左：3.2 厘米；右：3.2 厘米；装订线：0.8 厘米；装订线位置：左。

选择“纸张”选项卡，设置纸张大小为 A4。

选择“版式”选项卡，将“页眉和页脚”设置成“奇偶页不同”，页眉 1.5 厘米，页脚 1.5 厘米。

第二步：论文题目字体设置

选中论文题目“浅析计算机技术的应用与发展”，单击工具栏中【开始】选项卡，在“字体”标签中将字体设置为“黑体”“一号”，单击“段落”标签右下角的箭头“ ”，打开“段落”对话框，如图 3.82 所示。

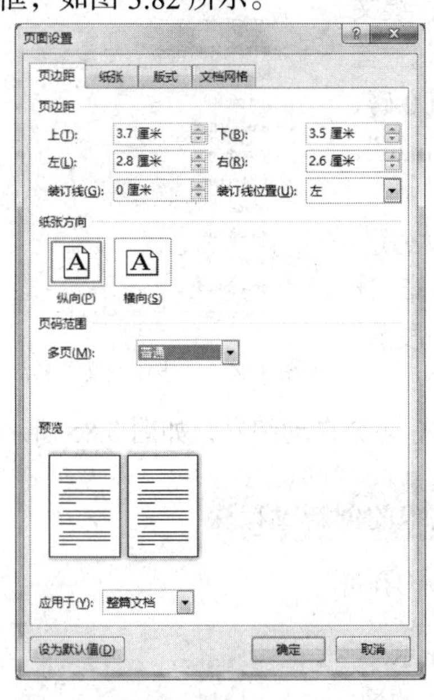

图 3.81 “毕业论文”页面布局设置

图 3.82 “毕业论文”段落设置

在“常规”一项中将对齐方式设置为“居中”，在“间距”一项中将段前设置为 12 行，段后设置为 12 行；选中文字“学 科 专 业……教授”，将字体设置为“仿宋”“三号”，打开“段落”对话框，在“常规”一项中将对齐方式设置为“居中”，在“间距”一项中将行距设置为 1.5 倍；选中文字“论文提交日期：××年××月”，将字体设置为“仿宋”“四号”，打开“段落”对话框，在“常规”一项中将对齐方式设置为“居中”。

第三步：设置中英文摘要的格式

选中文字“摘要”，单击工具栏中的【开始】选项卡，在“样式”标签中单击选择“标题1”样式，如图 3.83 所示：

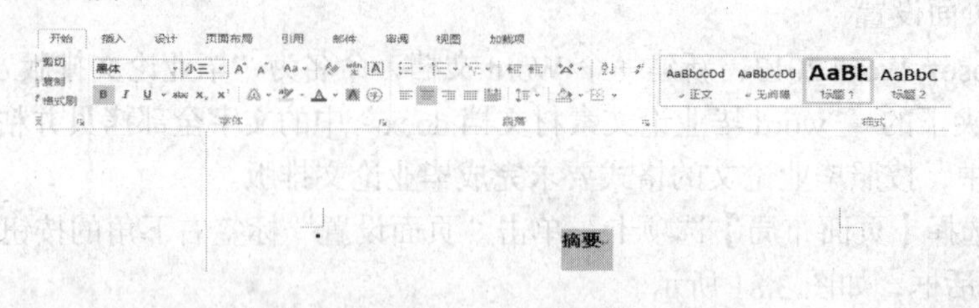

图 3.83 “毕业论文”摘要格式设置

在“字体”标签中将字体设置为“黑体”“小三”，打开“段落”对话框，在“常规”一项中将对齐方式设置为“居中”，行距为“固定值”“20 磅”，段前 24 磅，段后 18 磅；摘要内容文字格式为：宋体，小四号，“首行缩进”“2 字符”，行距为“固定值”“20 磅”，段前 0 磅，段后 0 磅；“关键词…”格式为：宋体小四号，行距为“固定值”“20 磅”。

选中文字“ABSTRACT”，在“样式”标签中单击选择“标题 1”样式，在“字体”标签中将字体设置为“Times New Roman”“小三”，段落“对齐方式”为“居中”，行距为“固定值”“20 磅”，段前 24 磅，段后 18 磅；英文摘要内容文字格式为：“Times New Roman”，小四号，“首行缩进”“2 字符”，行距为“固定值”“20 磅”，段前 0 磅，段后 0 磅；“KEYWORDS…”格式为：“Times New Roman”，小四号，行距为“固定值”“20 磅”。

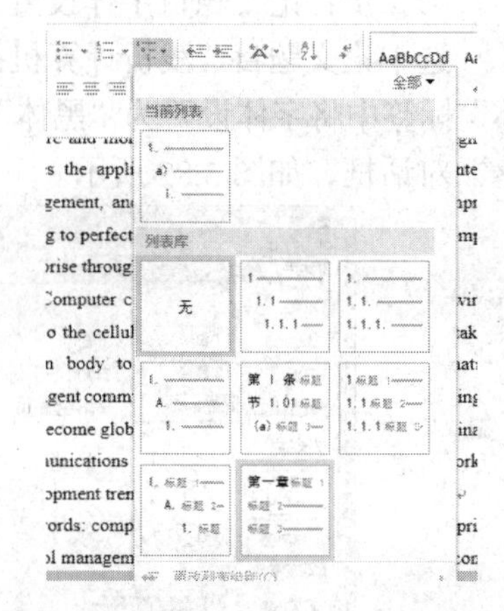

图 3.84 “毕业论文”各级标题的设置

第四步：设置正文各级标题及正文内容文字的格式

首先，设置正文标题的格式。选中文字“第一章 计算机技术的创新过程探讨”，在【开始】选项卡的“段落”标签中单击“多级列表”，如图 3.84 所示。

选择“列表库”第三排第二个的样式，原来的标题会自动编号，如图 3.85 所示。

第三章第一章 计算机技术的创新过程探

图 3.85 标题自动标号样式

在工具栏中单击【视图】选项卡，勾选上“显示”标签中的“导航窗格”，会发现在左侧出现一个文档的导航，而“摘要”等被自动添加了编号，单击导航中的“第一章摘要”，光标跳至“摘要”的开头，选中文字“第一章摘要”，在工具栏中单击【开始】选项卡，找到“段落”标签，单击“编号”，选择“无”，取消摘要的自动编号，如图 3.86 所示。

图 3.86 “毕业论文”项目符号编号设置

重复上述操作，取消英文摘要的自动编号，此时第一章的编号会修改为“第一章”，手动删除章标题中事先输入的“第一章”三个字，并在章节编号和标题之间空一格。重新选中文字“第一章 计算机技术的创新过程探讨”，在“样式”标签中单击选择“标题 1”样式，在“字体”标签中选择“黑体”“小三”，打开“段落”对话框，在“常规”一项中将对齐方式设置为“居中”，行距为“单倍行距”，段前 24 磅，段后 18 磅。

继续选中文字“第一章 计算机技术的创新过程探讨”，双击“剪贴板”的“格式刷”，鼠标指针变成一个小刷子的形状，按住鼠标左键分别选择文字“第二章 计算机技术在企业中的应用与控制管理”以及“第三章 计算机技术的发展趋势分析”。格式复制全部完成后，单击“格式刷”按钮结束操作。手动删除事先输入的“第二章”“第三章”几个字，并在章节编号和标题之间空一格。

接下来，设置正文节标题的格式。

选中文字“1.1 目前计算机技术创新发展情况”，在“样式”标签中单击选择“标题 2”样式，在“字体”标签中选择“黑体”“四号”，打开“段落”对话框，在“常规”一项中将对齐方式设置为“左对齐”，行距为“单倍行距”，段前 24 磅，段后 6 磅；接下来，选中文字“1.1 目前计算机技术创新发展情况”，双击“剪贴板”的“格式刷”，按住鼠标左键分别选择文字“1.2…”“2.1…” … “3.6…”。格式复制全部完成后，单击“格式刷”按钮结束操作。

然后，设置正文条标题的格式。

选中文字“1.1.1 微处理器的发展”，在“样式”标签中单击“标题 3”样式，在“字体”标签中选择“黑体”，在字号中输入“13”，打开“段落”对话框，在“常规”一项中将对齐方式设置为“左对齐”，行距为“单倍行距”，段前 12 磅，段后 6 磅；接下来，选中文字“1.1.1 微处理器的发展”，双击“剪贴板”的“格式刷”，按住鼠标左键分别选择文字“1.1.2…”“1.1.3…” … “3.2.5…”。格式复制全部完成后，单击“格式刷”按钮结束操作。

最后，设置正文内容的格式。

各段落文字格式为：宋体（英文用 Times New Roman），小四号，对齐方式为“两端对齐”，段落首行缩进 2 个汉字符。行距固定值 20 磅，段前 0 行，段后 0 行。提示：可以先设置一段，用“格式刷”复制完成所有段落的格式设置。

第五步：设置参考文献的格式

选中文字“参考文献”，单击工具栏中的【开始】选项卡，在“样式”标签中单击选择“标题 1”样式，编号设置为“无”，在“字体”标签中将字体设置为“黑体”“小三”，“段落”对齐方式为“居中”，行距为“单倍行距”，段前 24 磅，段后 18 磅；参考文献正文格式为宋体（英文用 Times New Roman）五号，1.25 倍行距，段前段后 0 磅，标点统一使用英文标点，其后空 1 格。

此时，单击【视图】选项卡，在“显示”标签中勾选上“导航窗格”，右侧导航窗口会出现文章的各级标题，如图 3.87 所示。

单击列表中任一个标题，右侧内容窗口就会跳转至文章的此标题处，方便进一步编辑。

第六步：生成目录

在导航窗口中单击“摘要”，将光标放在文字“摘要”之前，单击【页面布局】选项卡，在“页面设置”标签中单击“分隔符”选择“分节符”中的“下一页”，如图 3.88 所示。

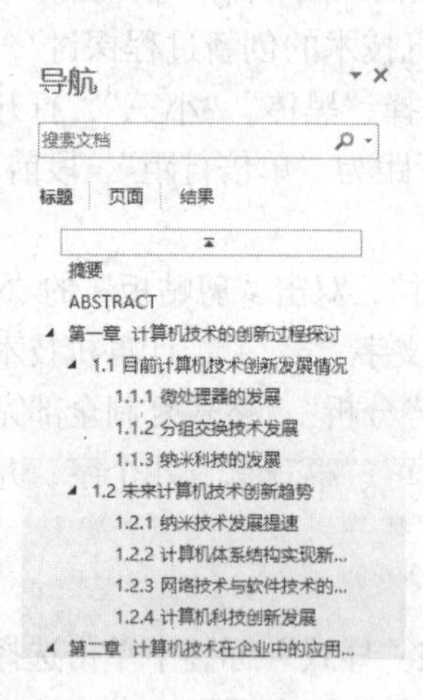

图 3.87 视图导航

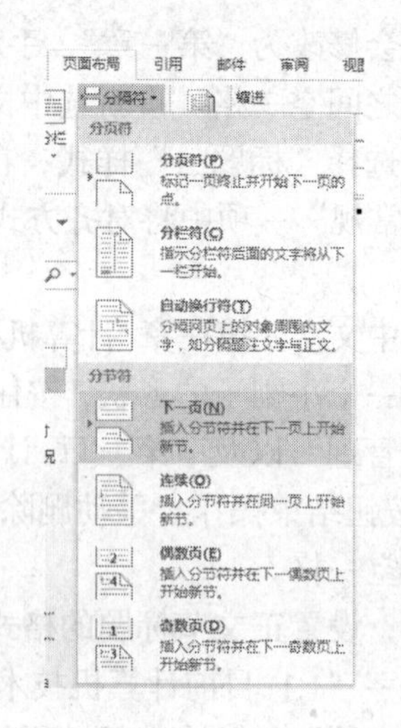

图 3.88 分隔符

在“ABSTRACT”、“第一章…”、“第二章…”、“第三章…”以及“参考文献”之前，也分别插入一个分节符。

在英文摘要的“KEYWORDS…”段落末尾再插入一个分节符，在新生成的一页的首行输入文字“目录”并按回车键。选中“目录”两字，在“样式”标签中单击选择“标题 1”样式，编号“无”，将字体格式设置为“黑体”“小三”，段落对齐方式为“居中”，段前 24 磅，段后 18 磅。提示：也可使用“格式刷”，格式与“摘要”一致。

然后，将光标置于本页第二行行首，单击【引用】按钮，选择“目录”中的“自定义目录(C)...”，在打开“目录”对话框中勾选上“显示页码”与“页码右对齐”，单击右下角的“修改”，打开“样式”对话框，在样式中选择“目录 1”，单击“修改”，在新打开的“修改样式”对话框中，单击左下角的“格式”按钮，如图 3.89 所示。

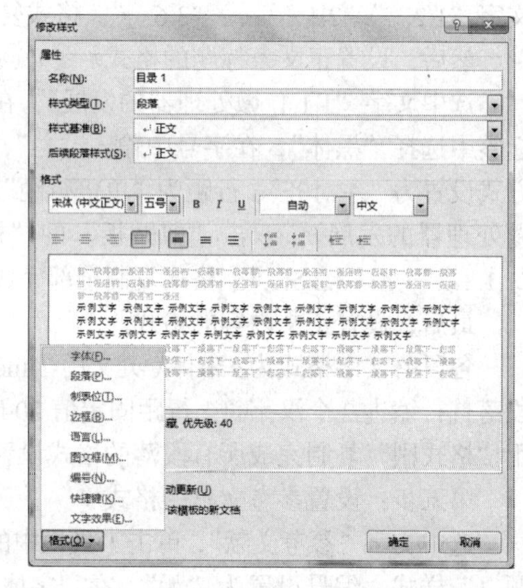

图 3.89 “毕业论文”目录样式设置对话框

将字体格式设置为“黑体”“小四”，将段落格式设置为行距 20 磅，段前段后 0 磅，两端对齐，单击“确定”按钮；继续选择“目录 2”，将字体格式设置为“宋体”“小四”，将段落格式设置为行距 20 磅，段前段后 0 磅，左缩进 2 字符，两端对齐，单击“确定”按钮；继续选择“目录 3”，将字体格式设置为“宋体”“小四”，将段落格式设置为行距 20 磅，段前段后 0 磅，左缩进 4 字符，两端对齐，单击“确定”按钮。

目录格式修改完成后，单击“确定”按钮，即可自动插入目录。

第七步：插入页眉和页脚

将光标至于正文第一页，单击【插入】按钮，在“页眉和页脚”标签中单击“页眉”，如图 3.90 所示。

单击“编辑页眉”，进入页眉编辑状态，工具栏右侧出现一个新的【页眉和页脚工具设计】选项卡，在“导航”标签中选择“奇偶页不同”，关闭“链接到前一条页眉”。在“插入”标签中选择“文档部件”，在弹出的菜单中选择“域”，打开对话框【域】，如图 3.91 所示。

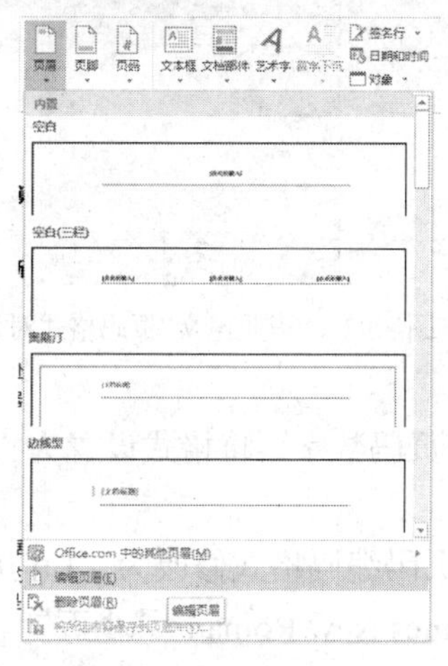

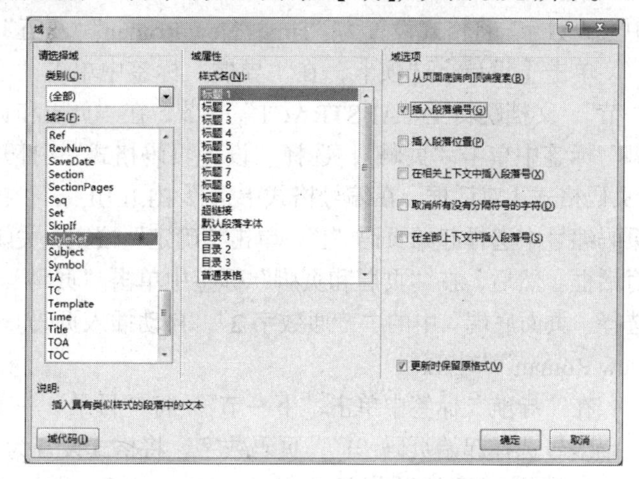

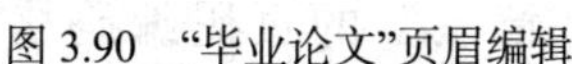
图 3.90 “毕业论文”页眉编辑

图 3.91 “毕业论文”页眉域

在域名中选择“StyleRef”，在样式名中选择“标题 1”，在域选项中选择“插入段落编号”，单击“确定”，此时页眉中出现“第一章”三个字，然后再打开对话框【域】，在域名中选择“StyleRef”，在样式名中选择“标题 1”，但是不选择任何“域选项”，单击“确定”按钮后可以将每章的标题自动添加到页眉中，在编号和标题之间添加一个空格，并将页眉文字格式设置为宋体五号，居中对齐。

然后，在【页眉和页脚工具设计】选项卡的“导航”标签中选择“下一节”，文档自动跳至本章的偶数页（即第二页），并关闭“链接到前一条页眉”，将页眉文字修改为“××工程大学工学学士论文”，格式设置为宋体五号，居中对齐。注：若第一章的总页数为奇数，而下一章的开头必须在奇数页上，不能在偶数页上，所以在第一章的最后需要插入一个“分页符”，为第一章添加一个新的空白页。操作过程为：在工具栏中的【页面布局】选项卡中单击【分隔符】，选择【分页符】，在第一章的末尾处插入一个“分页符”。

继续同样的操作为每一章的奇数页添加页眉“第二章...”或“第三章...”，偶数页添加页眉为“××工程大学学士学位论文”。若某一章的页数为奇数，则需要在该章末尾插入一个“分页符”。

最后，在导航窗口中的文档列表中单击“参考文献”，将光标置于“参考文献”的第一页，执行插入页眉，进入页眉页脚编辑状态，在导航标签中关闭“链接到前一条页眉”，将页眉文字修改为“参考文献”，格式设置为宋体五号，居中对齐。

利用“导航”标签中的“上一节”或“下一节”，检查论文各部分的页眉是否都已设置正确。

接下来，为论文添加页脚。

在论文首页末尾插入一个“分页符”，使“摘要”的首页为奇数页，然后将光标置于“摘要”一页，双击页脚处，进入页眉和页脚编辑状态，在【页眉和页脚工具设计】选项卡的“导航”标签中关闭“链接到前一条页眉”，在“页眉和页脚”标签中单击“页码”，选择“设置页码格式”，打开【页码格式】对话框，在编号格式中选择“I,II,III,...”，在页码编号中选择起始页码“I”，如图 3.92 所示。

然后，在“页眉和页脚”标签中单击“页码”，选择“页面底端”中的“普通数字 2”，即可自动插入页码。选中页码数字，将格式设置为“Times New Roman”“小五”。

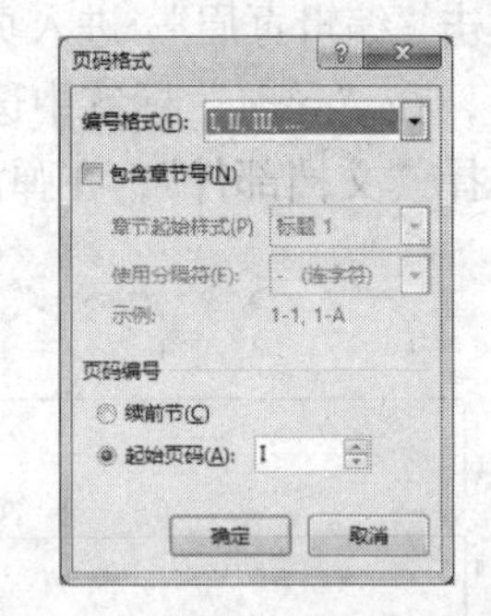

图 3.92 “毕业论文”页码格式对话框

单击【设计】选项卡，在“导航”标签中单击“下一节”，文档跳转至“ABSTRACT”一节，在“页眉和页脚”标签中单击“页码”，选择“设置页码格式”，打开【页码格式】对话框，在编号格式中选择“I,II,III,…”，在页码编号中选择起始页码“I”，单击“确定”按钮，关闭对话框。然后，在“页眉和页脚”标签中单击“页码”，选择“页面底端”中的“普通数字 2”，自动插入页码。选中页码数字，将格式设置为“Times New Roman”“小五”。

在“导航”标签中单击“下一节”，将“目录”一节的页码编码格式修改为“I,II,III,…”，页码编号选择起始页码“I”，页码数字，将格式设置为“Times New Roman”“小五”。

继续在“导航”标签中单击“下一节”，将“第一章…”的页码编码格式修改为“–1–,–2–,–3–,…”，页码编号选择起始页码“–1–”，格式设置为“Times New Roman”“小五”。然后，利用“导航”标签中的“下一节”，将正文剩余部分的页脚编码格式都设置为“–1–,–2–,–3–,…”，页码编号都为“续前节”，字体为“Times New Roman”“小五”。

设置完毕后，仔细检查页眉和页脚是否设置正确，单击“关闭页眉和页脚”按钮，退出编辑状态。注：也可以在正文中间任意地方双击鼠标退出。

第八步：更新目录

将光标置于“目录”一节的内容处，单击右键，在弹出的菜单中选择“更新域”，打开“更新目录”对话框，如图 3.93 所示：

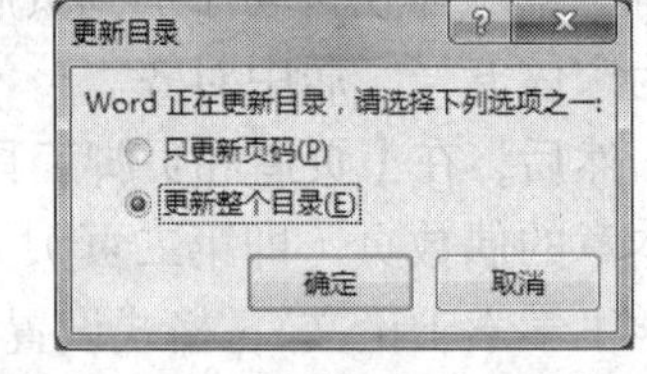

图 3.93 “毕业论文”目录更新对话框

选择“更新整个目录”，单击“确定”按钮，目录的章节标题及页码会自动更新为最新状态。用户可根据需要更改目录中页码的格式，也可利用“ctrl+左键”单击目录快速访问论文中任一章节。

设置完成后，保存并退出 Word。

习 题 3

一、简答题

1．简述 2013 窗口基本组成及各部分主要功能。
2．在 Word 中创建新文档有哪些形式？如何对文档进行加密保存？
3．在 Word 中有几种视图？都有哪些作用和优点？
4．简述设置页眉页脚的方法步骤。

5．什么是样式？什么是模板？在 Word 中如何应用样式？

6．简述创建目录的方法步骤。

7．表格内容有几种对齐方式？如何绘制斜线表头？

8．简述利用格式刷进行格式复制的操作步骤。

二、上机题

1．启动 Word 2013，输入以下内容后将文件以“Word 排版作业”名字命名保存。

信息检索简介

信息检索是指将杂乱无序的信息有序化，形成信息集合，并根据需要从信息集合中查找出特定信息的过程，全称是信息存储与检索（information storage and retrieval）。信息的存储主要是指对一定范围内的信息进行筛选，描述其特征，加工使之有序化形成信息集合，即建立数据库，这是检索的基础；信息的检索是指采用一定的方法与策略从数据库中查找出所需信息，这是检索的目的，是存储的反过程。存储与检索是相辅相成的过程。为了迅速、准确地检索，就必须了解存储的原理。通常人们所说的信息检索主要指后一过程，即信息查找过程，也就是狭义的信息检索（information search）。

2．按照以下要求进行设置。

（1）将标题设为艺术字，字体华文行楷、字号一号并设置环绕方式为“上下型环绕”、居中显示；正文设为小四号宋体，首行缩进 2 字符，1.5 倍行距。

（2）对正文进行分栏设置，栏数 2 栏。

（3）对正文段落添加“茶色，背景 2，深色 25%”的底纹。

（4）在正文最后间隔一行创建一个 5 行×6 列的空表格，并将表格外框线设置为宽度 1.5 磅的双实线型，再将表格的第一行和最后一行单元格合并。

（5）在表格下方插入形状“爆炸形 1”，将其设为居中显示，并设置填充色为“茶色，背景 2，深色 25%”，添加“紧密映像，接触”型的映像效果。

（6）在页脚处插入页码，对齐方式为居中，页码数字格式为“I，II，III，…”。

第四章 电子表格

Excel 2013 是微软公司出品的 Office 2013 系列办公软件中的另一个组件，可以用来制作电子表格、完成许多复杂的数据运算、进行数据的统计和分析等，并且具有强大的制作图表的功能。本章从基本操作入手，在详细介绍工作表编辑、数据处理、图表制作等知识的基础上，通过综合实例进一步加以应用实践。

4.1 Excel 2013 基础

4.1.1 Excel 2013 的新功能

在 Excel 2013 新的面向结果的用户界面中，提供了强大的工具和功能，用户可以使用这些工具和功能轻松地分析、共享和管理数据。Excel 2013 中改进的新功能主要有以下几个方面。

- 全新的启动菜单
- 独立的工作簿窗口
- 强大的“快速分析”工具
- 高效的“快速填充”助手
- 全新的图表与透视表的推荐功能
- 简洁的图表功能区与全新设计
- 更加丰富的数据标签
- 深入分析数据的 Power View
- 轻松共享文件的云传输

Excel 2013 提供了两种操作界面，一种是简约的用户界面，一种是新增的全新触摸模式界面，更加适合平板计算机。Excel 2013 还为用户提供了自定义操作环境的功能，用户可以选择更新用户账户信息、更新 Office 背景与主题、自定义快速访问工具栏、设置常用的选项卡和组，创造一个完全适合自己的操作环境。

4.1.2 Excel 2013 的启动与退出

1．启动

启动中文 Excel 2013，可以用下列方法之一：

方法一：单击“开始”→“所有程序”→“Microsoft Office”→“Excel 2013”命令，即可启动 Excel 2013。

方法二：双击任意一个 Excel 文件，Excel 就会启动并且打开相应的文件。

方法三：双击桌面快捷方式也可打开一个新的 Excel 表。

2. 退出

退出中文 Excel 2013，可以用下列方法之一。

方法一：选择菜单“文件”→“退出”命令。

方法二：按 < Alt > + < F4 > 组合键。

方法三：单击 Excel 2013 标题栏右上角的关闭按钮“×”。

4.1.3 Excel 2013 的窗口组成

Excel 2013 提供了全新的应用程序操作界面，其窗口组成如图 4.1 所示。

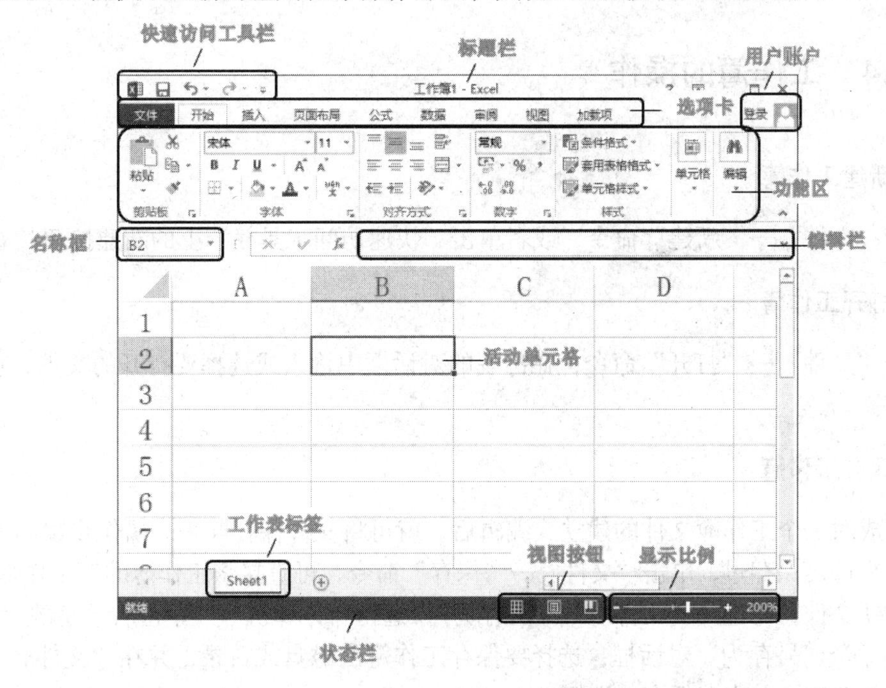

图 4.1 Excel 2013 窗口的组成

用户账户：用户注册一个 Microsoft 账户可以使用 Office2013 的全部功能，登录后可以上传头像图片。

快速访问工具栏：显示多个常用的工具按钮，默认状态下包括“保存”、“撤销”、“恢复”按钮。用户也可以根据需要进行添加或更改。

标题栏：显示正在编辑的工作表的文件名以及所使用的软件名。

选项卡：单击相应的选项卡，在功能区中会提供不同的操作设置选项。例如，“文件”选项卡，使用基本命令（如“新建”、“打开”、“另存为”、“打印”和“关闭”）时单击此按钮。

功能区：当用户单击功能区上方的选项卡时，即可打开相应的功能区选项，如图 4.1 所示即打开了“开始”选项卡，在该区域中用户可以对字体、段落等内容进行设置。

名称框：显示当前所在单元格或单元格区域的名称或引用。

编辑栏：可直接在此向当前所在单元格输入数据或公式；在单元格输入数据时也会同时在此显示。

活动单元格：正在编辑的单元格。工作表由行和列组成，工作表中的方格称为“单元格”。用户可以在工作表中输入或编辑数据。

状态栏：显示当前的状态信息，如页数、字数及输入法等信息。

工作表标签：单击相应的工作表标签即可切换到该工作表，默认情况下一个工作簿中含有 3 个工作表。

视图按钮：包括“普通”视图、“页面布局”视图和“分页预览”视图，单击想要显示的视图类型按钮即可切换到相应的视图方式对工作表进行查看。

显示比例：用于设置工作表区域的显示比例，拖动滑块可进行方便快捷的调整。

4.1.4 工作簿的操作

1. 新建工作簿

单击“文件”→“新建”命令，或者单击“快速访问工具栏”上的新建按钮“□”。

2. 打开工作簿

单击“文件”→“打开”命令，在出现的对话框中输入或选择要打开的文件，单击“打开”按钮。

3. 保存工作簿

当完成对一个工作簿文件的建立、编辑后，就可将文件保存起来。操作步骤如下。

若该文件已保存过，单击“文件”→“保存”命令，可直接将工作簿的新工作保存起来。

若是新文件，可选择“文件”→“另存为”，选择“计算机”，单击右下角的“浏览”，将会弹出一个“另存为”对话框，选择要保存工作簿的磁盘或目录，并在“文件名”框中输入一个新的名字，单击“保存”即可。

如果需要选择以其他文件格式保存 Excel 工作簿，可以在“保存类型”列表框中，选择其他的文件格式，单击“保存”。

设置安全性选项：单击“另存为”对话框上左下方的“工具”按钮，选定“常规选项”后，在弹出的“常规选项”对话框进行打开权限密码与修改权限密码的设置。

4. 关闭工作簿

单击“文件”→“关闭”命令，或直接单击应用程序窗口右上角的“×”按钮，如果当前工作簿的所有的编辑工作已经保存过，直接关闭工作簿；如果关闭进行了编辑但没有执行保存命令的工作簿，就会弹出一个警告对话框，如图 4.2 所示。

可以单击“保存”按钮保存文件，单击【不保存】按钮不保存文件，如果单击【取消】按钮，则返回到编辑状态。

图 4.2　退出 Excel 2013 对话框

4.1.5　工作表的操作

1．选定工作表

- 选定单个工作表，只需要将其变成当前活动工作表，即在其工作表标签上单击。
- 选定多个工作表时，工作簿标题栏内就会出现“工作组”字样，这时，在其中任意一个工作表内的操作都将同时在所有所选的工作表中进行。选定多个工作表的方法如下。

方法一：要选定两个或多个相邻的工作表，先单击该组中第一个工作表标签，然后按住<Shift>键，并单击该组中最后一个工作表标签。

方法二：要选定两个或多个非相邻的工作表，先单击第一个工作表标签，然后按住<Ctrl>键，并单击其他的工作表标签。

方法三：要选定全部的工作表，执行工作表标签快捷菜单上的“选定全部工作表(S)”命令即可。

方法四：要取消多个工作表的选定，在任意一个工作表标签上单击，或选择工作表标签快捷菜单上的“取消组合工作表(U)”命令。

2．工作表重命名

在创建新的工作簿时，只有一个新的工作表 Sheet1，单击工作表标签旁边的“新工作表”按钮“⊕”，可新增工作表。在实际操作中，为了更有效地进行管理，可用以下两种方法对工作表重命名。

方法一：双击要重新命名的工作表标签，输入新名字后按回车键即可。

方法二：用鼠标右键单击某工作表标签，从快捷菜单中选择“重命名(R)”。

3．移动工作表

单击要移动或复制的工作表标签，拖动到需要移动的位置释放即可；或者从快捷菜单中选择“移动或复制(M)...”，在移动或复制对话框中选择好移动位置后确定即可。

4．复制工作表

在需要复制的工作表标签上单击鼠标右键，如图 4.3 所示，在弹出的快捷菜单中单击“移动或复制”选项，弹出“移动或复制工作表”对话框，如图 4.4 所示。首先，勾选“建立副本”复选框，再在“下列选定工作表之前”列表框中单击需要移动到其位置之前的选项，单击“确定”按钮即可。或单击需要复制的工作表标签，按住<Ctrl>键再拖动到新位置完成工作表的复制，拖动时标签行上方出现一个小黑三角形，指示当前工作表所要插入的新位置。

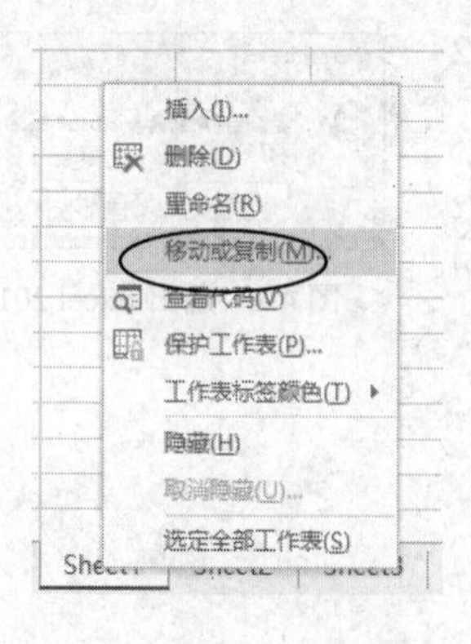

图 4.3　工作表快捷菜单

图 4.4　复制工作表

5．插入工作表

选定新工作表插入位置之前的一个工作表，单击鼠标右键，选择“插入”→“工作表”命令。

6．删除工作表

选定要删除的工作表，单击鼠标右键选定“删除”，进一步确认要删除工作表操作。

7．添加工作表

单击工作表标签右侧的添加工作表按钮，单击一次添加一个工作表。

4.2　Excel 2013 的数据输入

4.2.1　单元格中数据的输入

Excel 2013 支持多种数据类型，向单元格输入数据可以通过以下 3 种方法。

方法一：单击要输入数据的单元格，使其成为“活动单元格”，然后直接输入数据。

方法二：双击要输入数据的单元格，单元格内出现光标，此时可定位光标直接输入数据或修改已有数据信息。

方法三：单击选中单元格，然后移动鼠标指针至编辑栏，在编辑栏添加或输入数据。数据输入后，单击编辑栏上的“✔”按钮或按<Esc>键……

1．文本的输入

单击需要输入文本的单元格直接输入即可，输入的文字会在单元格中自动以左对齐方式显示。

若需将纯数字作为文本输入，可以在其前面加上单引号，如 450002，然后按<Enter>键；也可以先输入一个等号，再在数字前后加上双引号，如="450002"。

2．数值的输入

数值是指能用来计算的数据，可向单元格中输入整数、小数、分数或科学计数法。在 Excel 2013 中能用来表示数值的字符有 0 ~ 9、+、—、( )、/、$、%、,、.、E、e。

在输入分数时应注意，要先输入 0 和空格。例如，输入 6/7，正确的输入是：0 空格 6/7，按 < Enter > 键后在编辑栏中可以看到其分数形式，否则会将分数当成日期，按<Enter>键后单元格中将显示 6 月 7 日，在编辑栏中可以看到 2013-6-7；再如，要输入 6 又 3/7，正确的输入是：6 空格 3/7，若不加空格按<Enter>键后单元格中将显示 Jul-63，在编辑栏中可以看到 1963-7-1，单元格内容被转换成了日期。

输入负数时可直接输入负号和数据，也可以不加负号而为数据加上小括号。

默认情况下，输入到单元格中的数值将自动右对齐。

3．日期和时间的输入

在工作表中可以输入各种形式的日期和时间数据。在【开始】功能选项卡的“数字”标签中的“数字格式”列表框中单击“日期”选项。也可以单击“数字”标签右下角的按钮“ ”，在打开的“设置单元格格式”对话框中对日期格式进行设置，如图 4.5 所示。

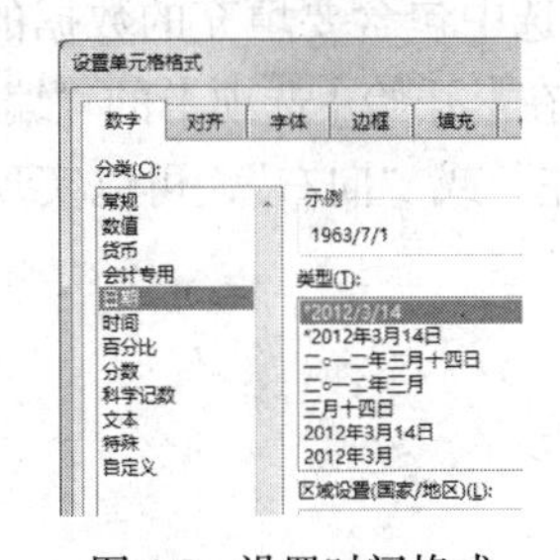

图 4.5　设置时间格式

输入日期时，其格式最好采用 YYYY-MM-DD 的形式，可在年、月、日之间用“/”或“–”连接，如 2008/8/8 或 2008-8-8。

时间数据由时、分、秒组成。输入时，时、分、秒之间用冒号分隔，如 8:23:46 表示 8 点 23 分 46 秒。Excel 时间是以 24 小时制表示的，若要以 12 小时制输入时间，请在时间后加一空格并输入“AM”或“PM”（或“A”及“P”），分别表示上午和下午。

如果要在单元格中同时输入日期和时间，应先输入日期后输入时间，中间以空格隔开。例如，输入 2008 年 8 月 8 日下午 8 点 8 分，则可用 2008-8-8　8:8 PM 或 2008-8-8　20:8 表示。

在单元格中要输入当天的日期，按<Ctrl>+<;>组合键，输入当前时间，按<Shift>+<Ctrl>+<;>组合键。

4．批注的输入与删除

在 Excel 2013 中用户可以为单元格输入批注内容，对单元格中的内容做进一步的说明和解释。在选定的活动单元格上单击右键，选择“插入批注(M)”；也可以切换到【审阅】选项卡下，单击“批注”标签中的“新建批注”按钮，在选定的单元格右侧弹出一个批注框，用户可以在此框中输入对单元格做解释和说明的文本内容。单元格的右上角出现一个红色小三角，表示该单元格含有批注。

当含有批注的单元格是活动单元格时，批注会显示在单元格的边上，单击鼠标右键，在弹出的快捷菜单中选择“编辑批注(E)...”命令可以修改批注，选择“删除批注(M)...”命令可以删除批注。

4.2.2 自动填充数据

在表格中输入数据时，往往有些栏目是由序列构成的，如编号、序号、星期等。在 Excel 2013 中，序列值不必一一输入，可以用“自动填充”在某个区域快速建立序列。

1．自动重复列中已输入的项目

如果在单元格中键入的前几个字符与该列中已有的项相匹配，Excel 会显示其余的字符，这时如果接受建议的输入内容，按 < Enter > 键；如果不想采用自动提示的字符，就继续键入所需的内容。但 Excel 只能自动完成包含文字或文字与数字的组合的项，只包含数字、日期或时间的项不能自动完成。

2．使用“填充”命令填充相邻单元格

（1）实现单元格复制填充

选中包含要填充的数据的单元格以及要填充的此单元格上下左右某一个方向的空白单元格，在【开始】选项卡的“编辑”标签中单击“填充”，如图 4.6 所示。选择“向上”、“向下”、“向左”或“向右”，可以实现单元格某一方向所选区域的复制填充，如图 4.7 所示。

图 4.6 开始选项卡上的编辑标签

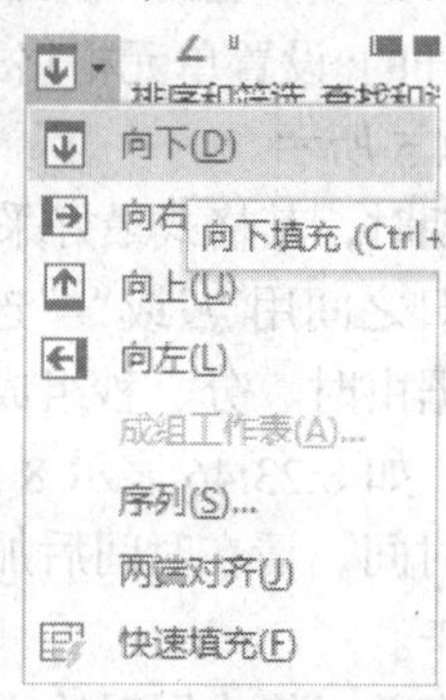

图 4.7 填充命令选项

（2）实现单元格序列填充

选定要填充区域的第一个单元格并输入数据序列中的初始值；选定含有初始值的单元格区域；在【开始】选项卡上的“编辑”标签中，单击“填充”，然后单击“系列(S)...”，弹出“序列”对话框，如图 4.8 所示。

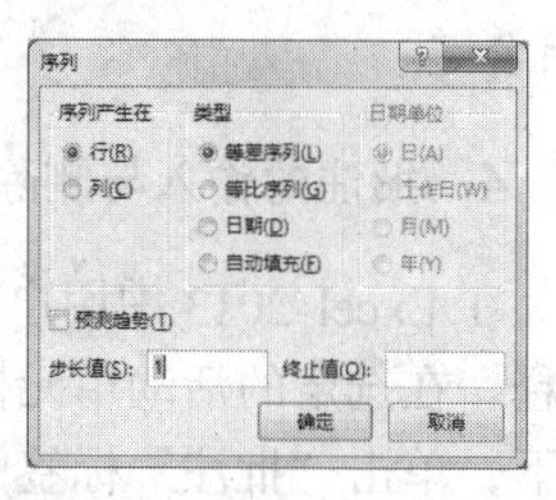
图 4.8 “序列”对话框

序列产生在：选择行或列，进一步确认是按行或是按列方向进行填充。

类型：选择序列类型，若选择“日期”，还必须在“日期单位”框中选择单位。

步长值：指定序列增加或减少的数量，可以输入正数或负数。

终止值：输入序列的最后一个值，用于限定输入数据的范围。

3．使用填充柄填充数据

填充柄是位于选定区域右下角的小黑方块。将鼠标指针指向填充柄时，鼠标指针更改为黑十字。

对于数字、数字和文本的组合、日期或时间段等连续序列，首先选定包含初始值的单元格，然后将鼠标指针移到单元格区域右下角的填充柄“ ”上，按下鼠标左键，在要填充序列的区域上拖动填充柄，在拖动过程中，可以观察到序列的值；松开鼠标左键，即释放填充柄之后会出现“自动填充选项”按钮“ ”，单击该按钮后会弹出填充选项。例如，可以选择“复制单元格”实现数据的复制填充，也可以选择“填充序列”实现数值的连续序列填充。

如果填充序列是不连续的，如数字序列的步长值不是 1，则需要在选定填充区域的第一个和下一个单元格中分别输入数据序列中的前两个数值作为初始值，两个数值之间的差决定数据序列的步长值，同时选中作为初始值的两个单元格，然后拖动填充柄直到完成填充工作。效果如图 4.9 和图 4.10 所示。

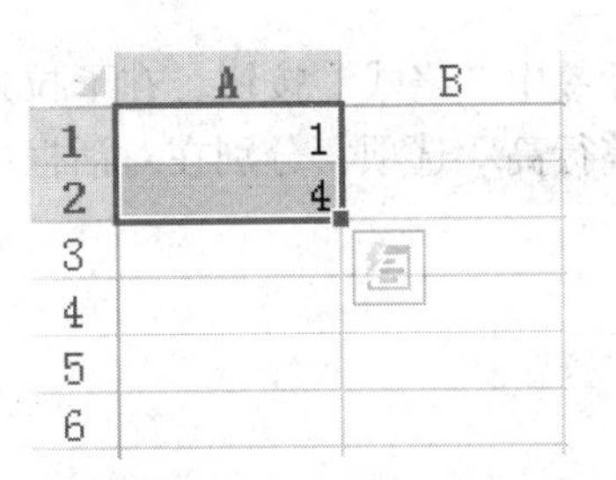

图 4.9　选中单元格并拖动填充柄

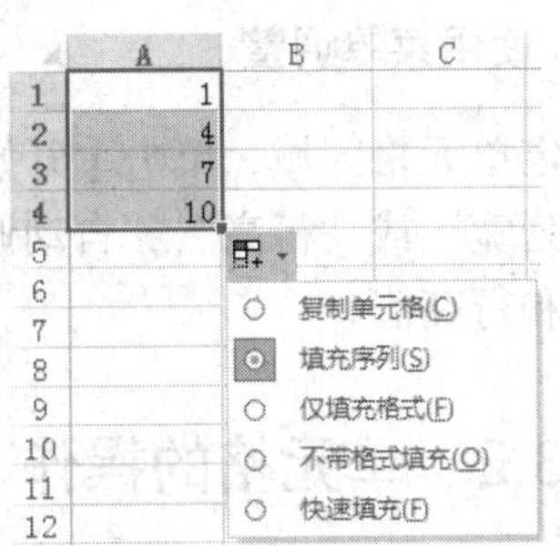

图 4.10　选择填充格式

4．使用自定义填充序列填充数据

为了更轻松地输入特定的数据序列，可以创建自定义填充序列。自定义填充序列可以基于工作表中已有项目的列表，也可以从头开始键入列表。不能编辑或删除如星期、月份、季度等内置填充序列，但可以编辑或删除自定义填充序列。

使用基于新的项目列表的自定义填充序列的具体步骤如下。

单击【文件】选项卡中的“选项”，在弹出的 Excel 选项对话框中，选择“高级”，滑动右侧滑块，在“常规”一项中单击“编辑自定义列表(O)...”按钮，弹出“自定义序列”对话框，如图 4.11 所示。

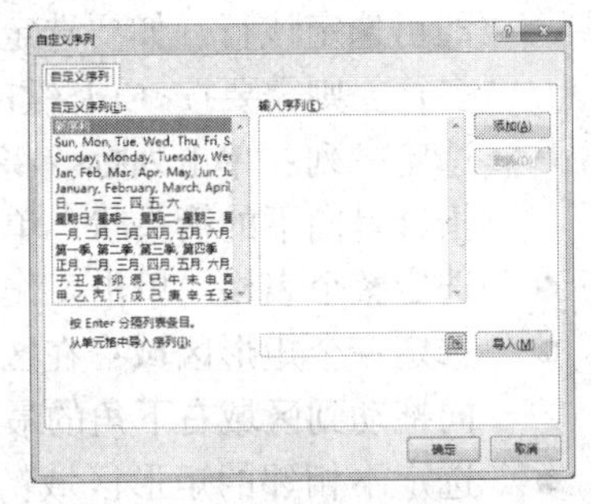

图 4.11　“自定义序列”对话框

单击“自定义序列”框中的“新序列”，然后在“输入序列”框中键入各个项，从第一个项开始，在键入每个项后，按 < Enter > 键；当列表完成后，单击“添加”按钮，然后单击“确定”按钮两次。在工作表中，单击一个单元格，输入要填充序列的初始值，拖动填充柄填充。

4.3 Excel 2013 工作表的格式化

4.3.1 设置工作表的行高和列宽

为使工作表表格在屏幕上或打印出来能有一个比较好的效果，用户可以对列宽和行高进行适当调整。

1. 使用鼠标调整

将鼠标指向列号或行号，鼠标指针变成双向箭头↕↔，按住鼠标拖动，松开鼠标，表格将调整到拖动位置处。

当需要把多列或多行调整成相同宽度，首先选中需要调整的多行或多列，拖动行宽或列高双向箭头，放开鼠标之后调整完成。

2. 使用菜单调整

选定单元格区域，单击【开始】选项卡“单元格”标签中“格式”按钮，在下拉列表中选择“列宽”或“行高”、“自动调整列宽”或“自动调整行高”选项，分别在对话框中设置列宽值和行高值。

4.3.2 单元格的操作

在 Excel 2013 中，工作主要是围绕工作表展开的。无论是在工作表中输入数据还是在使用 Excel 命令之前，一般都应首先选定单元格或者对象，然后再执行输入、删除等操作。

1. 选定单元格或区域

- 选定一个单元格：将鼠标指针指向要选定的单元格然后单击。若要选定不连续的单元格，按下<Ctrl>键的同时单击需要选定的单元格。
- 选定一行：单击行号。将鼠标指针放在需要选定行单元格左侧的行号位置处，单击即可选定该行。如要选定连续多行，选中第一行然后向下拖动，如果要选定不连续多行，则需要按<Ctrl>键的同时选定行号。
- 选定一列：单击列标。将鼠标指针放在需要选定列单元格的列号位置处，此时鼠标指针呈向下的箭头状，单击即可选定该列单元格。
- 选定整个表格：单击工作表左上角行号和列号的交叉按钮，即“全选”按钮。
- 选定一个矩形区域：在区域左上角的第一个单元格内单击，按住鼠标沿着对角线方向拖动到区域右下角的最后一个单元格，松开鼠标。
- 选定不相邻的矩形区域：按住<Ctrl>键，单击选定的单元格或拖动鼠标指针选择矩形区域。

2．插入行、列、单元格

在需要插入单元格的位置处单击相应的单元格，单击【开始】选项卡“单元格”标签中“插入”下方的下拉列表按钮，出现如图 4.12 所示下拉列表，在列表中单击“插入单元格”选项，弹出“插入”对话框，如图 4.13 所示。选择插入单元格的方式，单击“确定”按钮完成插入操作。插入行、列的操作与插入单元格类似。

图 4.12 “插入”单元格

3．删除行、列、单元格

单击要删除的单元格，单击【开始】选项卡“单元格”标签中“删除”下方的下拉列表按钮，在展开的列表中单击“删除单元格”选项，弹出“删除”对话框，选择选项，再单击“确定”按钮，单元格即被删除。

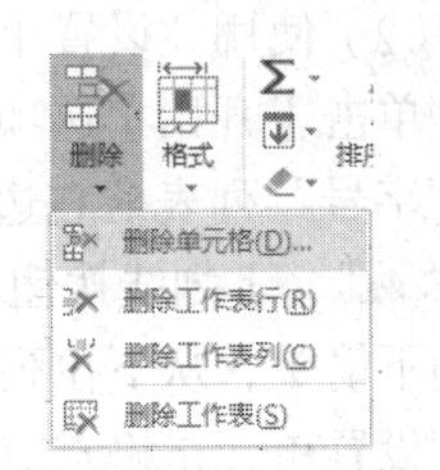

图 4.13 “插入”对话框

如果要删除整行或整列，应先单击相应的行号或列号将其选定，再进行以上操作。

也可在单击相应的行号或列号将其选定后单击鼠标右键，通过快捷菜单删除。

4．单元格内容的复制与粘贴

● 鼠标移动。选定要复制的单元格，将鼠标指针指向选定单元格的黑边框上，同时按下<Ctrl>键，按下鼠标并拖动选定的单元格到目标位置，释放鼠标，完成复制操作。拖动时鼠标指针会变成箭头右上方加一个“+”号的形状 。

● 利用剪贴板完成。单击需要复制内容的单元格，单击【开始】选项卡“剪贴板”标签中“复制”按钮，单击需要粘贴的单元格，再单击“剪贴板”标签中的“粘贴”即可。还可以单击“剪贴板”组中“粘贴”下方的下拉列表按钮，在展开的列表中单击“选择性粘贴”选项，弹出“选择性粘贴”对话框，如图 4.14 所示，选择相应的选项，再单击“确定”按钮，复制即被完成。也可以利用快捷菜单进行以上操作。

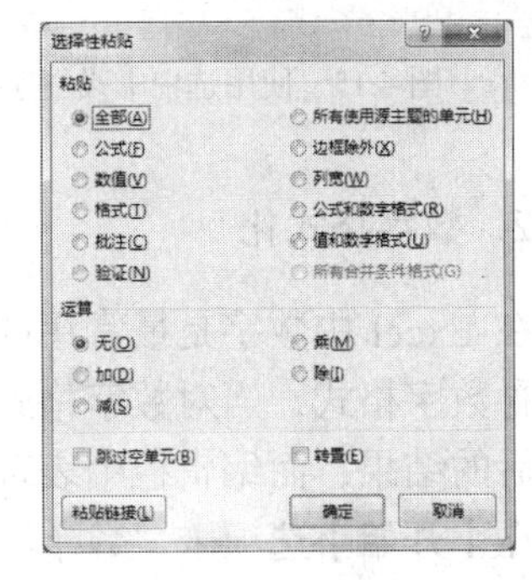

图 4.14 “选择性粘贴”对话框

5．清除单元格

选定要清除的单元格，单击【开始】选项卡“编辑”标签中的“清除”按钮，在展开的下拉列表中单击“清除内容”选项，单元格中内容即被删除。如果单元格进行了格式设置，要想清除格式，应在下拉列表中单击“清除格式”选项。

全部清除：清除区域中的内容、批注和格式。

清除格式：只清除区域中的数据格式，而保留数据的内容和批注。

清除内容：只清除区域中的数据，保留区域中数据格式，等同于选中后按 < Delete > 键。

清除批注：清除区域的批注信息。

4.3.3 设置单元格格式

1. 字符的格式化

选定设置字体格式的单元格后，可以通过以下两种方法进行相应的设置。

（1）使用选项卡字体格式命令

可以直接利用【开始】选项卡“字体”标签中的列表命令，对字体、字号、字形、字体颜色以及其他对字符的修饰，如图 4.15 所示。

（2）使用“设置单元格格式”对话框

单击【开始】选项卡“字体”列表框右边的向下箭头，从下拉列表中选择一种字体；单击“字号”列表框右边的向下箭头，从下拉列表中选择字号大小；加粗按钮“B”、倾斜按钮“I”、下划线按钮“U ▾”，可以改变选中文本的字形；单击字体颜色按钮“A ▾”右边的向下箭头，从下拉列表中选择所需要的颜色；也可单击“字体”标签右下角的按钮“↘”，在“设置单元格格式”对话框进行格式设置，如图 4.16 所示。

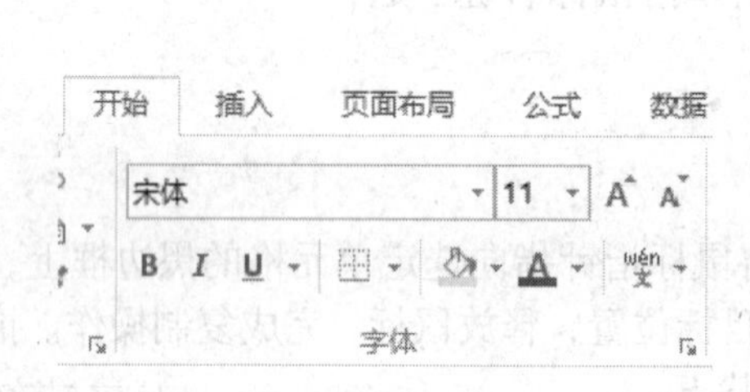

图 4.15 使用选项卡设置字体格式

图 4.16 使用对话框设置字体格式

2. 数字格式化

在 Excel 中数字是最常用的单元格内容，所以系统提供了多种数字格式，当对数字格式化后，单元格中表现的是格式化后的结果，而编辑栏中表现的是系统实际存储的数据。

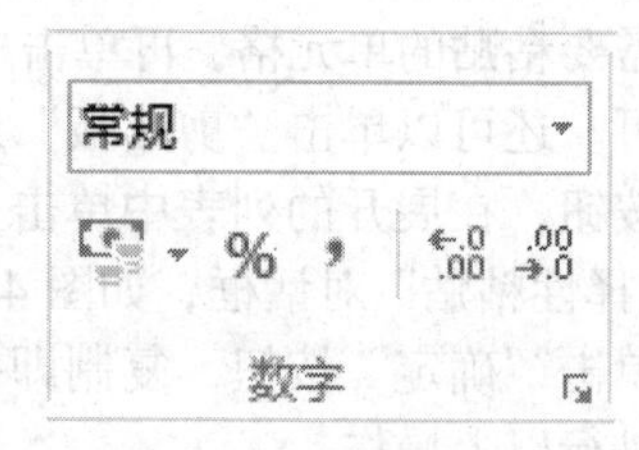

图 4.17 设置单元格

在【开始】选项卡“数字”标签中，提供了 5 种快速格式化数字的按钮，即货币样式按钮“ ▾”、百分比样式按钮“%”、千分位分隔按钮“,”、增加小数位数按钮“←.0 .00”和减少小数位数按钮“.00 →.0”。设置数字样式时，只要选定单元格区域，单击相应的按钮即可完成，如图 4.17 所示。当然，也可以通过如图 4.18 所示的“设置单元格格式”对话框进行更多更详尽的设置。

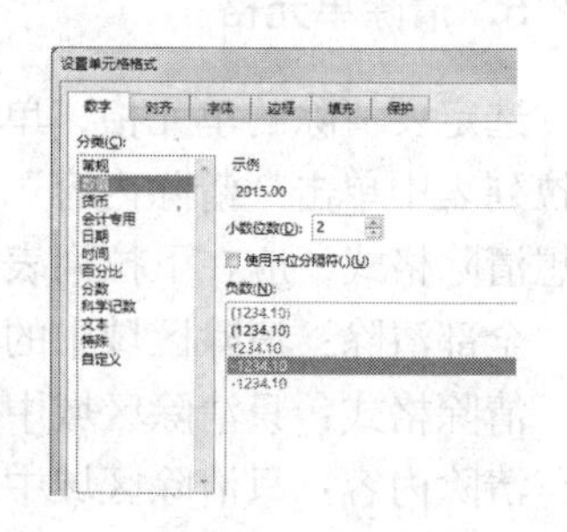

图 4.18 “设置单元格格式”对话框

3. 对齐及缩进设置

默认情况下，在单元格中文本左对齐，数值右对齐，特殊时可改变字符对齐方式。

在【开始】选项卡“对齐方式”标签中提供了几个对齐和缩进按钮，如顶端对齐、垂直居中、底端对齐、自动换行、文本左对齐、文本右对齐、居中、合并后居中、减少缩进量、增加缩进量、方向，如图 4.19 所示。也可以通过使用“设置单元格格式”对话框进行详细的设置，如图 4.20 所示。具体方法如下：

第一步：选定要格式化的单元格或区域。

第二步：在“开始”选项卡下“对齐方式”组中，选择对齐的选项。“对齐方式”组中，除了可以设置水平对齐方式和缩进外，还可以设置文本的垂直对齐方式，此外还有一些其他的设置。

方向：沿对角或垂直方向旋转文字，通常用于标志较窄的列。

自动换行：通过多行显示使单元格所有内容都可见，可以按下<Alt>+<Enter>组合键来强制换行。

合并后居中：将选择的多个单元格合并成较大的一个，并将新单元格内容居中。

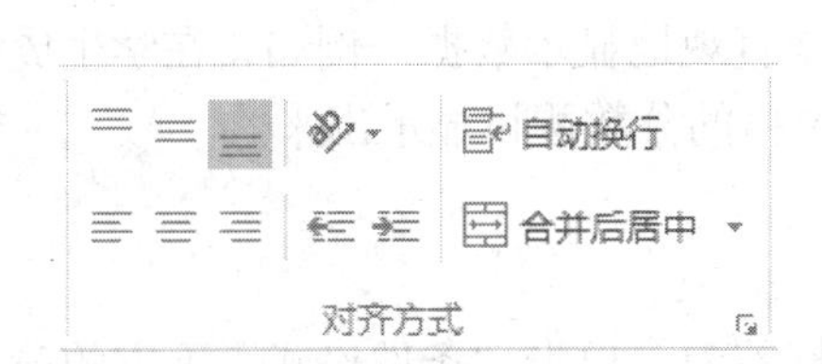

图 4.19　设置对齐方式

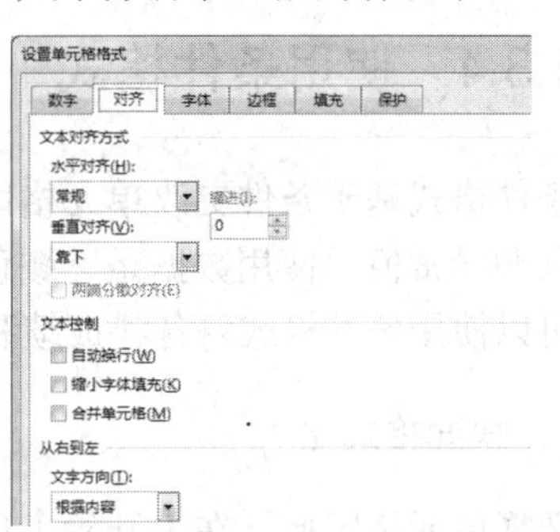

图 4.20　“设置单元格格式”对话框

4. 边框和底纹

屏幕上显示的网格线是为用户输入和编辑方便而预设的，在打印和显示时，可以全部用它作为表格的格线，也可以全部取消它，自己定义边框样式和底纹颜色。

（1）使用选项卡格式命令

设置边框的方法是选定要格式化的单元格或区域，单击【开始】选项卡“字体”标签中的边框按钮“ ”，从弹出的列表中选择所需要的边框线型，也可手绘边框，如图 4.21 所示。

设置底纹的方法是选定要格式化的单元格或区域，单击【开始】选项卡“字体”标签中的填充颜色按钮“ ”，从弹出的列表中选择所需的填充颜色。

（2）使用“设置单元格格式”对话框

选定要格式化的单元格区域，单击【开始】选项卡“单元格”标签中的“格式”按钮，在下拉列表中选择“设置单元格格式(E)...”选项，弹出“设置单元格格式”对话框，单击“边框”选项卡，显示关于线型的各种设置。

在“线条”框中选择一种线型样式，在“颜色”下拉列表中选择一种颜色，在“边框”框中指定添加边框线的位置，此处可设置在单元格中绘制斜线，如图 4.22 所示。

在对话框中单击“填充”选项卡，可以设置区域的底纹样式和填充色。

在“背景色”框中选择一种背景颜色，在“图案”列表中选择单元格底纹的图案。

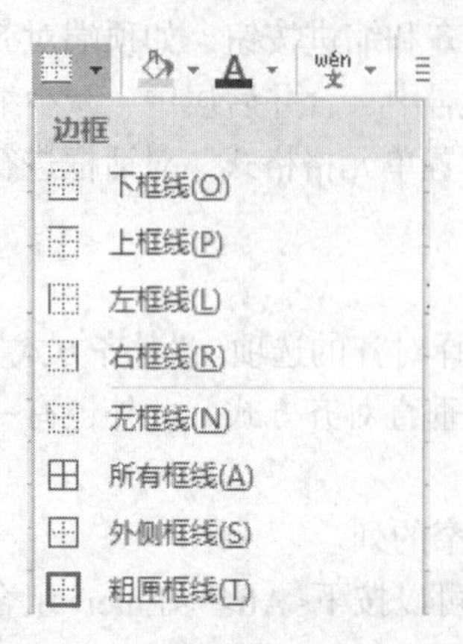

图 4.21　添加边框

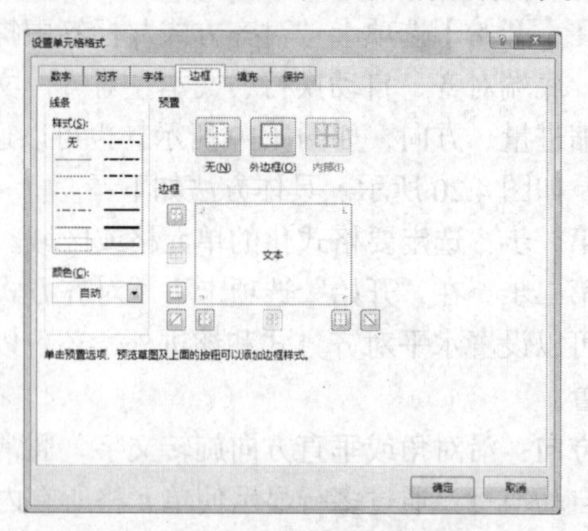

图 4.22　“设置单元格格式”对话框

4.3.4　使用条件格式

条件格式基于条件更改单元格区域的外观，有助于突出显示所关注的单元格或单元格区域，强调异常值，使用数据条、颜色刻度和图标集来直观地显示数据。例如，在学生成绩表中，可以使用条件格式将各科成绩和平均成绩中不及格的分数醒目显示出来。

1．快速格式化

选择单元格区域，在【开始】选项卡“样式”标签中，单击“条件格式”下方的箭头，单击“突出显示单元格规则(H)”，然后单击“小于”，弹出“小于”条件格式对话框，如图 4.23 所示。不及格的学生成绩项显示效果如图 4.24 所示。

图 4.23　“小于”条件格式对话框

学生成绩表						
姓名	数学	计算机	英语	物理	平均成绩	总成绩
张三	98	87	97	90	93	372
李四	54	67	45	33	50	199
王五	99	82	88	76	86	345
赵六	68	78	92	54	73	292
田七	87	78	82	79	82	326

图 4.24　学生成绩条件格式显示效果

2．高级格式化

选择单元格区域，在【开始】选项卡“样式”标签中，单击“条件格式”下方的箭头，然后单击“新建规则(N)...”，将显示“新建格式规则”对话框，如图 4.25 所示。单击“只为包含以下内容的单元格设置格式”选项，通过各个选项的设置，单击“确定”按钮实现高级条件格式设置。

4.3.5　套用表格格式

Excel 2013 中提供了一些已经制作好的表格格式，制作报表时套用这些格式，可以快速制作出既漂亮又专业化的表格。使用方法如下。

第一步：选定要格式化的区域。

第二步：选用【开始】选项卡“样式”标签，单击“套用表格格式”下拉选项，弹出如图 4.26 所示的套用表格格式列表框。

第三步：在格式列表框中选择要使用的格式，同时选中的格式出现在示例框中。

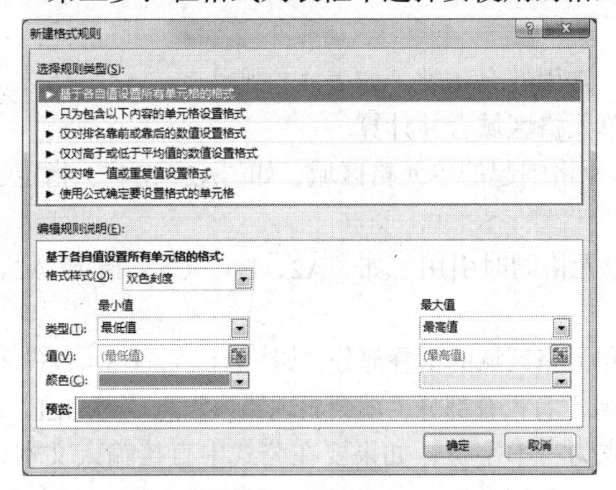

图 4.25　“新建格式规则”对话框

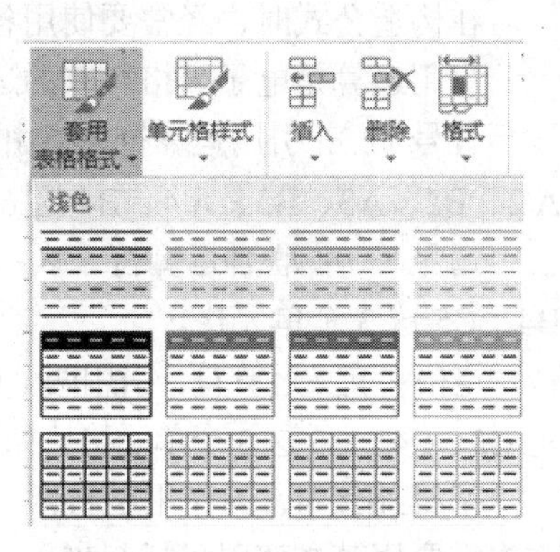

图 4.26　套用表格格式列表框

4.3.6　使用单元格样式

要在一个步骤中应用几种格式，并确保各个单元格格式一致，可以使用单元格样式。单元格样式是一组已定义的格式特征，如字体和字号、数字格式、单元格边框和单元格底纹。

1. 应用单元格样式

选择要设置格式的单元格，在【开始】选项卡上的“样式”标签中，单击“单元格样式”，在弹出的单元格样式列表中单击要应用的单元格样式。

2. 创建自定义单元格样式

在【开始】选项卡上的“样式”标签中，单击“单元格样式”下拉按钮，选择“新建单元格样式(N)...”，在“样式名”框中，为新单元格样式键入适当的名称，单击“格式”，在“设置单元格格式”对话框中的各个选项卡上，选择所需的格式，然后单击“确定”按钮。

4.4　公式和函数

4.4.1　公式的使用

在 Excel 中，公式是对工作表中的数据进行计算操作最为有效的手段之一。在工作表中输入数据后，运用公式可以对表格中的数据进行计算并得到需要的结果。

在 Excel 中使用公式是以等号开始的，运用各种运算符号，将值或常量和单元格引用、函数返回值等组合起来，形成公式的表达式。Excel 2013 会自动计算公式表达式的结果，并将其显示在相应的单元格中。

1．公式运算符与其优先级

在构造公式时，经常要使用各种运算符，常用的有 4 类，如表 4.1 所示。

引用运算是电子表格特有的运算，可将单元格区域合并计算。

冒号（:）：引用运算符，指由两对角的单元格围起的单元格区域，如“A2：B4”，指定了 A 2、B2、A3、B3、A 4、B4 这 6 个单元格。

逗号（,）：联合运算符，表示逗号前后单元格同时引用，如“A2，B4，C5”指定 A2、B4、C5 这 3 个单元格。

空格：交叉运算符，引用两个或两个以上单元格区域的重叠部分，如“B3：C5 C3：D5”指定 C3、C4、C5 这 3 个单元格。如果单元格区域没有重叠部分，就会出现错误信息“#NULL!”。

字符连接符&的作用是将两串字符连接成为一串字符，如果要在公式中直接输入文本，文本需要用英文双引号括起来。

表 4.1　　运算符及其优先级

优先级别	类　别	运　算　符
高 ↓ 低	引用运算	:（冒号）、,（逗号）、（空格）
	算术运算	-（负号）、%（百分比）、^（乘方）、* 和 /、+和 -
	字符运算	&（字符串连接）
	比较运算	=、<、<=、>、>=、<>（不等于）

Excel 2013 中，计算并非简单地从左到右执行，运算符的计算顺序如下：冒号、逗号、空格，负号、百分号、乘方、乘除、加减，&，比较。使用括号可以改变运算符执行的顺序。

2．公式的输入

输入公式操作类似于输入文本类型数据，不同的是，在输入一个公式时，必须以等号“=”开头，然后才是公式的表达式。在单元格中输入公式的操作步骤如下。

第一步：单击要输入公式的单元格。

第二步：在单元格中输入一个等号“=”。

第三步：输入第一个数值、单元格引用或者函数等。

第四步：输入一个运算符号。

第五步：输入下一个数值、单元格引用等。

第六步：重复上面步骤，输入完成后，按回车键或单击编辑栏中的确认按钮，如图 4.27 所示，即可在单元格中显示出计算结果。

通过拖动填充柄，可以复制引用公式。利用【公式】选项卡“公式审核”标签中的“显示公式”，可以对被公式引用的单元格及单元格区域进行追踪，如图 4.28 所示。

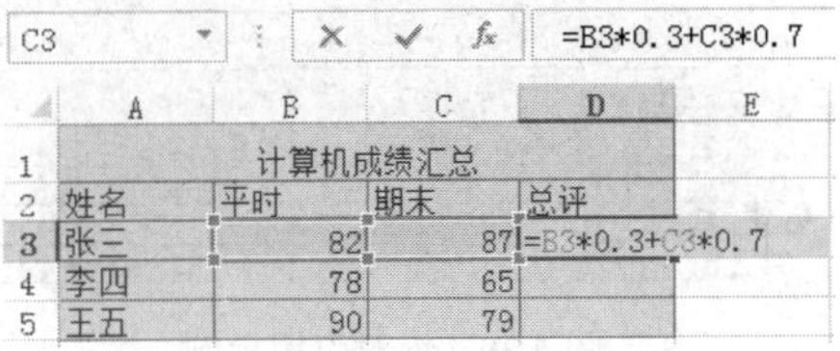

C3 | =B3*0.3+C3*0.7

	A	B	C	D	E
1	计算机成绩汇总				
2	姓名	平时	期末	总评	
3	张三	82	87	=B3*0.3+C3*0.7	
4	李四	78	65		
5	王五	90	79		

图 4.27　使用公式

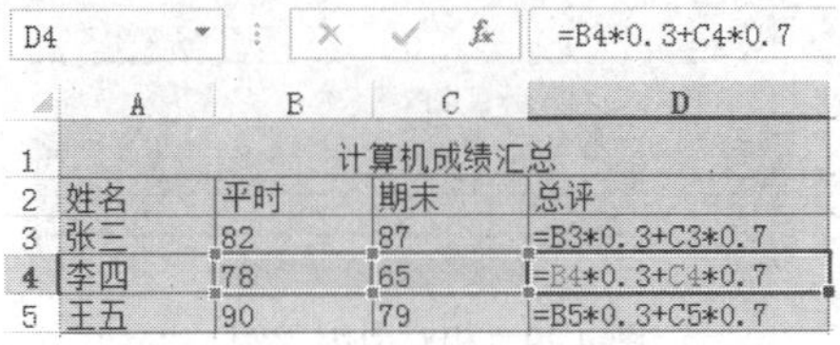

D4 | =B4*0.3+C4*0.7

	A	B	C	D
1	计算机成绩汇总			
2	姓名	平时	期末	总评
3	张三	82	87	=B3*0.3+C3*0.7
4	李四	78	65	=B4*0.3+C4*0.7
5	王五	90	79	=B5*0.3+C5*0.7

图 4.28　公式追踪

3．公式错误信息

在公式计算时，经常会出现一些异常信息，它们以符号#开头，以感叹号或问号结束。单击【文件】选项卡下的“选项”，在打开的“Excel 选项”对话框中单击“公式”，则右侧的“错误检查规则”一项中列出了 Excel 中所有的错误检查规则。

Excel 公式错误值及可能的出错原因如表 4.2 所示。

表 4.2　公式错误值及可能原因

错 误 值	一般出错的原因
#####	单元格中输入的数值或公式太长，单元格显示不下，不代表公式有错
#DIV/0!	做除法时，分母为零
#NULL?	应当用逗号将函数的参数分开时，却使用了空格
#NUM!	与数字有关的错误，如计算产生的结果太大或太小而无法在工作表中正确表示出来
#REF!	公式中出现了无效的单元格地址
#VALUE!	在公式中键入了错误的运算符，对文本进行了算术运算

4.4.2　单元格的引用

在公式中可以引用本工作簿或其他工作簿中任何单元格区域的数据。公式中输入的是单元格区域地址，引用后，公式的运算值随着被引用单元格的变化而自动的变化。

1．单元格引用类型

单元格地址根据被复制到其单元格时是否改变，可分为相对引用、绝对引用和混合引用 3 种类型。

相对引用。相对引用是指当前单元格与公式所在单元格的相对位置。运用相对引用，当公式所在单元格的位置发生改变时，引用也随之改变。图 4.29 所示的 B5 和 C5 代表相对引用单元格。

绝对引用。绝对引用指向工作表中固定位置的单元格，它的位置与包含公式的单元格无关。如果在列号与行号前面均加上$符号，图 4.30 所示的$B$2 和$C$2 就代表绝对引用单元格。

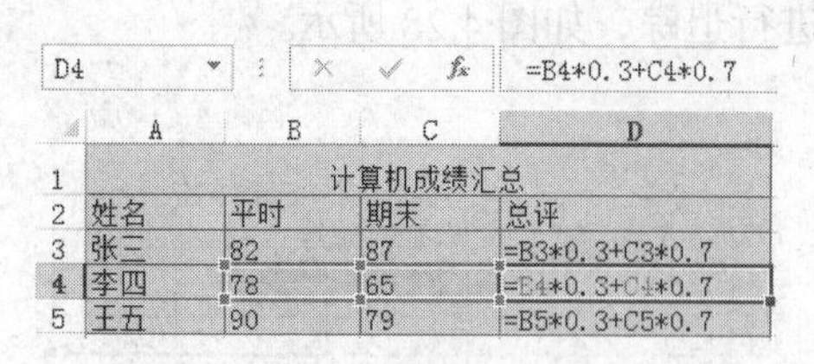

D4 =B4*0.3+C4*0.7

	A	B	C	D
1	计算机成绩汇总			
2	姓名	平时	期末	总评
3	张三	82	87	=B3*0.3+C3*0.7
4	李四	78	65	=B4*0.3+C4*0.7
5	王五	90	79	=B5*0.3+C5*0.7

图 4.29 相对引用示例

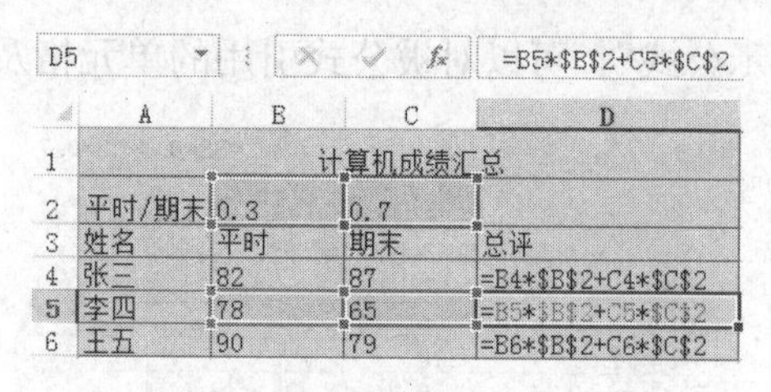

D5 =B5*$B$2+C5*$C$2

	A	B	C	D
1	计算机成绩汇总			
2	平时/期末	0.3	0.7	
3	姓名	平时	期末	总评
4	张三	82	87	=B4*$B$2+C4*$C$2
5	李四	78	65	=B5*$B$2+C5*$C$2
6	王五	90	79	=B6*$B$2+C6*$C$2

图 4.30 绝对引用示例

混合引用。混合引用是指在一个单元格地址中，用绝对列和相对行，或者相对列和绝对行，如$A1 或 A$1。当含有公式的单元格因复制等原因引起行、列引用的变化时，公式中相对引用部分会随着位置的变化而变化，而绝对引用部分不随位置的变化而变化。如图 4.31 所示，B2 单元格的值是利用 B$1 和$A2 这两个混合引用单元格的乘积来实现的。第 1 行数字为被乘数，第 A 列数字为乘数，B2:F6 为利用混合引用得到的 6*6 乘法表。

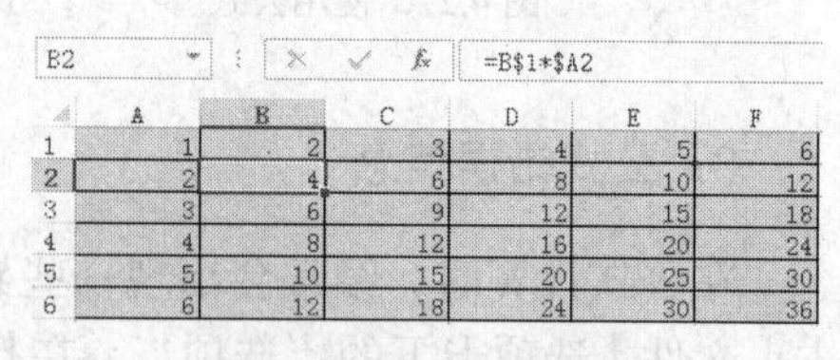

B2 =B$1*$A2

	A	B	C	D	E	F
1	1	2	3	4	5	6
2	2	4	6	8	10	12
3	3	6	9	12	15	18
4	4	8	12	16	20	24
5	5	10	15	20	25	30
6	6	12	18	24	30	36

图 4.31 混合引用示例

2．同一工作簿不同工作表的单元格引用

要在公式中引用同一工作簿不同工作表的单元格内容，则需在单元格或区域前注明工作表名。例如，在当前 Sheet2 工作表 F4 单元格中求 Sheet1 工作表的单元格区域 A1:A4 之和，方法如下。

方法一：选取 Sheet2 的 F4 单元格，输入“=SUM（Sheet1!A1:A4）”，按<Enter>键确定。

方法二：选取 Sheet2 的 F4 单元格，在输入“=SUM（”后，用鼠标指针选取 Sheet1 中 A1:A4 单元格区域 ，再输入“）”，按<Enter>键即可。

3．不同工作簿的单元格引用

要在单元格 F4 中引用其他工作簿，如 D 盘的工作簿 2.xlsx 的 Sheet1 工作表中 A1:A4 区域单元格求和，方法如下。

方法一：若工作簿 2.xlsx 已经被打开，则可以通过在 F4 单元格中输入“=SUM（[工作簿 2.xlsx]Sheet1!$A$1:$A$4）”，按<Enter>键确定。

方法二：若工作簿 2.xlsx 工作簿没有被打开，即要引用关闭后的工作簿文件的数据，则可以通过在 F4 单元格中输入“=SUM（'D:\[工作簿 2.xlsx]Sheet1'!$A$1:$A$4）”，按<Enter>键即可。

4.4.3 函数的使用

函数实际上是一些预定义的公式，运用一些称为参数的特定的顺序或结构进行计算。Excel 2013 提供了财务、统计、逻辑、文本、日期与时间、查找与引用、数学和三角、工程、多维数据集和信息函数共 10 类函数。运用函数进行计算可大大简化公式的输入过程，只需设置函数相应的必要参数即可进行正确的计算。

函数的结构：一个函数包含函数名称和函数参数2部分。函数名称表达函数的功能，每一个函数都有唯一的函数名，函数中的参数是函数运算的对象，可为数字、文本、逻辑值、表达式、引用或是其他的函数。要插入函数可以切换到Excel 2013窗口中的【公式】选项卡下进行选择，如图4.32所示。

若熟悉使用的函数及其语法规则，可在“编辑框”内直接输入函数形式。建议最好使用【公式】选项卡下的“插入函数”对话框输入函数。

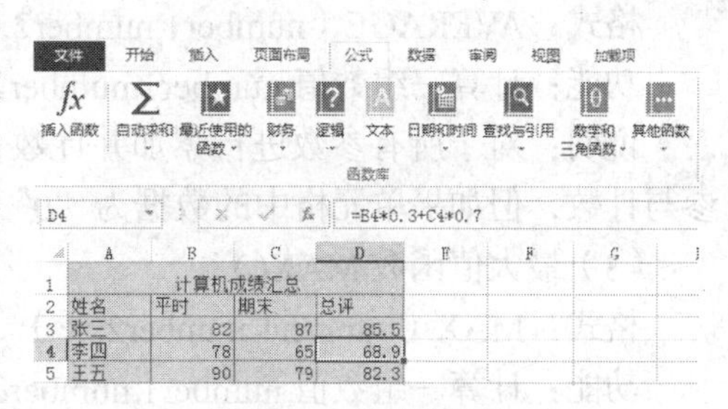

图4.32　公式的使用

1. 使用插入函数对话框

第一步：选定要输入函数的单元格。

第二步：单击【公式】选项卡下的“插入函数”，就会出现“插入函数”对话框。

第三步：在选择类别中选择常用函数或函数类别，然后在选择函数中选择要用的函数，如图4.33所示。单击“确定”按钮后，弹出“函数参数”对话框。

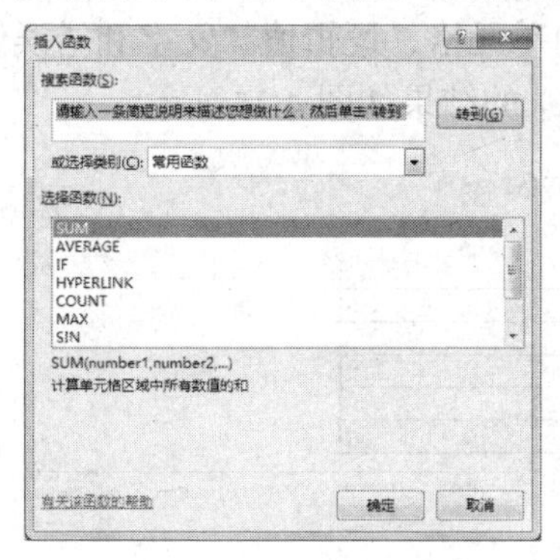

图4.33　“插入函数”对话框

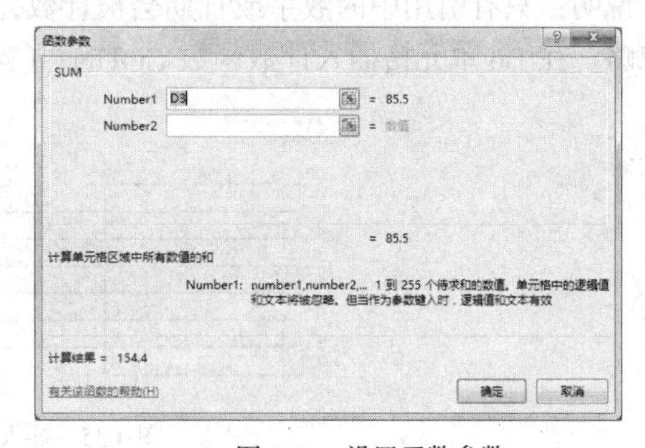

图4.34　设置函数参数

第四步：在弹出的“函数参数”对话框中输入参数，如图4.34所示。如果选择单元格区域作为参数，则单击参数框右侧的折叠对话框按钮“”来缩小公式选项板，选择结束后，单击参数框右侧的展开对话框按钮“”恢复公式选项板。

2. 常用函数介绍

Excel 2013的函数分为数学和三角函数、财务函数、日期和时间函数、统计函数等11类共计400多个，可以根据自己的需要选择使用，以下是几个常用的函数。

（1）求和函数SUM( )

格式：SUM（number1,number2,⋯）。

功能：计算一组数值number1,number2,⋯的总和。

说明：此函数的参数是必不可少的，参数允许是数值、单个单元格的地址、单元格区域、简单算式，并且允许最多使用30个参数。

（2）求平均值函数AVERAGE( )

格式：AVERAGE（number1,number2,…）。

功能：计算一组数值 number1,number2,…的平均值。

说明：对于所有参数进行累加并计数，再用总和除以计数结果，区域内的空白单元格不参与计数，但如果单元格中的数据为“0”时参与运算。

（3）最大值函数 MAX( )

格式：MAX（number1,number2,…）。

功能：计算一组数值 number1,number2,…的最大值。

说明：参数可以是数字或者是包含数字的引用。如果参数为错误值或不能转换为数字的文本，将会导致错误。

（4）最小值函数 MIN( )

格式：MIN（number1,number2,…)。

功能：计算一组数值 number1,number2, …的最小值，参数说明同上。

（5）计数函数 COUNT( )

格式：COUNT（value1,value2,…）。

功能：计算区域中包含数字的单元格个数。

说明：只有引用中的数字或日期会被计数，而空白单元格、逻辑值、文字和错误值都将被忽略。在 B6 单元格插入计数函数 COUNT（A1：A6）的结果如图 4.35 所示。

A7 =COUNT(A1:A6)

	A	B	C
1	1	2	3
2	2	4	6
3	3	6	9
4	4	8	12
5	5	10	15
6	6	12	18
7	6		

图 4.35　插入计数函数

（6）条件计数函数 COUNTIF( )

格式：COUNTIF（单元格区域，条件）。

功能：计算区域中满足条件的单元格个数。

说明：条件的形式可以是数字、表达式或文字。例如，可以表示为 80、"80" ">=80"或“良”。在 E9 单元格插入条件计数函数“=COUNTIF（F3:F7,">=80"）-COUNTIF（F3:F7,">=90"）”的结果如图 4.36 所示。

E9 =COUNTIF(F3:F7,">=80")-COUNTIF(F3:F7,">=90")

	A	B	C	D	E	F	G	H
1	学生成绩表							
2	姓名	数学	英语	计算机	物理	平均成绩	总成绩	
3	张三	82	80	90	87	84.75	339	
4	李四	78	89	92	90	87.25	349	
5	王五	90	92	88	89	89.75	359	
6	赵六	98	96	89	80	90.75	363	
7	田七	65	76	89	62	73	292	
8								
9		平均成绩为80-90的人数：			3			

图 4.36　插入条件计数函数

（7）条件函数 IF( )

格式：IF（logical-test, value-if-true, value-if-false）。

功能：根据逻辑值 logical-test 进行判断，若为 true，返回 value-if-true，否则，返回 value-if-false。

说明：IF 函数可以嵌套使用，最多嵌套 7 层，用 logical-test 和 value-if-true 参数可以构造复杂的测试条件。

例如，在 H3 单元格中插入条件函数=IF（F3<60，"不及格"，"及格"），返回值为及格。

再如，在 H3 单元格中插入条件函数=IF（F3<60，"不及格"，IF（F3<70，"及格"，IF（F3<80，"中"，IF（F3<90，"良"，"优"））））, 以实现综合评语自动评定，效果如图 4.37 所示。

H3 =IF(F3<60,"不及格",IF(F3<70,"及格",IF(F3<80,"中",IF(F3<90,"良","优"))))

	A	B	C	D	E	F	G	H
1	学生成绩表							
2	姓名	数学	英语	计算机	物理	平均成绩	总成绩	综合评定
3	张三	82	80	90	87	84.75	339	良
4	李四	78	89	92	90	87.25	349	良
5	王五	90	92	88	89	89.75	359	良
6	赵六	98	96	89	80	90.75	363	优
7	田七	65	76	89	62	73	292	中

图 4.37　插入条件函数

（8）排名函数 RANK( )

格式：RANK（number, range, rank-way）。

功能：返回单元格 number 在一个垂直区域 range 中的排位名次。

说明：rank-way 是排位的方式，为 0 或省略，则按降序排名次（值最大的为第一名），不为 0 则按升序排名次（值最小的为第一名）。

函数 RANK 对重复数的排位相同，但重复数的存在将影响后续数值的排位。

例如，在 I3 单元格中插入排名函数=RANK（F3，$F$3：$F$7）实现了自动排名，效果如图 4.38 所示。

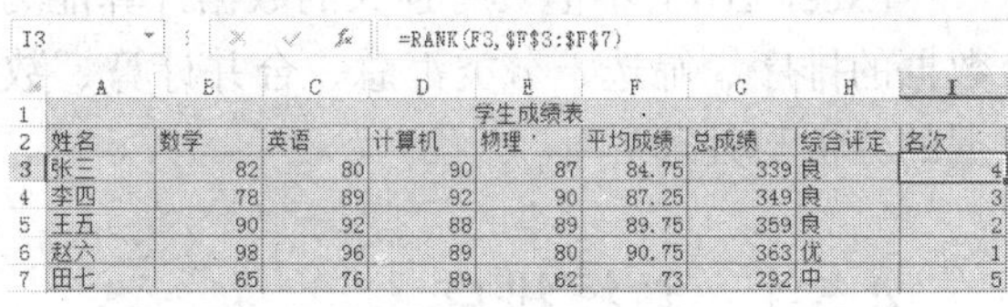

I3 =RANK(F3,$F$3:$F$7)

	A	B	C	D	E	F	G	H	I
1	学生成绩表								
2	姓名	数学	英语	计算机	物理	平均成绩	总成绩	综合评定	名次
3	张三	82	80	90	87	84.75	339	良	4
4	李四	78	89	92	90	87.25	349	良	3
5	王五	90	92	88	89	89.75	359	良	2
6	赵六	98	96	89	80	90.75	363	优	1
7	田七	65	76	89	62	73	292	中	5

图 4.38　插入排名函数

4.4.4　快速计算与自动求和

1. 快速计算

在分析、计算工作表的过程中，有时需要得到临时计算结果而无须在工作表中表现出来，则可以使用快速计算功能。

方法：用鼠标选定需要计算的单元格区域，即可得到选定区域数据的平均值、计数个数及求和结果，并显示在窗口下方的状态栏中，如图 4.39 所示。

2. 自动求和

由于经常用到的公式是求和、平均值、计数、最大值和最小值，所以可以使用【开始】选项卡“编辑”标签中的“自动求和”，也可以使用【公式】选项卡的“自动求和”快捷选项命令。

第一步：选定存放求和结果的单元格，一般选中一行或一列数据末尾的单元格。

第二步：单击【公式】选项卡“函数库”标签中的“自动求和”按钮，将自动出现求和函数以及求和的数据区域，如图 4.40 所示。

第三步：如果求和的区域不正确，可以用鼠标重新选取。如果是连续区域，可用鼠标拖动的方法选取区域，如果是对单个不连续的单元格求和，可用鼠标选取单个单元格后，从键盘键入“,”用于分隔选中的单元格引用，再继续选取其他单元格。

第四步：确认参数无误后，按<Enter>键确定。

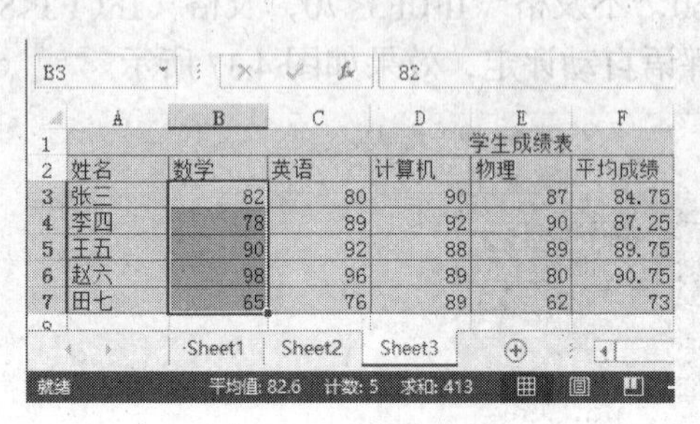

图 4.39 快速计算

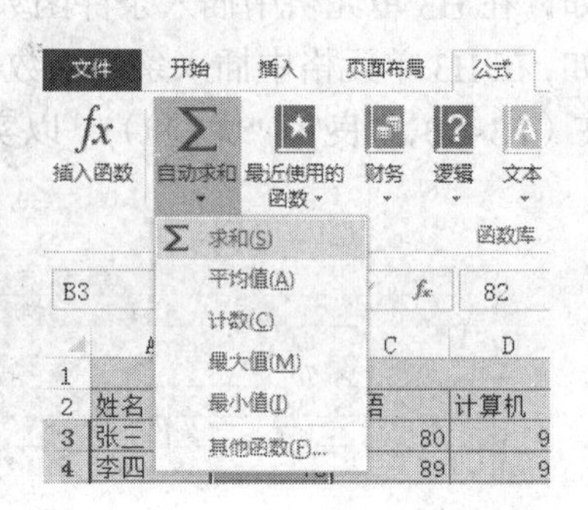

图 4.40 自动求和

4.5 数据管理

Excel 2013 不但具有强大的数据计算能力，而且提供了强大的数据管理功能。可以运用数据的排序、筛选、分类汇总、合并计算、数据透视表等各项处理操作功能，实现对复杂数据的分析与处理。

4.5.1 数据排序

对数据进行排序是数据分析不可缺少的组成部分，排序有助于快速直观地显示数据并更好地理解数据，有助于组织并查找所需数据，有助于最终做出更有效的决策。

数据表是包含标题及相关数据的一组数据行，每一行相当于数据库中的一条记录。通常数据表中的第一行是标题行，由多个字段名（关键字）构成，表中的每一列对应一个字段。

排序就是按照数据某个字段名（关键字）的值，将所有记录进行升序或降序的重新排列。

1．快速排序

如果只对单列进行排序，首先单击所要排序字段内的任意一个单元格，然后单击“数据”选项卡下“排序和筛选”组中的升序按钮“A/Z↓”或降序按钮“Z/A↓”，则数据表中的记录就会按所选字段为排序关键字进行相应的排序操作。

2．复杂排序

复杂排序是指通过设置“排序”对话框中的多个排序条件对数据表中的数据内容进行排

序，操作方法如下。

第一步：单击需要排序的数据表中的任一单元格，再单击【数据】选项卡下“排序和筛选”标签中的“排序”按钮，出现“排序”对话框，如图4.41所示。

第二步：单击主关键字下拉列表按钮，在展开的列表中选择主关键字，然后设置排序依据和次序。

第三步：单击添加条件按钮，以同样方法设置此关键字，还可以设置第三关键字等。

首先按照主关键字排序，对于主关键字相同的记录，则按次要关键字排序，若记录的主关键字和次要关键字都相同时，才按第三关键字排序。

排序时，如果要排除第一行的标题行，则选中“数据包含标题”复选框，如果数据表没有标题行，则不选“数据包含标题”复选框。

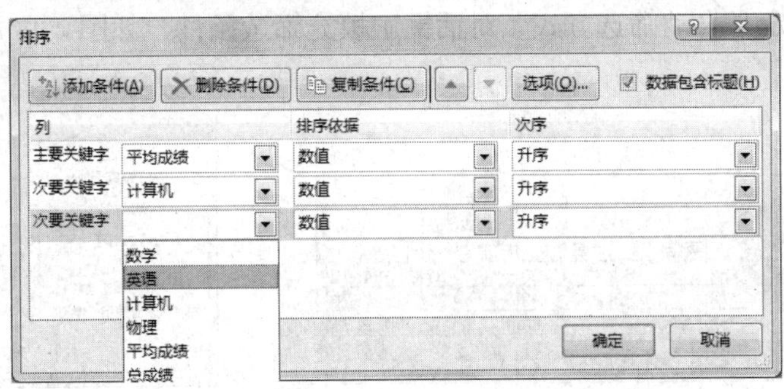

图4.41　“排序”对话框

3. 自定义排序

可以根据自己的特殊需要进行自定义的排序方式。

第一步：单击【数据】选项卡下“排序和筛选”标签中的“排序”按钮，出现“排序”对话框。

第二步：在“排序”对话框的“次序”下拉列表中单击“自定义序列”选项，选中“自定义序列”，也可以在弹出窗口中为“自定义序列”列表框“添加”定义的新序列。

第三步：单击“确定”按钮，返回到“排序”对话框中，此时“次序”已设置为自定义序列方式，数据内容按自定的排序方式进行重新排序。

4.5.2　数据筛选

数据筛选的主要功能是将符合要求的数据集中显示在工作表上，不符合要求的数据暂时隐藏，从而从数据表中检索出有用的数据信息。Excel 2013 中常用的筛选方式有自动筛选、自定义筛选和高级筛选。

1. 自动筛选

自动筛选是进行简单条件的筛选，方法如下。

第一步：选中数据表中的任一单元格，单击【数据】选项卡下“排序和筛选”标签中的

“筛选”按钮，此时，在每个列标题的右侧出现一个下拉列表按钮，如图 4.42 所示。

第二步：在列中单击某字段右侧下拉列表按钮，其中列出了该列中的所有项目，从下拉菜单中选择需要显示的项目。

如果要取消筛选，单击“数据”选项卡下“排序和筛选”组中的“筛选”按钮。

2．自定义筛选

自定义筛选提供了多条件定义的筛选，可使在筛选数据表时更加灵活，筛选出符合条件的数据内容。

在数据表自动筛选的条件下，单击某字段右侧下拉列表按钮，在下拉列表中单击“文本筛选(F)”选项，并单击“自定义筛选(F)...”选项。

在弹出的“自定义自动筛选方式”对话框中填充筛选条件，如图 4.43 所示。

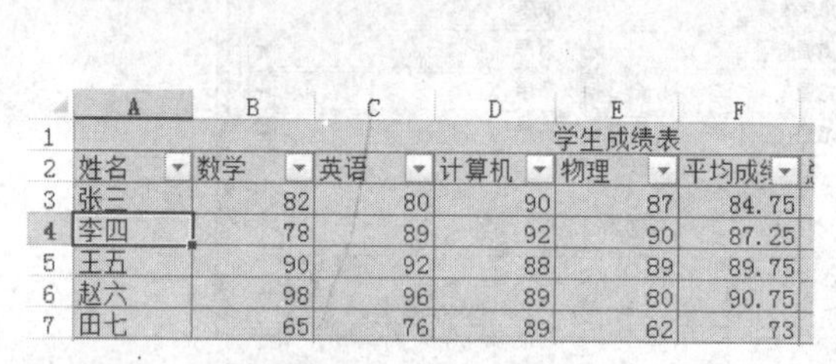

	A	B	C	D	E	F
1	学生成绩表					
2	姓名	数学	英语	计算机	物理	平均成绩
3	张三	82	80	90	87	84.75
4	李四	78	89	92	90	87.25
5	王五	90	92	88	89	89.75
6	赵六	98	96	89	80	90.75
7	田七	65	76	89	62	73

图 4.42　自动筛选

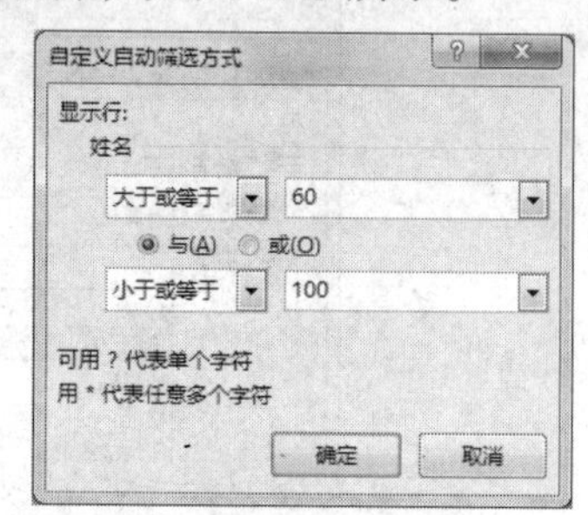

图 4.43　“自定义自动筛选方式”对话框

3．高级筛选

高级筛选是以用户设定的条件对数据表中的数据进行筛选，可以筛选出同时满足两个或两个以上条件的数据。

首先在工作表中设置条件区域，条件区域至少为两行，第一行为字段名，第二行以下为查找的条件。设置条件区域前，先将数据表的字段名复制到条件区域的第一行单元格中，当作查找时的条件字段，然后在其下一行输入条件。同一条件行不同单元格的条件为“与”逻辑关系，同一列不同行单元格中的条件互为“或”逻辑关系。条件区域设置完成后进行高级筛选的具体操作步骤如下。

第一步：单击数据表中的任一单元格。

第二步：切换到【数据】选项卡下，单击“数据和筛选”标签中的“高级”按钮，出现了“高级筛选”对话框，如图 4.44 所示。

第三步：在“方式”选项区域中选择“在原有区域显示筛选结果”或“将筛选结果复制到其他位置”。一般选择“将筛选结果复制到其他位置”。

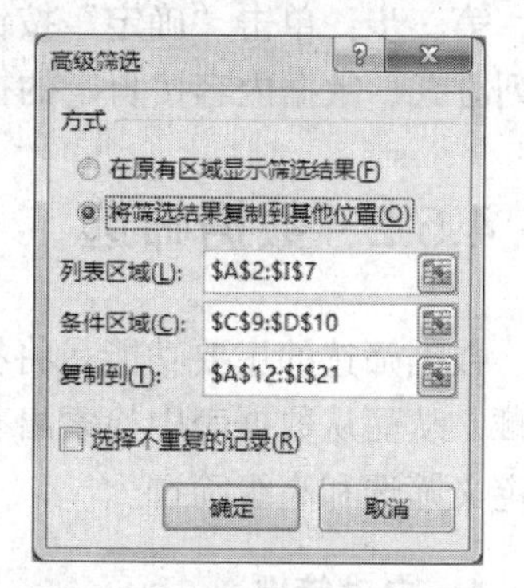

图 4.44　“高级筛选”对话框

第四步：此时需要设置筛选数据区域，可以单击“列表区域”文本框右边的折叠对话框按钮，将对话框折叠起来，然后在工作表中选定数据表所在单元格区域，再单击展开对话框按钮，返回到“高级筛选”对话框。

第五步：单击“条件区域”文本框右边的折叠对话框按钮，将对话框折叠起来，然后在工作表中选定条件区域。再单击展开对话框按钮，返回到“高级筛选”对话框。

第六步：单击“复制到”文本框右边的折叠对话框按钮，将对话框折叠起来，然后在工作表中选定复制区域。再单击展开对话框按钮，返回到“高级筛选”对话框。单击“确定”按钮完成筛选。注：若选择“在原有区域显示筛选结果”，则不需要设置复制区域。

利用高级筛选后的示例效果如图 4.45 所示。

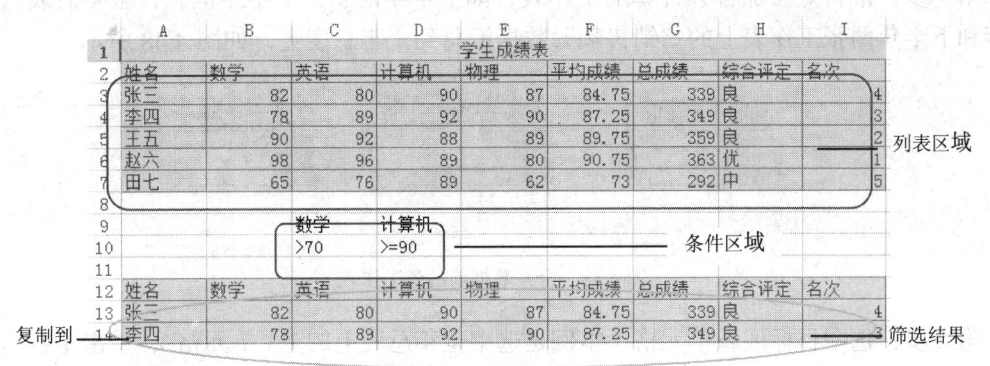

	A	B	C	D	E	F	G	H	I
1	学生成绩表								
2	姓名	数学	英语	计算机	物理	平均成绩	总成绩	综合评定	名次
3	张三	82	80	90	87	84.75	339	良	4
4	李四	78	89	92	90	87.25	349	良	3
5	王五	90	92	88	89	89.75	359	良	2
6	赵六	98	96	89	80	90.75	363	优	1
7	田七	65	76	89	62	73	292	中	5
8									
9			数学	计算机					
10			>70	>=90					
11									
12	姓名	数学	英语	计算机	物理	平均成绩	总成绩	综合评定	名次
13	张三	82	80	90	87	84.75	339	良	4
14	李四	78	89	92	90	87.25	349	良	3

图 4.45　高级筛选示例

4.5.3　分类汇总

在实际工作中，往往需要对一系列数据进行小计和合计，使用分类汇总功能十分方便。

第一步：首先对分类字段进行排序，使相同的记录集中在一起。

第二步：单击数据表中的任一单元格。在【数据】选项卡下“分级显示”标签中单击“分类汇总”按钮，弹出“分类汇总”对话框如图 4.46 所示。

分类字段：选择分类排序字段。

汇总方式：选择汇总计算方式，默认汇总方式为“求和”。

选定汇总项：选择与需要对其汇总计算的数值列对应的复选框。

第三步：设置完成后，单击“确定”按钮。分类汇总示例效果如图 4.47 所示。

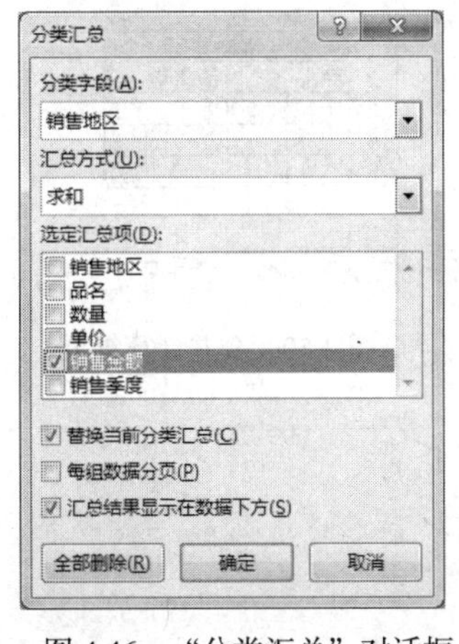

图 4.46　“分类汇总”对话框

	A	B	C	D
1	销售地区	品名	销售金额	销售季度
2	北京	显示器	78000	2
3	北京	显示器	114000	4
4	北京	显示器	115500	3
5	北京	液晶电视	205000	2
6	北京	液晶电视	235000	2
7	北京	液晶电视	270000	2
8	**北京 汇总**		1017500	
9	杭州	显示器	36000	1
10	杭州	显示器	73500	3
11	杭州	显示器	79500	2
12	杭州	液晶电视	45000	2
13	杭州	液晶电视	120000	4
14	杭州	液晶电视	225000	1
15	杭州	液晶电视	460000	2
16	**杭州 汇总**		1039000	
17	南京	按摩椅	25600	2
18	南京	跑步机	74800	2
19	南京	跑步机	162800	2
20	南京	跑步机	187000	2
21	南京	微波炉	9500	2
22	南京	微波炉	9500	2
23	南京	液晶电视	90000	2
24	南京	液晶电视	340000	2
25	**南京 汇总**		899200	

图 4.47　分类汇总示例

4.5.4 合并计算

对 Excel 2013 数据表进行数据管理，有时需要将几张工作表上的数据合并到一起，如使用日报表记录每天的销售信息，到周末需要汇总成周报表；到月底需要汇总生成月报表；年底汇总生成年报表。使用“合并计算”功能，可以将多张工作表上的数据合并。

第一步：准备好参加合并计算的工作表，如上半年汇总，下半年汇总，全年总表。将上半年和下半年两张工作表上的“销售额”数据汇总到全年总表上，如图 4.48 所示。

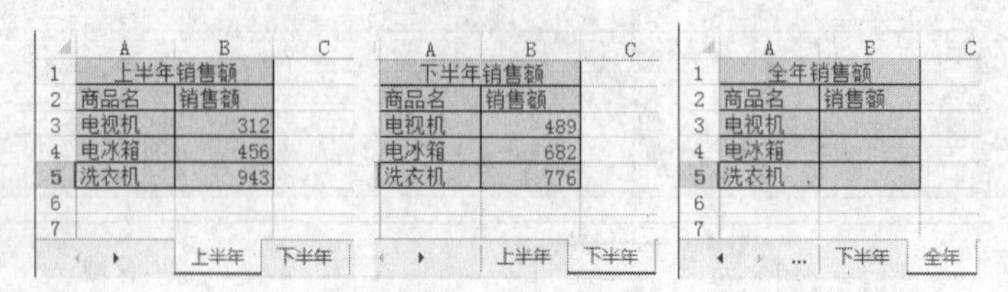

图 4.48 合并数据前的各工作表

第二步：选中目标区域单元格（本例是选中全年总表上的 B3 单元格），单击【数据】选项卡下“数据工具”标签中的“合并计算”按钮，打开“合并计算”对话框，如图 4.49 所示。

函数：选择在合并计算中将用到的汇总函数，选择“求和”。

引用位置：单击“引用位置”后边的折叠对话框按钮，从工作表上直接选择单元格区域，也可以输入要合并计算的第一个单元格区域，然后再次单击展开对话框按钮展开对话框，单击“添加”按钮将所选择（或输入）的单元格区域加入到“所有引用位置”文本框中，继续选择（或输入）其他的要合并计算的单元格区域。

标签位置：确定所选中的合并区域中是否含有标志，指定标志是在“首行”或“最左列”。

创建指向源数据的链接：表示当源数据发生变化时，汇总后的数据自动随之变化。

第三步：单击“确定”按钮，完成合并计算功能。汇总后的结果如图 4.50 所示。

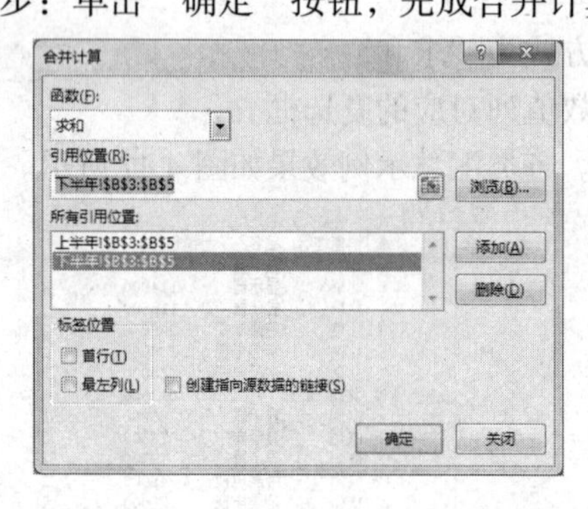

图 4.49 “合并计算”对话框

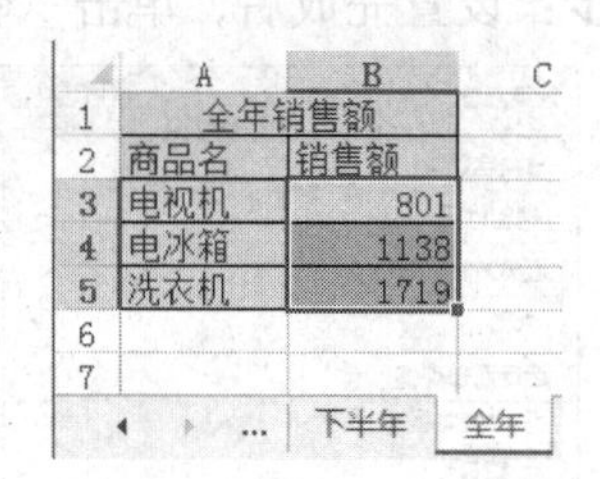

图 4.50 合并计算结果

4.6 图表

为使表格中的数据关系更加直观，可以将数据以图表的形式表示出来。通过创建图表可以更加清楚地了解各个数据之间的关系和数据之间的变化情况，方便对数据进行对比和分析。在 Excel 2013 中，只需选择图表类型、图表布局和图表样式，便可以很轻松地创建具有专业外观的图表。

4.6.1 创建图表

根据数据特征和观察角度的不同，Excel 2013 提供了包括柱形图、折线图、饼图、条形图、面积图、XY 散点图、股价图、曲面图、圆环图、气泡图和雷达图总共 11 类图表供用户选用，每一类图表又有若干个子类型。

1. 图表基本概念

图表：由图表区和绘图区组成。

图表区：整个图表的背景区域。

绘图区：用于绘制数据的区域，在二维图表中，是指通过轴来界定的区域，包括所有数据系列；在三维图表中，同样是通过轴来界定的区域，包括所有数据系列、分类名、刻度线标志和坐标轴标题。

数据系列：在图表中绘制的相关数据点，这些数据源自数据表的行或列。图表中的每个数据系列具有唯一的颜色或图案并且在图表的图例中表示。可以在图表中绘制一个或多个数据系列。饼图只有一个数据系列。

坐标轴：界定图表绘图区的线条，用作度量的参照框架。x 轴通常为水平轴并包含分类，y 轴通常为垂直坐标轴并包含数据。

图表标题：说明性的文本，可以自动与坐标轴对齐或在图表顶部居中。

数据标签：为数据标记提供附加信息的标签，数据标签代表源于数据表单元格的单个数据点或值。

图例：一个方框，用于标志图表中的数据系列或分类指定的图案或颜色。

建立图表以后，可通过增加图表项，如数据标记、标题、文字等来美化图表及强调某些信息。大多数图表可被移动或调整大小，也可以用图案、颜色、对齐、字体及其他格式属性来设置这些图表项的格式。

2. 创建图表

第一步：首先用鼠标（或配合<Ctrl>键）选择要包含在图表中的单元格或单元格区域。

第二步：单击【插入】选项卡下“图表”标签右下角的按钮“ ”，打开“插入图表”对话框，如图 4.51 所示，在“所有图表”选项卡中选择所需图表样式；也可直接单击“图表”标签中所需图表类型右侧的下拉列表按钮，在弹出的下拉列表中选择所需的图表类型，单击“确定”按钮后即创建了原始图表，如图 4.52 所示。

无论建立哪一种图表，都要经过以下几步：指定需要用图表表示的单元格区域，即图表数据源；选定图表类型；根据所选定的图表格式，指定一些项目，如图表的方向，图表的标题，是否要加入图例等；设置图表位置，可以直接嵌入到原工作表中，也可以放在新建的工作表中。

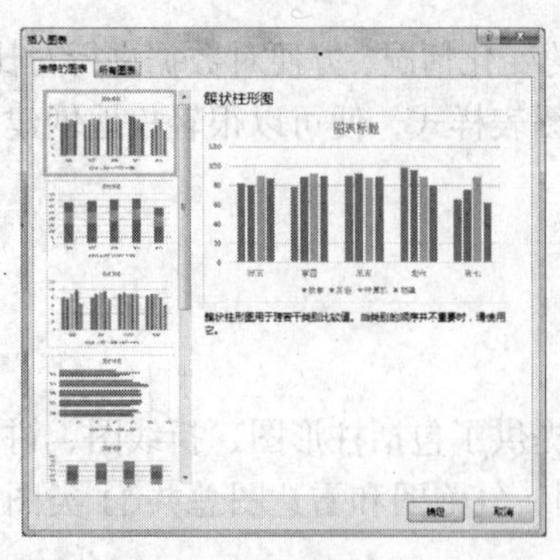

图 4.51 图表库

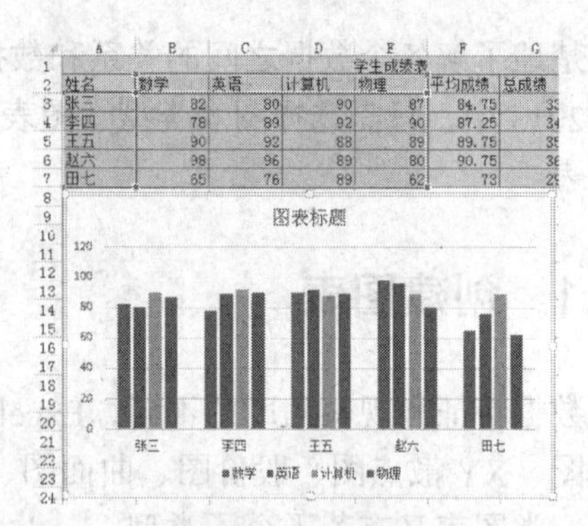

图 4.52 创建图表

4.6.2 图表的编辑

单击选中已经创建的图表，在 Excel 2013 窗口原来选项卡的位置右侧同时增加了“图表工具”选项卡，并提供了“设计”、“布局”和“格式”选项卡，以方便对图表进行更多的设置与美化。

1. 设置图表“设计”选项

单击图表，工具栏出现【图表工具设计】选择卡，如图 4.53 所示。

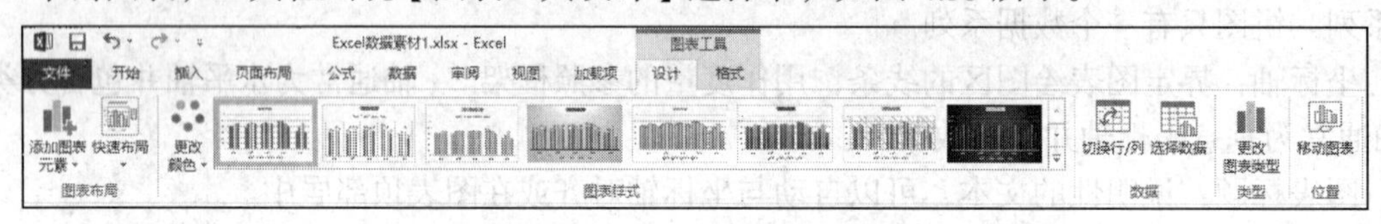

图 4.53 图表工具“设计”选项卡

（1）图表的数据编辑

在【设计】选项卡的“数据”标签中，单击“选择数据”按钮，出现“选择数据源”对话框，可以实现对图表引用数据的添加、编辑、删除等操作，如图 4.54 所示。

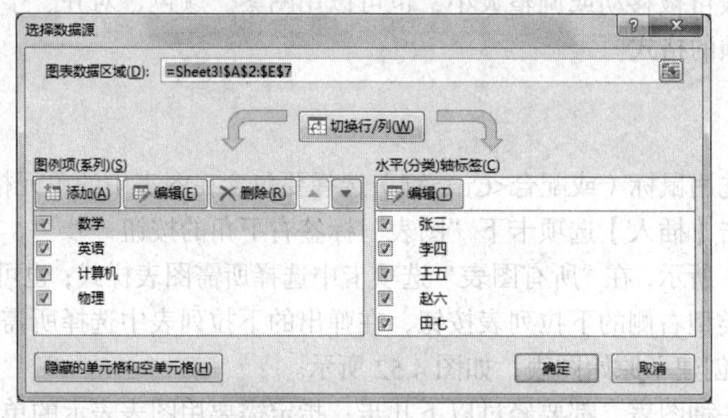

图 4.54 “选择数据源”对话框

（2）数据行/列之间快速切换

在【设计】选项卡上的“数据”标签中，单击“切换行/列” 按钮，则可以在工作表行或从工作表列绘制图表中的数据系列之间进行快速切换。

（3）选择放置图表的位置

在【设计】选项卡上的“位置”标签中，单击“移动图表”，出现“移动图表”对话框，在“选择放置图表的位置”时，可以选择“新工作表”，将图表重新创建于新建工作表中，也可以选择“对象位于”将图表直接嵌入到原工作表中，如图 4.55 所示。

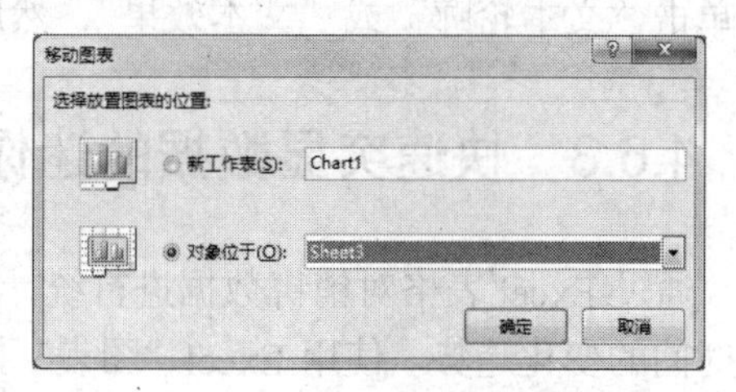

图 4.55 “移动图表”对话框

（4）图表类型与样式的快速改换

在【设计】选项卡上的“类型”标签中，单击“更改图表类型”按钮，重新选定所需类型。

对已经选定的图标类型，在【设计】选项卡上的“图表样式”标签中，可以重新选定所需图表样式。

2. 设置图表“布局”选项

单击图表，在【图表工具设计】选项卡下的“图表布局”标签中单击“添加图表元素”，打开快捷菜单，如图 4.56 所示。

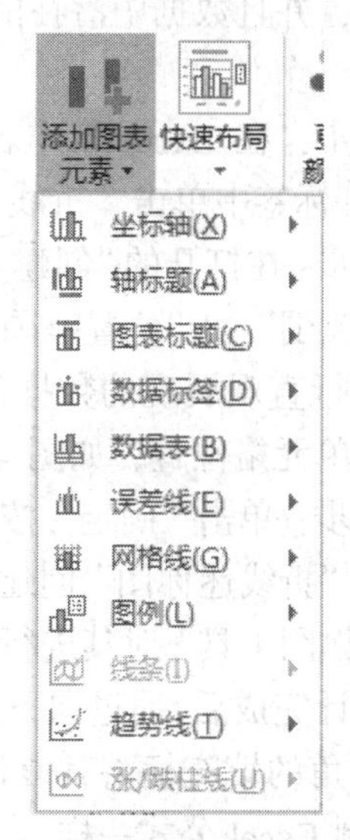

图 4.56 “添加图表元素”快捷菜单

设置图表标题：单击快捷菜单中的“图表标题”，在弹出的菜单中单击“图表上方”，在图表中自动生成默认的图表标题，输入标题文本内容，再在图表标题上单击鼠标右键，在弹出的快捷菜单中选择“字体”设置标题的字体、字号、颜色、位置等。

设置坐标轴标题：单击快捷菜单中的“轴标题”，在弹出的菜单中分别单击“主要横坐标轴”、“主要纵坐标轴标题”，输入坐标轴的标题，格式设置与图表标题类似。

利用此快捷菜单，还可为图表添加、删除或放置图表图例、数据标签、数据表。

3. 设置图表元素“格式”选项

选择【图表工具格式】选项卡，在“当前选择内容”标签中，单击“图表区”框旁边的箭头，然后选择要设置格式的图表元素。【图表工具格式】选项卡如图 4.57 所示。

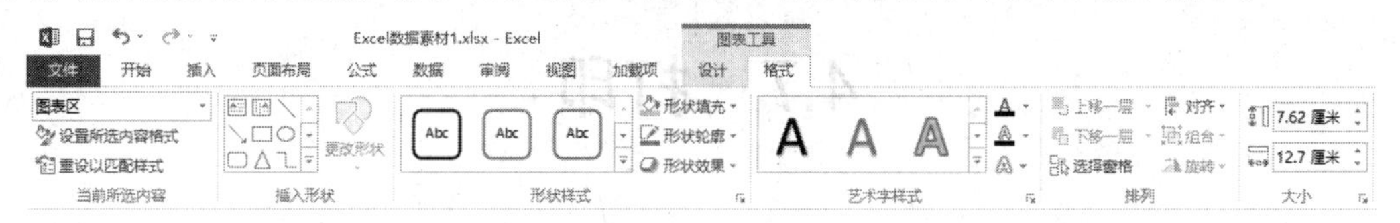

图 4.57 图表工具“格式”选项卡

若要为所选图表元素的形状设置格式，请在“形状样式”标签中单击需要的样式，或者单击“形状填充”、“形状轮廓”或“形状效果”，然后选择需要的格式选项。若要通过使用“艺术字”为所选图表元素中的文本设置格式，请在“艺术字样式”标签中单击需要的样式，或者单击“文本轮廓”或“文本效果”，然后选择需要的格式选项。

4.6.3 快速突显数据的迷你图

通过 Excel 表格对销售数据进行统计分析后发现，仅通过普通的数字，很难发现销售数据随时间的变化趋势。使用 Excel“图表”插入普通的“折线图”后，发现互相交错的折线也很难清晰地展现每个产品的销量变化趋势。Excel 2013 提供了“迷你图”功能，利用它，仅在一个单元格中便可绘制出简洁、漂亮的小图表，并且数据中潜在的价值信息也可以醒目地呈现在屏幕之上。

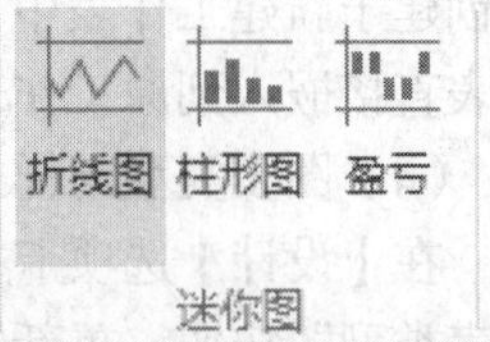

折线图 柱形图 盈亏

迷你图

图 4.58 “迷你图”标签

第一步：在 Excel 工作表中，切换到【插入】选项卡，并在“迷你图”标签中单击“折线图”按钮，如图 4.58 所示。

第二步：在打开的“创建迷你图”对话框中，在“数据范围”和“位置范围”文本框中分别设置需要进行直观展现的数据范围和用来放置图表的目标单元格位置，如图 4.59 所示。

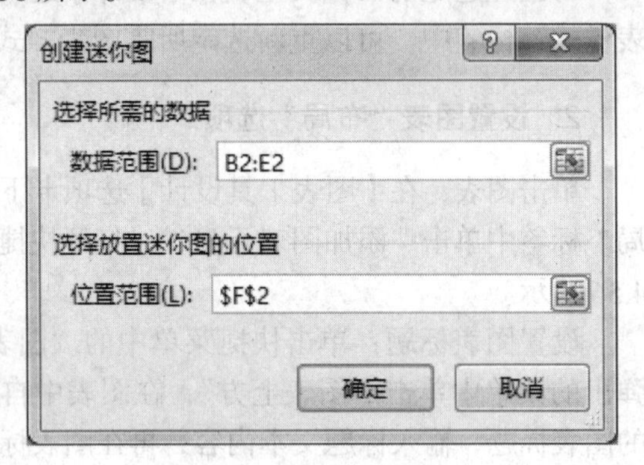

图 4.59 创建“迷你图”

第三步：单击“确定”按钮关闭对话框，一个简洁的“折线迷你图”创建成功。可以进一步使用“迷你图工具”对其进行美化，一个精美的迷你图设计完成后，通过向下拖动迷你图所在单元格右下角的填充柄将其复制到其他单元格中（就像复制 Excel 公式一样），从而快速创建一组迷你图，折线迷你图效果如图 4.60 所示。

	A	B	C	D	E	F
1	品名	第一季度	第二季度	第三季度	第四季度	销售趋势
2	跑步机	59	275	0	2	
3	微波炉	24	38	69	0	
4	液晶电视	72	390	0	24	
5	显示器	24	157	141	118	

图 4.60 “迷你图”效果

4.7 打印

4.7.1 页面布局设置

在 Excel 2013 用户界面中，可以通过【页面布局】选项卡的各功能组页面设置命令，对页面布局效果进行快速设置，如图 4.61 所示。

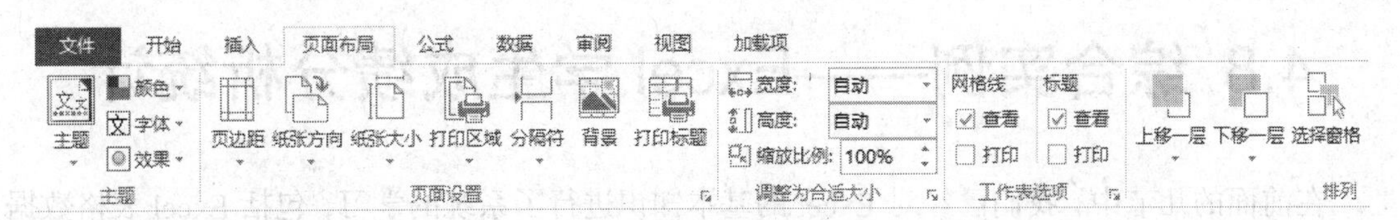

图 4.61 “页面布局”选项卡

单击【页面布局】选项卡“页面设置”标签右下角的按钮“ ”，出现“页面设置”对话框。在“页面设置”对话框中可以对“页面”、“页边距”、“页眉/页脚”或“工作表”选项进行更详细的设置。

4.7.2 打印预览

打印预览有助于避免多次打印尝试和在打印输出中出现截断的数据。

1. 在打印前预览工作表页

在打印前，单击要预览的工作表。单击【文件】选项卡中的“打印”，在视图最右侧的窗口出现了工作表的预览模式。若选择了多个工作表，或者一个工作表含有多页数据时，预览窗口的状态栏上出现页码状态，用户可通过单击向左箭头或向右箭头来预览下一页或上一页。

单击“显示边距”按钮，会在“打印预览”窗口中显示页边距，要更改页边距，可将页边距拖至所需的高度和宽度。还可以通过拖动打印预览页顶部的控点来更改列宽。

2. 利用“分页预览”视图调整分页符

分页符是为了便于打印，将一张工作表分隔为多页的分隔符。在“分页预览”视图中可以轻松地实现添加、删除或移动分页符。手动插入的分页符以实线显示。虚线指示 Excel 自动分页的位置。

3. 利用“页面布局”视图对页面进行微调

打印包含大量数据或图表的 Excel 工作表之前，可以在【视图】选项卡“工作簿视图”标签中的“页面布局”视图中快速对其进行微调，使工作表达到专业水准。在此视图中，可以如同在“普通”视图中那样更改数据的布局和格式。此外，还可以使用标尺测量数据的宽度和高度，更改页面方向，添加或更改页眉和页脚，设置打印边距，隐藏或显示行标题与列标题以及将图表或形状等各种对象准确放置在所需的位置。

4.7.3 打印设置

选择相应的选项来打印选定区域、活动工作表、多个工作表或整个工作簿，请单击【文件】选项卡中的“打印”命令。

若要连同其行标题和列标题一起打印的工作表，则需要单击窗口中间打印功能区右下角的“页面设置”，在打开对话框的“工作表”选项卡中设置。

4.8 综合实例——Excel 学生成绩分析统计

在前面的几节中，我们已经对 Excel 的基本知识进行了系统的学习，包括 Excel 表格数据的输入、格式的设置、数据的计算（函数和公式）方法、数据分析（排序、筛选和分类汇总）和数据的可视化表现（图表的应用）。本小节我们将通过一个综合实例——学生成绩分析统计来加深大家对这些基本应用的了解。我们将通过以下九个步骤来完成这一实例。

4.8.1 建立表格

表格包含“学号、姓名、数学、英语、计算机、参谋业务、总分、平均分”等 8 列，表头输入完成之后对数据列表进行格式化操作，将第一列“学号”列设置为文本，将所有成绩列设为保留一位小数位的数值；适当加大行高列宽，改变字体、字号，设置对齐方式，增加边框使工作表更加清晰美观。新建的成绩表如图 4.62 所示。

图 4.62 新建的成绩表

4.8.2 设置数据验证规则和条件格式

1. 设置数据验证规则

在 Excel 中，我们可以约束某个区域只能输入某些值，这些值可以是固定的序列，也可以是某些单元格，当输入值不符合规则时会显示出错提示。

本例中的学生成绩只能是-1 ~ 100 之间（通常-1 指的是缺考或缓考等异常情况，实际上分数是 0 ~ 100），设置数据验证的方法是：首先选择要设置规则的区域 C3：F53，选中“数据”选项卡，指向如图 4.63 所示的“数据工具”组中的“数据验证”。

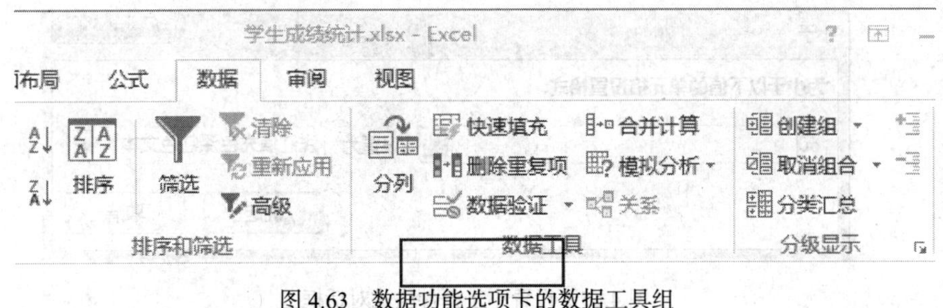

图 4.63　数据功能选项卡的数据工具组

单击后在列表中选择“数据验证”，打开数据验证对话框，在设置选项卡中的验证条件中“允许”整数，“数据”介于“最小值”0 和“最大值”100 之间，设置结果如图 4.64 所示。

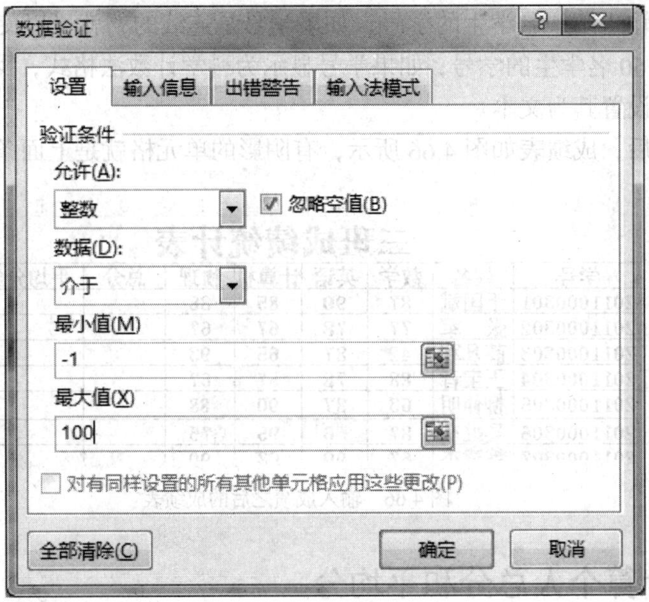

图 4.64　数据验证对话框

在输入信息选项卡里，可以设置输入提示信息，在出错警告选项卡里可以设置输入值不符合验证条件时的出错提示信息。设置好之后单击确定。之后当你在成绩单元格输入小于–1 或大于 100 的数值时，将会提示出错信息，这些单元格将只能输入–1~100 之间的数值。

2．设置条件格式

条件格式是当符合某种条件时以所设置的显示格式。

本例中通过条件格式的设置使得学生成绩小于 60 分成绩以红色显示。

方法：选中 C3:F53 区域，在“开始”功能选项卡的“样式”组中单击“条件格式”下方的下箭头，在弹出的列表中指向“突出显示单元格规则”，再指向“小于...”，单击打开如图 4.65 所示的“小于”对话框，在左边文本框中输入“60”，右边下拉列表框中选中“浅红填充色深红文本”，单击确定之后输入成绩的区域都显示浅红色，因为此时的成绩都小于 60。

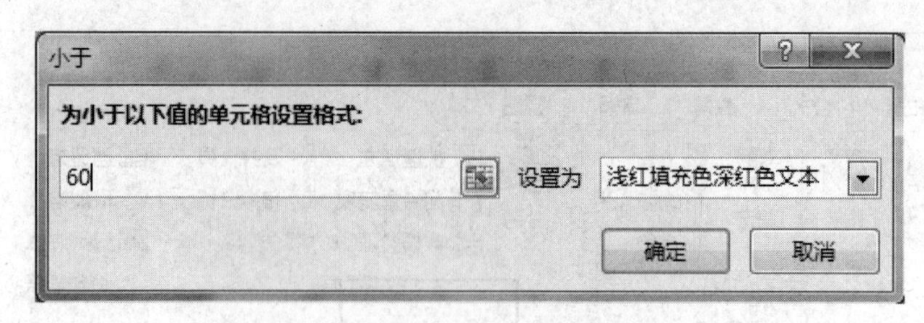

图 4.65　设置小于条件格式对话框

4.8.3　输入学号、姓名、各科成绩

输入学号：输入第一名学生的学号，如果学号是连续的，就可以使用前面学过的自动填充来输入接下来 50 名学生的学号，如果学号显示为科学计数法格式，我们可以在开始功能选项卡的数字组中设置其为文本。

输入完成之后，成绩表如图 4.66 所示，有阴影的单元格就是上面条件格式设置的结果。

	A	B	C	D	E	F	G	H	I
1	三班成绩统计表								
2	学号	姓名	数学	英语	计算机	物理	总分	平均分	名次
3	2011000301	于国斌	87	90	85	88			
4	2011000302	张　军	77	78	67	67			
5	2011000303	薛凡军	42	87	65	93			
6	2011000304	王宝音	88	78	57	67			
7	2011000305	柳仲明	63	87	90	88			
8	2011000306	吴继东	87	56	95	75			
9	2011000307	魏建木	67	90	67	90			

图 4.66　输入成绩之后的成绩表

4.8.4　计算个人总分和平均分

1．算总分

选中 G3 单元格，单击“开始”功能选项卡的“编辑”组中左上角“自动求和”按钮，工作表区域中如图 4.67 所示，按回车键之后得到第一名学生的总分。通过“自动填充”算出其他学生的总分。

SUM　=SUM(C3:F3)

	A	B	C	D	E	F	G	H	I
1	三班成绩统计表								
2	学号	姓名	数学	英语	计算机	物理	总分	平均分	名次
3	2011000301	于国斌	87	90	85		=SUM(C3:F3)		
4	2011000324	薛庆昌	97	86	79	86	SUM(number1, [number2], ...)		
5	2011000345	徐信忠	78	97	89	83			
6	2011000308	柳燕	78	87	90	88			

图 4.67　计算个人总分

2. 算平均分

选中 H3 单元格，单击在“开始”功能选项卡的“编辑”组中左上角“自动求和”按钮右边的下箭头，在弹出的列表中选择“平均值”，工作表区域中如图 4.68 所示，重新选择求平均的单元格区域为“C3:E3”，按回车键之后得到第一名学生的平均分。通过“自动填充”算出其他学生的平均分。

C3　=AVERAGE(C3:F3)

	A	B	C	D	E	F	G	H	I
1	三班成绩统计表								
2	学号	姓名	数学	英语	计算机	物理	总分	平均分	名次
3	2011000301	于国斌	87	90	85	88	=AVERAGE(C3:F3)		
4	2011000324	薛庆昌	97	86	79	86	34[illegible] AVERAGE(number1, [number2], ...)		
5	2011000345	徐信忠	78	97	89	83	347		

图 4.68　计算个人平均分

算平均分还可以通过公式“=G3/3”得到，另外如果想使平均分更精确，可以使用“开始”功能选项卡“数字”组中的“增加小数位数”工具按钮来增加小数位数。

4.8.5　根据个人总成绩排名次

排名次是成绩统计当中经常要做的一项工作，Excel 提供的排序函数是 RANK（number，ref，[order]），此函数的功能是返回一个数字（参数 number）在数字列表（参数 ref）中的排位。

选中“I3”单元格，输入“=rank（H3,h3:$ H$53）”，按回车键后得到第一名学生的排位。这里请注意，公式中的数字列表必须绝对引用，向下自动填充得到所有学生的排位，如图 4.69 左图所示。

总分	平均分	名次
350	87.5	1
348	87.0	2
347	86.8	3
343	85.8	4
341	85.3	5
337	84.3	6
334	83.5	7

总分	平均分	名次
350	87.5	1
348	87.0	2
347	86.8	3
343	85.8	4
341	85.3	5
337	84.3	6
334	83.5	7

图 4.69　计算个人总分

如果觉得这样的排位很乱，我们可以选中“I3:I53”，选择“数据”功能选项卡，在“排序和筛选”组中单击“升序”按钮，在弹出的对话框中选择扩展选定区域，单击对话框的“排序”按钮之后得到如图 4.69 右图所示的排序结果。

4.8.6 建立课程情况统计表

在表的下方输入课程情况统计表，并设置好格式，如图 4.70 所示。

	A	B	C	D	E
55	课程情况统计				
56		数学	英语	计算机	物理
57	课程总分				
58	课程平均分				
59	总人数				
60	90分以上				
61	80-90				
62	70-80				
63	60-70				
64	60分以下				

图 4.70 课程情况统计表

4.8.7 计算各科总分和平均分及总人数

选中“B57”单元格，在公式编辑栏中输入“=sum(C3:C53)”，按回车键后得到数学总成绩，向右填充得到其他科目的总成绩。

选中“B58”单元格，在公式编辑栏中输入“= C57/C59”，按回车键后得到数学总成绩，向右填充得到其他科目的平均分。

选中“B59”单元格，在公式编辑栏中输入“=count（C3:C53)”，如图 4.71 所示，按回车键后得到总人数，向右填充得到其他科目参加考试人数。

B59　　×　✓　fx　=COUNT(C3:C53)

	A	B	C	D	E
55	课程情况统计				
56		数学	英语	计算机	物理
57	课程总分	3724	4014	4023	4102
58	课程平均分	73.02	78.71	78.88	80.43
59	总	=COUNT(C3:C53)			
60	90分以上	COUNT(value1, [value2], ...)			14

4.71 统计总人数

当有学生缺考或缓考时，如果该学生所在单元格空白，可以使用公式“=counta(C3:C53)”统计非空单元格的个数；如果该学生所在单元格为“-1”，可以使用公式“=countif (C3:C53, “>=0”)”统计分数大于等于 0 的学生人数。

4.8.8 统计各分数段人数

1. 使用 countif()函数来统计人数

用 countif()函数来统计人数，需要给定多个公式，如统计数学 90 分以上的学生人数，选中“B60”单元格，输入“=countif (C3:C53, “>=90”)”，而统计数学 80~90 分的学生个数需要选中“B61”单元格，输入“=countif (C3:C53, “ >=80”)-B60”，这样的方法有些麻烦，效率不高，这里给大家提供一种更好的方法，使用 frequency()函数。

2. 使用 frequency()函数来统计人数

Frequency ()是一个进行频度分析的数组函数，它能让我们用一条数组公式就轻松地统计出各分数段的人数分布。Frequency （data_array,bins_array）计算数值在各个区域内的出现频率，然后返回一个垂直数组。参数 Data_array 是一个数组或对一组数值的引用，你要为它计算频率。Bins_array 是一个区间数组或对区间的引用，该区间用于对 data_array 中的数值进行分组。如果 bins_array 中不包含任何数值，函数 Frequency 返回的值与 data_array 中的元素个数相等。

选中“B60:B64”单元格区域，输入“=frequency（c3:c53,{100,89,79,69,59}）”，如图 4.72 所示，输入好之后按下“ctrl+shift+enter”执行数组公式，数学课的各分数段人数计算完毕。

SUM | =FREQUENCY(C3:C53,{100,89,79,69,59})

	A	B	C	D	E	F	G	H
55	课程情况统计							
56		数学	英语	计算机	物理			
57	课程总分	3724	4014	4023	4102			
58	课程平均分	73.02	78.71	78.88	80.43			
59	总人数	51	51	51	51			
60	90分以上	,59})						
61	80-90							
62	70-80							
63	60-70							
64	60分以下							

图 4.72　使用统计频度函数统计各分数段人数

自动向右填充得到所有科目的各分数段人数，结果如图 4.73 所示。

B60 | {=FREQUENCY(C3:C53,{100,89,79,69,59})}

	A	B	C	D	E	F	G	H
55	课程情况统计							
56		数学	英语	计算机	物理			
57	课程总分	3724	4014	4023	4102			
58	课程平均分	73.02	78.71	78.88	80.43			
59	总人数	51	51	51	51			
60	90分以上	3	6	9	14			
61	80-90	6	17	16	14			
62	70-80	24	16	11	9			
63	60-70	13	9	11	11			
64	60分以下	5	3	4	3			

图 4.73　各科各分数段人数统计结果

4.8.9　以图表表示结果

通过图表我们可以非常直观地看到数据的高低变化情况，所以需要的情况下可以用图表来展示成绩。

本例我们用柱形图显示数学各分数段人数，操作方法：首先选中“A60:B64”，接着选择

“插入”功能选项卡，指向“图表”组中的“推荐的图表”，打开插入图表对话框，可以看到推荐的图表有柱形图、饼图、条形图，并且有推荐图表的预览，选择合适的图表后单击插入，本例选择簇状柱形图，单击插入之后得到如图 4.74 所示的图表。

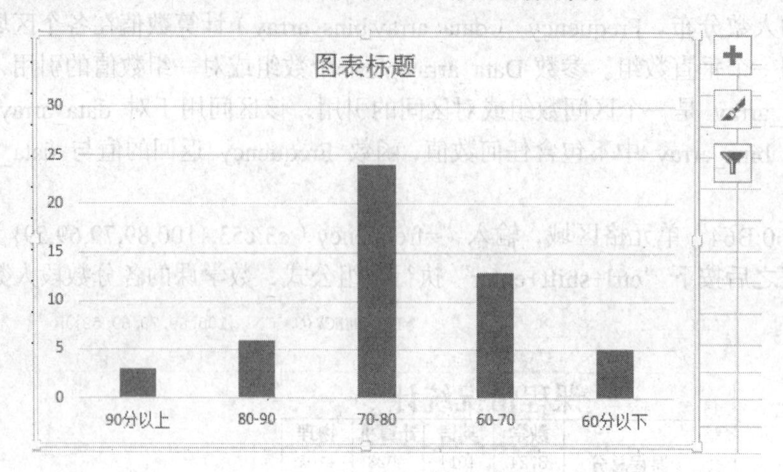

图 4.74　数学各分数段人数图表

选中“图表标题”，把它改为“数学各分数段人数”。

这时，在功能选项卡有针对当前图表对象的图表工具功能选项卡，它包含两个选项卡，一个是设计，一个是格式，利用这两个选项卡可以对图表进行更多的设置。

当我们需要在每一个柱形上显示具体个数，可以选中图表，在图表工具的“设计”功能选项卡中进行设置，方法是单击“设计”选项卡，指向“数据布局”组，单击“添加图表元素”按钮下方的箭头，在弹出的列表中指向“数据标签”，再指向下一级弹出列表的“数据标签外”。

如果要显示纵轴标题，仍然是指向“数据布局”组的“添加图表元素”按钮下方的箭头，在弹出的列表中指向“坐标轴标题”，单击下方下箭头，在弹出的列表中指向“轴标题”，再指向下一级弹出列表的“主要纵坐标轴”，此时在图表区的纵轴左边出现“坐标轴标题”文本框，把其中的文字改为“人数”。此时的图表如图 4.75 所示。

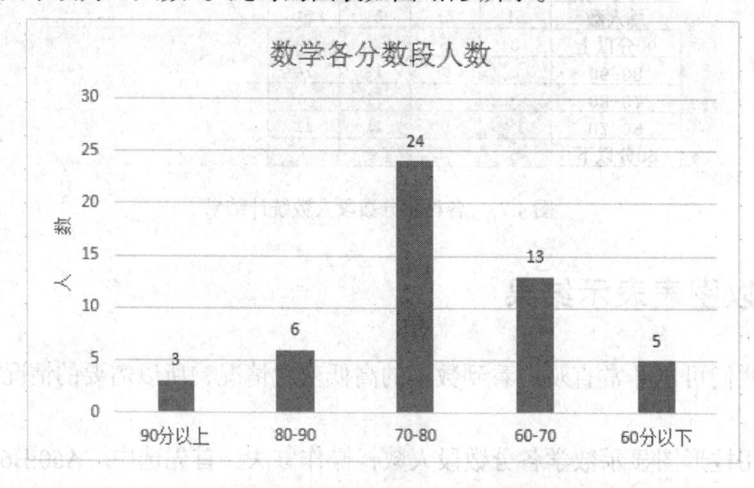

图 4.75　修改之后的数学各分数段人数图表

图表的选项还有很多，在如图 4.76 所示的“设计”选项卡的“图表样式”组中也有一些预设的样式，读者可以根据自己的需要取舍。

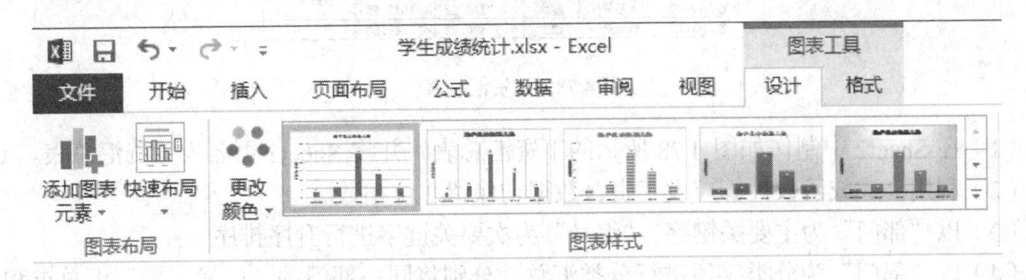

图 4.76　图表工具设计功能选项卡

习　题　4

上机题

1．图 4.77 所示的成绩统计表，上机完成下列操作。

（1）在 Sheet1 中制作如图 4.77 所示的成绩统计表，并将 Sheet1 更名为成绩统计表。

（2）利用公式或函数分别计算平均成绩、总成绩、名次。

（3）统计各科平均成绩及不及格人数、各科最高分、优秀的比例（平均成绩大于等于 85 分的人数/考生总人数，并以%表示）。

（4）利用条件格式将各科平均成绩不及格的单元格数据变为红色字体。

（5）以“平均成绩”为关键字降序排序。

（6）以表中的“姓名”为水平轴标签，“平均成绩”为垂直序列，制作簇状柱形图， 并将图形放置于成绩统计表下方。

2．图 4.78 所示为工资汇总表，请进行以下统计分析。

	A	B	C	D	E	F	G	H
1	成绩统计表							
2	学号	姓名	数字	计算机	英语	平均成绩	总成绩	名次
3	90203001	李莉	78	92	93			
4	90203002	张斌	58	67	43			
5	90203003	魏娜	91	87	83			
6	90203004	郝仁	68	78	92			
7	90203005	程功	88	56	79			
8	各科与平均成绩不及格人数:							
9	各科与平均成绩最高分:							
10	平均成绩优秀比例:							

图 4.77　成绩统计表

	A	B	C	D	E	F
1	工资汇总表					
2	编号	部门	姓名	基本工资	补助工资	应发工资
3	rs001	人事处	张三	1068.56	680.46	
4	jw001	教务处	李四	2035.38	869.30	
5	jw002	教务处	王五	1625.50	766.65	
6	rs002	人事处	赵六	2310.23	1012.00	
7	jw003	教务处	田七	890.22	640.50	

图 4.78　工资汇总表

（1）在 Sheet2 中制作如图 4.78 所示的工资汇总表，并将 Sheet2 更名为工资汇总表。

（2）利用公式或函数计算应发工资，数据均保留 2 位小数。

（3）以“部门”为主要关键字，“编号”为次要关键字进行升序排序。

（4）以“部门”为分类字段进行分类汇总，分别将同一部门的“应发工资”汇总求和，汇总数据显示在数据下方。

（5）统计所有员工的平均工资。

第五章 演示文稿

本章将介绍 PowerPoint 2013 制作、编辑、放映演示文稿的全过程。通过对本章的学习，可以使学生熟练掌握 PowerPoint 2013 的基本操作，掌握演示文稿的各种设置，能够使用 PowerPoint 2013 制作出包含文字、图形、图像、声音以及视频剪辑等多媒体元素融于一体的演示文稿，并通过设计一个毕业答辩的演示文稿加深对 PowerPoint 2013 的理解。

5.1 创建 PowerPoint 2013 演示文稿

PowerPoint 2013 是 Microsoft 公司推出的 Office 2013 软件包中的一个重要组成部分，是专门用来编制演示文稿的应用软件。利用 PowerPoint 2013 可以制作出集文字、图形以及多媒体对象于一体的演示文稿，并可将演示文稿、彩色幻灯片和投影胶片以动态的形式展现出来。

PowerPoint 2013 的启动、退出和文件的保存与 Word 2013、Excel 2013 的启动、退出和文件的保存方式类似，只是 PowerPoint 2013 生成的文档文件的扩展名是“.pptx”。因此，这些操作的具体方法在此就不详细介绍了。

5.1.1 窗口组成

首次打开 PowerPoint 2013 时，我们将会看到有以下几种方法开始创建：模板、主题、最近打开的文件或空白演示文稿。

- 打开一个最近使用的演示文稿：提供了一个访问最近打开过的演示文稿的简便方式。
- 查找其他文件：通过浏览查找存储在电脑上或者云上的演示文稿及其他文件。
- 从头开始：若要开始一个新的演示文稿，请单击“空白演示文稿”。
- 搜索联机模板和主题：在搜索框中键入关键字以在 Office.com 上查找联机模板和主题。
- 使用特色主题：使用一个内置主题以开始下一个演示文稿。这可以很好地适用于宽屏（16:9）和标准屏幕（4:3）演示文稿。
- 主题变体：当我们选择主题时，PowerPoint 提供了一组变体，例如不同的调色板和字体系列。
- 选择模板类别：单击搜索框下的模板类别以查找部分最受欢迎的 PowerPoint 模板。
- 登录到 Office：登录到 Microsoft 账户并访问我们从任意地方保存到云中的文件。

选择“空白演示文稿”后，将会看到一个如图 5.1 所示的工作界面。

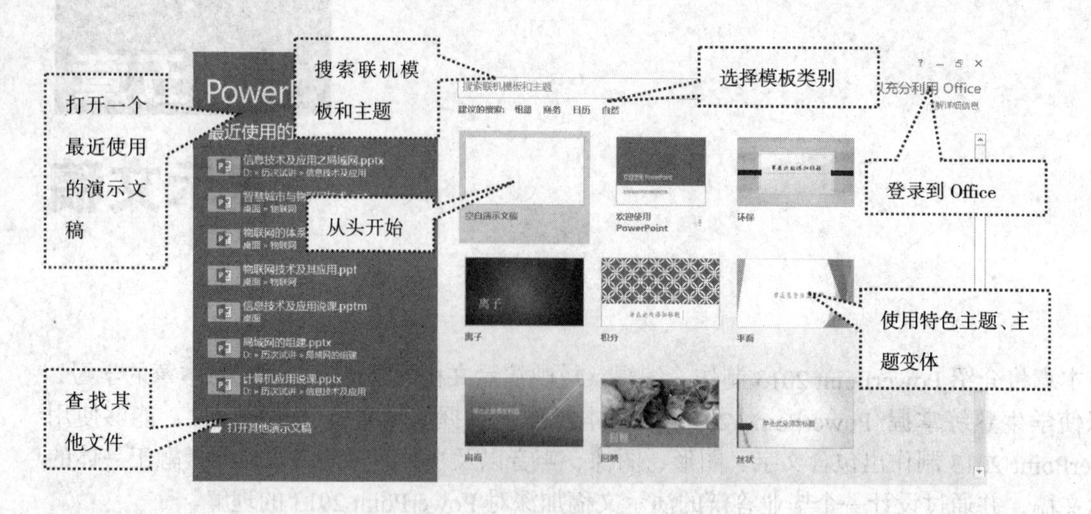

图 5.1　PowerPoint 2013 初始界面

PowerPoint 2013 窗口主要由以下一些部分组成。

1．标题栏。标题栏位于窗口的顶部，显示演示文稿的名称和当前所使用的程序名称"Microsoft PowerPoint"。

2．功能区。功能区中包含了"文件"、"经典菜单"、"开始"、"插入"、"设计"、"切换"、"动画"、"幻灯片放映"、"审阅"、"视图"等选项卡。每一个选项卡下面都由一组命令按钮组成。单击其中一个选项卡，系统会在下方显示相应的命令按钮，若要使用其中的某个命令，可以直接单击它。因此，灵活利用这些命令按钮进行操作，可以大大提高工作效率。

图 5.2　PowerPoint 2013 的窗口

"文件"选项卡："文件"选项卡中包括了当前文档文件的详细信息和"保存"、"打开"、"另存为"等对文件操作的相关命令。

"开始"选项卡："开始"选项卡包括剪贴板、幻灯片、字体、段落、绘图和编辑等相关操作。

"插入"选项卡："插入"选项卡中包含用户想放置在幻灯片上的所有内容，如表格、图像、插图、链接、文本、符号、媒体等相关操作。

"设计"选项卡：通过"设计"选项卡用户可以为幻灯片选择包含页面设置、主题设计、背景设计等相关操作。

“切换”选项卡：“切换”选项卡主要包含对切换到本张幻灯片的设置操作。

“动画”选项卡：“动画”选项卡包含所有动画效果，最易于添加的是列表或图表的基本动画效果等。

“幻灯片放映”选项卡：通过“幻灯片放映”选项卡用户可以选择从哪张幻灯片开始放映、录制旁白以及执行其他准备工作等。

“审阅”选项卡：在“审阅”选项卡上可以找到拼写检查和信息检索服务。用户还可以使用注释来审阅演示文稿，审阅批注等。

“视图”选项卡：通过“视图”选项卡不仅可以快速在各种视图页之间切换，同时还可以调整“显示比例”、控制“颜色/灰度”、拆分窗口等。

由于当前选项卡内无法容纳下所有的命令和选项，只能显示一些最常用的命令，因此，如果用户要使用一个不太常用的命令，可以单击位于选项卡右下角的斜箭头对话框启动器，将会显示更多的选项内容。

如果用户需要更大的窗口空间，可以暂时隐藏功能区。

3．大纲/幻灯片浏览窗格。显示幻灯片文本的大纲或幻灯片的缩略图。单击该窗格左上角的“大纲”标签，可以输入幻灯片的主题，系统将根据这些主题自动生成相应的幻灯片；单击该窗格左上角的“幻灯片”标签，可以查看幻灯片的缩略图，通过缩略图可以快速地找到需要的幻灯片，也可以通过拖动缩略图来调整幻灯片的位置。

4．幻灯片窗格。幻灯片窗格也叫文档窗格，它是编辑文档的工作区域。在本窗格中，可以进行输入文档内容、编辑图像、制定表格、设置对象方式等操作。幻灯片窗格是与 Power Point 交流的主要场所，幻灯片的制作和编辑都在这里完成。

5．备注窗格。位于幻灯片窗格的下方，在此可添加与每张幻灯片内容相关的注释内容。

6．视图模式切换按钮。用于在“普通”视图、“幻灯片浏览”视图、“阅读”视图和“幻灯片放映”视图之间相互切换。

7．状态栏。位于 PowerPoint 2013 窗口的底部，用于显示当前演示文稿的编辑状态，包括视图模式、幻灯片的总页数和当前所在页等。

8．任务窗格。在默认情况下任务窗格位于窗口的右侧。当某些操作项需要具体说明操作内容时，系统会自动打开任务窗格。例如，当需要插入一幅“剪贴画”时，可以单击“插入”选项卡，然后再单击其中的“剪贴画”命令按钮，“剪贴画”任务窗格就会在窗口右侧打开。如果要隐藏打开的任务窗格，可以直接单击任务窗格右上角的“关闭”按钮×。

初次使用 PowerPoint 2013，用户可能不清楚各个选项卡的选项组以及具体选项的作用，此时可以将鼠标指针停放在具体的选项或选项组右下角的斜箭头上，几秒钟后，PowerPoint 2013 将会显示该具体选项或选项组的功能和使用提示。

5.1.2 创建新的演示文稿

启动 PowerPoint 2013 后，用户可以选择用“空白演示文稿”选项来创建新的演示文稿，也可以自行新建，具体操作步骤如下。

单击窗口左上角的“文件”按钮，在弹出的命令项中选择“新建”，系统会显示如图 5.3 所示的“新建演示文稿”对话框。在该对话框中用户可以选择适合的内容来创建空白演示文稿。

图 5.3　“新建演示文稿”对话框

1．可用的模板和主题

（1）空白演示文稿。系统默认的是“空白演示文稿”。这是一个不包含任何内容的空白演示文稿。推荐初学者使用这种方法。

（2）样本模板。选择该项，在对话框中间的列表框中即可显示系统已经做好的模板样式，如都市相册、古典型相册、现代型相册、宣传手册、宽屏演示文稿、项目状态报告等。

（3）主题。单击该项，在对话框中间的列表框中即可显示该主题对应的主题变体，大家可根据喜好需要选择，如图 5.4 所示。

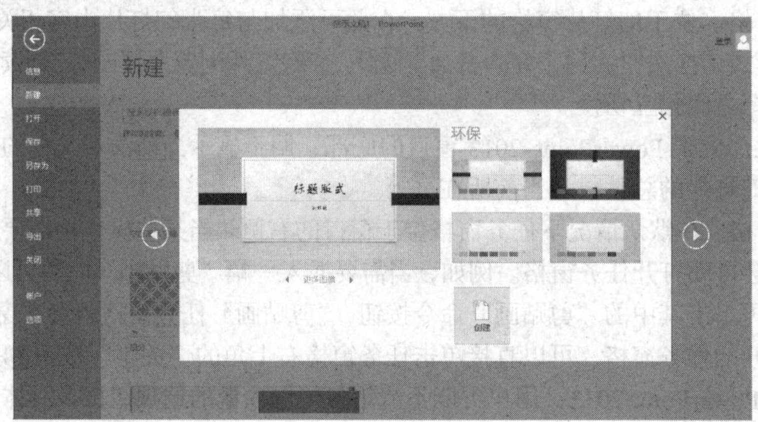

图 5.4　主题变体

（4）根据现有内容新建。单击该项，用户可以通过对话框选择一个已经做好的演示文稿文件作参考。

2．Office.com

在该项中，包括表单表格、日历、贺卡、幻灯片背景、学术、日程表等。单击任意一项，然后从对话框列表中选择一项，将其下载并安装到用户的系统中，当下次再使用时，可以直接单击“创建”按钮。

5.1.3 演示文稿的保存

演示文稿需要保存起来以备后用。用户可以使用下面的方法保存演示文稿。

1．单击“文件”按钮

单击窗口左上角的“文件”按钮，在弹出的界面中选择“保存”命令。

2．通过“快速访问工具栏”

直接单击“快速访问工具栏”中的“保存”按钮。

3．通过键盘

按<Ctrl>+<S>组合键。

类似 Word、Excel，如果演示文稿是第一次保存，则系统会显示“另存为”对话框，由用户选择保存文件的位置和名称（如果演示文稿的第一张幻灯片包含“标题”，那么默认文件名就是该“标题”）。需要注意，PowerPoint 2013 生成的文档文件的默认扩展名是“.pptx”。这是一个非向下兼容的文件类型，也就是说，无法用早期的 PowerPoint 版本打开这种类型的文件。如果希望将演示文稿保存为使用早期的 PowerPoint 版本可以打开的文件，可以通过“文件”按钮，选择其中的“另存为”命令，在“保存类型”下拉列表中选择其中的“PowerPoint 97－2003 演示文稿”选项。

5.1.4 视图方式的切换

PowerPoint 2013 提供了 4 种主要的视图模式，即“普通”视图、“幻灯片浏览”视图、“幻灯片放映”视图和“阅读”视图。

在视图模式之间进行切换可以使用窗口下方的视图模式切换按钮，也可以通过“视图”选项卡中相应的视图模式命令按钮。

1．“普通”视图

“普通”视图是 PowerPoint 2013 默认的工作模式，也是最常用的工作模式。在此视图模式下可以编写或设计演示文稿，也可以同时显示幻灯片、大纲和备注内容。

“普通”视图中有 3 个工作区域，即大纲/幻灯片编辑窗格、演示文稿编辑窗格和备注窗格，可以通过拖动窗格的边框来调整不同窗格的大小。

2．“幻灯片浏览”视图

在“幻灯片浏览”视图中，能够看到整个演示文稿的外观，如图 5.5 所示。

在该视图中可以对演示文稿进行编辑（但不能对单张幻灯片编辑），包括改变幻灯片的背景设计和配色方案、调整幻灯片的顺序、添加或删除幻灯片、复制幻灯片等。另外，还可以使用

“幻灯片浏览”工具栏中的按钮来设置幻灯片的放映时间、选择幻灯片的动画切换方式等。

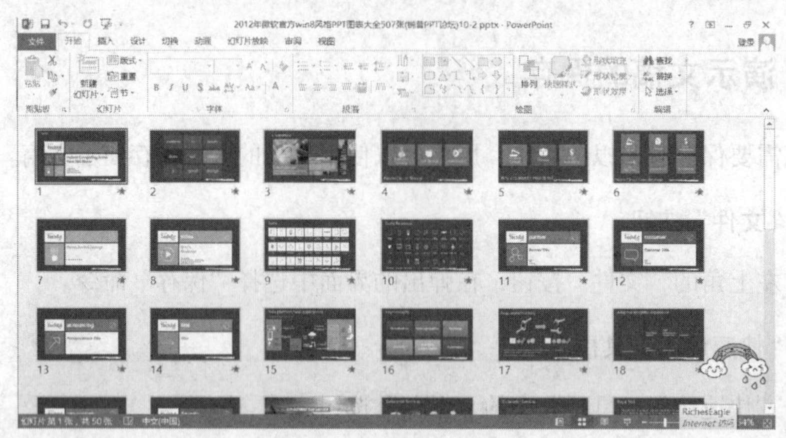

图 5.5 “幻灯片浏览”视图的窗口

3. “幻灯片放映”视图

播放幻灯片的界面叫“幻灯片放映”视图。如果单击了“幻灯片放映”选项卡中的“从头开始”命令按钮（或者按下<F5>键），无论当前幻灯片的位置在哪里，都将从第一张幻灯片开始播放。如果单击了“幻灯片放映”选项卡中的“从当前幻灯片开始”命令按钮（或者单击状态栏右侧的“幻灯片放映”视图按钮），幻灯片就会从当前开始播放。幻灯片放映视图将占据整个计算机屏幕。在播放的过程中，单击鼠标可以换页，也可以按<Enter>键、空格键等。按<Esc>键可以退出“幻灯片放映”视图。或者通过单击右键，在弹出的快捷菜单中选择“结束放映”来退出“幻灯片放映”视图。

4. “阅读”视图

选择“视图”选项卡中的“阅读”命令按钮，即可切换到备注页视图中，如图 5.6 所示。备注页方框会出现在幻灯片图片的下方，用户可以用来添加与每张幻灯片内容相关的备注，备注一般包含演讲者在讲演时所需的一些提示重点。

图 5.6 幻灯片“阅读”视图的窗口

5.2 PowerPoint 2013 演示文稿的设置

5.2.1 编辑幻灯片

1. 输入文本

在幻灯片中添加文字的方法有很多，最简单的方式就是直接将文本输入到幻灯片的占位符和文本框中。

（1）在占位符中输入文本

占位符就是一种带有虚线或阴影线的边框。在这些边框内可以放置标题、正文、图表、表格、图片等对象。

当创建一个空演示文稿时，系统会自动插入一张“标题幻灯片”。在该幻灯片中，共有两个虚线框，这两个虚线框就是占位符，占位符中显示“单击此处添加标题”和“单击此处添加副标题”的字样。将光标移至占位符中，单击即可输入文字。

（2）使用文本框输入文本

如果要在占位符之外的其他位置输入文本，可以在幻灯片中插入文本框。

单击“插入”选项卡，选择其中的“文本框”命令，在幻灯片的适当位置拖出文本框的位置，此时就可在文本框的插入点处输入文本了。在选择文本框时默认的是“横排文本框”，如果此时需要的是“竖排文本框”，可以单击“文本框”命令的下拉按钮，然后进行选择。

将鼠标指针指向文本框的边框，按住鼠标左键可以移动文本框到任意位置。

另外，涉及文本的操作还包括自选图形和艺术字中的文本。

在 PowerPoint 中涉及对文字的复制、粘贴、删除、移动的操作和对文字字体、字号、颜色等的设置，以及对段落的格式设置等操作，均与 Word 中的相关操作类似，在此就不详细叙述了，请读者同 Word 中的相关操作进行比较，掌握其操作方法。

2. 插入幻灯片

在“普通”视图或者“幻灯片浏览”视图中均可以插入空白幻灯片。可以有以下 4 种方法实现该操作。

方法一：单击“开始”选项卡，再单击其中的“新建幻灯片”命令按钮。

方法二：在“大纲/幻灯片浏览窗格”中选中一张幻灯片，按<Enter>键。

方法三：按<Ctrl>+<M>组合键。

方法四：在“大纲/幻灯片浏览窗格”中单击鼠标右键，在弹出的快捷菜单中选择“新建幻灯片”命令。

3. 幻灯片的复制、移动和删除

在 PowerPoint 中对幻灯片的复制、移动、删除等操作均与 Word 中对文本对象的相关操作类似，在此就不详细叙述了，请读者同 Word 中的相关操作进行比较，掌握其操作方法。

5.2.2 编辑图片、图形

演示文稿中只有文字信息是远远不够的。在 PowerPoint 2013 中，用户可以插入剪贴画和图片，并且可以利用系统提供的绘图工具，绘制自己需要的简单图形对象。另外，用户还可以对插入的图片进行修改。

1. 编辑“剪贴画”

Office 剪辑库自带了大量的剪贴画，其中包括人物、植物、动物、建筑物、背景、标志、保健、科学、工具、旅游、农业及形状等图形类别。用户可以直接将这些剪贴画插入到演示文稿中。

（1）插入“剪贴画”

单击“插入”选项卡，再单击“联机图片”命令按钮，在弹出的对话框中，如图 5.7 所示，输入关键字“人物”，单击搜索，即可看到剪贴画搜索结果界面。这一过程需要连接互联网实现。

图 5.7　剪贴画搜索界面

单击一幅剪贴画，就可以将其插入到幻灯片中，如图 5.8 所示。利用“图片工具”可以对插入的剪贴画或图片进行编辑，如改变图片的大小和位置、剪裁图片、改变图片的对比度和颜色等。

图 5.8　插入剪贴画

（2）编辑“剪贴画”

在幻灯片上插入一幅剪贴画后，一般都要对其进行编辑。对图片所作的编辑，大都通过图片的“尺寸控制点”和“图片工具”的“格式”选项卡中的命令按钮来进行。

当剪贴画在幻灯片上的位置不合适的时候，将鼠标指向剪贴画，可以将剪贴画拖动到指定位置，可以用鼠标拖动剪贴画的尺寸控制点以改变剪贴画的大小。如果需要精确调整剪贴画的“大小和位置”，可以通过单击“格式”选项卡中的“大小”选项组右下角的箭头，打开“大小和位置”对话框进行设定。

当只需要剪贴画中的某个部分时，可以通过“剪裁”命令处理。单击“格式”选项卡中的“剪裁”命令按钮以后，鼠标和剪贴画中尺寸控制点的样式均会发生改变。当用鼠标通过某个剪贴画尺寸控制点向内拖动鼠标时，线框以外的部分将被剪去，如图 5.9 所示。

图 5.9　图片的“剪裁”

当在幻灯片上插入了多幅剪贴画后，根据需要可能要调整剪贴画的层次位置。单击需要调整层次关系的剪贴画，选择“格式”选项卡中“排列”选项组中的相关命令按钮可以对剪贴画的层次关系进行调整。

2. 编辑来自文件的图片

在“插入”选项卡中单击“图片”命令按钮，系统会显示“插入图片”对话框。选择所需图片后，单击“插入”按钮，可以将文件插入到幻灯片中。

对图片的位置、大小尺寸、层次关系等的处理类似于对剪贴画的处理，在此就不详细叙述了，界面如图 5.10 所示。

图 5.10　编辑图片

3．编辑自选图形

在“插入”选项卡的“插图”中选择“形状”命令按钮，系统会显示自选图形对话框，其中包括线条、矩形、基本形状、箭头总汇、公式形状、流程图、星与旗帜、标注、动作按钮等。单击选择所需图片，然后在幻灯片中拖出所选形状。

对自选图形的位置、层次关系等的处理类似于对剪贴画的处理，在此就不详细叙述了。

4．编辑 SmartArt 图形

在“插入”选项卡的“插图”中选择“SmartArt”命令按钮，系统会显示“选择 SmartArt 图形”对话框，如图 5.11 所示。用户可以在列表、流程、循环、层次结构、关系、矩阵、棱锥图等中选择。单击选择所需图形，然后根据提示输入图形中所需的必要文字，如图 5.12 所示。如果需要对加入的“SmartArt”图形进行编辑，还可以通过“SmartArt 工具”的“设计”选项卡中的相应命令进行操作。

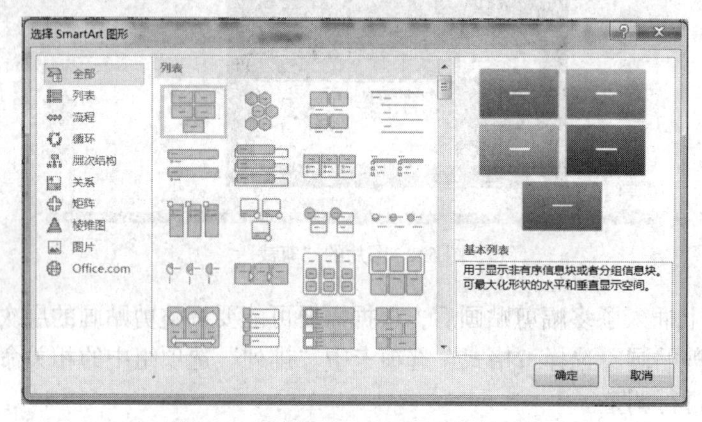

图 5.11 “选择 SmartArt 图形”对话框

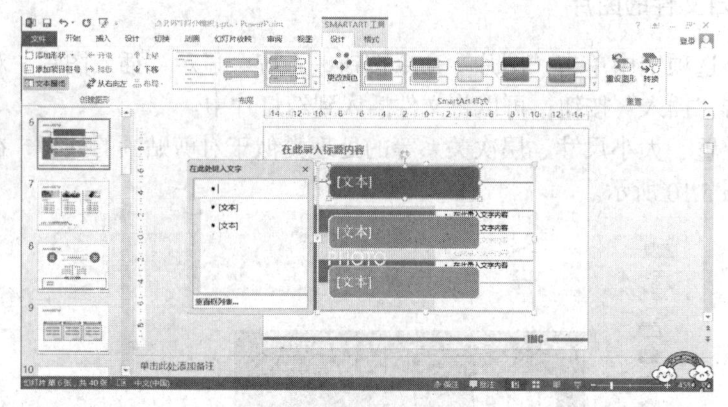

图 5.12 编辑“SmartArt”图形

5．编辑图表

图表具有较好的视觉效果，当演示文稿中需要用数据说明问题时，往往用图表显示更为直观。利用 PowerPoint 2013 可以制作出常用的图表形式，包括二维图表和三维图表。在

PowerPoint 2013 中可以链接或嵌入 Excel 文件中的图表，并可以在 PowerPoint 2013 提供的数据表窗口中进行修改和编辑。

在“插入”选项卡的“插图”中选择“图表”命令按钮，系统会显示一个类似 Excel 编辑环境的界面，用户可以使用类似 Excel 中的操作方法编辑处理相关图表。

6．编辑艺术字

艺术字就是以普通文字为基础，经过一系列的加工，使输出的文字具有阴影、形状、色彩等艺术效果。但艺术字是一种图形对象，它具有图形的属性，不具备文本的属性。

在“插入”选项卡的“插图”中选择“艺术字”命令按钮，系统会显示艺术字形状选择框，如图 5.13 所示。单击选择所需的艺术字类型，可以在弹出的“绘图工具”的“格式”选项卡中选择适当的工具对艺术字进行编辑。

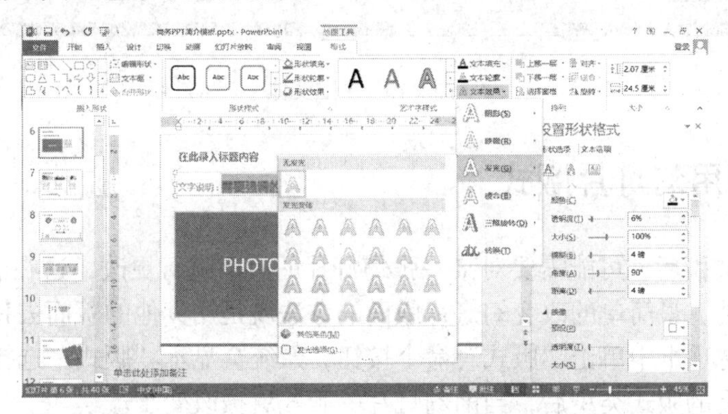

图 5.13　对艺术字进行形状格式设置

5.2.3　应用幻灯片主题

为了改变演示文稿的外观，最容易、最快捷的方法就是应用另一种主题。PowerPoint 2013 提供了几十种专业模板，它可以快速地帮助生成完美动人的演示文稿。

单击“设计”选项卡，会在“主题”中看到系统提供的部分主题，如图 5.14 所示。当鼠标指向一种模板时，幻灯片窗格中的幻灯片就会以这种模板的样式改变，当选择一种模板单击后，该模板才会被应用到整个演示文稿中。

图 5.14　主题模板选择框

除此以外，PowerPoint 2013 还为每种主题模板准备了多种变体，可在选择主题模板后进一步进行风格选择，效果如图 5.15 所示。

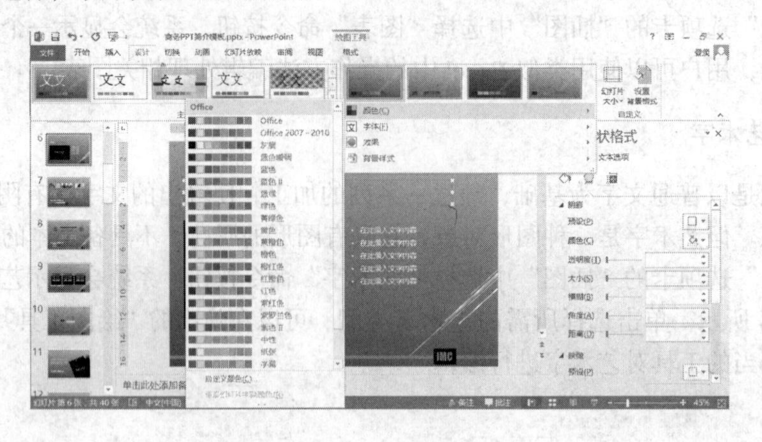

图 5.15　主题变体

5.2.4　应用幻灯片版式

当创建演示文稿后，可能需要对某一张幻灯片的版面进行更改，这在演示文稿的编辑中是比较常见的事情，最简单的改变幻灯片版面的方法就是用其他的版面去替代它。

在“开始”选项卡中单击“版式”命令按钮，系统会显示“版式”选择框，如图 5.16 所示。单击选择所需的版式类型后，当前幻灯片的版式就被改变了。

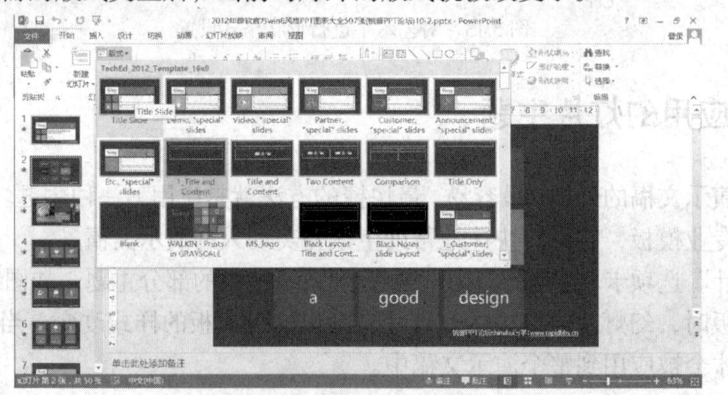

图 5.16　版式选择

5.2.5　使用母版

PowerPoint 2013 提供了 3 种母版，即幻灯片母版、讲义母版和备注母版，利用它们可以分别控制演示文稿的每一个主要部分的外观和格式。

1. 幻灯片母版

幻灯片母版是一张包含格式占位符的幻灯片，这些占位符是为标题、主要文本和所有幻灯片中出现的背景项目而设置的。用户可以在幻灯片母版上为所有幻灯片设置默认版式和格式。换句话说，也就是如果更改幻灯片母版，会影响所有基于幻灯片母版的演示文稿幻灯片。在幻灯片母版视图下，可以设置每张幻灯片上都要出现的文字或图案，如公司的名称、徽标等。

在“视图”选项卡中单击“幻灯片母版”命令按钮，系统会在幻灯片窗格中显示幻灯片母版样式。此时用户可以改变标题的版式，设置标题的字体、字号、字形、对齐方式等，用同样的方法可以设置其他文本的样式。用户也可以通过“插入”选项卡将对象（例如，剪贴画、图表、艺术字等）添加到幻灯片母版上。例如，在幻灯片母版上加入一张剪贴画，如图 5.17 所示。单击“幻灯片母版”选项卡中的“关闭母版视图”按钮。在切换到幻灯片浏览视图以后，幻灯片母版上插入的剪贴画在所有的幻灯片上就都出现了，如图 5.18 所示。

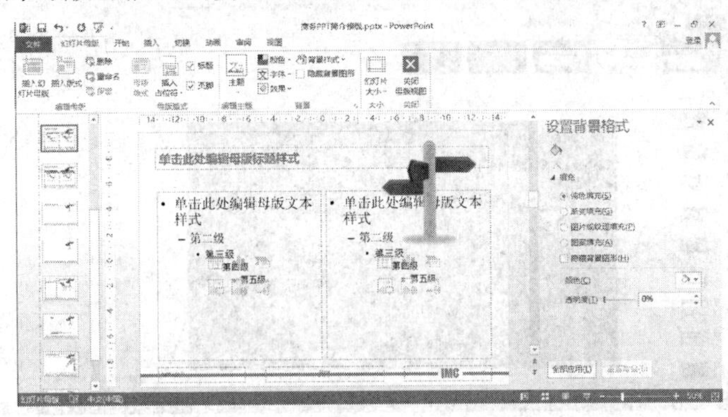

图 5.17　编辑幻灯片母版

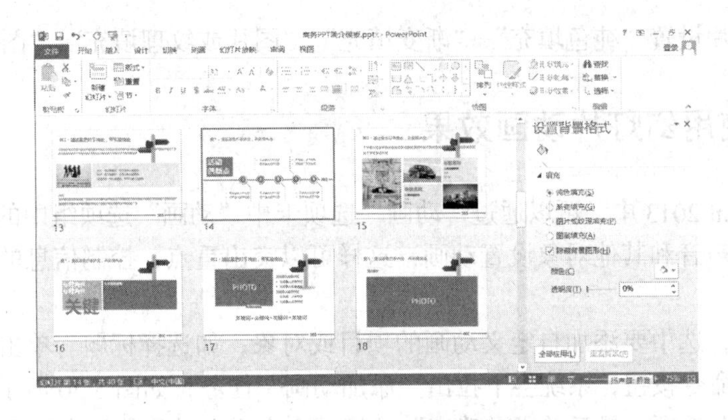

图 5.18　幻灯片母版改变后的效果

2．讲义母版

讲义是演示文稿的打印版本，为了在打印出来的讲义中留有足够的注释空间，可以设定在每一页中打印幻灯片的数量。也就是说，讲义母版用于编排讲义的格式，它还包括设置页眉页脚、占位符格式等。

3．备注母版

备注母版主要控制备注页的格式。备注页是用户输入的对幻灯片的注释内容，利用备注母版，可以控制备注页中输入的备注内容与外观。另外，备注母版还可以调整幻灯片的大小和位置。

5.2.6 设置幻灯片背景

可以通过修改幻灯片母版、为幻灯片插入图片等方式来美化幻灯片。实际上，幻灯片由两部分组成，一部分是幻灯片本身，另一部分就是母版。在播放幻灯片时，母版是固定的，而更换的则是上面的幻灯片本身。有时为了活跃幻灯片的播放效果，需要修改部分幻灯片的背景，这时可以通过对幻灯片背景的设置来改变它们。

在“设计”选项卡中单击“自定义”选项里的“设置背景格式”，系统会显示“设置背景格式”对话框，如图 5.19 所示。

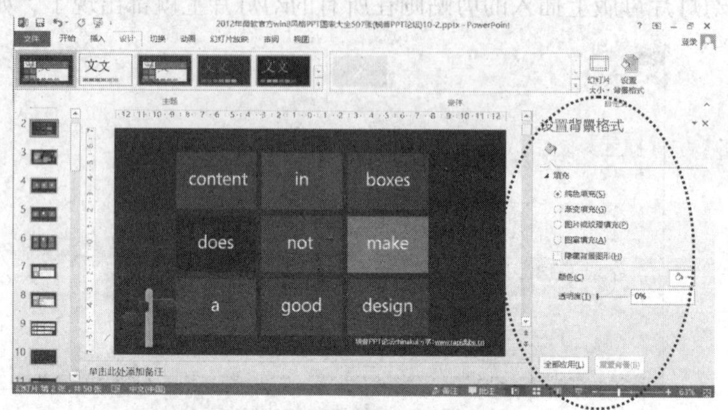

图 5.19 “设置背景格式”对话框

可以为幻灯片设置“纯色填充”、“渐变填充”、“图片或纹理填充”、“图案填充”等。

5.2.7 使用幻灯片动画效果

在 PowerPoint 2013 中，可以通过“动画”选项卡中“动画”选项组中的命令为幻灯片上的文本、形状、声音和其他对象设置动画，这样可以突出重点，控制信息的顺序，加深对演示文稿的理解。

在幻灯片中，选中要添加自定义动画的项目或对象，如选择标题。单击“动画”选项组中“添加动画”命令按钮，系统会下拉出“添加动画”任务，如图 5.20 所示。单击“进入”类别中的“擦除”选项。最后单击“确定”按钮结束自定义动画的初步设置。

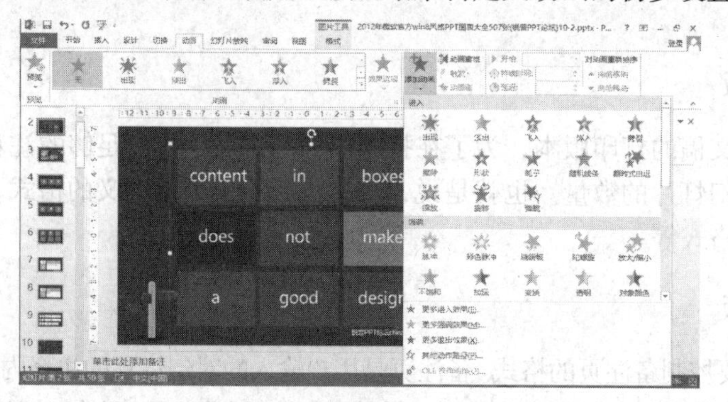

图 5.20 自定义动画的设置过程

为幻灯片项目或对象添加了动画效果以后，该项目或对象的旁边会出现一个带有数字的灰色矩形标志，并在任务窗格的动画列表中显示该动画的效果选项。此时用户还可以对刚刚设置的动画进行修改。例如，将“开始”动画的方式修改为前一事件“上一动画之后”（默认的方式是“单击时”），将“效果选项”修改为“自左侧”（默认的方式是“自底部”），将“持续时间”修改为“01.00”（默认的方式是“00.50”）。

当为同一张幻灯片中的多个对象设定了动画效果以后，它们之间的顺序还可以通过“对动画重新排序”中的“向前移动”或“向后移动”命令进行调整。

5.2.8 使用幻灯片多媒体效果

PowerPoint 2013 为用户提供了一个功能强大的媒体剪辑库，其中包含了“音频”和“视频”。为了改善幻灯片放映时的视听效果，用户可以在幻灯片中插入声音、视频等多媒体对象，从而制作出有声有色的幻灯片。

1．添加声音

在“插入”选项卡的“媒体”选项组中单击“音频”命令按钮的下拉箭头，系统会显示包含“文件中的音频”、“剪贴画音频”、“录制音频”等操作。例如，选择添加一个“剪贴画音频”，此时系统会打开“剪贴画”任务窗格，在该窗格中列出了剪辑库中所有声音文件。单击“剪贴画”任务窗格中要插入的音频文件，系统会在幻灯片上出现一个“喇叭”图标，用户可以通过“音频工具”对插入的音频文件的播放、音量等进行设置。完成设置之后，该音频文件会按前面的设置，在放映幻灯片时播放。

添加其他音频文件的操作与添加一个“剪贴画音频”的操作类似，在此就不详细叙述了。

2．插入影片文件

在“插入”选项卡的“媒体”选项组中单击“视频”命令按钮的下拉箭头，系统会显示包含“文件中的视频”、“来自网站的视频”、“剪贴画视频”等操作。例如，选择添加一个“文件中的视频”，此时系统会打开“插入视频文件”对话框，在用户选择了一个要插入的视频文件后，系统会在幻灯片上出现该视频文件的窗口，用户可以像编辑其他对象一样，改变它的大小和位置。用户可以通过“视频工具”对插入的视频文件的播放、音量等进行设置。完成设置之后，该视频文件会按前面的设置，在放映幻灯片时播放。

添加其他视频文件的操作与添加“文件中的视频”的操作类似，在此就不详细叙述了。

注意：在向幻灯片插入了来自“文件中的音频”和来自“文件中的视频”时，被添加的“音频”和“视频”文件的路径不能修改，否则被添加的“音频”和“视频”文件在放映幻灯片时将不能被播放。

5.3 PowerPoint 2013 演示文稿的放映

在演示文稿制作完成后，就可以观看一下演示文稿的放映效果了。

5.3.1 放映设置

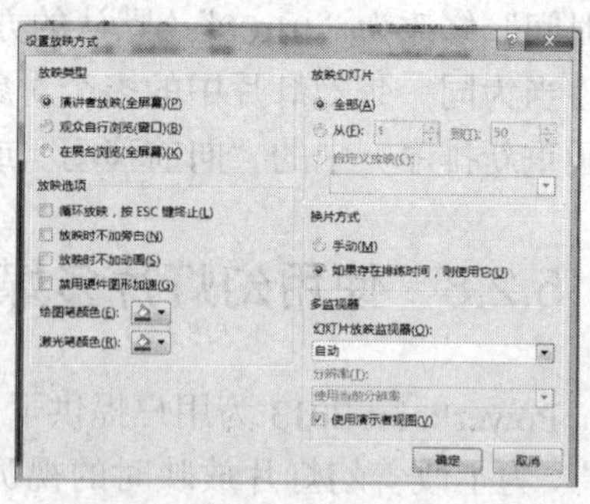

图 5.21 “设置放映方式”对话框

1．设置幻灯片放映

单击“幻灯片放映”选项卡中“设置幻灯片放映”命令按钮，系统会显示“设置放映方式”对话框，如图 5.21 所示。

在“放映类型”框架中有 3 个选项。

- 演讲者放映。该类型将以全屏幕方式显示演示文稿，这是最常用的演示方式。
- 观众自行浏览。该类型将在小型的窗口内播放幻灯片，并提供操作命令，允许移动、编辑、复制和打印幻灯片。
- 在展台浏览。该类型可以自动放映演示文稿。

用户可以根据需要在“放映类型”、“放映幻灯片”、“放映选项”、“换片方式”中进行选择，所有设置完成之后，单击“确定”按钮即可。

2．隐藏或显示幻灯片

在放映演示文稿时，如果不希望播放某张幻灯片，则可以将其隐藏起来。隐藏幻灯片并不是将其从演示文稿中删除，只是在放映演示文稿时不显示该张幻灯片，其仍然保留在文件中。隐藏或显示幻灯片的操作步骤如下。

第一步，单击“幻灯片放映”选项卡中“设置”选项组中的“隐藏幻灯片”命令按钮，系统会将选中的幻灯片设置为隐藏状态。

第二步，如果要重新显示被隐藏的幻灯片，则在选中该幻灯片后，再次单击“幻灯片放映”选项卡中“设置”选项组中的“隐藏幻灯片”命令按钮，或者在幻灯片缩略图上单击鼠标右键，在弹出的快捷菜单中选择“隐藏幻灯片”命令即可。

3．放映幻灯片

启动幻灯片放映的方法有很多，常用的有以下几种。

- 选择“幻灯片放映”选项卡中的“从头开始”、“从当前幻灯片开始”或者“自定义幻灯片放映”命令。
- 按<F5>键。
- 单击窗口右下角的“放映幻灯片”按钮。

其中按<F5>键将从第一张幻灯片开始放映，单击窗口右下角的“放映幻灯片”按钮，将从演示文稿的当前幻灯片开始放映。

4．控制幻灯片放映

在幻灯片放映时，可以用鼠标和键盘来控制翻页、定位等操作。可以用<Space>键、<Enter>键、<PageDown>键、<→>键、<↓>键将幻灯片切换到下一页。也可以使用<BackSpace>键、<↑>键、<←>键将幻灯片切换到上一页，还可以单击鼠标右键，从弹出的快捷菜单中选择相关命令。

5．对幻灯片进行标注

在放映幻灯片过程中，可以用鼠标在幻灯片上画图或写字，从而对幻灯片中的一些内容进行标注。在 PowerPoint 2013 中，还可以将播放演示文稿时所使用的墨迹保存在幻灯片中。

在放映时，屏幕的左下角会出现“幻灯片放映”控制栏，单击其中的 按钮，或者单击鼠标右键，系统会弹出“幻灯片放映”工具栏，如图 5.22 所示，用户可以用鼠标选择使用画笔和墨迹颜色以后，在幻灯片中进行标注。

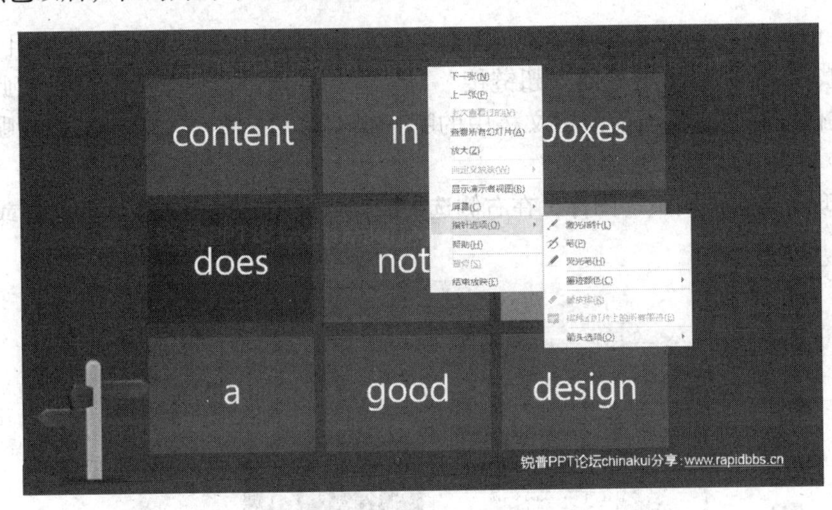

图 5.22　幻灯片放映工具栏

5.3.2　使用幻灯片的切换效果

幻灯片的切换就是指当前页以何种形式消失，下一页以什么样的形式出现。设置幻灯片的切换效果，可以使幻灯片以多种不同的形式出现在屏幕上，并且可以在切换时添加声音，从而增加演示文稿的趣味性。

设置幻灯片切换效果的操作步骤如下。

第一步：选中要设置切换效果的一张或多张幻灯片。

第二步：选择“切换”选项卡，系统会显示出“切换到此幻灯片”的任务选项，如图 5.23 所示，单击选择某种切换方式。

第三步：可以选择切换的“声音”、“持续时间”、“应用范围”和“切换方式”。如果在此设置中没有选择“全部应用”，则前面的设置只对选中的幻灯片有效。

图 5.23 “幻灯片切换”任务窗格

5.3.3 设置链接

在 PowerPoint 中，链接是指从一张幻灯片到另一张幻灯片、一个网页或一个文件的连接。链接本身可能是文本或对象（例如，图片、图形、形状或艺术字）。表示链接的文本用下画线显示，图片、形状和其他对象的链接没有附加格式。

1．编辑超链接

选择要创建超链接的文本或对象。选择“插入”选项卡中的“链接”选项组，单击“超链接”按钮，系统会显示出“插入超链接”对话框，如图 5.24 所示。可以在此选择链接到哪一个文件或网页，或当前演示文稿中的哪一张幻灯片、哪一个新建文档或哪一个邮件地址。

单击“现有文件或网页”图标，在右侧选择或输入此超链接要链接到的文件或 Web 页的地址。

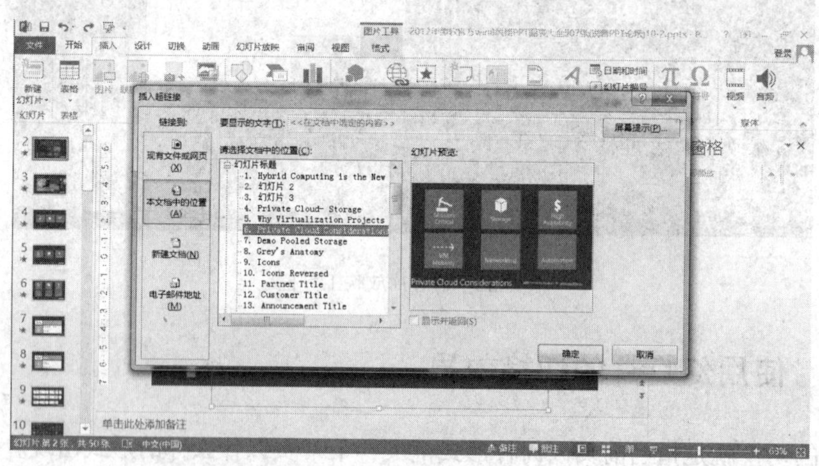

图 5.24 “插入超链接”对话框

单击“本文档中的位置”图标，右侧将列出本演示文稿的所有幻灯片以供选择。

单击“新建文档”图标，系统会显示“新建文档名称”对话框。在“新建文档名称”文本框中输入新建文档的名称。单击“更改”按钮，设置新文档所在的文件夹名，然后在“何时编辑”选项组中设置是否立即开始编辑新文档。

单击“电子邮件地址”图标，系统会显示“电子邮件地址”对话框。在“电子邮件地址”文本框中输入要链接的邮件地址，在“主题”文本框中输入邮件的主题。当用户希望访问者给自己回信，并且将信件发送到自己的电子信箱中去时，就可以创建一个电子邮件地址的超链接了。

在如图 5.25 所示的界面中，单击“屏幕提示”按钮，可以在“设置超链接屏幕提示”对话框中设置当鼠标指针置于超链接上时出现的提示内容。

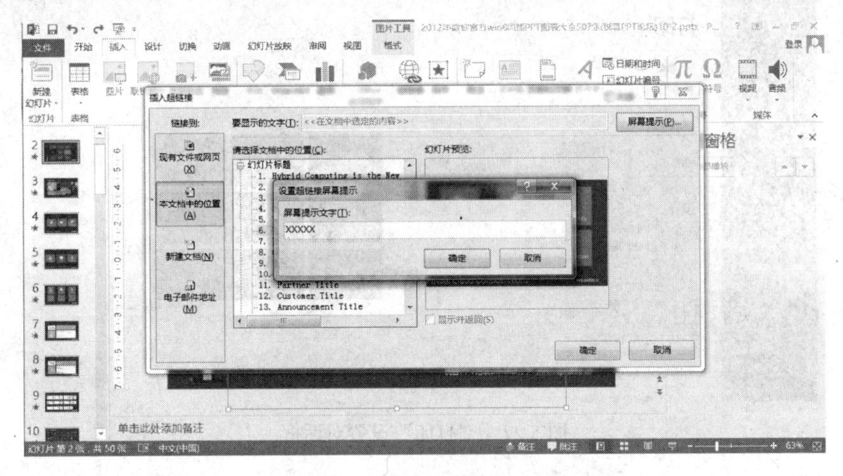

图 5.25 设置超链接屏幕提示

最后单击“确定”按钮完成设置。

在放映演示文稿时，如果将鼠标指针移到超链接上，鼠标指针会变成“手形”，再单击鼠标就可以跳转到相应的链接位置。

2. 删除超链接

如果要删除超链接的关系，选择“插入”选项卡中的“链接”选项组，单击“超链接”按钮，系统会显示出“插入超链接”对话框。单击“删除链接”按钮即可。

如果要删除整个超链接，请选定包含超链接的文本或图形，然后按<Delete>键，即可删除该超链接以及代表该超链接的文本或图形。

3. 编辑动作链接

编辑动作链接的步骤是，选择“插入”选项卡中的“链接”选项组，单击“动作”按钮，系统会显示出“动作设置”对话框，如图 5.26 所示。根据提示选择“超链接到”的位置即可。

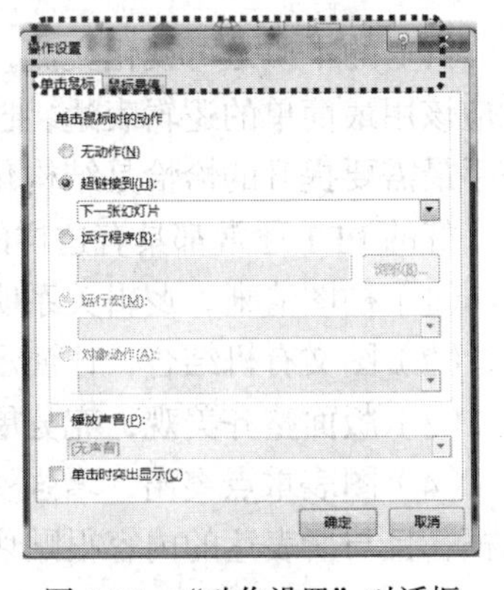

图 5.26 “动作设置”对话框

5.4 演示文稿的打印设置

单击“文件”按钮，选择“打印”操作项，系统会显示如图 5.27 所示的界面。在“打印”

设置对话框中允许设定或修改默认打印机、打印份数等信息。单击“整页幻灯片”的下拉按钮，还可以对每张纸张上的打印内容进行选择。

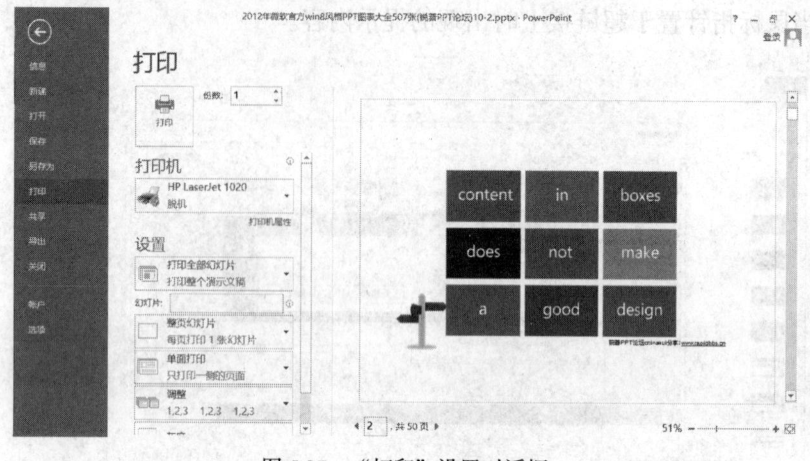

图 5.27 “打印”设置对话框

5.5 综合实例——毕业答辩 PPT 的制作

5.5.1 PPT 设计理念及方法

1. 好的 PPT 的四大特点

PPT 的本质是可视化交流，它使得数据更直观，图示更形象，逻辑更清晰。一份好的 PPT，就应该用最简单的逻辑表达，把希望说清的内容表达清楚，达到沟通交流的目的。真正的 PPT 高手最需要提升的恰恰是结构化表达复杂问题的逻辑思维能力。

好的 PPT 通常都具有这样的四个特点：

（1）构图清晰，逻辑关系明确；

（2）图文有机结合，让演示倍添神采；

（3）版面整齐美观，充分展示专业形象；

（4）图表重点突出，增强受众记忆。图表一定是非常简洁非常规范的，没有多余的条条框框，且与所表达的内容很贴切。

2. PPT 的设计原则

一份好的 PPT，必然有一个清晰、简明的逻辑结构，这个是根本。没有逻辑的东西，没人愿意看，在设计 PPT 时最好采用“并列”或“递进”两类逻辑关系。除此之外，好的 PPT，还应该有一个很好的表现形式。因为做出来的作品，终究是要给人看的。这就是我们经常用的包括排版、降噪、制作图表、选择颜色、关键信息突出处理等技巧所要达到的目的。

（1）信噪比原则

这里的信噪比指的是幻灯片上有关内容与无关内容的比值。不重要的东西就是噪声，比如剪贴画、装饰物、冗余的文字等元素都可以成为噪音，另外 3D 元素比 2D 元素的信噪比要低，所以在使用图表时应尽量选择 2D 图表。

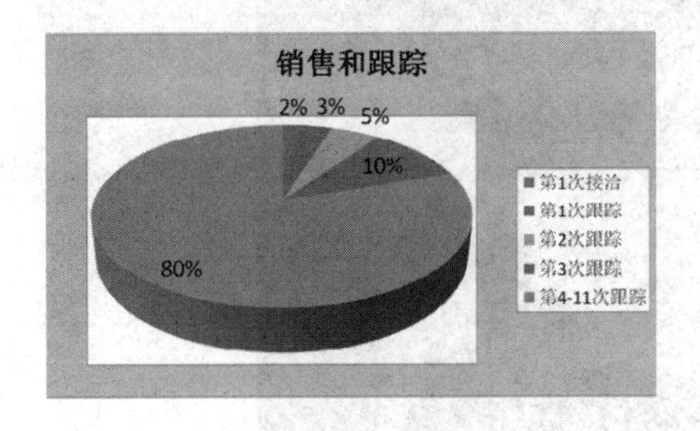

销售和跟踪
2% 3%
5%
10%
80%
第1次接洽
第1次跟踪
第2次跟踪
第3次跟踪
第4-11次跟踪

图 5.28　3D 图表

销售和跟踪
2%的销售在第1次接洽后完成
3%的销售在第1次跟踪后完成
5%的销售在第2次跟踪后完成
10%的销售在第3次跟踪后完成
80%的销售在第 4至
11次跟踪后完成！

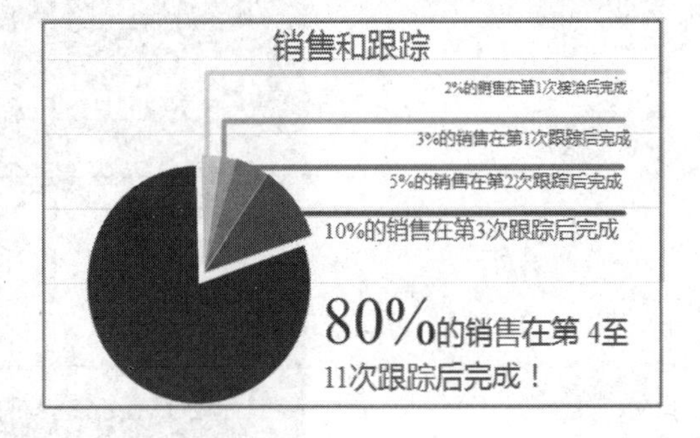

图 5.29　2D 图表

（2）眯眼测试原则

就是当你眯着眼看一张 PPT 时，你看不清里面的文字和图片，假如你依然能够知道这张 PPT 要讲述的是什么问题，那么这页 PPT 就可以认为是成功的。

（3）图效优势原则

PPT 设计讲究逻辑化思考、结构化表达。而图表表达则是作为结构化表达的重要方式，由于图片比文字更容易让人记住，更突出事物之间的相互关系，使信息表达更鲜明生动。因此图表在 PPT 设计中占重要的地位。一般而言，PPT 设计中“图”优于“表”、“表”优于“字”，PPT 图表化的过程就是信息整理、引导、翻译、联想的过程。

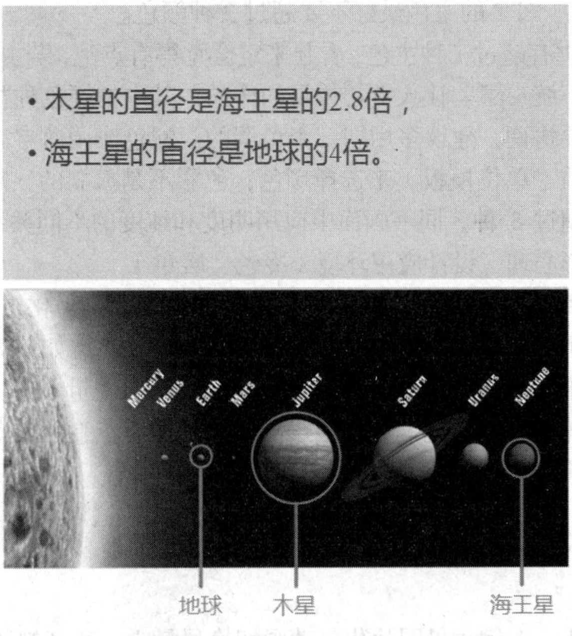

• 木星的直径是海王星的2.8倍，
• 海王星的直径是地球的4倍。
Mercury
Venus
Earth
Mars
Jupiter
Saturn
Uranus
Neptune
地球
木星
海王星

图 5.30　图效优势原则

第五章　演示文稿

（4）三等分原则

三等分原则指的是版式设计中要留有空白或空置的地方，不仅可以使页面扩张，减轻压迫感，还可以改变整体形象、利于页面构成变化。

图 5.31　三等分原则

3．制作 PPT 时的一些常识

一个 PPT 课件要保持统一的色调、一样的风格，在 PPT 的制作过程中，如何才能做出符合上述四个特点的幻灯片，以下一些基本常识可以供大家参考。

（1）3 个“3”

- 3 个基本色。PPT 的主色最好不要超过 3 种颜色。

如果一份 PPT 中有超过三种主色，看起来定会觉得有点乱，若主色超过五种，那整个 PPT 的风格就会显得极不统一了。让人赏心悦目的作品，其中的颜色种类都不多。另外整个 PPT 的几种颜色，一定要协调，建议多用同一个色调的。配色协调通常需要注意，需要根据 PPT 设计主题（单位性质、单位模板）来选择颜色；色彩不是孤立的，需要协调相互关系；同一画面中大块配色不超过 3 种；同一画面中应用明度和纯度的不同关系；使用对比色突出表现不同类别；根据色彩心理，设计应用环境（冷色、暖色）

- 3 个 B 的字体。Big（大）、Bold（粗体）、Beautiful（美化）。

通常使用笔画粗细一样的非艺术字作为 PPT 正文字体，比如：微软雅黑、黑体、幼圆等，如果使用宋体、仿宋和楷体等笔画粗细有变化，如果投影质量不好，笔画细的地方有时显示不出来。而标题字体则可以用魏碑、行楷、舒体等稍微有点变化的非艺术字体上。字的大小的选择可以采用经典的 8H 法则，即屏幕上的字可以在相当于屏幕高度 8 倍的距离里看到。

- 3 级纲目。纲目宜使用 1——1.1——1.1.1 格式，这样条理就十分清晰了。一定要通过标号的不同层次“标题”，标明你整个 PPT 逻辑关系。

（2）4 个“尽量”

文字尽量列表化，案例尽量图片化，动画切换尽量少，声音视频尽量适当。

（3）5“要”5“不要”

- 要纲目，不要乱了条理。
- 要简洁，不要杂乱。
- 要使用项目编号，不要乱用阿拉伯数字。
- 要依靠讲解，不要完全依赖 PPT。
- 要多使用 PPT 的大纲模式，不要随意添加文字。

（4）6 行左右为佳

一张幻灯片宜用 6 行左右，坚决删除不必要的文字。行间距通常采用使人感觉大气、坦然的 1.5 倍行间距。

4．常见的 PPT 制作流程

第一步：确定目标、分析听众。

第二步：构思。形成 PPT 整体结构，确定逻辑、排版、设计、美化等。

第三步：制作。

5.5.2 综合实例——PPT 毕业答辩

本实例根据毕业论文《浅析计算机技术的应用与发展》来制作，论文的整个结构如图 5.32 所示。

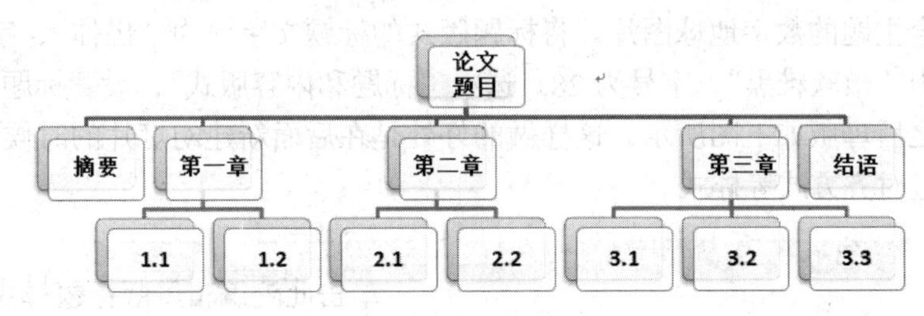

图 5.32 论文结构

这样整个 PPT 的整体结构就如图 5.33 所示：

根据文字资料来制作 PPT 通常采用以下几个步骤。其中第一步是根据论文内容收集素材，2、3 步主要是设置好幻灯片的格式包括母版上的图片、母版各种版式上的文字格式样式等，后几步是根据内容制作幻灯片。

1．根据毕业论文主题收集素材

本论文的主题是计算机技术的应用与发展，第一章是计算机技术的创新过程探讨，包括微处理器、分组交换技术、纳米科技的发展和未来计算机的创新趋势。第二章是计算机技术在企业中的应用与控制管理，讨论了计算机在企业中的应用以及存在的问题。第三章讨论了计算机技术的发展趋势，包括计算机通信技术、多媒体

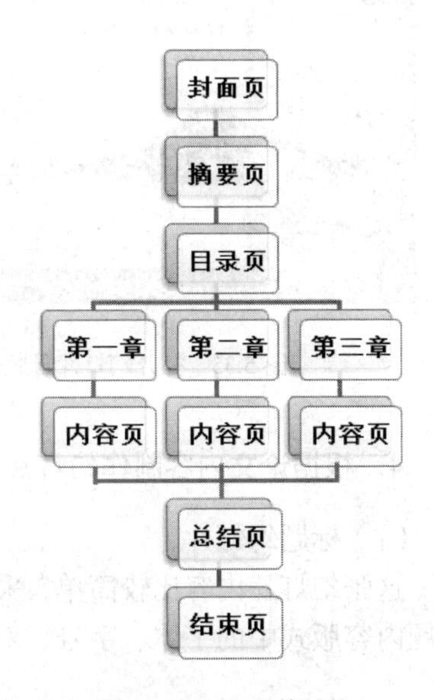

图 5.33 PPT 整体结构

技术等的发展趋势，根据这些内容，我们搜集相关素材。

2．新建幻灯片

单击文件菜单选择“新建”，打开新建对话框，选择“样本模板”，在样本模板列表中选择“项目状态报告”模板，单击“创建”按钮创建毕业答辩幻灯片。

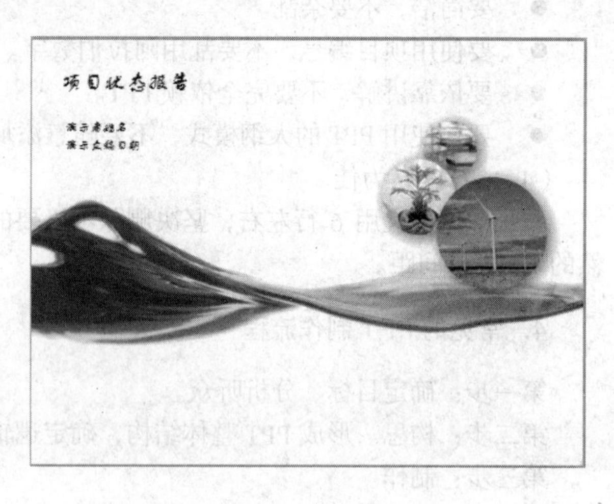

图 5.34　新建 PPT

3．设置母版格式

从上面的图片中我们看到模板中所包含的图片不符合答辩的主题，现在我们对母版做一些改变让它符合主题。选择“视图”功能选项卡，单击“幻灯片母版”，打开如图 5.35 所示幻灯片母版。

首先设置母版上的标题和文本样式，这里标题字体设置为“黑体”，字号 40，文本字体设置为“微软雅黑”，按一次“ctrl+shift+>”加大字号。

选中“标题版式”，将标题版式中的更换适合的图片，删除原有母版上的下部的小苗图片，换成比较适合主题的数字地球图片。将标题版式的标题文字设为“黑体”，字号为 40，副标题文字设置为“微软雅黑”，字号为 28。选中“标题和内容版式”，设置标题文字字号为 40，颜色不变。之后母版如下图所示。这样做的好处是在后面新建幻灯片的时候不需要一次次的设置字体字号对齐方式等样式。

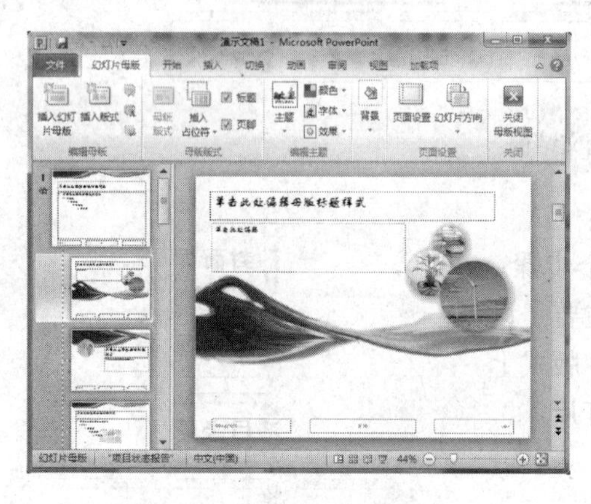

图 5.35　打开幻灯片母版

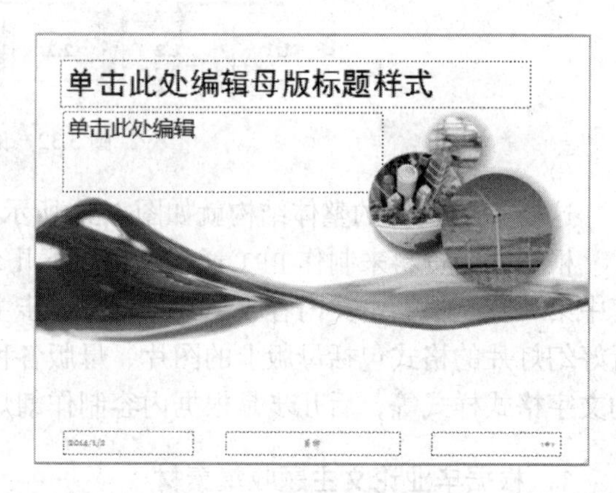

图 5.36　设置幻灯片母版

4．根据论文内容制作幻灯片

（1）标题幻灯片

这张幻灯片内容比较简单，采用标题版式。在这里我们可以看到，经过上面两步的设置，标题内容版式中的字体、字号、对齐等格式已经是前面设置好的母版中的样式。

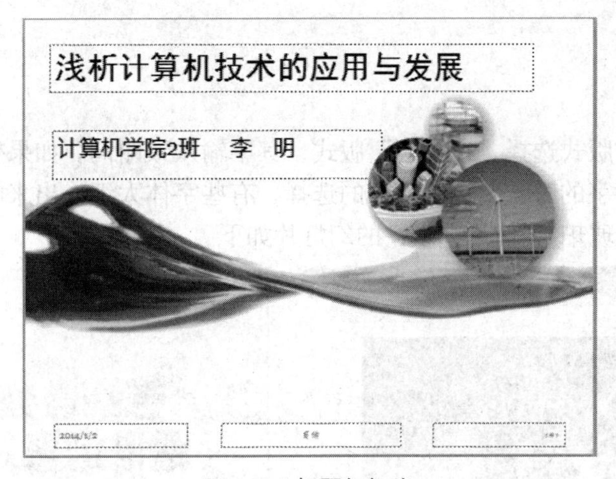

图 5.37　标题幻灯片

（2）目录页

新建幻灯片，选择标题与内容版式，单击标题，输入“内容简介”。选中内容对象，单击“开始”选项卡的“段落”组的项目符号，去掉项目符号；输入每一章标题和结语共四行。如果觉得这样太单调，选中“内容”对象，指向“段落”组中的“转换为 SmartArt”按钮，单击此按钮，在弹出的列表中选择“V 行列表”，内容对象就变为 SmartArt 对象，调整好格式。

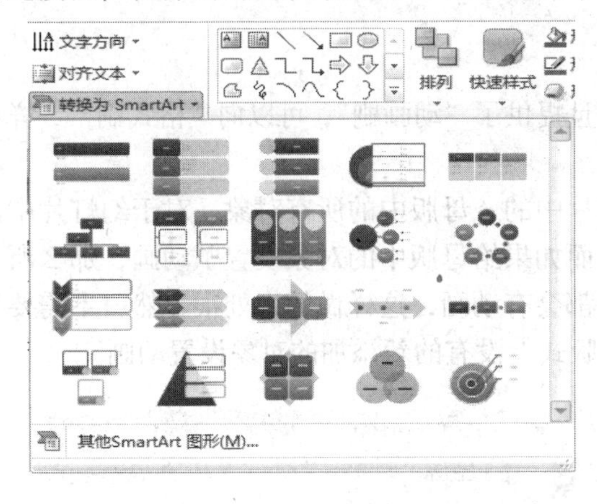

图 5.38　SmartArt 图表

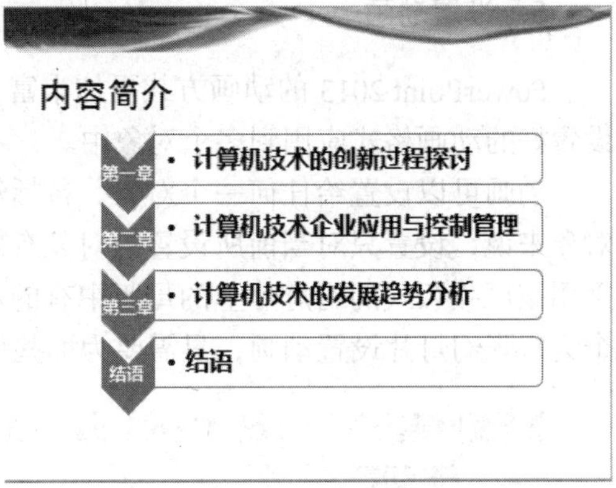

图 5.39　目录页

（3）内容页

根据论文结构“内容简介”有三章共三部分，每部分有若干幻灯片，每张的结构都相似。实际应用当中如果相关内容可以用图表等表示出来，那就尽量用图片或图表，如：

如果不能用图表来表示，那我们可以利用 SmartArt 来使单调的文字以图形化的方式显示出来，增加幻灯片的吸引力，就像上面的内容简介一样。

图 5.40　内容页

（4）结语

（5）参考文献

（6）致谢

新建幻灯片，版式选择“仅标题”版式，其中输入致谢词。如果想更美观一些可以插入艺术字，使用艺术字的时候要注意字体的选择，有些字体太细，出来的效果并不好。这里我们仍然选择“华文琥珀”，使用艺术字的幻灯片如下。

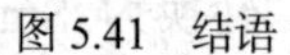
图 5.41　结语

图 5.42　致谢

5. 设置动画

PowerPoint 2013 的动画方式更加丰富，而且提供了“动画刷”，可以向“格式刷”一样将设置好的动画格式应用到多个对象中。

动画可以设置给任何一个对象，包括幻灯片中的、母版中的所有对象。对于幻灯片中的对象来说，设置只对当前所设置的对象有效，而如果给母版中的对象设置了动画，那么所有采用该母版版式的幻灯片上的母版中有的对象都会有动画，这样做的好处很显然，不需要逐个为每张幻灯片设置动画，只需要为那些母版版式上没有的新添加的对象设置动画。

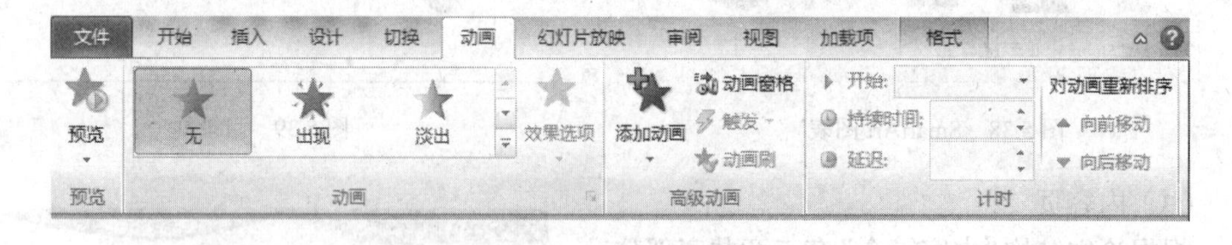

图 5.43　设置动画

动画的设置可以在制作每一张幻灯片的过程中进行设置，也可以在内容罗列完成之后进行，下面我们对本例进行设置。

标题版式动画的设置：

单击“视图”选项卡，选择“幻灯片母版”，选择“标题幻灯片版式”，单击“动画”选项卡，在动画组中选择“飞入”，在计时组中选择开始下拉列表中的“上一动画之后”。选中每一对象，在“效果选项”下拉列表设置好每一对象的飞入方向，设置好之后可以单击“动画”选项卡最左边的“预览”按钮进行预览。

内容简介幻灯片的动画设置：

选择第一张“内容简介”，选择“SmartArt 对象”，打开“动画”选项卡，选择“浮入”，“效果选项”下拉列表中选择“上浮”、“逐个”，“计时”组中“开始”下拉列表选择“上一动画之后”。选择“动画刷”，把其他三张内容简介幻灯片上的“SmartArt 对象”设置成相同的动画。

6．设置切换

切换指的是每张幻灯片之间的过渡效果，PowerPoint 2013 提供了一个单独的“切换”功能选项卡，更多的具有艺术性的切换使得效果更加活泼美观。

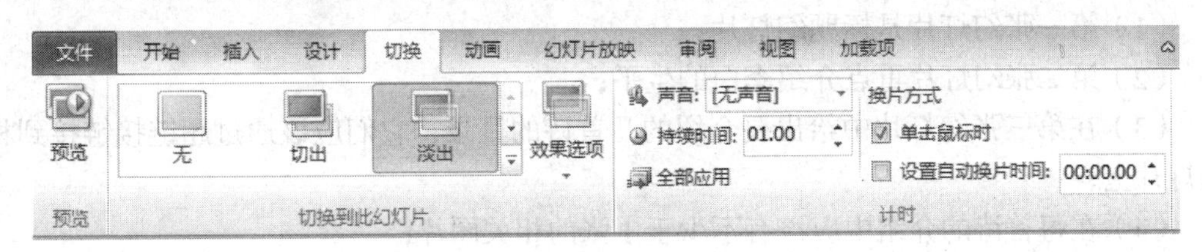

图 5.44　设置切换

建议大家在幻灯片浏览视图中设置幻灯片切换，设置切换方式的方法是：选中所有幻灯片，单击“切换”选项卡，在“切换到此幻灯片”组中选择“框”，这样所有的切换就设置完成了，当然你也可以一张一张的进行设置，每张可以不同。在切换时还可以添加声音，单击“计时”组的“声音”选项，可以选择在切换幻灯片时发出的声音。

7．设置放映方式

最后我们来设置放映方式，在“幻灯片放映”选项卡中进行设置，除了正常的放映之外，我们还可以进行“排练计时”、“录制幻灯片演示”等。

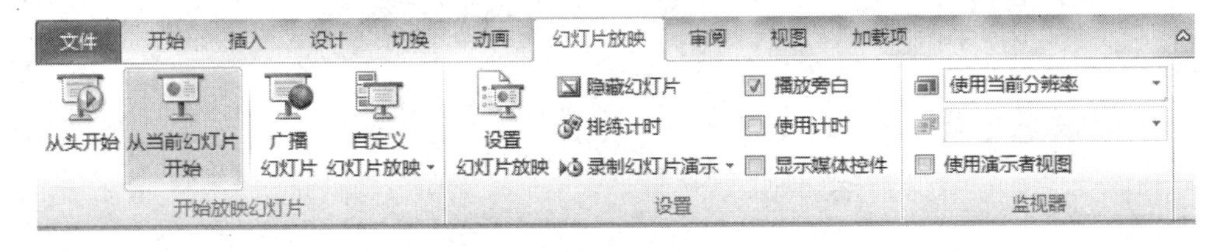

图 5.45　设置放映方式

习　题　5

一、简答题

1．简单叙述创建一个演示文稿的主要步骤。

2．在 PowerPoint 中输入和编排文本与在 Word 中有什么类似的地方？

二、上机题

1．制作一个个人简历演示文稿，要求：

（1）选择一种合适的模板；

（2）整个文件中应有不少于 3 张的相关图片；

（3）幻灯片中的部分对象应有动画设置；

（4）幻灯片之间应有切换设置；

（5）幻灯片的整体布局合理、美观大方。

2．制作一个演示文稿，介绍李白的几首诗，要求：

（1）第一张幻灯片是标题幻灯片；

（2）第二张幻灯片重点介绍李白的生平；

（3）在第三张幻灯片中给出要介绍的几首诗的目录，它们应该通过超链接链接到相应的幻灯片上；

（4）在每首诗的介绍中应该有不少于 1 张的相关图片；

（5）选择一种合适的模板；

（6）幻灯片中的部分对象应有动画设置；

（7）幻灯片之间应有切换设置；

（8）幻灯片的整体布局合理、美观大方。

第六章

多媒体技术及应用

本章从多媒体技术的基本概念入手，详细讲述多媒体计算机的硬件构成和多媒体信息在计算机中的表示与处理，最后概述常用多媒体软件及其分类，并详细介绍多媒体编辑软件Director的使用。通过本章的学习，可以使学生掌握多媒体技术的基本概念和基本知识。

6.1 多媒体技术的基本概念

多媒体技术是20世纪80年代发展起来的一门综合电子信息技术，标志着信息技术一次新的革命性飞跃。多媒体计算机把文本、音频、图形图像、动画、视频等多种媒体信息集成于一体，并采用了图形界面、窗口操作、触摸屏等技术。它从单一的人机界面转向为多种媒体协同工作的环境，使人机交互能力大大提高，极大地改变了获取、处理、使用信息的方式，从而让用户感受一个丰富多彩的计算机世界。

6.1.1 多媒体技术概述

媒体（Media）又称媒介、媒质，是信息表示和传输的载体，是人与人之间沟通及交流观念、思想或意见的中介物。在计算机信息领域中，媒体具有两种含义：一是信息的存储实体，如磁带、磁盘、光盘和半导体存储器；二是信息的表现形式或表示信息的逻辑载体，概括为声（声音）、文（文字）、图（静止图像和动态视频）、形（波形、图形、动画）、数（各种采集或生成的数据）5类。

多媒体一词译自英文 Multimedia，核心词是媒体。多媒体技术中的“媒体”更多地是指后者。

1. 多媒体技术的定义

多媒体技术从不同的角度有着不同的定义。比如定义为“多媒体计算机是一组硬件和软件设备；结合了各种视觉和听觉媒体，能够产生令人印象深刻的视听效果。在视觉媒体上，包括图形、动画、图像、文字等媒体，在听觉媒体上，则包括语言、立体声响和音乐等媒体。用户可以从多媒体计算机同时接触到各种各样的媒体来源”。还可以定义多媒体是“传统的计算媒体——文字、图形、图像以及逻辑分析方法等与视频、音频以及为了知识创建和表达的交互式应用的结合体”。

总之，多媒体技术是指将文本、音频、图形图像、动画、视频等多种媒体信息通过计算机进行数字化采集、编码、存储、传输、处理和再现等，使多种媒体信息建立起逻辑连接，并集成为一个具有交互性的系统的技术。简而言之，多媒体技术就是具有集成性、实时性和交互性的计算机综合处理声文图信息的技术。在应用上，多媒体一般泛指多媒体技术。

2．多媒体技术的特点

（1）多样性

多样性指信息载体的多样性，即信息多维化，同时，也符合人是从多个感官接收信息这一特点。多样性表现在两个方面：一是信息表现媒体类型的多样；二是媒体输入、传播、再现和展示手段的多样。以输入数据的手段为例，20 世纪 60 到 70 年代使用穿孔纸带，80 年代改用键盘，到了多媒体时代，不但可继续用键盘，也可以用鼠标、触摸屏、扫描、语音、手势、表情等较为自然的输入方式。

多媒体技术的引入将计算机所能处理的信息空间扩展和放大，使人们的思维表达不再局限于顺序、单调、狭小的范围内，而有了更充分、更自由的表现余地。多媒体技术为这种自由提供了多维信息空间下的交互手段和获得多维化信息的方法。

（2）交互性

交互可以增加对信息的注意力和理解力，延长信息保留的时间。当交互引入时，“活动”本身作为一种媒体介入到数据转变为信息、信息转变为知识的过程中。

交互性是指实现媒体信息的双向处理，即用户与计算机的多种媒体进行交互式操作，从而为用户提供更有效控制和使用信息的手段，同时也为应用开辟了更加广阔的领域。计算机与人之间的交互由早期的键盘和屏幕发展到后来的鼠标和图形用户界面。当今随着多媒体技术的飞速发展，信息的输入/输出也由单一媒体转变为多种媒体，人与计算机之间的交互手段多样化，还可以使用语音输入、手势输入等；而信息的输出也多样化了，既可以以字符显示，又可以以图像、声音、视频等形式出现，让用户与计算机之间的交互变得和谐自然。其中，虚拟现实（Virtual Reality）是交互式应用的高级阶段，可以让人们完全进入到一个与信息环境一体化的虚拟信息空间中。

（3）集成性

多媒体技术的集成性包括两个方面：一是多媒体信息媒体的集成；二是处理这些媒体的设备与设施的集成。多媒体技术将各类媒体的设备集成在一起，同时也将多媒体信息或表现形式以及处理手段集成在同一个系统之中。对计算机的发展来说，这是一次系统级的飞跃。

（4）实时性

由于多媒体系统需要处理各种复合的信息媒体，决定了多媒体技术必须支持实时处理。接收到的各种信息媒体在时间上必须是同步的，其中以声音和活动的图像的同步尤为严格。如电视会议系统等多媒体应用。

6.1.2 多媒体技术的发展

多媒体技术经历了以下重要历程。

1982 年 2 月，国际无线电咨询委员会（CCIR）通过了用于演播室的彩色电视信号数字编码标准，即 CCIR601 建议。

1984 年，美国苹果（Apple）公司在更新换代的 Macintosh 个人计算机（Mac）上使用基于图形界面的窗口操作系统，并在其中引入位图概念进行图像处理，随后增加了语音压缩和真彩色图像系统，使用 Macromedia 公司的 Director 软件进行多媒体创作，成为当时最好的多媒体个人计算机。

1986 年 Philips 公司和 Sony 公司联合推出交互式紧凑光盘系统(Compact Disc Interactive，CDI)，能够将声音、文字、图形图像、视频等多媒体信息数字化存储到光盘上。

1987 年 RCA 公司推出了交互式数字视频系统（Digital Video Interactive，DVI），使用标准光盘存储、检索多媒体数据。

1990 年 Philips 等十多家厂商联合成立了多媒体市场委员会并制定了 MPC（多媒体计算机）的市场标准，建立了多媒体个人计算机系统硬件的最低功能标准，利用 Microsoft 公司的 Windows 操作系统，以 PC 现有的广大市场作为推动多媒体技术发展的基础。

1995 年，由美国 Microsoft 公司开发的功能强大的 Windows 95 操作系统问世，使多媒体计算机的用户界面更容易操作，功能更为强劲。高速的奔腾系列 CPU 开始武装个人计算机，个人计算机市场已经占据主导地位，多媒体技术得到了蓬勃发展。Internet 的兴起，也促进了多媒体技术的发展。

随着多媒体技术的标准、硬件、操作系统和应用软件等的变革，特别是大容量存储设备、数据压缩技术、高速处理器、高速通信网、人机交互方法及设备的改进，为多媒体技术的发展提供了必要的条件，计算机、广播电视和通信等领域正在互相渗透，趋于融合，多媒体技术越来越成熟，应用越来越广泛。

6.1.3 多媒体计算机的硬件构成

多媒体系统的硬件即多媒体计算机。多媒体硬件系统平台包括计算机硬件及各种媒体的输入/输出设备，能够输入/输出文字、声音、图形、图像、动画等信息并综合处理。

多媒体个人计算机（Multimedia Personal Computer，MPC）必须遵循 MPC 规范。MPC 标准的最低要求如表 6.1 所示。

表 6.1 MPC 标准的最低要求

技术项目	MPC 标准 1.0	MPC 标准 2.0	MPC 标准 3.0
处理器	16MHz，386SX	25MHz，486Sz	75MHz，Pentium
RAM	2MB	4MB	8MB
音频	8 位数字音频，8 个合成音（乐器数字接口 MIDI）	16 位数字音频，8 个合成音（MIDI）	16 位数字音频，Wavetable 波表合成音（MIDI）
视频	640×480，256 色	在 40%CPU 频带的情况下每秒传输 1.2MB 像素	在 40%CPU 频带的情况下每秒传输 2.4MB 像素
视频显示	640×480，256 色	640×480，16 位色	640×480，24 位色
硬频显示	30MB	160MB	540MB

（续表）

技术项目	MPC 标准 1.0	MPC 标准 2.0	MPC 标准 3.0
CD-RDM	150KB/s 持续传送速率，平均最快查询时间为 1s	300KB/s 持续传送速率，平均最快查询时间为 400ms，CD-ROMXA 能进行多种对话	600KB/s 持续传输速率，平均最快查询时间为 200ms，CD-ROMXA 能进行多种对话
I/O 接口	MIDI 接口，摇杆接口，串行/并行接口	MIDI 接口，摇杆接口，串行/并行接口	MIDI 接口，摇杆接口，串行/并行接口

1. 主机

主机是多媒体计算机的核心，它需要有至少一个功能强大、速度快的中央处理器（CPU）；有可管理、控制各种接口与设备的配置；具有一定容量（尽可能大）的存储空间；有高分辨率显示接口与设备、可处理音响的接口与设备、可处理图像的接口设备；有可存放大量数据的配置等。

2. 多媒体功能卡

（1）视频部分

视频部分负责多媒体计算机图像和视频信息的数字化摄取和回放。

视频卡是一种专门用于对视频信号进行实时处理的设备，又叫“视频信号处理器”。视频卡主要完成视频信号的 A/D 和 D/A 转换及数字视频的压缩和解压缩功能。其信号源可以是摄像头、录像机、影碟机等。视频卡插在主机板的扩展插槽内，通过配套的驱动软件和视频处理应用软件进行工作。根据视频卡完成的主要功能，可以将其分为视频采集卡、视频压缩卡、视频解压卡和视频转换卡等多种类型。

（2）音频部分

多媒体计算机为计算机增加音频通道，采用人们最熟悉、最习惯的方式与计算机交换信息。如语音识别能够使计算机听懂、理解人们的讲话，语音和音乐合成能够使计算机讲话和奏乐。多媒体计算机的音频部分能够完成音频信号的 A/D 和 D/A 转换及数字音频的压缩、解压缩及播放等功能。

声卡又称音频卡，是处理音频信号的计算机插件，管理声音的输入/输出和 MIDI 操作，它直接决定了多媒体计算机对声音数据的处理能力与质量。声卡的主要功能包括：

- 数字化声音处理：模拟声音经过数模转换和采样保持电路得到 8 位或 16 位数字化声音数据。
- 混音器：可以对数字化声音、调频 FM 合成音乐、CD-Audio 音频、线路输入、话筒输入和 PC 扬声器等音频进行混合，还能选择单声道或立体声、滤波等功能。
- 合成器： 通过内部合成器和外接到 MIDI 端口的外部合成器播放 MIDI 文件。

重放声音的工作由声音还原设备承担。所有的声音还原设备，包括耳机、扬声器、音响放大器等，全部使用音频模拟信号，把这些设备与声卡的线路输出端口或扬声器的端口进行正确的连接，即可播放计算机中的音频信号。

3. 多媒体信息获取与显示设备

（1）图像获取设备

常见的数字化图像获取设备有扫描仪、数码照相机等静态图像获取设备和摄像机等视频图像获取设备。

扫描仪可以将各种形式的图像信息输入到计算机中。其基本原理是将反映图像特征的光信号转换成计算机可接受的电信号。主要性能指标包括分辨率、灰度级、色彩位数和扫描幅面等。

数码照相机是一种与计算机配套使用的数字影像设备。其工作原理是将画面物体上反射出的光通过相机的光学器件落在光电传感器上，光电传感器输出与入射光亮度成正比的模拟电压，模拟电压经过 A/D 转换后变成数字信号，经数字处理后以图像文件的形式存储于存储器中。

（2）显示设备

显示设备是多媒体计算机系统实现人机交互的实时监视的外部设备，是计算机不可缺少的重要输出设备。显示设备主要有显示卡和显示器组成。

显示卡又称显示适配器或显示接口卡，它是显示器与主机通信的控制电路和接口，用于将主机中的数字信号转换为图像信号并在显示器上显示。在新的图形媒体加速器卡（Graphics Media Accelerator，GMA）及其加速显示卡（Accelerated Graphics Port，AGP）接口标准的支持下，图形芯片层出不穷，3D 图形卡也不断更新，几乎每隔 6 个月就出现一代新卡。在 MPC 中，图形卡已成为更新速度最快的多媒体功能卡。

AGP 主要完成视频的流畅输出。AGP 是 Intel 公司为解决 PCI 总线带宽不足的问题而提出的新一代图形加速端口。通过 AGP 接口，可以将显示卡同主板芯片组直接相连，进行点对点传输，大幅度提高了计算机对 3D 图形的处理能力。

显示器的作用是将主机发出的信号经过一系列处理后转换成光信号，最终将文字图像显示出来，主要有液晶显示器、等离子显示器、发光二极管显示器等。

4．输入/输出设备

多媒体输入/输出设备十分丰富，按功能分为视频/音频输入设备、视频/音频输出设备、人机交互设备、数据存储设备 4 类。

视频/音频输入设备包括摄像机、录像机、扫描仪、话筒、录音机、激光唱盘和 MIDI 合成器等；视频/音频输出设备包括显示器、电视机、投影电视、扬声器、立体声耳机等；人机交互设备包括键盘、鼠标、触摸屏和光笔等；数据存储设备包括 CD-ROM、DVD、磁盘、打印机、可擦写光盘等。

触摸屏作为多媒体输入设备，已被广泛用于各个行业的控制、信息查询及其他方面。用手指在屏幕上指点以获取所需的信息，具有直观、方便的特点，就是从未接触过计算机的人也能立即使用。触摸屏引入后可以改善人机交互方式，同时提高人机交互效率。

随着科技的进步，出现了一些新的输入/输出设备，比如用于传输手势信息的数据手套，用于虚拟现实能够产生较好的沉浸感的数字头盔、立体眼镜等设备。

在一个具体的多媒体系统的硬件配置中，不一定都包括上述的全部配置，但一般在常规的计算机上包括音频适配卡和 CD-ROM 或 DVD-ROM 驱动器。

6.2 多媒体信息在计算机中的表示与处理

多媒体技术的特点是计算机交互式综合处理图文信息。这里着重介绍声音媒体和视觉媒体在计算机中的表示和处理。

6.2.1 声音媒体的数字化

1. 音频技术常识

声音是携带信息的重要媒体。音乐和解说使静态图像变得更加丰富多彩，音频和视频的同步使视频图像更具真实性。

声音在物理学上称为声波，声波是由机械振动产生的压力波。当声波进入人耳，鼓膜振动导致内耳里的微细感骨的振动，将神经冲动传向大脑，听者感觉到的这些振动就是声音。所以声音是机械振动，振动越强，声音越大；振动频率越高，音调则越高。声波是随时间连续变化的物理量，它有 3 个重要指标：

振幅：波的高低幅度，表示声音的强弱；

周期：两个相邻波之间的时间长度；

频率：每秒震动的次数，单位为 Hz。

人耳对不同频率的敏感程度有很大差别，人耳能听到的声音在 20Hz ~ 20kHz，而人能发出的声音，其频率范围在 300 ~ 3000Hz。当声波传到话筒后，话筒就把机械振动转换成电信号，模拟音频技术通过模拟电压的幅度表示声音的强弱。模拟声音的录制是将代表声音波形的电信号转换到适当的媒体上，如磁带或唱片，播放时将记录在媒体上的信号还原为声音波形。

2. 数字音频技术基础

声音进入计算机的第一步就是数字化。在计算机内，所有的信息均以数字（0 或 1）表示，声音信号也用一组数字表示，称为数字音频。数字音频与模拟音频的区别在于：模拟音频在时间上是连续的，而数字音频是一个数据序列，在时间上是离散的。

若要用计算机对音频信息处理，就要将模拟信号（如语音、音乐等）转换成数字信号，这一转换过程称为模拟音频的数字化。模拟音频数字化过程涉及到音频的采样、量化和编码，具体过程如图 6.1 所示。

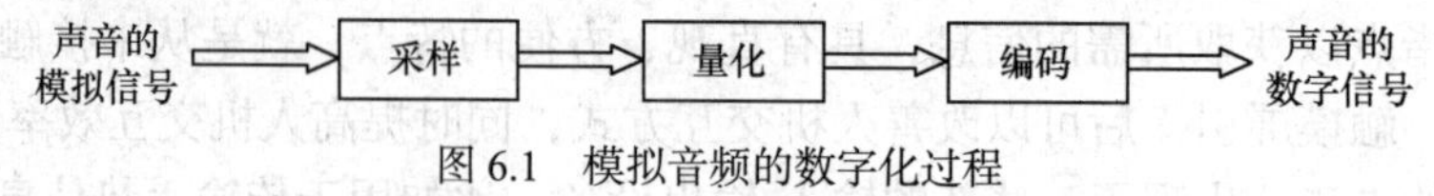

图 6.1 模拟音频的数字化过程

相应地，数字化音频的质量取决于采样频率和量化位数这两个重要参数。

（1）采样频率

采样是每隔一定时间间隔对模拟波形上取一个幅度值，把时间上的连续信号变成时间上的离散信号。该时间间隔为采样周期，其倒数为采样频率，如图 6.2 所示。

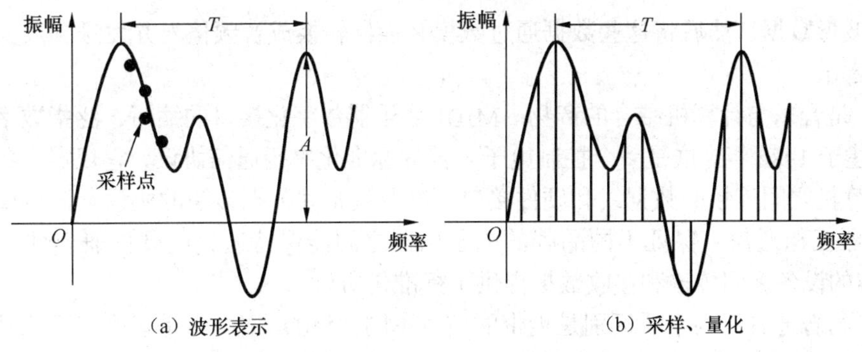

图 6.2　声音的波形表示、采样与量化

采样频率也称取样频率，是指在单位时间（1s）内采样的次数。在单位时间内采样的次数越多，对信号的描述就越细腻，越接近真实信号，声音回放出来的效果就越好，但文件所占的存储空间就越大。

采样频率的高低是根据奈奎斯特采样定律和声音信号本身的最高频率决定的。奈奎斯特采样定律指出，在对模拟信号采集时，选用该信号所含最高频率两倍的频率采样，才可基本保证原信号的质量。因此，目前普通声卡的最高采样频率通常为 48kHz 或者 44.1kHz，此外还支持 22.05kHz 和 11.025kHz 的采样频率。

（2）量化位数

量化是将经过采样得到的离散数据转化为二进制数的过程。量化的过程是，先将整个幅度划分为有限个小幅度（量化阶距）的集合，把落入某个阶距内的样值归为一类，并赋予相同的量化值。量化方法分为均匀量化和非均匀量化。

量化位数也称采样精度，表示存放采样点振幅值的二进制位数，它决定了模拟信号数字化以后的动态范围。通常量化位数有 8 位、16 位，其中 8 位量化位数表示每个采样点可以表示 256 个不同的量化值，而 16 位量化则可表示 65536 个不同的量化值。可见，量化位数越大，对音频信号的采样精度就越高，信息量也相应提高。在相同的采样频率下，量化位数越大，则采样精度越高，声音的质量也越好，信息的存储量也相应越大。

虽然采样频率越高，量化位数越多，声音的质量就越好，但同时也会带来一个问题——庞大的数据量，这不仅会造成处理上的困难，也不利于声音的传输。如何在声音的质量和数据量之间找到平衡点呢?人类语言的基频频率范围在 50 ~ 800Hz，泛音频率不超过 3kHz，因此，使用 11.025kHz 的采样频率和 10 位的量化位数进行数字化，就可以满足绝大多数人的要求。同样，乐器声的数字化也要根据不同乐器的最高泛音频率来确定选择多高的采样频率。

（3）编码

编码是将采样和量化后的数字数据以一定的格式记录下来。编码的方式很多，常用的编码方式是脉冲编码调制（Pulse Code Modulation，PCM），其主要优点是抗干扰能力强，失真小，传输特性稳定。

3. 声音合成技术

多媒体计算机除了通过数字化录制方式直接获取声音，还可以利用声音合成技术实现，后者是计算机音乐的基础。声音合成技术使用微处理器和数字信号处理器代替发声部件，模拟出声音波形数据，然后将这些数据通过数模转换器转换成音频信号并发送到放大器，合成出声音或音乐。

MIDI 是音乐与计算机结合的产物。MIDI 是乐器数字化接口的缩写，泛指数字音乐的标准，初始建于 1982 年。这是一个控制电子乐器的标准化串行通信协议，它规定了各种电子合成器和计算机之间连接的数据线和硬件接口标准及设备间数据传输的协议。该协议允许各种电子合成器互相通信，保证不同品牌的电子乐器之间能保持适当的硬件兼容性。它也为与 MIDI 兼容的设备之间传输和接收数据提供了标准化协议。

MIDI 与普通音频的本质区别是携带的信息不同。MIDI 本身不是音乐，不能发出声音，它是一个协议，只包含产生特定声音的指令，而这些指令包括调用何种 MIDI 设备的音色、声音的强弱及持续的时间等。计算机将这些指令交由声卡去设成相应的声音。因此，MIDI 本件本身只是一些数字信号而已。

6.2.2　视觉媒体的数字化

多媒体创作最常用的视觉元素分静态和动态图像两大类。静态图像根据它们在计算机中生成的原理不同，又分为位图（光栅）图像和矢量图形两种。动态图像又分视频和动画。视频和动画之间的界限并不能完全确定，习惯上将通过摄像机拍摄得到的动态图像称为视频，而由计算机或绘画的方法生成的动态图像称为动画。

多媒体计算机处理图像和视频，首先必须把连续的图像进行空间和幅值的离散化处理。空间连续坐标的离散化叫作采样，颜色的离散化称为量化，两种离散化结合在一起叫做数字化，离散化的结果称为数字图像。

1．静态图形图像的数字化

（1）图形与图像

在计算机中，图形（Graphics）与图像（Image）是一对既有联系又有区别的概念。它们都是一幅图，但图的产生、处理、存储方式不同。

图形又称为矢量图形、几何图形或矢量图，由一组指令的描述组成，这些指令给出构成该画面的所有直线、曲线、矩形、椭圆等的形状、位置、颜色等各属性和参数，也可以用更复杂的指令表示图中的曲面、光照、阴影、材质等效果。计算机显示图形就是从文件中读取指令并转化为屏幕上显示的图形效果。因此，矢量图文件的最大优点是对图形中的各个图元进行缩放、移动、旋转而不失真，而且它占用的存储空间小。

图像又称点阵图像或位图图像，指在空间上和亮度上已经离散化了的图像。图像是由扫描仪、数字照相机、摄像机等输入设备捕捉的真实场景画面产生的映像，数字化后由一个个像素点（能被独立赋予颜色和亮度的最小单位）排成矩阵组成。位图文件中所涉及到的图形元素均由像素点来表示，这些点可以进行不同的排列和染色以构成图样。位图文件中存储的是构成图像的每个像素点的亮度、颜色，位图文件的大小与分辨率和色彩的颜色种类有关，放大和缩小要失真，由于每一个像素都是单独染色的，因此位图图像适于表现逼真照片或要求精细细节的图像，占用的空间比矢量文件大。

矢量图形与位图图像可以转换，要将矢量图形转换成位图图像，只要在保存图形时，将其保存格式设置为位图图像格式即可；但反之则较困难，要借助其他软件来实现。

（2）图像的数字化

图像的数字化是指将一幅真实的图像转变成为计算机能够接受的数字形式，这涉及对图像的采样、量化、编码等。

图像采样就是将时间和空间上连续的图像转换成离散点的过程，采样的实质就是用若干个像素（Pixel）点来描述这一幅图像，称为图像的分辨率，用点的“列数×行数”表示，分辨率越高，图像越清晰，存储量也越大。

量化则是在图像离散化后，将表示图像色彩浓淡的连续变化值离散化为整数值（即灰度级）的过程，从而实现图像的数字化。在多媒体计算机系统中，图像的色彩是用若干位二进制数表示的，被称为图像的颜色深度。把量化时可取整数值的个数称为量化级数，表示色彩（或亮度）所需的二进制位数称为量化字长。一般用 8 位、16 位、24 位、32 位等来表示图像的颜色，24 位可以表示 2^{24}=16 777 216 种颜色，称为真彩色。

2. 动态图像的数字化

（1）视频

动态图像也称视频，视频是由一系列的静态图像按一定的顺序排列组成，每一幅称为帧（Frame）。电影、电视通过快速播放每帧画面，再加上人眼视觉效应便产生了连续运动的效果。当帧速率达到 12 帧/秒以上时，可以产生连续的视频显示效果。

视频分为模拟视频和数字视频。模拟视频是一种用于传输图像和声音的、随时间连续变化的电信号，它的记录、传播及存储都以模拟的方式进行，如早期的电视视频信号。在模拟视频中，常用两种视频标准：NTSC 制式（30 帧/秒，525 行/帧）和 PAL 制式（25 帧/秒，625 行/帧），我国采用 PAL 制式。

数字视频处理的对象是已数字化的视频，易于编辑，具有较好的再现性，如数字式便携摄像机。

（2）视频信息的数字化

视频数字化过程同音频相似，在一定的时间内以一定的速度对单帧视频信号进行采样、量化、编码等过程，实现模/数转换、彩色空间变换和编码压缩等，这通过视频捕捉卡和相应的软件来实现。在数字化后，如果视频信号不加以压缩，数据量的大小是帧乘以每幅图像的数据量。例如，要在计算机连续显示分辨率为 1280 像素×1024 像素的 24 位真彩色高质量的电视图像，按每秒 30 帧计算，显示 1min，则需要：

1280（列）×1024（行）×3（B）×30（帧/s）×60（s）≈7.6GB

一张 650MB 的光盘只能存放 6s 左右的电视图像，显然，这样大的数据量不仅超出了计算机的存储和处理能力，更是当前通信信道的传输速率所不及的。因此，为了存储、处理和传输这些数据，必须对数据进行压缩，这就带来了图像数据的压缩问题。

6.2.3 多媒体数据压缩技术

随着多媒体技术的发展，特别是音频和视觉媒体数字化后巨大的数据量使数据压缩技术的研究受到人们越来越多的重视。近年来随着计算机网络技术的广泛应用，为了满足信息传输的需要，更促进了数据压缩相关技术和理论的研究和发展。

1．多媒体数据压缩

（1）为什么要压缩

数字化的多媒体信息的数据量非常庞大，给存储器的存储容量、带宽及计算机的处理速度都带来极大的压力，因此，需要通过多媒体数据压缩编码技术来解决数据存储与信息传输的问题，同时使实时处理成为可能。

（2）数据为何能被压缩

由于多媒体数据中存在空间冗余、时间冗余、结构冗余、知识冗余、视觉冗余、图像区域相同性冗余、纹理统计冗余等大量冗余，使数据压缩成为可能。例如，在一份计算机文件中，某些符号会重复出现；某些符号比其他符号出现得更频繁；某些字符总是在各数据块中可预见的位置上出现等，这些冗余部分便可在数据编码中除去或减少。比如下面的字符串："CCCCCCCCCOOOMMMMMTTTTTT"，这个字符串可以用更简洁的方式来编码，那就是通过替换每一个重复的字符串为单个的实例字符加上记录重复次数的数字来表示，上面的字符串可以被编码为下面的形式："9C3O5M6T"，在这里，9C 意味着 9 个字符 C，3O 意味着 3 个字符 O，依次类推。这种压缩方式是众多压缩技术中的一种，称为"行程长度编码"方式，简称 RLE。冗余度压缩是一个可逆过程，因此叫做无失真压缩（无损压缩），或称保持型编码。

其次，数据中间尤其是相邻的数据之间，常存在着相关性。例如，图片中常常有色彩均匀的部分，电视信号的相邻两帧之间可能只有少量变化的影像是不同的，声音信号有时具有一定的规律性和周期性等。因此，有可能利用某些变换来尽可能地去掉这些相关性。

2．数据压缩方法的分类

数据压缩就是在无失真或允许一定失真的情况下，以尽可能少的数据表示信源所发出的信号。通过对数据的压缩减少数据占用的存储空间，从而减少传输数据所需的时间，减少传输数据所需信道的带宽。数据压缩方法种类繁多。

（1）根据质量有无损失可以分为无损压缩和有损压缩两大类。

无损压缩：是指利用数据的统计冗余进行压缩，可完全恢复原始数据而不引入任何失真，但压缩率受到数据统计冗余度的理论限制，一般为 2:1 ~ 5:1。这类方法广泛用于文本数据、程序和特殊应用场合的图像数据（如指纹图像、医学图像等）的压缩。由于压缩比的限制，仅使用无损压缩方法不可能解决图像和数字视频的存储和传输的所有问题。经常使用的无损压缩方法有 Shannon-Fano 编码、Huffman 编码、游程（Run-length）编码、LZW 编码（Lempel-Ziv-Welch）、算术编码等。

有损压缩：是指利用人类视觉对图像或声波中的某些频率成分不敏感的特性，允许压缩过程中损失一定的信息。虽然不能完全恢复原始数据，但是所损失的部分对理解原始图像的影响较小，却换来了大得多的压缩比。有损压缩广泛应用于语音、图像和视频数据的压缩。

（2）按照其作用域在空间域或频率域上分为空间方法、变换方法和混合方法。

（3）根据是否自适应分为自适应编码和非自适应编码。

（4）根据压缩算法分为脉冲编码调制、预测编码、变换编码、统计编码和混合编码。

衡量一个压缩编码方法优劣的重要指标为：压缩比要高，有几倍、几十倍，也有几百乃至几千倍；压缩与解压缩要快，算法要简单，硬件实现容易；解压缩后的质量要好。在选用编码方法时还应考虑信源本身的统计特征、多媒体硬软件系统的适应能力、应用环境及技术标准等。

3．多媒体数据压缩标准

前面介绍了数据压缩的基本概念和基本方法，随着数据压缩技术的发展，一些经典编码方法趋于成熟，为使数据压缩走向实用化和产业化。近年来，一些国际标准组织成立了数据压缩和通信方面的专家组，制定了几种数据压缩编码标准，并且很快得到了产业界的认可。

目前已公布的数据压缩标准有：用于静止图像压缩的 JPEG 标准；用于视频和音频编码的 MPEG 系列标准（包括 MPEG-1、MPEG-2、MPEG-4 等）；用于视频和音频通信的 H.261、H.263 标准等。

（1）JPEG 标准

JPEG（Joint Photographic Expert Group）是联合图像专家组的缩写，其中“联合”指国际电报电话咨询委员会（CCITT）和国际标准化协会（ISO）。他们开发研制出连续色调、多级灰度、静止图像的数字图像压缩编码方法，称为 JPEG 算法。JPEG 算法被确定为 JPEG 国际标准，这是彩色、灰度、静止图像的第一个国际标准，是一个适用范围广泛的通用标准。

JPEG 的目的是为了给出一个适用于连续图像的压缩方法， 它以离散余弦变换（DCT）为核心算法，通过调整质量系数控制图像的精度和大小。JPEG 采用了有损压缩算法，对于照片等连续变化的灰度或彩色图像，JPEG 在保证图像质量的前提下，一般可以将图像压缩到原大小的 1/10 ~ 1/20。如果不考虑图像质量，JPEG 甚至可以将图像压缩到“无限小”。2001 年正式推出了 JPEG2000 国际标准，在文件大小相同的情况下，JPEG2000 压缩的图像比 JPEG 质量更高，精度损失更小。

（2）MPEG 标准

MPEG（Moving Picture Expert Group）是活动图像专家组的缩写，是国际标准化组织（ISO）和国际电工委员会（ITU）组成的一个专家组。现在已成为有关技术标准的代名词。

MPEG 是一种在高压缩比的情况下，仍能保证高质量画面的压缩算法。它用于活动图像的编码，是一组视频、音频、数据的压缩标准。它提供的压缩比可以高达 200:1，同时图像和音响的质量也非常高。它采用的是一种减少图像冗余信息的压缩算法，现在通常有 3 个版本：MPEG-1、MPEG-2、MPEG-4 以适用于不同带宽和数字影像质量的要求。它的 3 个最显著优点就是兼容性好、压缩比高（最高可达 200:1）、数据失真小。

（3）MP3 标准

MP3 是 MPEGAudio Layer3 音乐格式的缩写，属于 MPEG-1 标准的一部分。利用该技术可以将声音文件以 1:12 的压缩率压缩成更小的文档，同时还保持高品质的效果。例如，一首容量为 30MB 的 CD 音乐，压缩成 MP3 格式后仅为 2MB 多。平均起来，*n* min 的歌曲可以转换为 *n*MB 的 MP3 音乐文档，一张 650MB 的 CD 可以录制多于 600min 的 MP3 音乐。由于 MP3 音乐具有文件容量较小而音质佳的优点，因而近几年来得以在因特网上广为流传。

（4）H.261、H.263 标准

H.216 是 CCITT 所属专家组主要为可视电话和电视会议而制定的标准，是关于视像和声音的双向传输标准。H.261 最初是针对在 ISDN 上实现电信会议应用，特别是面对面的可视电话和视频会议而设计的。实际的编码算法类似于 MPEG 算法，但不能与后者兼容。H.261 在实时编码时比 MPEG 所占用的 CPU 运算量少得多，此算法为了优化带宽占用量，引进了在图像质量与运动幅度之间的平衡折中机制，也就是说，剧烈运动的图像比相对静止的图像质量要差。因此，这种方法是属于恒定码流可变质量编码而非恒定质量的可变码流编码。H.263 的编码算法与 H.261 一样，但做了一些改善和变化，以提高性能和纠错能力。H.263 标准在低码率下能够提供比 H.261 更好的图像效果。

近年来，已经产生了各种不同用途的压缩算法、压缩手段和实现这些算法的大规模集成电路和计算机软件。目前，相关的研究还在进行，人们还在不断地研究更为有效的算法。

6.3　多媒体软件

6.3.1　多媒体软件分类

多媒体软件系统的功能是将硬件有机地组织在一起，实现多媒体有关功能。它除了具有一般系统软件的特点外，还反映了多媒体技术的特点，如数据压缩、媒体硬件接口的驱动、新型交互方式等。多媒体计算机软件系统主要由 3 部分组成，即多媒体系统软件、多媒体开发软件和多媒体应用软件。

1．多媒体系统软件

多媒体系统软件主要包括多媒体操作系统和多媒体数据库管理系统两种。多媒体操作系统不仅具有综合使用各种媒体，灵活调度多媒体数据进行媒体传输和处理的能力，而且能控制各种媒体硬件设备协调地工作。例如，音/视频支持系统（Audio/Video Support System，AVSS）、音/视频核心（Audio/Video Kernel，AVK）和媒体设备驱动程序（Medium Device Driver，MDD）等。

2．多媒体开发软件

多媒体开发软件是多媒体开发人员用于获取、编辑和处理多媒体信息的软件的统称。它可以对文本、图形图像、动画、音频和视频等多媒体信息进行控制和管理，并把它们按要求连接成完整的多媒体应用软件，多媒体开发软件分为多媒体素材制作工具、多媒体著作工具和多媒体编程语言三类。

3．多媒体应用软件

多媒体应用软件是根据多媒体系统终端用户的要求而制定的应用软件或面向某一领域的用户应用软件系统，是面向大规模用户的系统产品。通常由应用领域的专家和多媒体开发人员共同协作、配合完成。例如，交互式多媒体辅助教学系统、多媒体演示系统、飞行员模拟训练系统、多媒体导游系统、电子图书等。

6.3.2 多媒体制作常用软件工具

1. 文本输入与处理软件

文本是多媒体软件的重要组成部分。可实现文本素材的输入与处理的工具软件有很多，但最为流行的是 Word 和 WPS，两者都能根据设计的需要制作出字形优美、任意字号的文本素材，并且生成的文件格式也能被大部分多媒体软件所支持。

2. 静态图素材采集与制作软件

静态图素材包括图形和图像两大类。多媒体制作中常用的图形处理软件主要有 AutoCAD 及 CorelDraw 等，其中 CorelDraw 较为流行。作为平面图形设计软件，CorelDraw 包含有丰富而强大的图形绘制、文本处理、自动跟踪、分色以及特效处理等功能，同时提供了增强型的用户界面，充分利用了 Windows 的高级功能，不仅使图形处理速度更快，而且制作的图形素材可以在其他 Windows 应用软件中进行复制、剪切和粘贴。常用的图像采集和制作软件有 Photoshop、FireWorks 和 Photostudio 等，常见的 Photoshop 具有简洁的中文界面，可以直接从数字相机、扫描仪等输入设备获得图像，支持 BMP、TIF、PCD、PCX、TCG、JPG 等文件格式，而且操作也很简单。

3. 音频素材采集与制作软件

音频即声音，采集与制作声音文件可在 Windows 系统的“录音机”中进行，也可以使用 Sound Forge，Creative Wave Studio，Sound System 及 Gold Wave 等音频处理软件。

4. 视频素材采集与制作软件

视频是多媒体产品内容的真实场景再现，其常用软件主要有 Premiere 和 Personal AVI Editor。Premiere 制作动态视频效果好，并且功能强大，但操作较复杂；而 Personal AVI、Editor 则适合初学者制作简单的动态视频素材，不仅操作简单，而且有多种图像、文字和声音的特效，将这些特效灵活搭配，即可轻松获得动态视频素材。

5. 动画素材采集与制作软件

制作动画的常用软件主要有 Animator Studio、Cool 3D 等。

Animator 对运行环境要求较低，并且操作直观，容易学习，可以方便地进行二维图形与动画的制作。3ds Max 是三维动画多媒体素材制作软件，为专业绘图人员制作高品质图像或动画提供所需要的功能。利用该软件可以很快地建立球体、圆锥体、圆柱体等基本造型，或构造出物体的立体图形。

Cool 3D 则在速度、操作简易度和视觉效果上都能很好地适合初学者制作动画的要求，它可以直接创建任意的矢量图形或者将 JPG、BMP 等位图图像直接转换为矢量图形，同时还可快速制作基本几何形状的三维物件，将球体、圆柱、圆锥、金字塔和立体几何形状的物件插入到图像中。

6. 多媒体编辑软件

多媒体编辑软件是将多媒体信息素材连接成完整多媒体应用系统的软件，目前常用的有Authorware、Action、PowerPoint、Visual Basic、Dreamweaver、Flash、FrontPage、ToolBook等。

Authorware是以图标为基础，以流程图为编辑模式的多媒体合成软件。其制作过程是：用系统提供的图标先建立应用程序的流程图，然后通过选中图标，打开相应的对话框、提示窗口及系统提供的图形、文字、视频、动画等编辑器，逐个编辑图标，添加内容。

Action是面向对象的多媒体制作软件，具有较强的时间控制特性，它在组织连接对象时，除了考虑其内容和顺序外，还要考虑它们的同步问题。例如，定义每个媒体素材的起止时间、重叠片段、演播长度等。另外也可以制作简单的动画，操作方法比较简单。

Visual Basic是一种基于程序语言的集成包，在多媒体产品制作中提供对窗口及其内容的创作方式。

PowerPoint是专门用于制作演示多媒体投影片、幻灯片模式的多媒体CAI编辑软件，它以页为单位制作演示内容，然后将制作好的页集成起来，形成一个完整的多媒体作品。

Dreamweaver、Flash及FrontPage都是制作网络多媒体作品的软件。Dreamweaver可以非常容易地制作不受平台和浏览器限制的、具有动感的多媒体作品，具有“易用”和“所见即所得”两大优点，它引进了“层”的概念，通过“层”的应用，可以在任何地方添加所需要的多媒体素材。

Flash最适合制作动态导航控制、动态画面的多媒体作品。由于Flash使用了压缩的矢量图像技术，所以其下载和窗口大小调整的速度都很快。当利用Flash制作动态多媒体作品时，可以自己绘制，也可以输入动画的内容，然后把它们安排在工作区内，让它们按照时间轴动起来，也可以在让它们动的时候触发一定的事件，仅几步就可以做出动画效果。

6.4 Director简介

6.4.1 Director概述

Director是一个简单、直观的软件，其功能强大，开发者可以将三维界面、数据库连接和因特网连接技术集成于一个多媒体作品中。同时，Director是一个高度面向对象的工具，非常适合图像制作者使用。它所独有的Lingo脚本可以对程序中各个部分进行精确的控制。

Director的功能主要表现在以下几个方面：

- 从外部导入图像、声音、视频、影片以及其他对象，并利用其所附带的辅助工具进行编辑，用来创建电影片段、场景和影片等；
- 创建动画、多媒体演示软件、游戏、广告以及演示器等；
- 与Internet充分接轨，其深层的shockwave影片在网络中得到了很好的应用；
- Director中几乎所有的功能都有与之相对应的浮动窗口；
- Director中每个角色、窗口以及几乎每个按钮的快捷菜单都有共同的部分；

- 在 Director 中，光标停留在任意组件处时间超过 1 秒时，系统将自动显示该组件的说明与提示。

以上的种种功能说明了 Director 的友好性、直观性以及操作的简易性等，所以用户可以利用 Director 提供的开发环境制作出所见即所得的多媒体作品。

Director 的原型是 MacroMind 公司的“VideoWorks”，一个 Apple Macintosh 程序。它的名字在 1987 年改成了“Director”，Lingo 脚本语言在 1988 年加入。Adobe Systems 在 2008 年初正式发布了新版多媒体创作软件 Adobe Director 11，它拥有更富弹性、更易用的创作环境，可以让多媒体作者、动画师、开发人员创作更强大的交互式程序、游戏、电子学习和模拟产品。

6.4.2 Director 11 基本介绍

Director 英文翻译为“导演”，之所以这样称呼它是因为在众多的多媒体创作中，它可以将编辑完成的文字、图形、图像、音频、视频等各种媒体元素协调地进行组织和管理。

1．界面简介

在安装完 Director 11 后，首次激活该软件会见到如图 6.3 所示界面。单击 Director 11 主菜单中的“Windows”会看到 Director 11 中的功能面板共有 27 个，而其中至关重要的基本功能面板仅有 3 个：Cast（演员表）窗口、Score（剧本）窗口和 Stage（舞台）窗口。

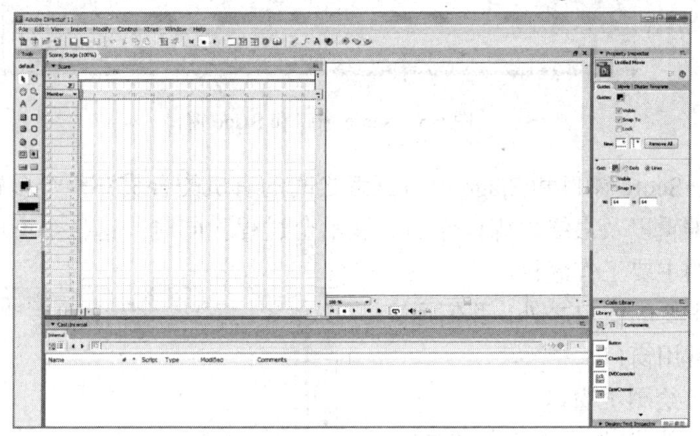

图 6.3　Director 11 工作界面

（1）Cast（演员表）窗口

在 Director 11 中首先要介绍的 Cast 窗口，在缺省状态下该窗口处于收缩状态，可以通过单击该窗口左上角的三角形按钮将该窗口打开，效果如图 6.4 所示。

图 6.4　Cast（演员表）窗口

在 Cast 窗口中，可以看到一些常用的角色类型，例如 GIF 动画、图像、音频、脚本、AVI 电影和文本等类型，这些通常都是 Director 所支持的素材类型。打开角色表的方法有以下 3 种。

方法一：依次选择 Window|Cast 命令打开窗口。

方法二：按组合键 Ctrl+3 打开窗口。

方法三：在标准工具栏中单击角色表按钮打开窗口。

（2）Score（剧本）窗口和 Stage（舞台）窗口

有了角色，必须进行编排，才能使角色完成电影的表演。剧本把对电影的控制可视化地展现在了用户的面前。从某种意义上来讲，剧本是 Director 的核心。窗口中的每一列都代表一帧，相当于电影的一个底片。

图 6.5 所示为 Director 11 的 Score 和 Stage 窗口，表中的时间线指示了当前帧，表示电影已经播放到该帧处。在剧本中修改电影就像修改乐谱一样简单。其右侧的部分是舞台窗口，它主要用于显示精灵的状态，类似于日常生活中的电影，精灵的各种动作都将在这里展现出来。

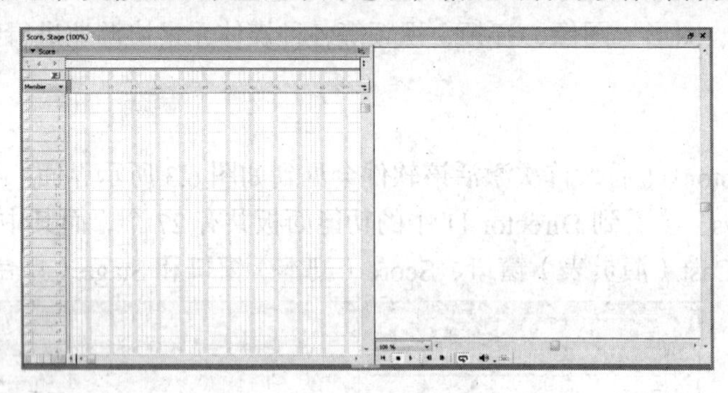

图 6.5　Score 窗口和 Stage 窗口

Cast 窗口、Score 窗口和 Stage 窗口三者之间的有机配合贯穿整个多媒体编创过程中媒体元素的输入、编辑以及最终多媒体作品的展示全过程。同时，这三个窗口的有机配合也展现了多媒体编创的主要工作流程。

除此 3 个重要的窗口之外，我们还应了解以下几个常用窗口。

（3）Paint（绘图）窗口

Director 内部提供了关于绘图的工具，以便于读者进行一些简单的绘制，如图 6.6 所示。

图 6.6　Paint 窗口

（4）Text（文本编辑）窗口

在多媒体作品当中，尤其是交互功能较强的多媒体程序当中，文本是不可缺少的东西。Director 11 提供了对文本的强大支持，如图 6.7 所示，总的来说，Director 中的文本包括以下 3 种基本类型。

- 位图文本。通常在运行时以位图格式保存。
- 动态文本。在影片执行过程中进行动态修改。
- 域文本。读者通过 Text 窗口进行编辑，并且它还可以与 Lingo 语言有机结合，应用在与观众进行互动操作等领域。

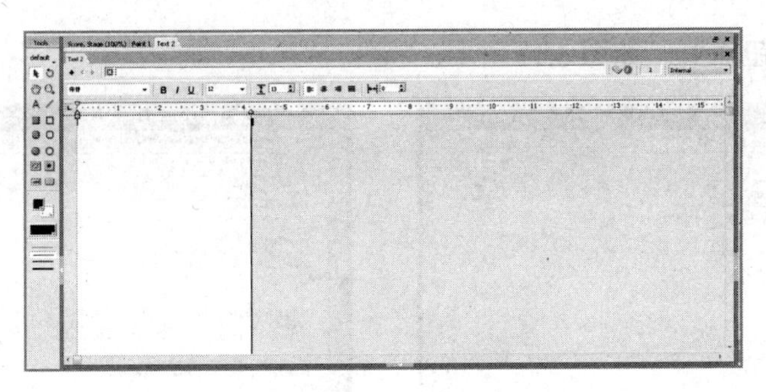

图 6.7　Text 窗口

（5）Vector Shape（矢量形状）窗口

Vector Shape 是自 Director 7.0 中新增的功能，用来创建矢量形状。矢量形状具有存储空间小、可重复修改的优点，而且通过矢量形状的节点手柄可以将其修改成复杂的矢量形状。图 6.8 所示的是矢量形状的绘制窗口。

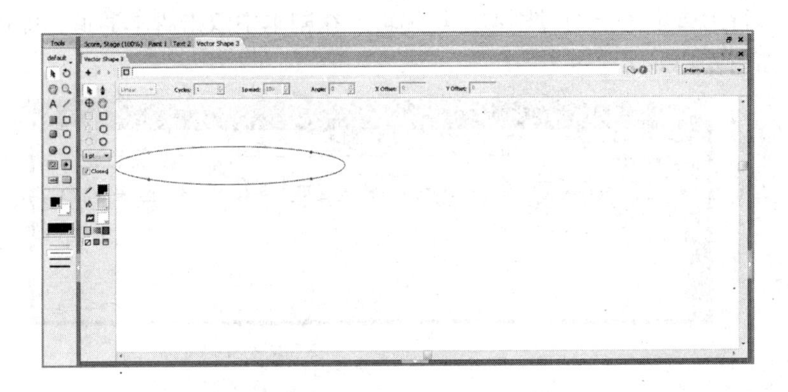

图 6.8　Vector Shape（矢量形状）窗口

（6）Library（库）面板

Director 11 提供的 Library 面板真正实现了无代码的编程。利用 Library 面板，只需要通过简单的鼠标拖放，就能给特定的角色赋予某些特殊的表现效果。Library 面板通过将经常使用的行为和资源集中在一个中心区域来加速编程动作。它是一个完全自定义的行为和资源管理器，存放着跨项目共享的元素。图 6.9 所示为行为面板。

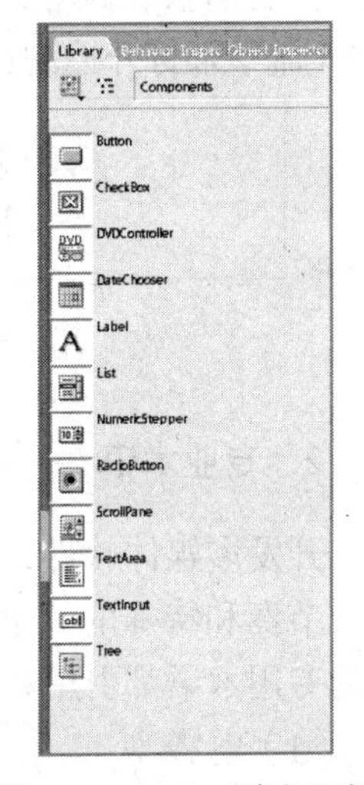

图 6.9　Library（库）面板

（7）脚本编辑窗口

Lingo 语言是 Director 所特有的面向对象的语言，Director 提供了一个专门的编辑环境，以便读者进行脚本编写。Director 中的脚本分为 3 种类型，分别是电影脚本、角色脚本和行为脚本。

电影脚本。电影脚本窗口的打开方法比较简单，只需要单击标准工具栏上的 Script Window 按钮即可，如图 6.10 所示。

角色脚本。角色脚本窗口的打开方式比较复杂一些，使用的频率却是最高的。需要事先在“角色”窗口中选择某一个角色，然后单击角色窗口上的“Cast

Member Script”按钮即可，如图 6.11 所示。

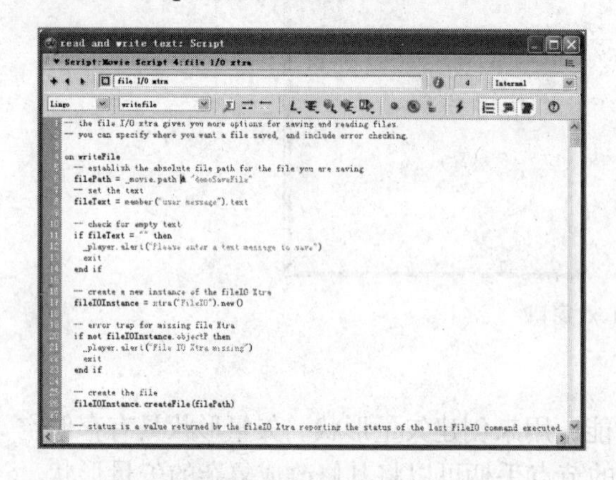

图 6.10　电影脚本窗口

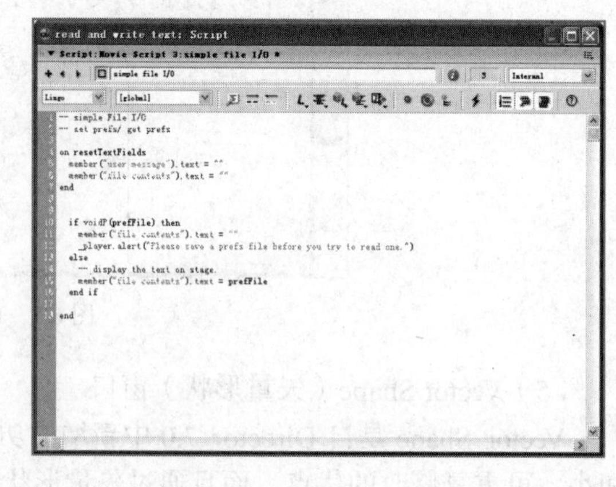

图 6.11　角色脚本窗口

行为脚本。行为脚本主要通过剧本进行编辑。在剧本中双击脚本通道，即可进入行为脚本编辑窗口，如图 6.12 所示。

图 6.12　行为脚本窗口

（8）控制面板

控制面板，顾名思义就是实现对电影的控制功能。可以通过依次选择 Window|Control Panel 命令来打开控制面板，如图 6.13 所示。

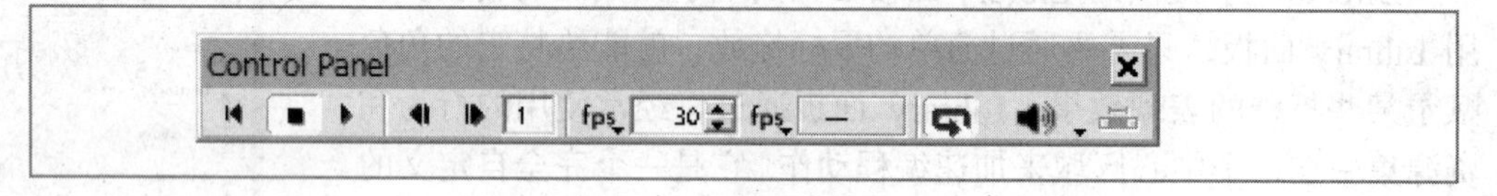

图 6.13　控制面板

2．专业术语

开发多媒体软件，就像导演一部电影一样，需要把声音、图像、舞台上的动作、变换效果、节奏和特殊的效果组合到一起。Director 作为一个与电影制作关系密切的多媒体软件，它的专用术语都引用和借鉴了影片摄制中的现成术语，而并非纯粹的编程术语。

（1）电影

在 Director 中将一个 Director 文件称为电影，屏幕上的矩形的显示区域称为舞台，如图 6.14 所示。

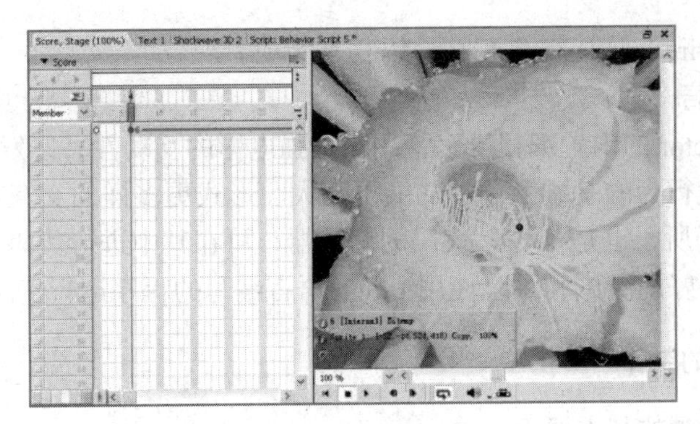

图 6.14　电影

（2）精灵

电影中的角色叫做精灵（Sprite），它的动作由脚本（Script）的内容所制约。程序中使用到的资源通称为角色（Cast Member），在角色表中可以一览所有的角色，如图 6.15 所示。

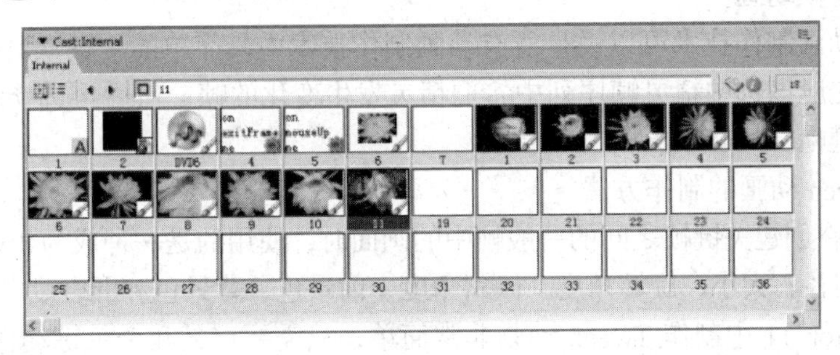

图 6.15　角色

（3）编排表

各个角色在舞台上的出场顺序、出场方式以及动作都由编排表（Score）来设置，编排表也是模仿了动画编排表得来的，如图 6.16 所示。

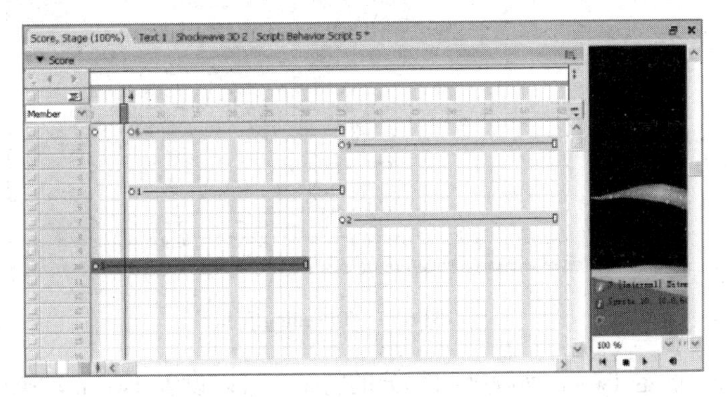

图 6.16　编排表

（4）行为

在 Director 中还有一个比较独立的术语——行为，行为体现在角色上便是精灵的行为。用行为来制约角色的动作，即无代码的编程。有时为了制作出更为复杂的动作或者某种特殊效果，可以通过 Director 特有的 Lingo 语言来实现。

（5）Lingo 语言

Lingo 是 Director 的内置编程语言，用来增强电影的互动性。开发人员通过 Lingo 语言，可以在提供的内置行为的基础上添加功能更强大、形式更多样的交互功能。脚本编辑器窗口是 Lingo 编程的场所，也是 Lingo 代码的修改器，可在其中进行代码的编辑和修改工作。利用消息窗口可以很好的测试和跟踪使用 Lingo 语言编写的程序运行情况。

3. 简单动画的制作

（1）关键帧动画的基本原理

动画是指由许多帧静止的画面，以一定的速度（如每秒 16 张）连续播放时，肉眼因视觉残像产生错觉，而误以为画面活动的作品。任何动画要表现运动或变化，至少前后要给出两个不同的关键状态，而中间状态的变化和衔接计算机可以自动完成。这些表示关键状态的帧动画就是关键帧动画。

关键帧动画制作技术可以说是所有动画制作技术中最简单的一种动画技术。如果要使用关键帧，首先应该选中精灵帧序列中希望精灵发生变化的帧，然后再选择 Insert|Keyframe 命令来创建关键帧。

（2）Tween 动画的制作方法

Director 在创建关键帧之间的一般帧中的画面时，使用的是一种成为 Tweening 的技术。可以创建精灵路径、大小、旋转角度、倾斜角度、前景色、背景色和混合度等发生变化的动画。

在 Director 11 中制作 Tween 动画非常简单，只需要定义几个关键动作（Director 中被称为关键帧），中间的动作可由 Director 11 自动生成。Director 11 不仅能够通过关键帧来设置精灵 Tween 动画的属性，而且还能通过 Sprite Tweening 对话框来设置精灵 Tween 动画的属性，如图 6.17 所示，其中各个选项参数说明如下。

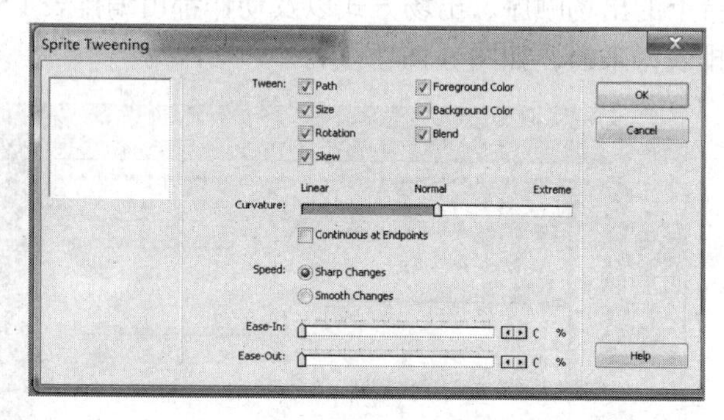

图 6.17　Tweening 窗口

- Tween：设定 Tween 动画补间部分的特征，可以设置 Tween 动画的 Path（路径）、Size（尺寸）、Rotation（旋转角度）、Skew（　倾斜角度）、Foreground Color（前景色）、Backgound Color（背景色）和 Blend（混合度）7 个特征属性。
- Curvature：设置 Tween 动画路径线的样式，拖动浮标在 Linear（线形）、Normal（一般）和 Extreme（极端）三者之间设置。Curvature 样式的不同将会影响到 Tween 动画的路径。
- Continuous at Endpoints：用来设置 Tween 动画帧与帧之间是否产生连续性，选中此复选框后，Tween 动画的动态弧度比较柔和。

- Speed：用于设置 Tween 动画帧与帧之间的速度变化，可以设置为 Sharp Changes（尖锐变化）或 Smooth Changes（柔和变化）。
- Ease.In：渐入，设置 Tween 动画起始播放的缓和度。拖动游标或游标右边的向前、向后按钮微调 Ease.In 的缓和度百分比。缓和度百分比越高，Tween 动画起始播放的速度越慢。
- Ease.Out：渐出，设置 Tween 动画结束播放的缓和度。拖动游标或游标右边的向前、向后按钮微调 Ease.Out 的缓和度百分比。缓和度百分比越高，Tween 动画结束播放的速度越慢。

4. 转场效果控制

Director 中常常会遇到场景切换或者前后对比很大的画面切换，添加于相邻的画面或场景差异比较大的两帧之间的一种切换效果，就是 Director 中的转场。转场效果也被称为过渡效果。做好转场效果可以使动画整体更流畅，切换更自然。

（1）创建转场效果演员

在 Director 11 中，创建转场效果演员成员的操作非常简单，只需双击剧本窗口中转场通道内需要添加转场效果的帧，或选中该帧，选择 Modify|Frame|Transition 命令，打开转场效果的帧属性设置对话框，如图 6.18 所示。

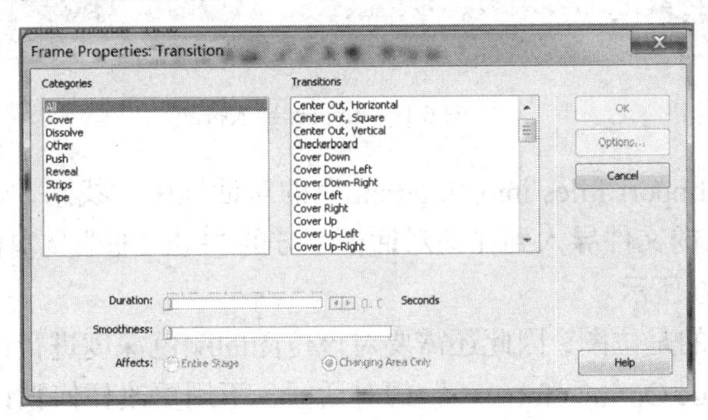

图 6.18　转场效果的帧属性设置对话框

- Categories：转场效果类别列表框，显示了当前可用的转场效果的类别名，选择其中一个类别，右边的转场效果列表框内就会列出该类别下的所有转场效果。
- Transitions：转场效果列表框，显示当前转场效果类别列表框中选中额类别下的转场效果，选择其中的一项作为需要添加的转场效果。
- Duration：转场效果持续的时间，通过拖动浮标设置添加的转场效果所要持续的时间，也可通过右侧的向左、向右按钮对时间进行微调，单位为 s（秒）。
- Smoothness：转场效果的平滑度，通过拖动浮标设置需要添加的转场效果演员成员的平滑度。
- Affects：转场效果的作用区域，当社会为 Entire Stage 时对整个舞台起作用；当设置为 Changing Area Only 时仅对区域变化起作用。

（2）使用转场效果演员成员

要在电影中使用转场效果，除了上文所介绍的利用创建转场效果演员成员时直接在转场通道内添加转场效果，还可以通过将演员表中的转场效果演员成员拖拽到转场通道内的方法添加转场效果。

从演员表中拖曳一个转场效果演员成员到转场通道内需要添加转场效果的帧处，即可为当前时间点创建一个转场效果。如果对当前的转场效果不满意，可以双击该帧，在打开的转场效果通道帧属性设置对话框中修改转场效果。一旦在转场效果通道的帧属性设置对话框中进行设置，将会影响到该转场效果演员成员的属性，转场通道中由该演员成员创建的所有转场效果精灵的属性都会随着改变。

6.4.3 实例介绍

1. 例一：创作你的第一个多媒体作品

在对 Director 11 的主要功能面板和基本工作流程了解后，下面通过一个实例“铸盾精神”来开始我们的多媒体创作之旅。

① 运行 Director 11，单击工具栏中的“Import”导入按钮，如图 6.19 所示。

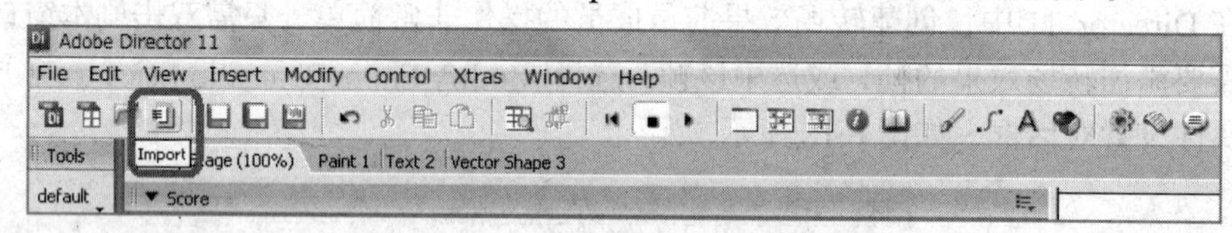

图 6.19 Import 导入按钮

② 在弹出的“Import Files into ‘Internal’”的对话框中，找到“铸盾.png”图片，双击选择，即可将所要导入的文件导入到在该对话框下方的“File List”文本框中，然后单击“Import”按钮即可，如图 6.20 所示。

③ 由于所导入的是位图，因此还需要对该位图的颜色深度进行设定，此时 Director 11 会弹出一个名为“Image Options for……”的对话框，不用更改任何默认参数，直接单击“OK”按钮即可，如图 6.21 所示。

图 6.20 导入文件

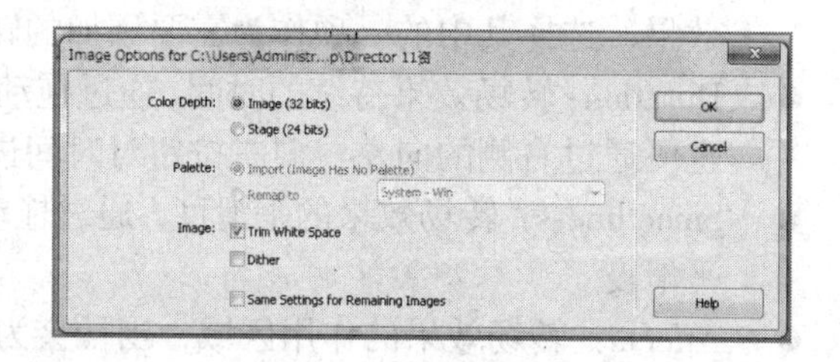

图 6.21 确定位图颜色深度

④ 当完成导入工作后，就会发现 Cast（演员表）窗口中添加了所需要的图像演员，如图

6.22 所示。

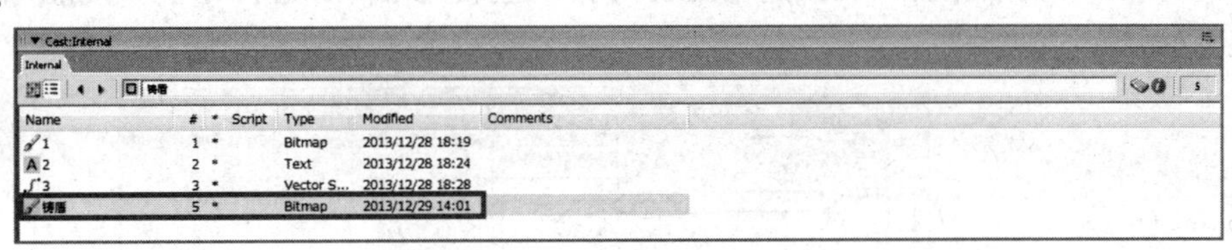

图 6.22　Cast（演员表）窗口

在 Cast 窗口中用鼠标左键选中刚刚添加的位图演员“铸盾”，并将其拖曳到 Score 窗口。对于 Director 中任何一个从 Cast 窗口拖曳到 Score 窗口中的演员，它都会出现在 Stage 上，此时我们称其为“精灵”，如图 6.23 所示。

刚刚导入的位图演员在默认状态下会保持原有的图像尺寸，因此直接导入的图像大小一般并不一定合适现有的舞台尺寸。这时可以通过在 Stage 窗口选中该精灵，用鼠标左键向左下方拖动，直到图像的右上角出现在 Stage 窗口中来实现，这样就可以将该精灵的尺寸调至合适大小，如图 6.24 所示。

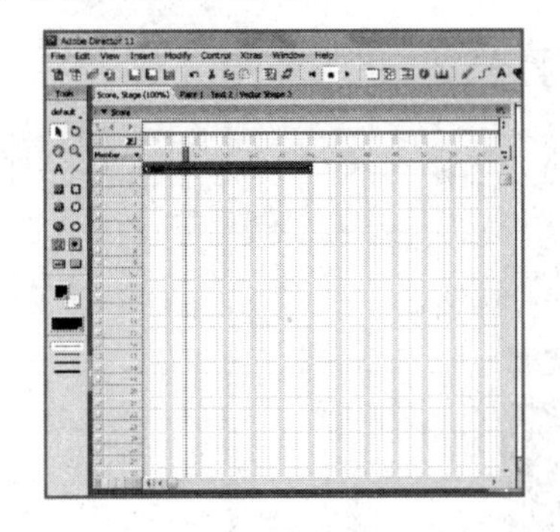

图 6.23　将位图演员从 Cast 拖曳到 Score 窗口

图 6.24　将图像大小调整至合适尺寸

⑤ 接下来，我们为图像添加文字。用鼠标点选工作界面左侧工具箱中的文字工具，如图 6.25 所示。

在 Stage 窗口中精灵“铸盾”的右侧单击鼠标左键，置入文本框，并输入“铸盾精神”四个字，如图 6.26 所示。

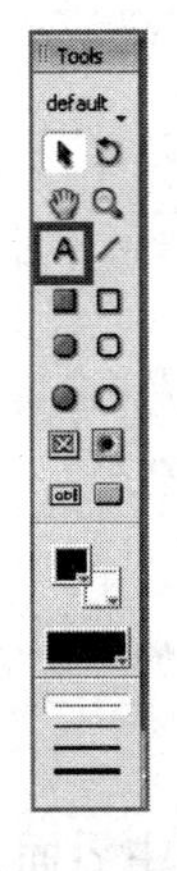

图 6.25　选择文字工具

图 6.26　输入“铸盾精神”文本框

在文本框“铸盾精神”仍被选中的装填下，选择主菜单 Modify 下的“Font”命令，如图 6.27 所示。

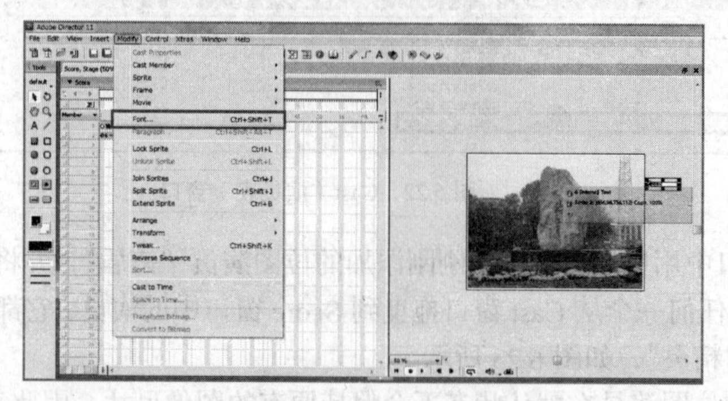

图 6.27 选择“Font…”属性

此时会出现文本字体编辑窗口，如图 6.28 所示。将字体设置为“华文行楷”，字号设置为 48，颜色选择红色，设置完成后单击“OK”按钮。

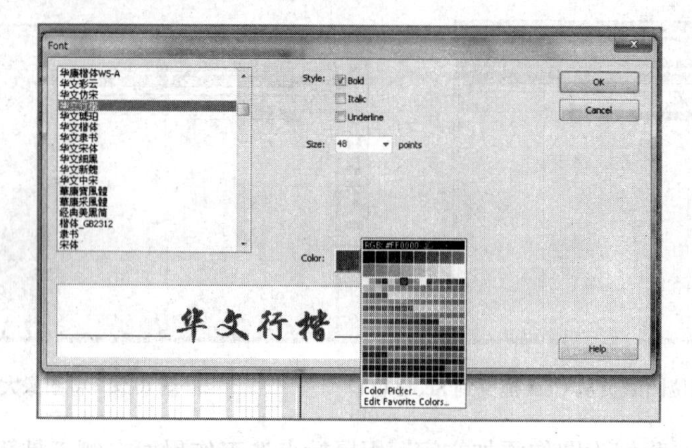

图 6.28 Font 属性对话框

将文本框在 Stage 窗口里拖拽到精灵“铸盾”的左上角，同时我们也可以在 Score 窗口中调整文本框出现及结束的时间点。如图 6.29 所示。

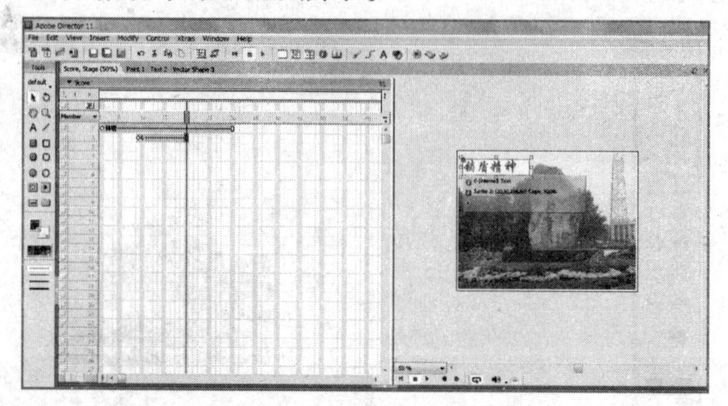

图 6.29 调整文本框的位置

⑥ 最终我们就可以在 Stage 窗口中得到如图 6.30 所示的多媒体主界面，一个多媒体作品

的首页就完成了，可以单击工具栏或者 Stage 窗口中的播放按钮来查看效果。

通过以上这个简单的小练习，我们对于 Director 11 的基本工作流程已经有了一个初步的了解。然而，对于 Director 来讲这仅仅是一个简单的开始，其真正强大的功能和魅力还远远不止于此，随着实践的深入，我们必将发现越来越多有关多媒体的魅力。

6.30 最终效果

2．例二：多媒体课件制作

① 利用例 1 中的方法，将做好的素材逐一导入 Cast（演员表）窗口中，如图 6.31 所示。

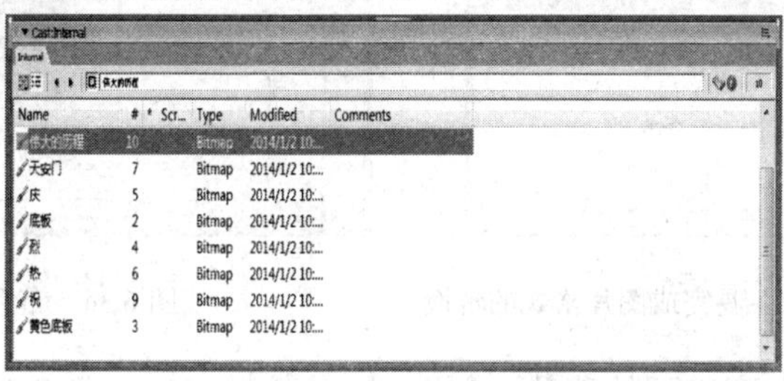

图 6.31 导入素材完成后的 Cast 窗口

素材中的文字素材和图片素材均为.png 格式，在实际应用中我们需要将准备好的素材格式转换成.png 格式，方法如下：

步骤一：打开 Photoshop CS5，单击菜单栏里的文件|打开命令，找到素材库里的“会议背景.jpg”图片；

步骤二：右键单击“文件”菜单栏，选择“存储为”，将图片保存为.png 格式，图片名不变，如图 6.32 所示；

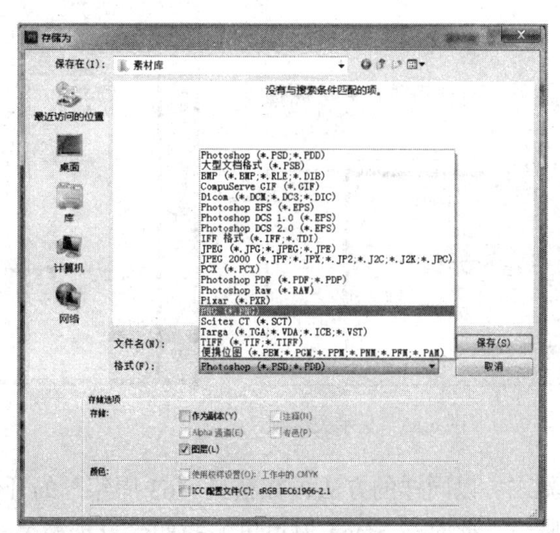

图 6.32 将图片格式转换为.png

步骤三：如果没有安装 Photoshop 的话，利用 Windows7 系统自带的“画图”工具，同样可以完成图片格式的转换，如图 6.33 所示。

② 以例 1 的方法将位图演员逐一从 Cast 窗口拖曳到 Stage 窗口，并按照最终屏幕显示的结果，调整好各个精灵的位置与大小，结果如图 6.34 所示。

图 6.33　利用“画图”工具完成图片格式的转换

图 6.34　布置好的 Stage 窗口

③ 单击“Score”窗口下的菜单，勾选“Show Keyframes”选项，然后在 Score 窗口里拖动精灵的关键帧（就是圆点）来设置精灵在电影里出现的先后顺序及时间，调整结果如图 6.35 所示。

④ 以精灵“63 周年”为例说明如何进行动画设置。精灵“63 周年”的动画设计效果为从屏幕下方上升至屏幕中所示位置后自动停止运动，设置方法为：

步骤一：在 Score 窗口里，鼠标右键单击精灵“63 周年”的结束帧，在快捷菜单栏里选择“Insert　Keyframe”;，如图 6.36 所示。

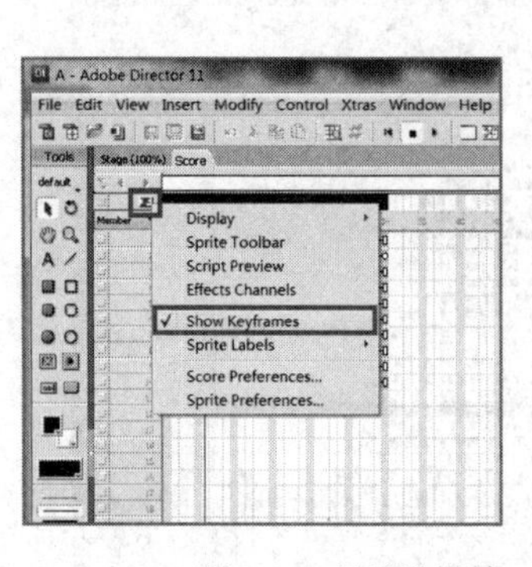

图 6.35　显示关键帧

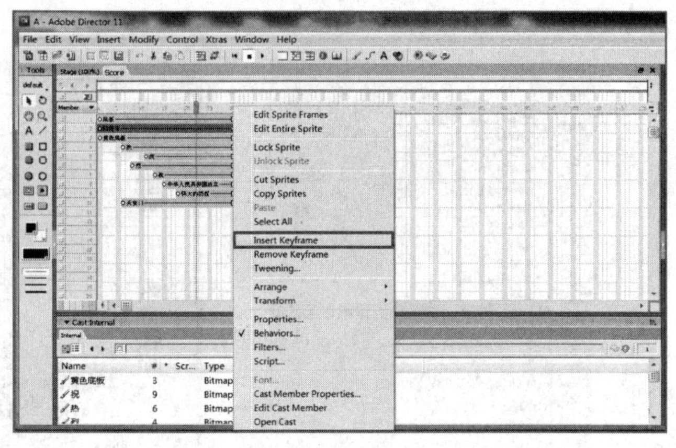

图 6.36　插入关键帧

步骤二：以同样的方法，在精灵“63 周年”的开始帧位置插入关键帧；

步骤三：此时在 Stage 窗口里，我们会发现精灵“63 周年”正中间位置有一个圆点，用鼠标左键点中，略移开，会发现有一红一绿两个圆点，其中红色圆点表示精灵最后定格的位置，而绿色圆点代表精灵出现的位置，而红色圆点与绿色圆点之间的连线则可看做是精灵“63周年”的移动轨迹；

步骤四：鼠标左键选中绿色圆点，将其拖曳到舞台下方，单击播放按钮，就可以看到精灵“63周年”从舞台下方缓缓升起；

步骤五：以同样的方法，我们可以调整精灵“天安门”等的出场动作，效果可以按播放键查看。

注意将以上精灵们的结束帧设置为相同。现在我们用转场控制来实现课件中页与页之间的切换效果。

⑤ 采用步骤（1）到步骤（4）的方法，将位图元素“背景.png”加入，将其开始帧设置在精灵“底板”结束帧以后紧跟的位置，并设置好出场效果；

⑥ 单击Score窗口下的菜单，选择“Effects Channels”，如图6.37所示；在转场通道的对应帧位置右键鼠标，选择“Transition”，如图6.38所示。

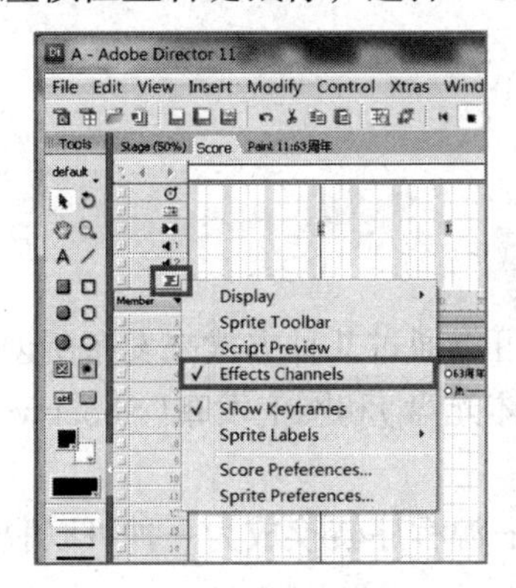

图6.37　选择“Effects Channels”

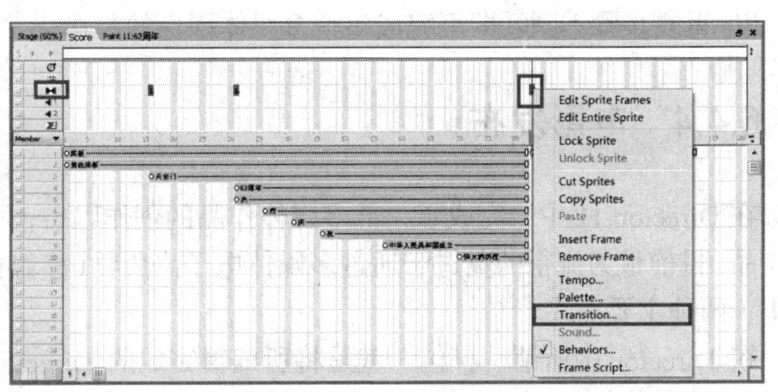

图6.38　选择“Transition”

⑦ 在弹出的“Frame Properties:Transition”对话框内，左侧的Categories窗口提供7大类转场效果，右侧的Transitions则是每种转场效果对应的细分效果，我们这里选择了Cover类别下的Cover Down效果作以演示，单击“OK”按钮结束。单击播放按钮，可以查看切换效果，如图6.39所示。

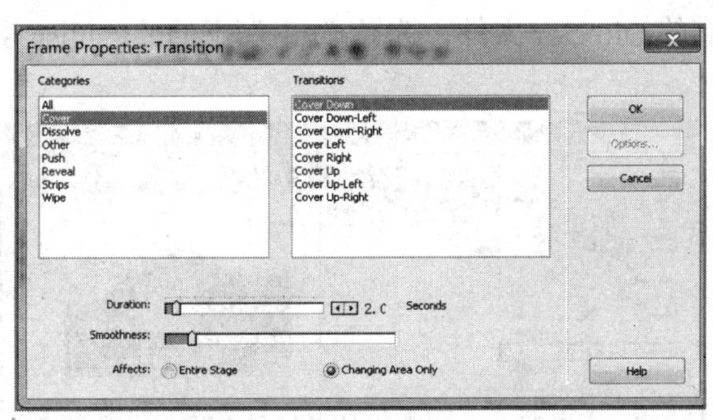

图6.39　转场控制效果

⑧ 添加鼠标动作：在“Effects Channels”的图标，在精灵“底板”的最后一帧处的对应通道内，双击鼠标左键，在弹出的“Frame Properties：Tempo”属性对话框内勾选“Wait for Click or Key Press”选项，即可以实现鼠标单击才出现下一个精灵出场的效果，如图 6.40 所示。

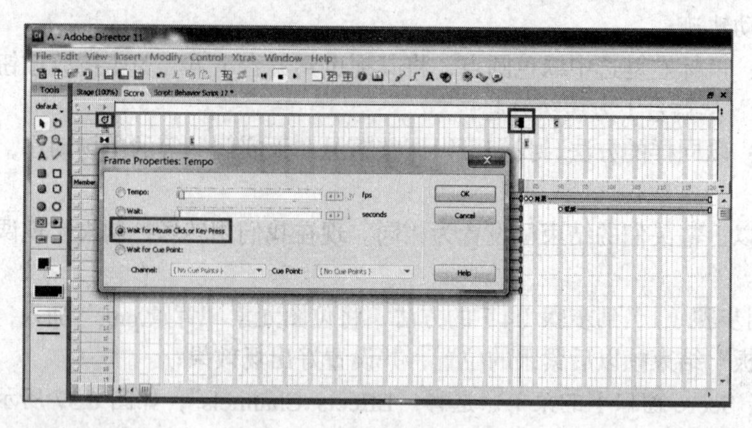

图 6.40　添加鼠标动作

⑨ 重复步骤①到⑧即可完成整个多媒体课件的制作。

6.4.4　电影发布

在 Director 11 中，完成了一部多媒体作品的创作以后，可以通过几种方式来发布所创作的作品。目前最为流行的莫过于通过多媒体电子出版物（多媒体光盘）和网上发布（Shockwave 电影）两种主要形式。

在 Director 中所谓“打包”就是将所编辑完成的 Director 源程序转换成为一种可以脱离 Director 编著软件而独立运行的可执行文件。

由于 Director 同时具有 Windows 版和 Macintosh 版两种版本，因此在打包时最好要确定最终的可执行文件期望运行的平台。

1. 多媒体电子出版物打包发布流程

在 Director 中创建可执行文件非常方便，下面通过一个实例来具体说明。

① 打开一个已有的 Director 文件，选择“File”下的“Publish Settings”命令，如图 6.41 所示。

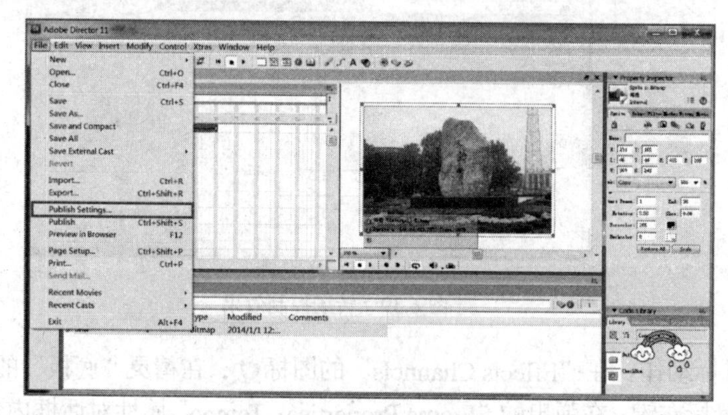

图 6.41　Publish Settings

② 在弹出的对话框中勾选“Windows Projector”选项前面的复选框，如图 6.42 所示。

③ 然后在“Publish Settings”的度画框中选择“Projector”选项卡，在该栏中勾选“Animate in Background”选项、“Full screen”选项和“Center Stage in montor”选项，如图 6.43 所示。各个选项含义如下：

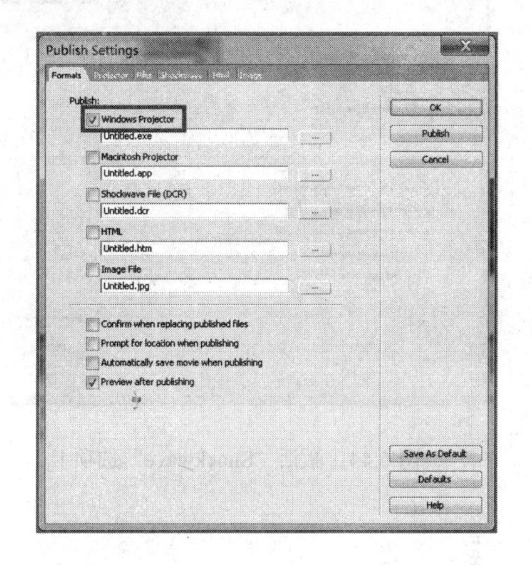

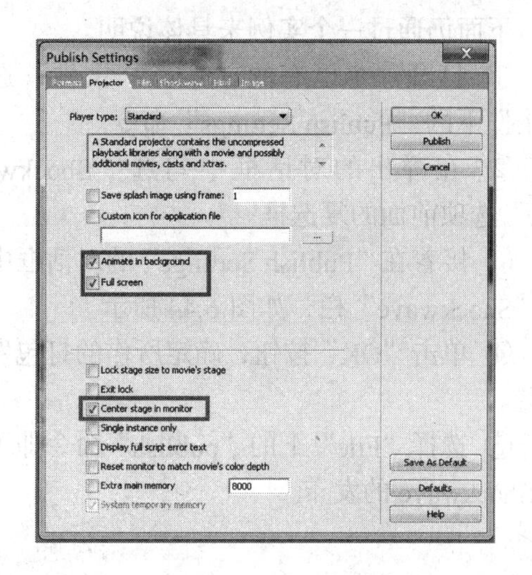

图 6.42　Publish Settings 属性对话框 1　　　图 6.43　Publish Settings 属性对话框 2

“Animate in Background”选项。选中该复选框，则在播放多媒体节目的过程中如果切换到另外一个应用程序，Director 将继续播放。如果该复选框在打包的过程中未被选中，则多媒体节目的播放过程中如果系统备切换到另外一个应用程序，多媒体节目将会暂停播放，知道该节目再次成为当前播放程序时多媒体节目才继续播放。

“Full screen”选项。选中该复选框则多媒体节目在播放的过程中将会全屏播放，覆盖整个桌面。

“Center Stage in montor”选项。选择该单选框，将使说播放的多媒体节目的舞台被控制在屏幕的中央位置上，而不论当前所播放的多媒体节目的舞台尺寸是多大。该项对于所播放的多媒体节目的舞台尺寸小于屏幕尺寸的情况特别有效。

④ 单击“OK”按钮，确定所作的打包发布设置。

⑤ 选择“File”下的“Publish”命令。发布完成后，会自动生成一个后缀名为.exe 的可执行文件。关闭 Director 11 软件，双击生成的.exe 可执行文件即可运行多媒体作品。

需要注意的是：如果是外部演员表，这最好将外部演员表与可执行文件保存在同一个目录下，以确保多媒体作品的正常播放。

2.网上发布多媒体作品技术

Director 不能独自在因特网上播放多媒体电影，为此，开发者为 Director 设计了一个可以在网上播放电影的工具——Shockwave。使用 Shockwave 技术，可以在因特网上播放 Director 电影、Flash 动画以及高质量的音频等。

创建 Shockwave 的目的是为了适合网络传播而对文件进行优化，这些文件都进行了压缩，因而可以在网络上快速地上传下载或者进行播放。经过压缩的 Director 文件的扩展名为 DCR，可以在网络浏览器中播放。另外有一点需要注意的是，如果要将电影发布到因特网上，就必须在电影中包含相应的 Xtras 插件，否则电影被下载后将不能正常播放。

下面仍通过一个实例来具体说明。

① 打开一个已有的 Director 文件，选择“File”下的“Publish Settings”命令。

② 在弹出的对话框中勾选“Shockwave File”选项前面的复选框。

③ 接着在“Publish Settings”的对话框中激活“Shockwave”栏，如图 6.44 所示。

④ 单击“OK”按钮，确定所作的打包发布设置。

⑤ 选择“File”下的“publish”命令即可完成 Shockwave 的发布。

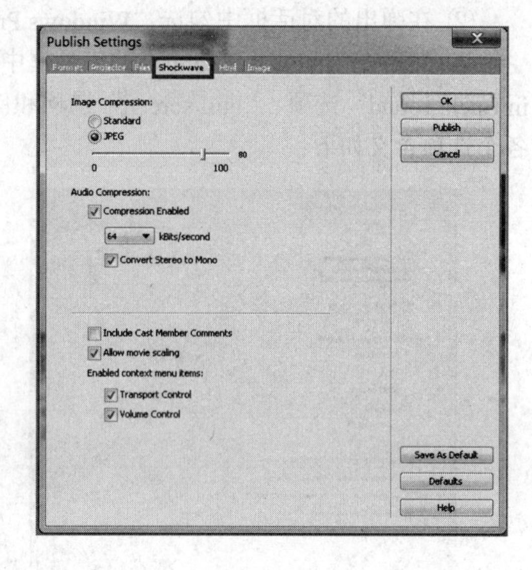

图 6.44 激活“Shockwave”选项卡

习 题 6

一、简答题

1. 什么是媒体？媒体是如何分类的？
2. 什么是多媒体？什么是多媒体技术？它有哪些特点？
3. 多媒体计算机硬件包括哪些组成部分？
4. 模拟音频如何转换为数字音频？
5. 计算机声音的产生有哪些途径？
6. 为什么要进行多媒体数据的压缩？都有哪些常用的压缩方法？
7. 什么是 JPEG 标准？什么是 MPEG 标准？什么是 MP3 标准？
8. 多媒体软件系统的功能是什么？如何分类？
9. 位图与矢量图有什么区别？psd 格式与其他格式最大的区别是什么？
10. 请列举出几种图像的格式。

二、上机题

利用 Director 制作一个展示家乡风貌的汇报片。

第七章

计算机网络基础

本章首先介绍计算机网络的定义及发展，阐述计算机网络的分类、拓扑结构及 OSI 和 TCP/IP 参考模型，讲解计算机网络的组成、常见的网络设备以及无线网络技术。然后详细论述了 Internet 关键技术、相关服务及应用。最后介绍信息安全的基本概念、体系结构以及计算机病毒和网络黑客的防范。

7.1 计算机网络概述

7.1.1 计算机网络的定义

计算机网络是计算机技术与通信技术相融合、实现信息传送、达到资源共享的系统。随着计算机技术和通信技术的发展，其内涵也在发展变化。从资源共享的角度出发，美国信息处理学会联合会认为，计算机网络是以能够相互共享资源（硬件、软件、数据）的方式连接起来，并各自具备独立功能的计算机系统的集合。

在理解计算机网络定义的时候，要注意以下三点。

自主：计算机之间没有主从关系，所有计算机都是平等独立的。

互连：计算机之间由通信信道相连，并且相互之间能够交换信息。

集合：网络是计算机的群体。

计算机网络是计算机技术和通信技术紧密融合的产物，它涉及通信与计算机两个领域。它的诞生使计算机体系结构发生了巨大变化，在当今社会经济中起着非常重要的作用，它对人类社会的进步做出了巨大贡献。从某种意义上讲，计算机网络的发展水平不仅反映了一个国家的计算机科学和通信技术水平，而且已经成为衡量其国力及现代化程度的重要标志之一。

7.1.2 计算机网络的发展

计算机网络出现的历史不长，但发展速度很快。在四十多年的时间里，它经历了一个从简单到复杂、从单机到多机的演变过程。发展过程大致可概括为四个阶段：具有通信功能的单机系统阶段；具有通信功能的多机系统阶段；以共享资源为主的计算机网络阶段；以局域网及其互连为主要支撑环境的分布式计算阶段。

1．具有通信功能的单机系统

该系统又称终端——计算机网络，是早期计算机网络的主要形式。它是由一台中央主计算机连接大量的地理位置上分散的终端。20 世纪 50 年代初，美国建立的半自动地面防空系统 SAGE 就是将远距离的雷达和其他测量控制设备的信息，通过通信线路汇集到一台中心计算机进行集中处理，从而首次实现了计算机技术与通信技术的结合。

2．具有通信功能的多机系统

在单机通信系统中，中央计算机负担较重，既要进行数据处理，又要承担通信控制，实际工作效率下降；而且主机与每一台远程终端都用一条专用通信线路连接，线路的利用率较低。由此出现了数据处理和数据通信的分工，即在主机前增设一个前端处理机负责通信工作，并在终端比较集中的地区设置集中器。集中器通常由微型机或小型机实现，它首先通过低速通信线路将附近各远程终端连接起来，然后通过高速通信线路与主机的前端处理机相连。这种具有通信功能的多机系统，构成了计算机网络的雏形，如图 7.1 所示。20 世纪 60 年代初，此网络在军事、银行、铁路、民航、教育等部门都有应用。

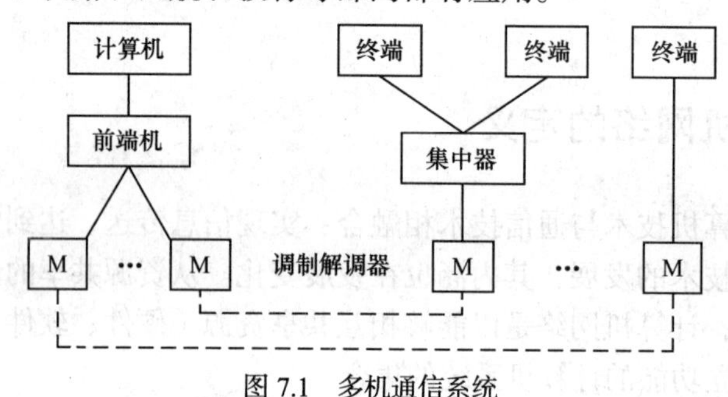

图 7.1　多机通信系统

3．计算机网络

20 世纪 60 年代中期，出现了由若干个计算机互连的系统，开创了“计算机——计算机”通信的时代，并呈现出多处理中心的特点，即利用通信线路将多台计算机连接起来，实现了计算机之间的通信。

4．局域网的兴起和分布式计算的发展

自 20 世纪 70 年代开始，随着大规模集成电路技术和计算机技术的飞速发展，硬件价格急剧下降，微机广泛应用，局域网技术得到迅速发展，尤其是以太网。

以太网又叫做 IEEE 802.3 标准网络。它最初由美国施乐（Xerox）公司研制成功，当时的传输速率只有 2.94Mbit/s。后来以太网的标准由 IEEE 来制定，于是就有了 IEEE 802.3 协议标准，通常也叫作以太网标准。

早期的以太网采用同轴电缆作为传输介质，传输速率为 10 Mbit/s，最远传输距离为 500m，最多可连接 100 台计算机。主要标准为 10Base-5 和 10Base-2，其中 Base 是指传输信号是基带信号。以太网 10Base-T 采用双绞线作为传输介质，在网络中引入集线器 Hub，网络拓扑采用树型、总线型和星型混合结构，使得网络更加易于维护。随着数据业务的增加，1993 年诞生了快速以太网 100Base-T，在 IEEE 标准里为 IEEE 802.3u。快速以太网的出现大大提升了网络速度，再加上快速以太网设备价格低廉，快速以太网很快成为局域网的主流。目前，正式的 100Base-T 标准定义了 3 种物理规范以支持不同介质：100Base-T 用于使用两对线的双绞线电缆，100Base-T4 用于使用四对线的双绞线电缆，100Base-FX 用于光纤。吉比特以太网是 IEEE 802.3 标准的扩展，在保持与以太网和快速以太网设备兼容的同时，提供 1000Mbit/s 的数据带宽。IEEE 802.3 工作组建立了 IEEE 802.3z 以太网小组来建立吉比特以太网标准。吉比特以太网在线路工作方式上进行了改进，提供了全新的全双工工作方式，并且可支持双绞线电缆、多模光纤、单模光纤等介质。目前吉比特以太网设备已经普及，主要被用在网络的骨干部分。10 吉比特以太网遵循 IEEE 802.3ae 标准。目前支持 9μm 单模、50μm 多模和 62.5μm 多模 3 种光纤，主要有 10GBase-S（850nm 短波）、10GBase-L（1310nm 长波）、10GBase-E（1550nm 长波）3 种标准，最大传输距离分别为 300m、10km、40km，另外，还包括一种可以使用 DWDM 波分复用技术的 10GBase-LX4 标准。

早期的计算机网络是以主计算机为中心的，计算机网络控制和管理功能都是集中式的，但随着个人计算机（PC）功能的增强，PC 方式呈现出的计算能力已逐步发展成为独立的平台，这就导致了一种新的计算结构——分布式计算模式的诞生。

目前，计算机网络的发展正处于第四阶段。这一阶段计算机网络发展的特点是互连、高速、智能与更为广泛的应用。

7.1.3 计算机网络的分类

计算机网络的分类方法有很多种，根据网络的分类不同，在同一种网络中可能会有很多种不同的名词说法，例如局域网、总线网、以太网或 Windows NT/2000 网络等。其中最主要的三种方法是：

- 根据网络所使用的传输技术分类。
- 根据网络的覆盖范围与规模分类。
- 从网络的使用者进行分类。

1. 根据网络传输技术进行分类

网络所使用的传输技术决定了网络的主要技术特点，因此根据网络所采用的传输技术对网络进行划分是一种很重要的方法。在通信技术中，通信信道的类型有两类：广播通信信道与点到点通信信道。在广播通信信道中，多个节点共享一个物理通信信道，一个节点广播信息，其他节点都能够接收这个广播信息。而在点到点通信信道中，一条通信信道只能连接一对节点，如果两个节点之间没有直接连接的线路，那么他们只能通过中间节点转接。显然，网络要通过通信信道完成数据传输任务，因此网络所采用的传输技术也只可能有两类，即广播（Broadcast）方式和点到点（Point-to-Point）方式。这样，相应的计算机网络也可以分为两类：

（1）点到点式网络

点到点传播指网络中每两台主机、两台节点交换机之间或主机与节点交换机之间都存在一条物理信道，即每条物理线路连接一对计算机，如图 7.2 所示。机器（包括主机和节点交换机）沿某信道发送的数据确定无疑地只有信道另一端的唯一一台机器收到。假如两台计算机之间没有直接连接的线路，那么它们之间的分组传输就要通过中间节点的接收、存储、转发直至目的节点。由于连接多台计算机之间的线路结构可能是复杂的，因此从源节点到目的节点可能存在多条路由，决定分组从通信子网的源节点到达目的节点的路由需要有路由选择算法。采用分组存储转发是点到点式网络与广播式网络的重要区别之一。

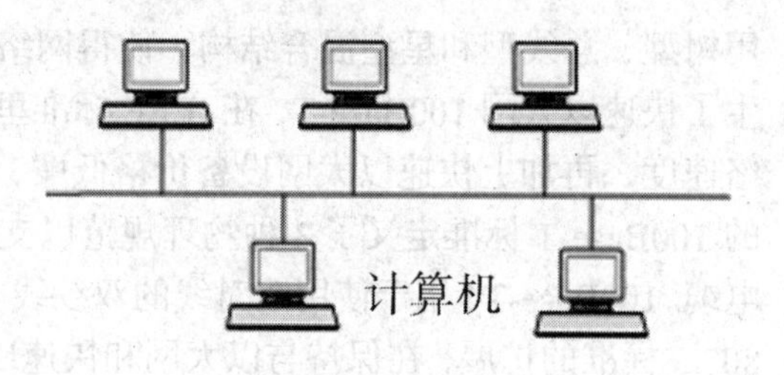

图 7.2　点对点式网络

在这种点到点的拓扑结构中，没有信道竞争，几乎不存在介质访问控制问题。点到点信道无疑可能浪费一些带宽，因为在长距离信道上一旦发生信道访问冲突，控制起来相当困难，所以广域网都采用点到点信道，而用带宽来换取信道访问控制的简化。

（2）广播式网络

广播式网络中的广播是指网络中所有连网计算机都共享一个公共通信信道，当一台计算机利用共享通信信道发送报文分组时，所有其他计算机都会接收并处理这个分组。由于发送的分组中带有目的地址与源地址，网络中所有计算机接收到该分组的计算机将检查目的地址是否与本节点的地址相同。如果被接受报文分组的目的地址与本节点地址相同，则接受该分组，否则将收到的分组丢弃。在广播式网络中，若分组是发送给网络中的某些计算机，则被称为多点播送或组播；若分组只发送给网络中的某一台计算机，则称为单播。在广播式网络中，由于信道共享可能引起信道访问错误，因此信道访问控制是要解决的关键问题。

2．根据计算机网络规模和覆盖范围分类

按照计算机网络规模和所覆盖的地理范围对其分类，可以很好地反映不同类型网络的技术特征。由于网络覆盖的地理范围不同，所采用的传输技术也有所不同，因此形成了不同的网络技术特点和网络服务功能。按覆盖地理范围的大小，可以把计算机网络分为局域网、城域网和广域网。如表 7.1 所示。

表 7.1　　计算机网络的一般分类

网络分类	分布距离	跨越地理范围	带宽
局域网（LAN）	10m	房屋	100Mbit/s-xGbit/s
	200m	建筑物	
	2km	校园内	
城域网（MAN）	100km	城市	64kbit/s-xGbit/s
广域网（WAN）	1000km	国家、洲或者洲际	64kbit/s-625Mbit/s

在表 7.1 中，大致给出了各类网络的传输速率范围。总的规律是距离越长，速率越低。局域网距离越短，传输速率最高。一般来说，传输速率是关键因素，它极大地影响着计算机

网络硬件技术的各个方面。例如，广域网一般采用点对点的通信技术，而局域网采用广播式通信技术。在距离、速率和技术细节的相对关系中，距离影响速率，速率影响技术细节。下面我们分别作进一步说明。

（1）局域网

局域网（Local Area Network，LAN）主要用来构建一个单位的内部网络，例如办公室网络、办公大楼内的局域网、学校的校园网、工厂的企业网、大公司及科研机构的园区网等，范围一般在 2km 以内，最大距离不超过 10km。局域网通常属于单位所有，单位拥有自主管理权，以共享网络资源和协同式网络应用为主要目的。如图 7.3 所示。它是在小型计算机和微型计算机大量推广使用之后逐渐发展起来的。一方面，它容易管理与配置；另一方面，容易构成简洁整齐的拓朴结构。局域网速率高，延迟小，传输速率通常为 10Mbit/s 以上。因此，网络节点往往能对等地参与对整个网络的使用与监控。局域网按照采用的技术、应用范围和协议标准的不同，可以分为共享局域网和交换局域网，它是目前计算机网络技术发展中最活跃的一个分支。局域网的物理网络通常只包含物理层和数据链路层。

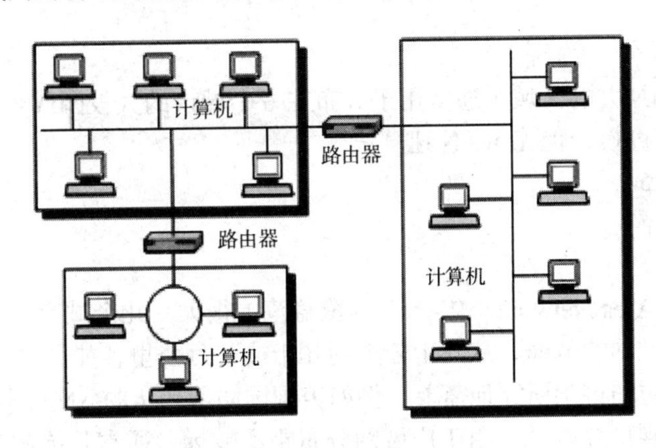

图 7.3　局域网

局域网主要特点：

- 适应网络范围小。
- 传输速率高。
- 组建方便、使用灵活。
- 网络组建成本低。
- 数据传输错误率低。

（2）城域网

城域网（Metropolitan Area Network，MAN）是介于广域网与局域网之间的一种大范围的高速网络，它的覆盖范围通常为几公里至几十公里，传输速率为 100Mbit/s 以上。如图 7.4 所示。使用局域网带来的好处使人们逐渐要求扩大局域网的范围，或者要求将已经使用的局域网互相连接起来，使其成为一个规模较大的城市范围内的网络。因此，城域网设计的目标是要满足几十公里范围内的大量企业、机关、公司与社会服务部门的计算机连网需求，实现大量用户、多种信息传输的综合信息网络。城域网主要指大型企业集团、ISP、电信部门、有线电视台和政府构建的专用网络和公用网络。

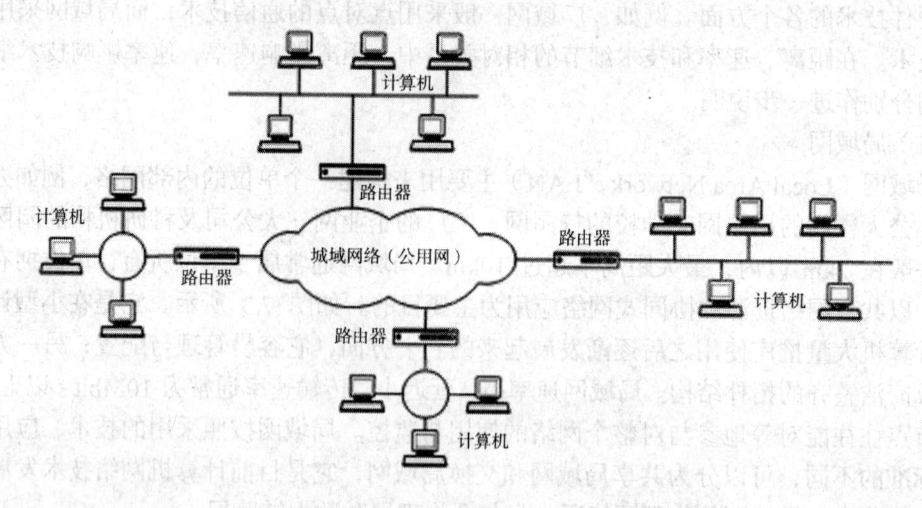

图 7.4　城域网

城域网主要特点：

- 适合比 LAN 大的区域（通常用于分布在一个城市的大校园或企业之间）
- 比 LAN 速度慢，但比 WAN 速度快
- 昂贵的设备
- 中等错误率

（3）广域网

广域网（Wide Area Network，WAN）的覆盖范围很大、几个城市，一个国家，几个国家甚至全球都属于广域网的范畴，从几十公里到几千或几万公里，如图 7.5 所示。此类网络起初是出于军事、国防和科学研究地需要。例如美国国防部的 ARPANET 网络，1971 年在全美推广使用并已延伸到世界各地。由于广域网分布距离较远，通常其传输速率是比局域网低，为 56kbit/s 以上，而信号的传播延迟却比局域网要大得多。另外在广域网中，网络之间连接用的通信线路大多租用专线，当然也有专门铺设的线路。物理网络本身往往包含了一组复杂的分组交换设备，通过通信线路连接起来，构成网状结构。由于广域网一般采用点对点的通信技术，所以必须解决寻径问题，这也是广域网的物理网络中心包含网络层的原因。互联网在范畴上属于广域网，但它并不是一种具体的物理网络技术，它是将不同的物理网络技术按某种协议统一起来的一种高层技术。正是广域网与广域网、广域网与局域网、局域网与局域网之间的互连，才形成了局部处理与远程处理、有限地域范围资源共享与广大地域范围资源共享相结合的互联网。目前，世界上发展最快、最热门的互联网就是 Internet，它是世界上最大的互联网。国内这方面的代表主要有：中国电信的 CHINANET 网、中国教育科研网（CERNET）、中国科学院系统的 CSTNET 和金桥网（GBNET）等。

广域网的主要特点：

- 规模可以与世界一样大小。
- 一般比 LAN 和 MAN 慢很多。
- 网络传输错误率最高。
- 昂贵的网络设备。

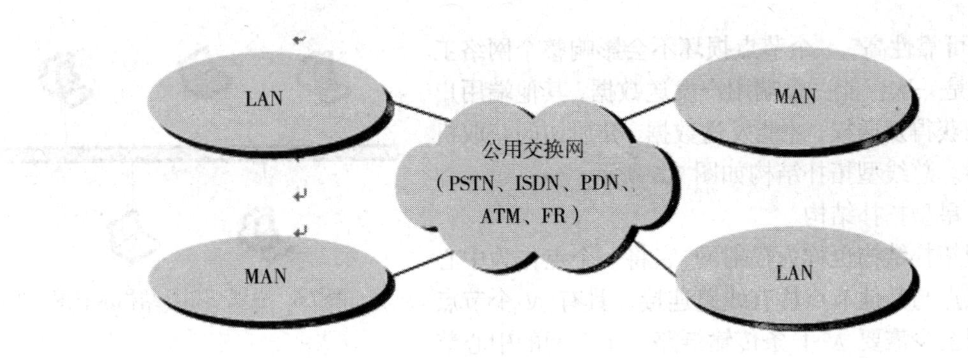

图 7.5　广域网

3．从网络的使用者进行分类

这可以划分为公用网和专用网。

（1）公用网

由电信部门或其他提供通信服务的经营部门组建、管理和控制，网络内的传输和转接装置可供任何部门和个人使用；公用网常用于广域网络的构造，支持用户的远程通信。如我国的电信网、广电网、联通网等。

（2）专用网

由用户部门组建经营的网络，不容许其他用户和部门使用；由于投资的因素，专用网常为局域网或者是通过租借电信部门的线路而组建的广域网络。如由学校组建的校园网、由企业组建的企业网等。

（3）利用公用网组建专用网

许多部门直接租用电信部门的通信网络，并配置一台或者多台主机，向社会各界提供网络服务，这些部门构成的应用网络称为增值网络（或增值网），即在通信网络的基础上提供了增值的服务。如中国教育科研网——Cernet，全国各大银行的网络等。

7.1.4　计算机网络的拓扑结构

抛开网络中的具体设备，把网络中的计算机等设备抽象为点，把网络中的通信媒体抽象为线，这样从拓扑学的观点去看计算机网络，就形成了由点和线组成的几何图形，从而抽象出网络系统的具体结构。这种采用拓扑学方法描述各个计算机节点之间的连接方式称为网络的拓扑结构。计算机网络常采用的基本拓扑结构有总线结构、环型结构、星型结构、网状型结构和树型结构。

（1）总线型拓扑结构

总线型拓扑结构的所有节点都通过相应硬件接口连接到一条无源公共总线上，任何一个节点发出的信息都可沿着总线传输，并被总线上其他任何一个节点接收。它的传输方向是从发送点向两端扩散传送，是一种广播式结构。在 LAN 中，采用带有冲突检测的载波侦听多路访问控制方式，即 CSMA／CD 方式。每个节点的网卡上有一个收发器，当发送节点发送的目的地址与某一节点的接口地址相符，该节点即接收该信息。总线结构的优点是安装简单，易

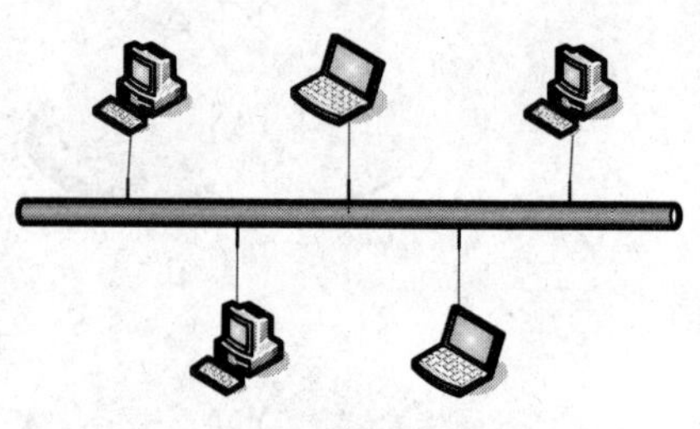
图 7.6　总线型拓扑结构示意图

于扩充，可靠性高，一个节点损坏不会影响整个网络工作；缺点是一次仅能一个端用户发送数据，其他端用户必须等到获得发送权，才能发送数据，介质访问获取机制较复杂。总线型拓扑结构如图 7.6 所示。

（2）星型拓扑结构

星型拓扑结构也称为辐射网，它将一个点作为中心节点，该点与其他节点均有线路连接。具有 N 个节点的星型网至少需要 $N-1$ 条传输链路。星型网的中心节点就是转接交换中心，其余 $N-1$ 个节点间相互通信都要经过中心节点来转接。中心节点可以是主机或集线器。因而该设备的交换能力和可靠性会影响网内所有用户。星型拓扑的优点是：利用中心节点可方便地提供服务和重新配置网络；单个连接点的故障只影响一个设备，不会影响全网，容易检测和隔离故障，便于维护；任何一个连接只涉及中心节点和一个站点，因此介质访问控制的方法很简单，从而访问协议也十分简单。星型拓扑的缺点是：每个站点直接与中心节点相连，需要大量电缆，因此费用较高；如果中心节点产生故障，则全网不能工作，所以对中心节点的可靠性和冗余度要求很高，中心节点通常采用双机热备份来提高系统的可靠性。星型拓扑结构如图 7.7 所示。

（3）环型网络拓扑结构

环型结构中的各节点通过有源接口连接在一条闭合的环型通信线路中，是点对点结构。环型网中每个节点发送的数据流按环路设计的流向流动。为了提高可靠性，可采用双环或多环等冗余措施来解决。目前的环型结构中，采用了一种多路访问部件 MAU，当某个节点发生故障时，可以自动旁路，隔离故障点，这也使可靠性得到了提高。环型结构的优点是实时性好，信息吞吐量大，网的周长可达 200km，节点可达几百个。但因环路是封闭的，所以扩充不便。IBM 于 1985 年率先推出令牌环网，目前的 FDDI 网就使用这种双环结构。环型拓扑结构如图 7.8 所示。

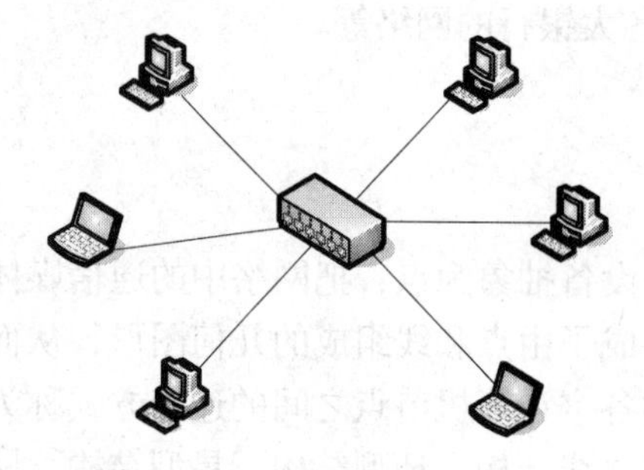
图 7.7　星型拓扑结构示意图

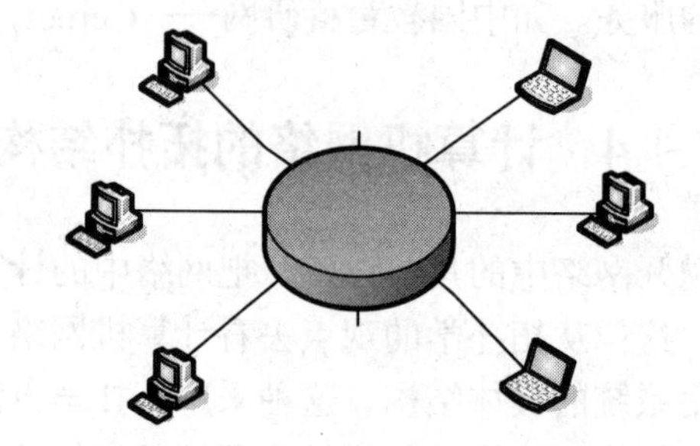
图 7.8　环型拓扑结构示意图

（4）网状型结构

网状拓扑结构又称为无规则型。在网状拓扑结构中，节点之间的连接是任意的，没有规律。网状拓扑结构的主要优点是系统可靠性高，但是结构复杂，必须采用路由选择算法与流量控制方法。目前实际存在与使用的广域网，基本上都采用网状拓扑结构型。网状型拓扑结构如图 7.9 所示。

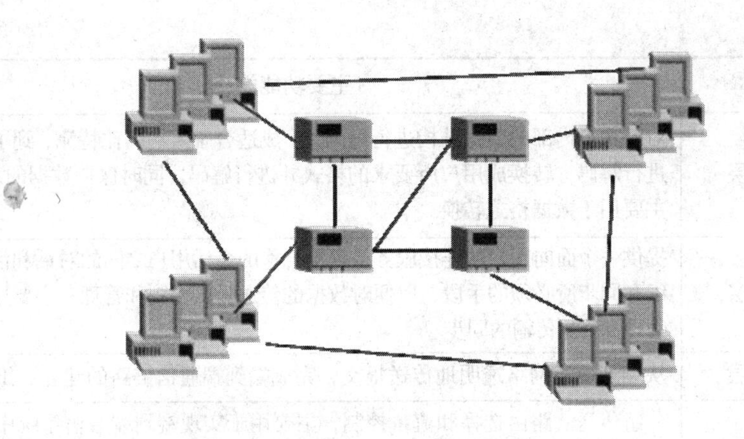

图 7.9　网状型拓扑结构示意图

（5）树型结构

树型结构是分级的集中控制式网络，与星型相比，它的通信线路总长度短，成本较低，节点易于扩充，寻找路径比较方便，但除了叶节点及其相连的线路外，任一节点或其相连的线路故障都会使系统受到影响。

7.1.5　计算机网络体系结构和 TCP/IP 参考模型

1.计算机网络体系结构

1974 年，IBM 公司首先公布了世界上第一个计算机网络体系结构（System Network Architecture，SNA），凡是遵循 SNA 的网络设备都可以很方便地进行互连。1977 年 3 月，国际标准化组织（ISO）的技术委员会 TC97 成立了一个新的技术分委会 SC16 专门研究"开放系统互连"，并于 1983 年提出了开放系统互连参考模型，即著名的 ISO 7498 国际标准（我国相应的国家标准是 GB 9387），记为 OSI/RM。在 OSI 中采用了三级抽象：参考模型（即体系结构）、服务定义和协议规范（即协议规格说明），自上而下逐步求精。OSI/RM 并不是一般的工业标准，而是一个为制定标准用的概念性框架。

经过各国专家的反复研究，在 OSI/RM 中，采用了如表 7.2 所示的七个层次的体系结构。它们由低到高分别是物理层、数据链路层、网络层、传输层、会话层、表示层和应用层。每层完成一定的功能，每层都直接为其上层提供服务，并且所有层次都互相支持。第 4 层到第 7 层主要负责互操作性，而第 1 层到第 3 层则用于创造两个网络设备间的物理连接。

表 7.2　　　　OSI/RM7 层协议模型

层号	名称	主要功能简介
7	应用层	作为与用户应用进程的接口，负责用户信息的语义表示，并在两个通信者之间进行语义匹配，它不仅要提供应用进程所需要的信息交换和远地操作，而且还要作为互相作用的应用进程的用户代理来完成一些为进行语义上有意义的信息交换所必须的功能

（续表）

层号	名称	主要功能简介
6	表示层	对源站点内部的数据结构进行编码，形成适合于传输的比特流，到了目的站再进行解码，转换成用户所要求的格式并进行解码，同时保持数据的意义不变。主要用于数据格式转换
5	会话层	提供一个面向用户的连接服务，它给合作的会话用户之间的对话和活动提供组织和同步所必须的手段，以便对数据的传送提供控制和管理。主要用于会话的管理和数据传输的同步
4	传输层	从端到端经网络透明地传送报文，完成端到端通信链路的建立、维护和管理
3	网络层	分组传送、路由选择和流量控制，主要用于实现端到端通信系统中中间节点的路由选择
2	数据链路层	通过一些数据链路层协议和链路控制规程，在不太可靠的物理链路上实现可靠的数据传输
1	物理层	实行相邻计算机节点之间比特数据流的透明传送，尽可能屏蔽掉具体传输介质和物理设备的差异

OSI/RM 参考模型对各个层次的划分遵循下列原则。

- 网中各节点都有相同的层次，相同的层次具有同样的功能。
- 同一节点内相邻层之间通过接口通信。
- 每一层使用下层提供的服务，并向其上层提供服务。
- 不同节点的同等层按照协议实现对等层之间的通信。

2. TCP/IP 参考模型

TCP/IP 使用范围极广，是目前异种网络通信使用的唯一协议体系，适用于连接多种机型，既可用于局域网，又可用于广域网，许多厂商的计算机操作系统和网络操作系统产品都采用或含有 TCP/IP。TCP/IP 已成为目前事实上的国际标准和工业标准。TCP/IP 也是一个分层的网络协议，不过它与 OSI 模型所分的层次有所不同。TCP/IP 从底至顶分为网络接口层、网际层、传输层、应用层共四个层次，各层功能如下。

网络接口层。这是 TCP/IP 的最低一层，包括有多种逻辑链路控制和媒体访问协议。网络接口层的功能是接收 IP 数据报并通过特定的网络进行传输，或从网络上接收物理帧，抽取出 IP 数据报并转交给网际层。

网际层（IP 层）。该层包括以下协议：IP（Internet Protocol，网际协议）、ICMP（Internet Control Message Protocol，因特网控制报文协议）、ARP（Address Resolution Protocol，地址解析协议）、RARP（Reverse Address Resolution Protocol，反向地址解析协议）。该层负责相同或不同网络中计算机之间的通信，主要处理数据报和路由。在 IP 层中，ARP 用于将 IP 地址转换成物理地址，RARP 用于将物理地址转换成 IP 地址，ICMP 用于报告差错和传送控制信息。IP 在 TCP/IP 中处于核心地位。

传输层。该层提供 TCP（Transmission Control Protocol，传输控制协议）和 UDP（User Datagram Protocol，用户数据报协议）两个协议，它们都建立在 IP 的基础上，其中，TCP 提供可靠的面向连接服务，UDP 提供简单的无连接服务。传输层提供端到端，即应用程序之间的通信，主要功能是数据格式化、数据确认和丢失重传等。

应用层。TCP/IP 的应用层相当于 OSI 模型的会话层、表示层和应用层，它向用户提供一组常用的应用层协议，其中包括 Telnet、SMTP、DNS 等。此外，在应用层中还包含用户应用程序，它们均是建立在 TCP/IP 之上的专用程序。

OSI 参考模型与 TCP/IP 都采用了分层结构，都是基于独立的协议栈的概念。OSI 参考模型有 7 层，而 TCP/IP 只有 4 层，即 TCP/IP 没有表示层和会话层，并且把数据链路层和物理层合并为网络接口层。

7.2 计算机网络硬件

7.2.1 计算机网络的组成

计算机网络由三部分组成：网络硬件、通信线路和网络软件。其组成如图 7.10 所示。

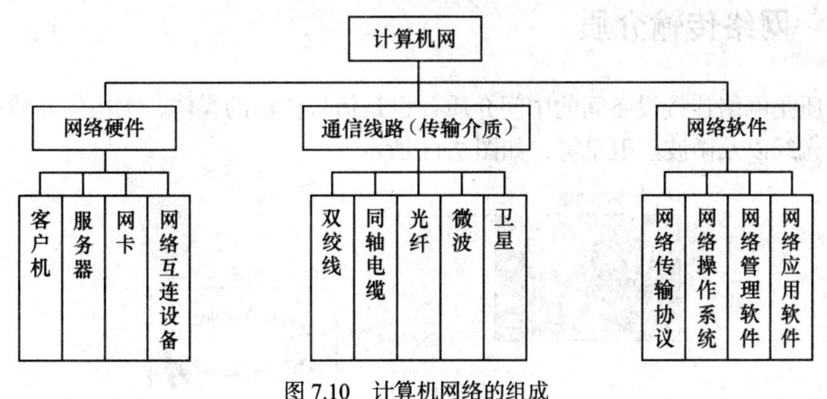

图 7.10 计算机网络的组成

1. 网络硬件

网络硬件包括客户机、服务器、网卡和网络互连设备。

客户机指用户上网使用的计算机，也可理解为网络工作站、节点机和主机。

服务器是提供某种网络服务的计算机，由运算功能强大的计算机担任。

网卡即网络适配器，是计算机与传输介质连接的接口设备。

网络互连设备包括集线器、中继器、网桥、交换机、路由器、网关等。

2. 传输介质

物理传输介质是计算机网络最基本的组成部分，任何信息的传输都离不开它。传输介质分为有线介质和无线介质两种。有线传输介质包括同轴电缆、双绞线、光纤；微波和卫星为无线传输介质。

3. 网络软件

网络软件有网络传输协议、网络操作系统、网络管理软件和网络应用软件四个部分。

网络传输协议。网络传输协议就是连入网络的计算机必须共同遵守的一组规则和约定，以保证数据传送与资源共享能顺利完成。

网络操作系统。网络操作系统是控制、管理、协调网络上的计算机，使之能方便有效地共享网络上硬件、软件资源，为网络用户提供所需的各种服务的软件和有关规程的集合。网络操作系统除具有一般操作系统的功能外，还具有网络通信能力和多种网络服务功能。目前，常用的网络操作系统有 Windows、UNIX、Linux 和 NetWare。

网络管理软件。网络管理软件的功能是对网络中大多数参数进行测量与控制，以保证用户安全、可靠、正常地得到网络服务，使网络性能得到优化。

网络应用软件。网络应用软件就是能够使用户在网络中完成相应功能的一些工具软件。例如，能够实现网上漫游的 IE 或 Netscape 浏览器，能够收发电子邮件的 Outlook Express 等。随着网络应用的普及，将会有越来越多的网络应用软件，为用户带来很大的方便。

7.2.2 网络传输介质

传输介质是网络连接设备间的中间介质，也是信号传输的媒体，常用的介质有双绞线、同轴电缆、光纤以及微波、卫星等，如图 7.11 所示。

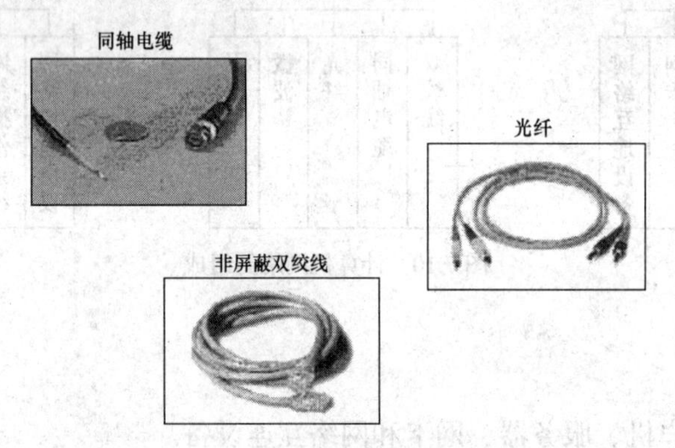

图 7.11 几种传输介质外观

1. 双绞线

双绞线（twisted-pair）是现在最普通的传输介质，它由两条相互绝缘的铜线组成，典型直径为 1mm。两根线绞接在一起是为了防止其电磁感应在邻近线对中产生干扰信号。现行双绞线电缆中一般包含四个双绞线对，如图 7.12 所示，具体为橙 1/橙 2、蓝 4/蓝 5、绿 6/绿 3、棕 3/棕白 7。计算机网络使用 1—2、3—6 两组线对分别来发送和接收数据。双绞线接头为具有国际标准的 RJ-45 插头（见图 7.13）和插座。双绞线分为屏蔽（shielded）双绞线 STP 和非屏蔽（Unshielded）双绞线 UTP。非屏蔽双绞线有线缆外皮作为屏蔽层，适用于网络流量不大的场合中；屏蔽式双绞线具有一个金属甲套（sheath），对电磁干扰（Electromagnetic Interference，

EMI）具有较强的抵抗能力，适用于网络流量较大的高速网络协议应用。

双绞线最多应用于基于 CMSA/CD（Carrier Sense Multiple Access/Collision Detection，载波感应多路访问/冲突检测）的技术，即 10Base-T（10 Mbit/s）和 100Base-T（100 Mbit/s）的以太网，具体规定有：

- 一段双绞线的最大长度为 100m，只能连接一台计算机；
- 双绞线的每端需要一个 RJ–45 插件（头或座）；
- 各段双绞线通过集线器（Hub 的 10Base–T 重发器）互连，利用双绞线最多可以连接 64 个站点到重发器（Repeater）；
- 10Base–T 重发器可以利用收发器电缆连到以太网同轴电缆上。

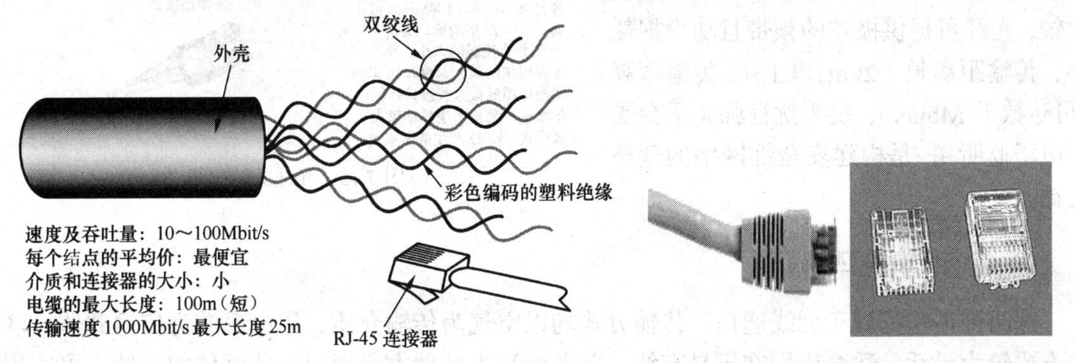

图 7.12 双绞线的内部结构　　图 7.13 RJ-45 插头图

2. 同轴电缆

广泛使用的同轴电缆有两种：一种为 50Ω（指沿电缆导体各点的电磁电压对电流之比）同轴电缆，用于数字信号的传输，即基带同轴电缆；另一种为 75Ω 同轴电缆，用于宽带模拟信号的传输，即宽带同轴电缆。同轴电缆以单根铜导线为内芯，外裹一层绝缘材料，外覆密集网状导体，最外面是一层保护性塑料，如图 7.14 所示。金属屏蔽层能将磁场反射回中心导体，同时也使中心导体免受外界干扰，故同轴电缆比双绞线具有更高的带宽和更好的噪声抑制特性。

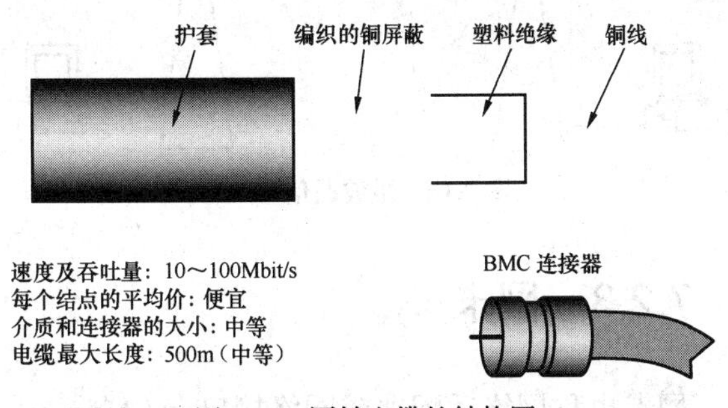

图 7.14 同轴电缆的结构图

现行以太网同轴电缆的接法有两种：直径为 0.4cm 的 RG-11 粗缆采用凿孔接头接法；直径为 0.2cm 的 RG-58 细缆采用 T 型头接法。粗缆要符合 10Base-5 介质标准，使用时需要一个外接收发器和收发器电缆，单根最大标准长度为 500m，可靠性强，最多可接 100 台计算机，两台计算机的最小间距为 2.5m。细缆按 10Base-2 介质标准直接连到网卡的 T 形头连接器（即 BNC 连接器）上，单段最大长度为 185m，最多可接 30 个工作站，最小站间距为 0.5m。

3. 光纤

光纤是软而细的、利用内部全反射原理来传导光束的传输介质，有单模和多模之分。单模光纤多用于通信业，多模光纤多用于网络布线系统。

光纤为圆柱状，由三个同心部分组成——纤芯、包层和护套，如图 7.15 所示。每一路光纤包括两根，一根接收，另一根发送。用光纤作为网络介质的 LAN 技术主要是光纤分布式数据接口（Fiber-optic Data Distributed Interface，FDDI）。与同轴电缆比较，光纤可提供极宽的频带且功率损耗小，传输距离长（2km 以上）、传输率高（可达数千 Mbit/s）、抗干扰性强（不会受到电子监听），是构建安全性网络的理想选择。

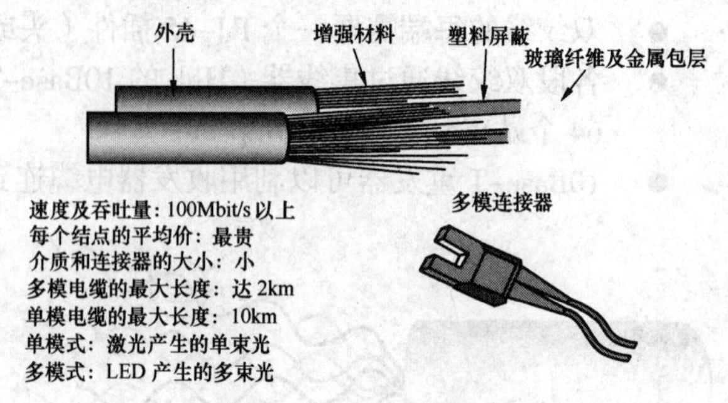

图 7.15　光纤的结构图

4. 微波传输和卫星传输

这两种传输都属于无线通信，传输方式均以空气为传输介质，以电磁波为传输载体，联网方式较为灵活，适合应用在不易布线、覆盖面积大的地方。通过一些硬件的支持，可实现点对点或点对多点的数据、语音通信，通信方式分别如图 7.16 和图 7.17 所示。

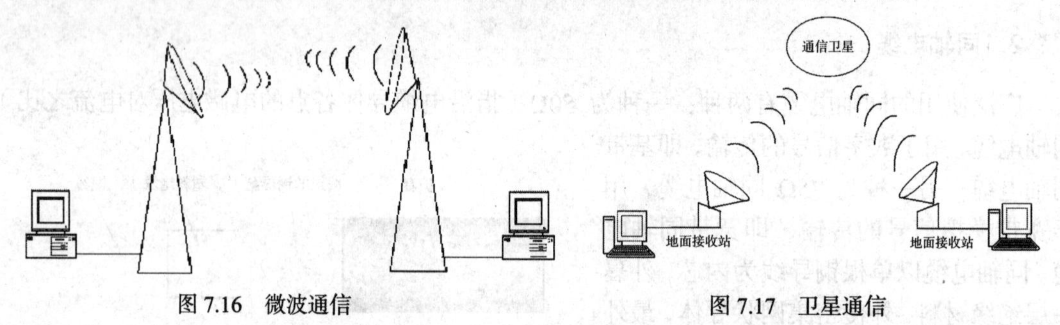

图 7.16　微波通信　　图 7.17　卫星通信

7.2.3　网卡

网卡也称网络适配器或网络接口卡（Network Interface Card，NIC），在局域网中用于将用户计算机与网络相连，大多数局域网采用以太网卡，如 NE2000 网卡、PCMCIA 卡等。

网卡是一块插入微机 I/O 槽中，发出和接收不同的信息帧、计算帧检验序列、执行编码译码转换等以实现微机通信的集成电路卡。它主要完成如下功能。

- 读入由其他网络设备（路由器、交换机、集线器或其他 NIC）传输过来的数据包（一般是帧的形式），经过拆包，将其变成客户机或服务器可以识别的数据，通过主板上的总线将数据传输到所需 PC 设备中（CPU、内存或硬盘）。
- 将 PC 设备发送的数据，打包后输送至其他网络设备中。它按总线类型可分为 ISA 网卡、EISA 网卡、PCI 网卡等，如图 7.18 所示。其中，ISA 网卡的数据传送以 16 位进行，EISA 网卡和 PCI 网卡的数据传送量为 32 位，速度较快。

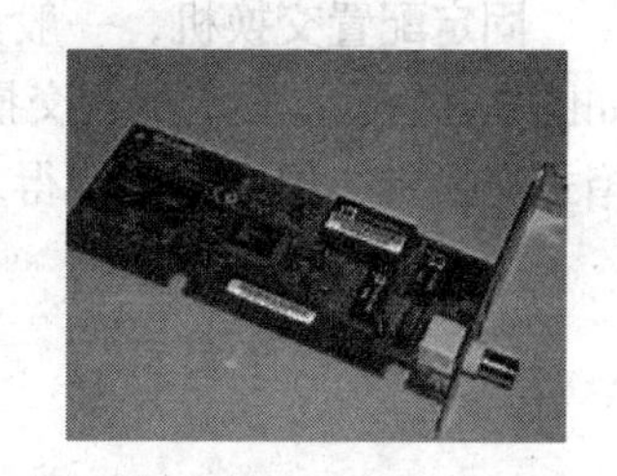

图 7.18　各种网卡外观图

网卡有 16 位与 32 位之分，16 位网卡的代表产品是 NE2000，市面上非常流行其兼容产品，一般用于工作站；32 位网卡的代表产品是 NE3200，一般用于服务器，市面上也有兼容产品出售。

网卡的接口大小不一，其旁边还有红、绿两个小灯。网卡的接口有 3 种规格：粗同轴电缆接口（AUI 接口）；细同轴电缆接口（BNC 接口）；无屏蔽双绞线接口（RJ-45 接口）。一般的网卡仅一种接口，但也有两种甚至 3 种接口的，称为二合一或三合一卡。红、绿小灯是网卡的工作指示灯，红灯亮时表示正在发送或接收数据，绿灯亮则表示网络连接正常，否则就不正常。值得说明的是，倘若连接两台计算机线路的长度大于规定长度（双绞线为 100 m，细电缆是 185 m），即使连接正常，绿灯也不会亮。

7.2.4　交换机

交换机可以根据数据链路层信息作出帧转发决策，同时构造自己的转发表。交换机运行在数据链路层，可以访问 MAC 地址，并将帧转发至该地址。交换机的出现，导致了网络带宽的增加。

1. 三种方式的数据交换

Cut-through：封装数据包进入交换引擎后，在规定时间内丢到背板总线（CoreBus）上，再送到目的端口，这种交换方式交换速度快，但容易出现丢包现象。

Store＆Forward：封装数据包进入交换引擎后被存在一个缓冲区，由交换引擎转发到背板总线上，这种交换方式克服了丢包现象，但降低了交换速度。

Fragment Free：介于上述两者之间的一种解决方案。

2. 背板带宽与端口速率

交换机将每一个端口都挂在一条背板总线上，背板总线的带宽即背板带宽，端口速率即端口每秒吞吐多少数据包。

3. 模块化与固定配置

交换机从设计理念上讲只有两种，一种是机箱式交换机（也称为模块化交换机），另一种是独立式固定配置交换机。

机箱式交换机最大的特色就是具有很强的可扩展性，它能提供一系列扩展模块，如吉比特以太网模块、FDDI 模块、ATM 模块、快速以太网模块、令牌环模块等，所以能够将具有不同协议、不同拓扑结构的网络连接起来。它最大的缺点就是价格昂贵。机箱式交换机一般作为骨干交换机来使用。

固定配置交换机，一般具有固定端口的配置，如图 7.19 所示。固定配置交换机的可扩充性不如机箱式交换机，但是成本低得多。

7.2.5 路由器

路由器（Router）是工作在 OSI 第 3 层（网络层）上、具有连接不同类型网络的能力并能够选择数据传送路径的网络设备，如图 7.20 所示。路由器有三个特征：工作在网络层上；能够连接不同类型的网络；具有路径选择能力。

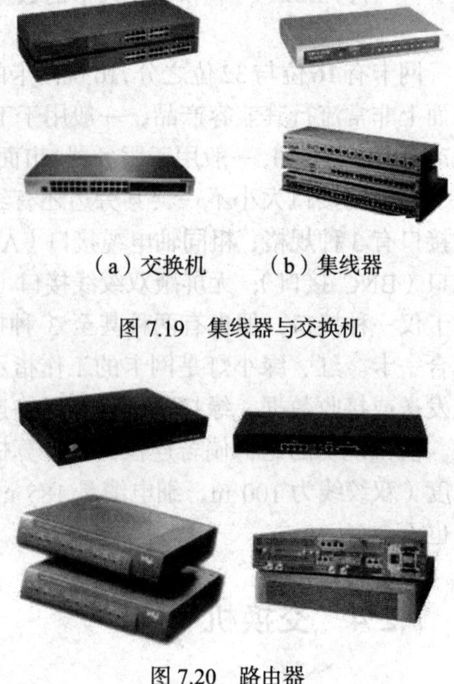

（a）交换机　　（b）集线器

图 7.19　集线器与交换机

图 7.20　路由器

1．路由器工作在网络层上

路由器是第 3 层网络设备，这样说比较难以理解，为此先介绍一下集线器和交换机。集线器工作在第 1 层（即物理层），它没有智能处理能力，对它来说，数据只是电流而已，当一个端口的电流传到集线器中时，它只是简单地将电流传送到其他端口，至于其他端口连接的计算机接收不接收这些数据，它就不管了。交换机工作在第 2 层（即数据链路层），它要比集线器智能一些，对它来说，网络上的数据就是 MAC 地址的集合，它能分辨出帧中的源 MAC 地址和目的 MAC 地址，因此可以在任意两个端口间建立联系，但是交换机并不懂得 IP 地址，它只知道 MAC 地址。路由器工作在第 3 层（即网络层），它比交换机还要"聪明"一些，它能理解数据中的 IP 地址，如果它接收到一个数据包，就检查其中的 IP 地址，如果目标地址是本地网络的就不理会，如果是其他网络的，就将数据包转发出本地网络。

2．路由器能连接不同类型的网络

常见的集线器和交换机一般都是用于连接以太网的，但是如果将两种网络类型连接起来，如以太网与 ATM 网，集线器和交换机就派不上用场了。路由器能够连接不同类型的局域网和广域网，如以太网、ATM 网、FDDI 网、令牌环网等。不同类型的网络，其传送的数据单元——帧的格式和大小是不同的，就像公路运输是以汽车为单位装载货物，而铁路运输是以车皮为单位装载货物一样，从汽车运输改为铁路运输，必须把货物从汽车上放到火车车皮上，网络中的数据也是如此，数据从一种类型的网络传输至另一种类型的网络，必须进行帧格式转换。路由器就具有这种能力，而交换机和集线器就没有。实际上，我们所说的"互联网"，就是由各种路由器连接起来的，因为互联网上存在各种不同类型的网络，集线器和交换机根本不能胜任这个任务，所以必须由路由器来担当这个角色。

3．路由器具有路径选择能力

在互联网中，从一个节点到另一个节点，可能有许多路径，路由器可以选择通畅快捷的近路，会大大提高通信速度，减轻网络系统通信负荷，节约网络系统资源，这是集线器和二层交换机所不具备的性能。

7.3 无线网络

7.3.1 无线网络概述

除了大多数常用的有线网络外，还有各种不需要有线电缆就可以进行信息传输的技术，这些都被称为无线网络。

无线网络的范围比较广，既包括用户建立远距离无线连接的全球语音数据网络和卫星网络，也包括近距离无线连接的红外线技术及无线局域网技术。无线技术使用电磁波在设备之间传输信息。具有不同的波长和频率频率电磁频谱有不同的能量范围，如表 7.3 所示。

表 7.3 电磁频谱

	伽马射线	X 射线	紫外线	可见光	红外线	雷达	电视和FM 广播	短波	Am 广播
波长（米）	10^{-14}~10^{-12}	10^{-12}~10^{-10}	10^{-10}~10^{-8}	10^{-8}~10^{-6}	10^{-6}~10^{-4}	10^{-4}~10^{-2}	10^{-2}~1	1~10^{2}	10^{2}~10^{4}

其中在光谱中波长自 0.76~400 微米的一段称为红外线（IR），红外线是不可见光线。在现代电子工程应用中，红外线常常被用做近距离视线范围内的通讯载波，最典型的应用就是电视的遥控器。使用红外线做信号载波的优点很多：成本低，传播范围和方向及距离可以控制（不会穿过墙壁，对隔壁家的电视造成影响），不产生电磁辐射干扰，也不受干扰等。红外线只支持一对一的通信。

无线通信大部分使用的频段在红外线以外，波长比红外线长。这些频段的波可以穿透墙壁和建筑物，传输距离更远。射频 RF（Radio Frequency）表示可以辐射到空间的电磁频率，频率范围从 300kHz~30GHz。

不同频段的波用途也不一样，如表 7.4 所示。其中音频在 300~3400Hz，我国公众调频广播使用 87~108MHz 频段，无线电话一般使用 902~928MHz 频段，GPS 一般使用 1.575/1.227GHz 频段，IEEE802.11B/G 使用 2.400~2.4835GHz 频段，蓝牙和无绳电话也使用 2.400~2.4835GHz 频段，IEEE802.11A 使用 5.725~5.850GHz。

表 7.4 用于无线通信的无线频段

波名称	符号	频率	波段	主要用途
特低频	ULF	300~3000Hz	特长波	音频
甚低频	VLF	3~30kHz	超长波	海岸潜艇通信；远距离通信；超远距离导航
低频	LF	30~300kHz	长波	越洋通信，中距离通信；地下岩层通信；远距离导航

（续表）

波名称	符号	频率	波段	主要用途
中频	MF	0.3~3 MHz	中波	船用通信，业余无线电通信；短波通信；中距离导航
高频	HF	3~30 MHz	短波	远距离短波通信；国际定点通信
甚高频	VHF	30~300MHz	米波	人造电离层通信（30~144MHz）；对空间飞行体通信
超高频	UHF	0.3~3GHz	分米波	手机（900MHz），GPS（1.575/1.227GHz），无线局域网（2.4GHz）
特高频	SHF	30~300 GHz	厘米波	数字通信；卫星通信；国际海事卫星通信（1500~1600MHz）
极高频	EHF	30~300GHz	毫米波	波导通信

7.3.2 蓝牙技术

Internet 和移动通信的迅速发展，使人们对电脑以外的各种数据源和网络服务的需求日益增长。蓝牙作为一个全球开放性无线应用标准，通过把网络中的数据和语音设备用无线链路连接起来，使人们能够随时随地实现个人区域内语音和数据信息的交换与传输，从而实现快速灵活的通信。

1. 蓝牙出现的背景

早在 1994 年，瑞典的 Ericsson 公司便已着手蓝牙技术的研究开发工作，意在通过一种短程无线链路，实现无线电话与 PC 机、耳机及台式设备等之间的互联。1998 年 2 月，Ericsson、Nokia、Intel、Toshiba 和 IBM 共同组建特别兴趣小组。在此之后，3COM、朗讯、微软和摩托罗拉也相继加盟蓝牙计划，目标是开发一种全球通用的小范围无线通信技术，即蓝牙（Bluetooth）。近距离通信应用红外线收发器链接虽然能免去电线或电缆的连接，但通信距离只限于 1 ~ 2 m，而且必须在视线上直接对准，中间不能有任何阻挡，同时只限于在两个设备之间进行链接，不能同时链接更多的设备。“蓝牙”技术就是要使特定的移动电话、便携式电脑以及各种便携式通信设备的主机之间在近距离内实现无缝的资源共享。因此，蓝牙是一种支持设备短距离通信的无线电技术。

作为一个开放性的无线通信标准，蓝牙技术通过统一的短程无线链路，在各信息设备之间可以穿过墙壁或公文包，实现方便快捷、灵活安全、低成本小功耗的话音和数据通信，使网络中的各种数据和语音设备能互连互通，从而实现个人区域内的快速灵活的数据和语音通信，推动和扩大了无线通信的应用范围。

2. 蓝牙中的主要技术

蓝牙技术的实质内容是要建立通用的无线电空中接口及其控制软件的公开标准，使通信和计算机进一步结合，使不同厂家生产的便携式设备在没有电线或电缆相互连接的情况下，能在近距离范围内具有互用、互操作的性能。

①蓝牙的载频选用在全球都可用的 2.45GHz 工科医学（ISM）频带，其收发器采用跳频

扩谱技术，在 2.45GHz ISM 频带上以 1600 跳 / 秒的速率进行跳频，大大减少了其他不可预测的干扰源对通信造成的影响。依据各国的具体情况，以 2.45GHz 为中心频率，最多可以得到 79 个 1 MHz 带宽的信道。在发射带宽为 1MHz 时，其有效数据速率为 721kbit/s，并采用低功率时分复用方式发射，适合 3 0 英尺（约 10m）范围内的通信。数据包在某个载频上的某个时隙内传递，不同类型的数据（包括链路管理和控制消息）占用不同信道，并通过查询和寻呼过程来同步跳频频率和不同蓝牙设备的时钟。除采用跳频扩谱的低功率传输外，蓝牙还采用鉴权和加密等措施来提高通信的安全性。与其他工作在相同频段的系统相比，蓝牙跳频更快，数据包更短，这使蓝牙比其他系统都更稳定。

②蓝牙支持点到点和点到多点的连接，可采用无线方式将若干蓝牙设备连成一个微微网，多个微微网又可互连成特殊分散网，形成灵活的多重微微网的拓扑结构，从而实现各类设备之间的快速通信。它能在一个微微网内寻址 8 个设备（实际上互联的设备数量是没有限制的，只不过在同一时刻只能激活 8 个，其中 1 个为主，7 个为从）。

除此之外，蓝牙技术还涉及一系列软硬件技术、方法和理论，包括无线通信与网络技术、软件工程、软件可靠性理论、协议的正确性验证、形式化描述和一致性与互联测试技术，嵌入式实时操作系统，跨平台开发和用户界面图形化技术，软硬件接口技术（如 RS232，UART，USB 等），高集成、低功耗芯片技术等。

3. 蓝牙系统的组成

蓝牙系统一般由天线单元、链路控制（固件）单元、链路管理（软件）单元和蓝牙软件（协议栈）单元四个功能单元组成。

（1）天线单元

蓝牙要求其天线部分体积十分小巧、重量轻，因此，蓝牙天线属于微带天线。蓝牙空中接口是建立在天线电平为 0dB 的基础上的。空中接口遵循美国联邦通信委员会（简称 FCC）有关电平为 0dB 的 ISM 频段的标准。如果全球电平达到 100MW 以上，可以使用扩展频谱功能来增加一些补充业务。频谱扩展功能是通过起始频率为 2.420GHz，终止频率为 2.480GHz，间隔为 1 MHz 的 79 个跳频频点来实现的。出于某些本地规定的考虑，日本、法国和西班牙都缩减了带宽。最大的跳频速率为 1660 跳/秒。理想的连接范围为 100mm ~ 10m，但是通过增大发送电平可以将距离延长至 100m。

（2）链路控制（固件）单元

在目前蓝牙产品中，人们使用了三个集成电路芯片分别作为联接控制器、基带处理器以及射频传输 / 接收器，此外还使用了 30 ~ 50 个单独调谐元件。

链路控制单元负责处理基带协议和其他一些低层常规协议。它有 3 种纠错方案：1/3 比例前向纠错（FEC）码、2/3 比例前向纠错码和数据的自动请求重发方案。采用 FEC 方案的目的是为了减少数据重发的次数，降低数据传输负载。但是，要实现数据的无差错传输，FEC 就必然要生成一些不必要的开销比特而降低数据的传送效率。这是因为数据包对于是否使用 FEC 是弹性定义的。报头总有占 1/3 比例的 FEC 码起保护作用，其中包含了有用的链路信息。

在无编号的自动重传请求方案中，在一个时隙中传送的数据必须在下一个时隙得到“收到”的确认。只有数据在收端通过了报头错误检测和循环冗余检测后认为无错才向发端发回确认消息，否则返回一个错误消息。比如蓝牙的话音信道采用连续可变斜率增量调制技术（简称 CVSD）话音编码方案，获得高质量传输的音频编码。CVSD 编码擅长处理丢失和被损坏的语音采样，即使比特错误率达到 4 %，CVSD 编码的语音还是可听的。

（3）链路管理（软件）单元

链路管理软件单元携带了链路的数据设置、鉴权、链路硬件配置和其他一些协议。它能够发现其他远端链路管理单元，并通过链路管理协议与之通信。链路管理单元提供如下服务：发送和接收数据；请求名称；链路地址查询；建立连接；鉴权；链路模式协商和建立；决定帧的类型等。

连接类型。连接类型定义了哪种类型的数据包能在特别连接中使用。蓝牙基带技术支持两种连接类型：同步定向连接（Synchronous Connection Oriented，SCO）类型，该连接为对称连接，利用保留时隙传送数据包，连接建立后，主机和从机可以不被选中就发送 SCO 数据包，主要用于传送话音，也可以传送数据。但在传送数据时，只用于重发被损坏的那部分的数据。异步无连接（Asynchronous Connectionless，ACL）类型，就是定向发送数据包，它既支持对称连接，也支持不对称连接。主机负责控制链路带宽，并决定微微网中的每个从机可以占用多少带宽和连接的对称性。从机只有被选中时才能传送数据。该连接也支持接收主机发给网中所有从机的广播消息，主要用于传送数据包。同一个微微网中不同的主从设备可以使用不同的连接类型，而且在一个阶段内还可以任意改变连接类型。每个连接类型最多可以支持 16 种不同类型的数据包，其中包括四个控制分组，这一点对 SCO 和 ACL 来说都是相同的。两种连接类型都使用时分双工传输方案实现全双工传输。

鉴权和保密。蓝牙基带部分在物理层为用户提供保护和信息保密机制。鉴权基于“请求—响应”运算法则。鉴权是蓝牙系统中的关键部分，它允许用户为个人的蓝牙设备建立一个信任域，比如只允许主人自己的笔记本电脑通过主人自己的移动电话通信。加密被用来保护连接的个人信息。密钥由程序的高层来管理。网络传送协议和应用程序可以为用户提供一个较强的安全机制。

链路工作模式。链路管理单元可以在连接状态中将设备设为激活、呼吸、保持和暂停四种工作模式。

- 激活模式。从机侦测主机传向它的时段上有无封包（用指定协议传输的数据包），为了保持主从机的同步，即使无信息需要传输，主机也需要周期性地传送封包至从机，若从机未被主机寻址，它可以睡眠至下一个新的主机传向从机的时段。从机可导出主机预定传向从机的时段数目。
- 呼吸模式。在这种模式下，为了节省能源，从机降低了从微微网“收听”消息的速率，“呼吸”间隔可以依应用要求做适当的调整。主机可经由链路管理单元发出呼吸指令，指令中包含呼吸的长度与开始时钟差异。这样，主机只能有规律地在特定的时段发送数据。若从机正使用 ACL 链路连接，则从机组件必须侦测每一主机传向从机的时段。
- 保持模式。如果微微网中已经处于连接的设备在较长一段时间内没有数据传输，主机就把从机设置为保持模式，在这种模式下，只有一个内部计数器在工作。从机仍保有其激活成员组件地址，每一次激活链路，都由链路管理单元定义，链路控制单元具体操作，从机不提供 ACL 链路服务，但仍提供 SCO 链路服务，因此释放出的能量可让从机进行寻呼、查询或加入另一微微网。从机也可以主动要求被置为该模式。

保持模式一般被用于连接好几个微微网或者耗能低的设备，如温度传感器。

- 暂停模式。当设备不需要传送或接收数据但仍需保持同步时，将设备设为暂停模式。处于暂停模式的设备周期性地激活并跟踪同步，同时检查主机使用的引导频道中是否有广播信息，建立网络连接，但没有数据传送。

如果我们把这几种工作模式按照节能效率以升序排队，那么依次是：激活模式、呼吸模式、保持模式和暂停模式。

（4）软件（协议栈）单元

蓝牙的软件（协议栈）单元是一个独立的操作系统，不与任何操作系统捆绑。它必须符合已经制定好的蓝牙规范。蓝牙规范是为个人区域内的无线通信制定的协议，它包括两部分：第一部分为核心部分，用以规定诸如射频、基带、连接管理、业务搜寻、传输层以及与不同通信协议间的互用、互操作性等组件；第二部分为协议子集部分，用以规定不同蓝牙应用（也称使用模式）所需的协议和过程。

蓝牙规范的协议栈仍采用分层结构，分别完成数据流的过滤和传输、跳频和数据帧传输、连接的建立和释放、链路的控制、数据的拆装、业务质量、协议的复用和分用等功能。在设计协议栈，特别是高层协议时的原则就是最大限度地重用现存的协议，而且其高层应用协议（协议栈的垂直层）都使用公共的数据链路和物理层。

蓝牙协议可以分为四层，即核心协议层、电缆替代协议层、电话控制协议层和采纳的其他协议层。

核心协议。蓝牙的核心协议由基带、链路管理、逻辑链路控制与适应协议和业务搜寻协议四部分组成。从应用的角度看，基带和链路管理可以归为蓝牙的低层协议，它们对应用而言是十分透明的，主要负责在蓝牙单元间建立物理射频链路，构成微微网。此外，链路管理还要完成像鉴权和加密等安全方面的任务，包括生成和交换加密键、链路检查、基带数据包大小的控制、蓝牙无线设备的电源模式和时钟周期、微微网内蓝牙单元的连接状态等。逻辑链路控制与适应协议完成基带与高层协议间的适配，并通过协议复用、分用及重组操作为高层提供数据业务和分类提取，它允许高层协议和应用接收或发送长达 64000 字节的逻辑链路控制与适应协议数据包。业务搜寻协议是极其重要的部分，它是所有使用模式的基础。通过该协议，可以查询设备信息、业务及业务特征，并在查询之后建立两个或多个蓝牙设备间的连接。业务搜寻协议支持三种查询方式：按业务类别搜寻、按业务属性搜寻和业务浏览。

电缆替代协议。串行电缆仿真协议像业务搜寻协议一样位于逻辑链路控制与适应协议之上，作为一个电缆替代协议，它通过在蓝牙的基带上仿真 RS232 的控制和数据信号，为那些将串行线用作传输机制的高级业务（如 OBEX 协议）提供传输能力。该协议由蓝牙特别兴趣小组在 ETSI 的 TS07.10 基础上开发而成。

电话控制协议。电话控制协议包括电话控制规范二进制（TCS BIN）协议和一套电话控制命令（AT-commands）。其中，TCS BIN 定义了在蓝牙设备间建立话音和数据呼叫所需的呼叫控制信令；AT-commands 则是一套可在多使用模式下用于控制移动电话和调制解调器的命令，它由蓝牙特别兴趣小组在 ITU-T Q.931 的基础上开发而成。

采纳的其他协议。电缆替代层、电话控制层和被采纳的其他协议层可归为应用专用协议。在蓝牙中，应用专用协议可以加在串行电缆仿真协议之上或直接加在逻辑链路控制与适应协议之上。被采纳的其他协议有 PPP、UDP/TCP/IP、OBEX、WAP、WAE、vCard、vCalendar

等。在蓝牙技术中，PPP 运行于串行电缆仿真协议之上，用以实现点到点的连接。UDP/TCP/IP 由 IETF 定义，主要用于 Internet 上的通信。Irobex（short OBEX）是红外数据协会（IrDA）开发的一个会话协议，能以简单自发的方式交换目标，OBEX 则采用客户/服务器模式提供与 HTTP 相同的基本功能。WAP 是由 WAP 论坛创建的一种工作在各种广域无线网上的无线协议规范，其目的就是要将 Internet 和电话业务引入数字蜂窝电话和其他无线终端。vCard 和 vCalendar 则定义了电子商务卡和个人日程表的格式。

在蓝牙协议栈中，还有一个主机控制接口（HCI）和音频（Audio）接口。HCI 是到基带控制器、链路管理器以及访问硬件状态和控制寄存器的命令接口。利用音频接口，可以在一个或多个蓝牙设备之间传递音频数据，该接口与基带直接相连。

蓝牙技术是做为一种“电缆替代”的技术提出来的，发展到今天已经演化成了一种个人信息网络的技术。它将内嵌蓝牙芯片的设备互联起来，提供话音和数据的接入服务，实现信息的自动交换和处理。蓝牙主要针对三大类的应用：话音 / 数据的接入、外围设备互联和个人局域网。其中最为广泛的应用当属蓝牙耳机了，另外私家车市场的成熟也是促使蓝牙发展的一个重要因素。

7.3.3 Wi-Fi 技术

1. Wi-Fi 的概念

Wi-Fi 是 IEEE 定义的无线网技术，是一种可以将个人电脑、手持设备（如 PDA、手机）等终端以无线方式互相连接的技术。该技术使用的是 2.4 GHz 附近的频段（目前尚属不用许可的无线频段），属于办公室和家庭使用的短距离无线技术。其目前可使用的标准为 IEEE 802.lla 和 IEEE 802.llb，传输速率可以达到 11 Mbit/s ，在开放性区域，通信距离可达 305 m，在封闭性区域，通信距离为 76～122 m，非常方便与现有的有线以太网络整合，组网的成本更低，可靠性更高。

2. Wi-Fi 的技术优势

（1）无线电波的覆盖范围广。基于蓝牙技术的电波覆盖范围非常小，半径大约只有 50 英尺左右，约合 15 m，而基于 Wi-Fi 技术的电波覆盖半径可达 300 英尺左右，约合 100 m，相比其他无线互连技术覆盖范围更广。

（2）传输速度快。虽然由 Wi-Fi 技术传输的无线通信质量不是很好，数据安全性能比蓝牙差一些，传输质量也有待改进，但传输速度非常快。根据无线网卡使用标准的不同，Wi-Fi 的 IEEE 802.llb 标准最高可达到 11 Mbit/s（部分厂商在设备配套的情况下可以达到 22 Mbit/s）；IEEE 802.lla 和 IEEE802.llg 可达到 54 Mbit/s，符合个人和社会信息化的需求。

（3）厂商进入该领域的门槛比较低。Wi-Fi 技术实质是由 Wi-Fi 联盟所持有的无线网络通信技术的商业品牌，只要缴纳专利费，任何厂商都可以改善基于此标准的无线网络产品的互通性，因此，厂商可以在机场、车站、咖啡店、图书馆等人员较密集的地方设置“热点”，并通过高速线路将因特网接入上述场所，用户只需将支持无线 LAN 的笔记本电脑或 PDA 拿到 Wi-Fi 覆盖区域即可高速接入因特网，而厂商不用额外耗费资金进行网络布线。

（4）无需布线。Wi-Fi 不需要布线，其基本配置就是无线网卡及一台 AP（Access Point），因此非常适合移动办公用户的需要。目前它已经从传统的医疗保健、库存控制和管理服务等特殊行业向更多行业拓展开去，甚至开始进入家庭以及教育机构等领域。

（5）健康安全。IEEE 802.11 规定的发射功率不可超过 100 mW，实际发射功率约 60 mW-70 mW。

3．Wi-Fi 的联接结构

一个 Wi-Fi 联接节点的网络成员和结构如下。

（1）站点。这是网络最基本的组成部分。

（2）基本服务单元，也是网络最基本的服务单元。最简单的服务单元可以只由两个站点组成，站点可以动态联结到基本服务单元中。

（3）分配系统。分配系统用于联结不同的基本服务单元。分配系统使用的媒质逻辑上是与基本服务单元使用的媒质截然分开的，尽管它们物理上可能会是同一个媒质，如同一个无线频段。

（4）接入点。接入点既有普通站点的身份，又有接入到分配系统的功能。

（5）扩展服务单元。扩展服务单元由分配系统和基本服务单元组合而成。这种组合是逻辑上而非物理上的，——不同的基本服务单元有可能在地理位置上相去甚远。

（6）关口。关口用于将无线局域网与有线局域网或其他网络联系起来。

4．Wi-Fi 技术的应用

Wi-Fi 作为一种无线接入技术，一直是世界关注的焦点，加之近几年人们对网络信息化、数字化要求的不断升级，也进一步推动了 Wi-Fi 技术的发展，使得 Wi-Fi 在家庭、企业用户以及许多公共场所，诸如咖啡厅、机场、体育场等都得到了迅速的发展。现在，Wi-Fi 的应用领域还在不断地朝着电子消费方面迅猛地发展，从笔记本计算机到相机再到游戏机、手机，甚至是钢琴都内置了 Wi-Fi 技术，Wi-Fi 技术正在改变我们的生活方式。

凭借 Wi-Fi 技术，用户再也不需要为了把缆线接入各个房间而在家中或公司的墙壁上钻孔。相反，用户只要安装一个无线 AP（无线接入点），并在每台手提计算机上插入无线网卡（或使用内建无线模组的手提计算机）就可以在家中或办公室内轻轻松松地使用无线上网。有些企业也会架设无线局域网以减低运作成本和增加生产力。

由于 Wi-Fi 不具有方向性且可以实现对多设备的互相匹配，所以再也不会遇到找不到某个遥控器的尴尬了。Wi-Fi 技术会将多个遥控器集成为一个多功能遥控器，你可以在家里的任何一个角落随时打开音响播放时尚美妙的音乐，或者打开热水器帮你放满一缸洗澡水。

在家里或者办公室内可以利用 Wi-Fi 网络来实现高速无线上网以及拨打 IP 电话。对于运营商而言，这样的服务带来了对频谱资源更为有效的利用以及差异化的竞争优势。

5．Wi-Fi 技术的展望

近年来，无线 AP 的数量迅猛增长，无线网络的方便与高效使其能够得到迅速的普及。除了在一些公共场所有 AP 之外，国外已经有先例以无线标准来建设城域网，因此，Wi-Fi 的无线地位将会日益牢固。

（1）Wi-Fi 是高速有线接入技术的补充

目前，有线接入技术主要包括以太网、xDSL 等。Wi-Fi 技术作为高速有线接入技术的补充，具有可移动、价格低廉的优点。Wi-Fi 技术广泛应用于有线接入需要无线延伸的领域，如临时会场等。由于数据速率、覆盖范围和可靠性的差异，Wi-Fi 技术在宽带应用上将作为高速有线接入技术的补充，而关键技术无疑决定着 Wi-Fi 的补充力度。现在 OFDM、MIMO（多入多出）、智能天线和软件无线电等，都开始应用到无线局域网中以提升 Wi-Fi 性能，比如，802.lln 计划将 MIMO 与 OFDM 相结合，使数据速率成倍提高。另外，天线及传输技术的改进使得无线局域网的传输距离大大增加，可以达到几千米。

（2）Wi-Fi 是蜂窝移动通信的补充

蜂窝移动通信覆盖广、移动性高，可提供中低数据传输速率，它可以利用 Wi-Fi 高速数据传输的特点来弥补自己数据传输速率受限的不足。Wi-Fi 不仅可利用蜂窝移动通信网络完善的鉴权与计费机制，而且可结合蜂窝移动通信网络覆盖广的特点进行多接入切换功能，这样就可实现 Wi-Fi 与蜂窝移动通信的融合，使蜂窝移动通信的运营锦上添花，进一步扩大其业务量。

当然，Wi-Fi 与蜂窝移动通信也存在少量竞争。一方面，用于 Wi-Fi 的 IP 语音终端已经进入市场，这对蜂窝移动通信起一部分替代作用；另一方面，随着蜂窝移动通信技术的发展，热点地区的 Wi-Fi 公共应用也可能被蜂窝移动通信系统部分取代。

但是总的来说，它们是共存的关系，比如，一些特殊场合的高速数据传输必须借助于 Wi-Fi，如波音公司提出的飞机内部无线局域网；而另外一些场合，使用 Wi-Fi 较为经济，如高速列车内部的无线局域网。所以 Wi-Fi 技术与最新的蜂窝移动通信技术相结合会有广阔的发展前景。

（3）卫星与 Wi-Fi 的集成应用

卫星与 Wi-Fi 的集成应用能启动应用单个技术不能提供很好服务的新型市场。与每个用户都配置卫星终端相比较，卫星与 Wi-Fi 的集成应用对于终端用户来说大大降低了交付业务的成本，从而进入更多的对价格敏感的市场，例如为农村地区提供宽带接入；而且卫星允许 Wi-Fi“热点”配置在地面因特网链接无法到达的地方。

作为目前无线接入的主流标准，Wi-Fi 能发展到什么程度呢？

近几年，随着无线技术的快速发展，Wi-Fi、3G、WiMAX 等无线技术被越来越多的人所熟悉，尽管它们很多时候都被人拿出来做一些技术的对比，被认为是一种竞争，但实质上，它们更多的将是走向一种融合。在 Intel 的大力支持下，Wi-Fi 已经有了接班人，它就是全面兼容现有 Wi-Fi 的 WiMAX。对比于 Wi-Fi 的 802.llx 标准，WiMAX 就是 802.16x。与前者相比，WiMAX 具有更远的传输距离、更宽的频段选择以及更高的接入速度，预计会在未来几年间成为无线网络的一个主流标准。在我国，嘉定新成路街道已经建成了采用 Wi-Fi 与 WiMAX 技术的无线视频监控系统试点，提供图像传输带宽，借助视频终端监控街道状况，未来可以扩展到智能交通等方面。Intel 计划将采用该标准来建设无线广域网络。相对于现在的无线局域网或城域网，这是质的变革，而且现有设备仍能得到支持，人们的投资一分都不会浪费。

从城市应用的复杂性与覆盖范围的广阔性角度看，依托 Wi-Fi 作为无线传输方式的多模块 Mesh（网状网格）无线网络系统是具有高性能、多业务融合并且高机动灵活性的无线设备系统，并且已成为能否成功建设“无线城市”的关键技术标准。

7.4 Internet 的基本技术

7.4.1 Internet 概述

1. 什么是 Internet

Internet（因特网）是一个全球性的互联网，它采用 TCP/IP 作为共同的通信协议，将分布在世界各地的、类型各异的、规模大小不一的、数量众多的计算机网络互连在一起而形成网络集合体。与 Internet 相连，一方面能主动地获取并利用其中的共享资源，还能以各种方式和其他 Internet 用户交流信息，另一方面又需要将精力和财力投入到 Internet 中进行开发、运用和服务。

Internet 正逐步深入到社会生活的各个角落，成为生活中不可缺少的部分。据统计，按使用率排名的前七类网络应用依次是：网络音乐、即时通信、网络影视、网络新闻、搜索引擎、网络游戏、电子邮件。除此之外，电子政务、网络购物、网上支付、网上银行、网上求职、网络教育等也通过 Internet 为用户提供便利。Internet 改变了人类的生活方式和生活理念，使全世界真正成为了一个“地球村”和“大家庭”。

2. Internet 的起源和发展

Internet 是由美国国防部高级研究计划署（Advance Research Projects Agency）1969 年 12 月建立的实验性网络 ARPAnet 发展演化而来的。ARPAnet 是全世界第一个分组交换网，是一个实验性的计算机网，用于军事目的。设计要求是支持军事活动，特别是研究如何建立网络才能经受如核战争那样的破坏或其他灾害性破坏，当网络的一部分（某些主机或部分通信线路）受损时，整个网络仍然能够正常工作。Internet 的真正发展是从 NSFnet 的建立开始的。20 世纪 80 年代是网络技术取得巨大进展的年代，不仅大量涌现出诸如以太网电缆和工作站组成的局域网，而且奠定了建立大规模广域网的技术基础，此时，美国国家自然科学基金会（National Science Foundation，NSF）提出了发展 NSFnet 的计划。最初，他们曾试图用 ARPANet 作为 NSFnet 的通信干线，但这个决策没有取得成功。1988 年底，NSF 把在全国建立的五大超级计算机中心用通信干线连接起来，组成全国科学技术网 NSFnet，并以此作为 Internet 的基础，实现同其他网络的连接。现在，NSFnet 连接了全美上百万台计算机，拥有几百万用户，是 Internet 最主要的成员网。

采用 Internet 的名称是在 MILnet（由 ARPAnet 分离出来）实现和 NSFnet 连接后开始的。此后，其他联邦部门的计算机网相继并入 Internet，如能源科学网 Esnet、航天技术网 NASAnet、商业网 COMnet 等。Internet 的用途也由最初的军事目的转向科学与教育，进而转到其他民用领域，为一般用户服务，成为非常开放的网络。ARPAnet 模型为网络设计提供了一种思想：网络的组成成分可能是不可靠的，当从源计算机向目标计算机发送信息时，应该对承担通信任务的计算机而不是对网络本身赋予一种责任——保证把信息完整无误地送达目的地，这种思想始终体现在以后计算机网络通信协议的设计以至 Internet 的发展过程中。

随着近年来信息高速公路建设的热潮，Internet 在商业领域的应用得到了迅速发展，加之个人计算机的普及，越来越多的个人用户也加入进来。至今，Internet 已开通到全世界大多数国家和地区，网络连接数、入网计算机数和使用人数日新月异。

3. Internet在我国的发展

1994年4月20日，以“中科院——北大——清华”为核心的“中国国家计算与网络设施”（The National Computing and Network Facility Of China，NCFC，国内也称中关村教育与科研示范网）通过美国Sprint公司连入Internet的64K国际专线，实现了与Internet的全功能连接。从此中国被国际上正式承认为真正拥有全功能Internet的国家，也成为第71个国家级网加入Internet的国家。此事被中国新闻界评为1994年中国十大科技新闻之一，被国家统计公报列为中国1994年重大科技成就之一。目前，Internet已经在我国开放，通过中国公用互连网络（CHINANET）或中国教育科研计算机网（CERNET）都可与Internet连通。

Internet在中国的发展历程可以大略地划分为三个阶段：

第一阶段为1986年6月~1993年3月，是研究试验阶段。

在此期间中国一些科研部门和高等院校开始研究Internet联网技术，并开展了科研课题和科技合作工作。这个阶段的网络应用仅限于小范围内的电子邮件服务，而且仅为少数高等院校、研究机构提供电子邮件服务。

第二阶段为1994年4月~1996年，是起步阶段。

1994年4月，中关村教育与科研示范网络工程进入Internet，开通了Internet全功能服务。之后，ChinaNet、CERnet、CSTnet、ChinaGBnet等多个Internet网络项目在全国范围相继启动，Internet开始进入公众生活，并在中国得到了迅速的发展。

第三阶段从1997年至今，是快速增长阶段。

国内Internet用户自1997年以后基本保持每半年翻一番的增长速度，中国网民数增长迅速，在过去一年中平均每天增加网民20万人。据中国互联网络信息中心（CNNIC）公布的统计报告显示，截至2013年6月底，中国网民规模达5.91亿，新增网民2656万人。互联网普及率较2012年底提升2个百分点，达到44.1%。手机网民规模为4.64亿，较2012年底增加4379万人。网民中使用手机上网的比例高达78.5%，高于使用其他设备上网的网民比例；域名总数1470万个，其中国家顶级域名“.CN”总数为781万，占比53.1%，“.中国”域名总数27万，中国网站总数达到294万个。

4. 信息高速公路与下一代Internet

“信息高速公路”是由美国于1993年提出的，目前各国所关注的“信息高速公路”建设主要是指国家信息基础设施（NII）和全球信息基础建设（GII）的规划和实施。它以高速度、大容量和高精度的声音、数据、文字、图形、影像等的交互式多媒体信息服务，来最大幅度和最快速度地改变着我们生活的面貌和方式以及社会的景观和进步。

从技术角度来讲，“信息高速公路”实质是一个多媒体信息交互高速通信的广域网，它可以实现诸如实时电视点播（Video on Demand，VoD）等多媒体通信服务，因此要求传输速率很高。“信息高速公路”与Internet不应混淆，Internet构成了当今信息时代的基础框架，是通向未来“信息高速公路”的基础和雏型。

美国政府在1993年提出国家信息基础设施（NII）之后，1996年10月又提出了下一代Internet（Next Generation Internet，NGI）初期行动计划，表明要进行第二代Internet（Internet

2）的研制。NGI 的主要任务之一是开发、试验先进的组网技术，研究网络的可靠性、多样性、安全性、业务实时能力（如广域分布式计算）、远程操作及远程控制试验设施等问题。研究的重点是网络扩展设计、端到端服务质量和安全性三个方面。

中国的 Internet 自 1994 年开通，得到了非常快的发展。中国第二代因特网协会（中国 Internet 2）也已成立，主要以学术交流为主，进行选择并提供正确的发展方向。其工作主要涉及网络环境、网络结构、协议标准以及应用。

7.4.2 Internet 的接入

Internet 是"网络的网络"，它允许用户随意访问任何连入其中的计算机，但如果要访问其他计算机，首先要把你的计算机系统连接到 Internet 上，一般都是通过提供 Internet 接入服务的 ISP（Internet Service Provider）接入。

与 Internet 的连接方法有很多，随着互联网的发展，有些接入方式受传输速率、传输质量等因素的影响已经退出历史舞台，以下简要介绍其中的五种：

1．ISDN（Integrated Service Digital Network，综合业务数字网）

该接入技术俗称"一线通"，它采用数字传输和数字交换技术，将电话、传真、数据、图像等多种业务综合在一个统一的数字网络中进行传输和处理。用户利用一条 ISDN 用户线路，可以在上网的同时拨打电话、收发传真，就像两条电话线一样。ISDN 基本速率接口有两条 64kbit/s 的信息通路和一条 16kbit/s 的信令通路，简称 2B+D，当有电话拨入时，它会自动释放一个 B 信道来进行电话接听。

就像普通拨号上网要使用 Modem 一样，用户使用 ISDN 也需要专用的终端设备，主要由网络终端 NT1 和 ISDN 适配器组成。网络终端 NT1 好像数字电视上的机顶盒一样必不可少，它为 ISDN 适配器提供接口和接入方式。ISDN 适配器和 Modem 一样又分为内置和外置两类，内置的一般称为 ISDN 内置卡或 ISDN 适配卡，外置的 ISDN 适配器则称为 TA。用户采用 ISDN 拨号方式接入需要申请开户，各种测试数据表明，双线上网速度并不能翻番，从发展趋势来看，窄带 ISDN 也不能满足高质量的 VOD 等宽带应用。

2．DDN（Digital Data Network）

这是随着数据通信业务发展而迅速发展起来的一种新型网络。DDN 的主干网传输介质有光纤、数字微波、卫星信道等，用户端多使用普通电缆和双绞线。DDN 将数字通信技术、计算机技术、光纤通信技术以及数字交叉连接技术有机地结合在一起，提供了高速度、高质量的通信环境，可以向用户提供点对点、点对多点透明传输的数据专线出租电路，为用户传输数据、图像、声音等信息。DDN 的通信速率可根据用户需要在 N×64kbit/s（N=1～32）之间进行选择，当然速度越快租用费用也越高。DDN 主要面向集团公司等需要综合运用的单位。

3．ADSL（Asymmetrical Digital Subscriber Line，非对称数字用户环路）

ADSL 是一种能够通过普通电话线提供宽带数据业务的技术，素有"网络快车"之美誉，因其下行速率高、频带宽、性能优、安装方便、无需缴纳电话费等特点而深受广大用户喜爱，成为继 Modem、ISDN 之后的又一种全新的高效接入方式。

ADSL 接入方式如图 7.21 所示。ADSL 方案的最大特点是不需要改造信号传输线路，完全可以利用普通铜质电话线作为传输介质，配上专用的 Modem 即可实现数据高速传输。ADSL 支持上行速率为 640 kbit/s ~ 1 Mbit/s，下行速率为 1 ~ 8 Mbit/s，其有效的传输距离在 3 ~ 5km。在 ADSL 接入方案中，每个用户都有单独的一条线路与 ADSL 局端相连，它的结构可以看作是星型结构，数据传输带宽是由每一个用户独享的。

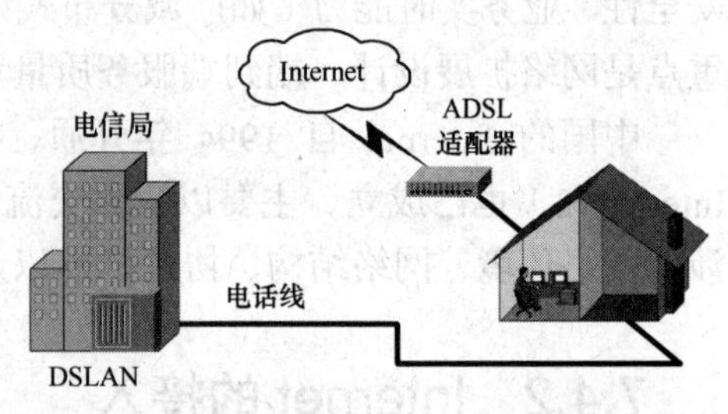

图 7.21　ADSL 接入方式

4．VDSL（Very High Bit Rate DSL，极高位速率 DSL）

VDSL 比 ADSL 还要快。使用 VDSL，短距离内的最大下传速率可达 55 Mbit/s，上传速率可达 2.3 Mbit/s（将来可达 19.2 Mbit/s，甚至更高）。VDSL 使用传输的介质是一对铜线，有效传输距离可超过 1000m。

目前有一种基于以太网方式的 VDSL，接入技术使用正交振幅调制方式，它的传输介质也是一对铜线，在 1.5km 之内能够达到双向对称的 10 Mbit/s 传输，即达到以太网的速率。如果这种技术用于宽带运营商社区的接入，可以大大降低成本。方案是在机房增加 VDSL 交换机，在用户端放置客户终端设备（Customer Premise Equipment，CPE），二者之间通过室外 5 类线连接，每栋楼只放置一个 CPE，而室内部分采用综合布线方案。

5．光纤接入（Fiber To The Building）

光纤接入是指局端与用户之间完全以光纤作为传输媒体。可分为有源光接入和无源光接入。不同的光纤接入技术有不同的使用场合，有源光接入技术适用带宽需求大、对通信保密性要求高的企事业单位，也可以用在接入网的馈线段和配线段，并与基于无线或铜线传输的其他接入技术混合使用。无源光接入技术是一种点对多点的光纤传输和接入技术，下行采用广播方式，上行采用时分多址方式，可以灵活地组成树型、星型、总线型等拓扑结构，在光分支点不需要节点设备，只需要安装一个简单的光分支器即可，具有节省光缆资源、带宽资源共享、节省机房投资、设备安全性高、建网速度快、综合建网成本低等优点。其中的 ATM 无源光接入网络既可以用来解决企事业用户的接入，也可以解决住宅用户的接入；窄带无源光接入网络主要面向住宅用户，也可以用来解决中小型企事业用户的接入。光纤接入能够确保向用户提供 10Mbit/s、100Mbit/s、1000Mbit/s 的高速带宽，传输的距离相比之前电缆接入方式更远，特点是传输容量大，传输质量好，损耗小，中级距离长，扩容便捷等。目前，越来越多的混合组网方案正服务于用户。

7.4.3 IP 地址与 MAC 地址

1．网络 IP 地址

由于网际互连技术是将不同物理网络技术统一起来的高层软件技术，因此在统一的过程中，首先要解决的就是地址的统一问题。

TCP/IP 对物理地址的统一是通过上层软件完成，确切地说，是在网际层中完成的。IP 提供一种在 Internet 中通用的地址格式，并在统一管理下进行地址分配，保证一个地址对应网络中的一台主机，这样物理地址的差异被网际层所屏蔽。网际层所用到的地址就是经常所说的 IP 地址。

IP 地址是一种层次型地址，携带关于对象位置的信息。它所要处理的对象比广域网要庞杂得多，无结构的地址是不能担此重任的。Internet 在概念上分三个层次，如图 7.22 所示。

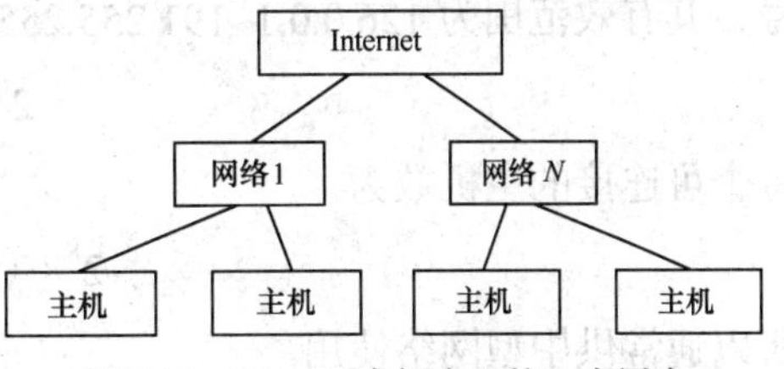

图 7.22　Internet 在概念上的三个层次

IP 地址正是对上述结构的反映，Internet 是由许多网络组成，每一网络中有许多主机，因此必须分别为网络主机加以标识，以示区别。这种地址模式明显地携带位置信息，给出一主机的 IP 地址，就可以知道它位于哪个网络。

IP 地址是一个 32 位的二进制数，是将计算机连接到 Internet 的网际协议地址，它是 Internet 主机在全世界范围内的唯一数字型标识。IP 地址一般用小数点隔开的十进制数表示，如 171.180.45.120，事实上，为了便于寻址，IP 地址由网络标识（netid）和主机标识（hostid）两部分组成，即先找到网络号，再在该网络中找到计算机的地址。其中网络标识用来区分 Internet 上互连的各个网络，主机标识用来区分同一网络上的不同计算机（即主机）。

IP 地址中的四部分数字，每部分都不大于 256，各部分之间用小数点分开。例如，某 IP 地址的二进制表示为

11001100 . 11000011 . 00000110 . 01101100

则十进制表示为 204.195.6.108。

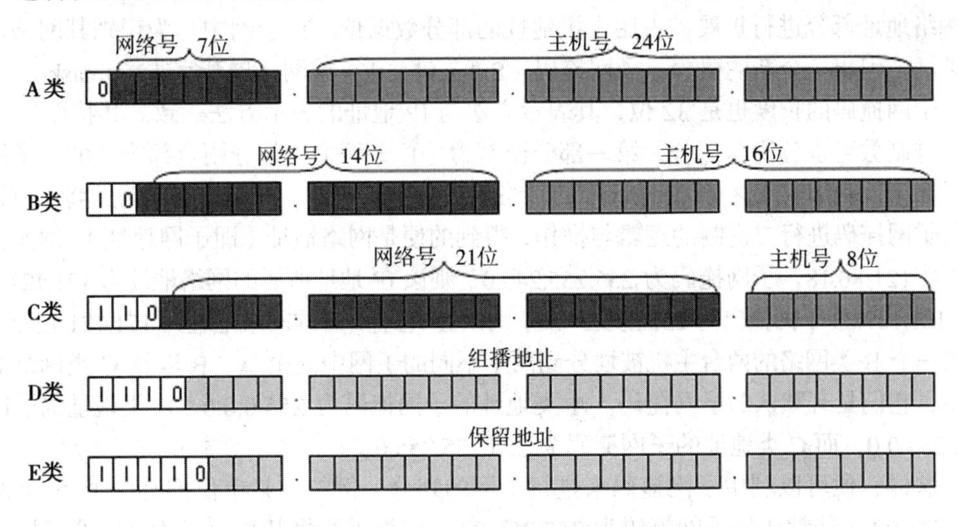

图 7.23　IP 地址分类

IP 地址分类如图 7.23 所示。最常用的为以下三类。

A 类：IP 地址的前 8 位为网络号，其中第 1 位为“0”，后 24 位为主机号，其有效范围为

1.0.0.1~126.255.255.254。此类地址的网络全世界仅可有 126 个，每个网络可接

$$2^8\times2^8\times(2^8-2)=16\,777\,214\text{ 个}$$

主机节点，所以通常供大型网络使用。

B 类：IP 地址的前 16 位为网络号，其中第 1 位为“1”，第 2 位为“0”，后 16 位为主机号，其有效范围为 126.0.0.1~191.255.255.254。该类地址的网络全球共有

$$2^6\times2^8=16\,384\text{ 个}$$

每个可连接的主机数为

$$2^8\times(2^8-2)=65\,024\text{ 个}$$

所以通常供中型网络使用。

C 类：IP 地址的前 24 位为网络号，其中第 1 位为“1”，第 2 位为“1”，第 3 位为“0”，后 8 位为主机号，其有效范围为 192.0.0.1~222.255.255.254。该类地址的网络全球共有

$$2^5\times2^8\times2^8=2\,097\,152\text{ 个}$$

每个可连接的主机数为 254 台，所以通常供小型网络使用。

2．子网掩码

从 IP 地址的结构中可知，IP 地址由网络地址和主机地址两部分组成。这样 IP 地址中具有相同网络地址的主机应该位于同一网络内，同一网络内的所有主机的 IP 地址中网络地址部分应该相同。不论是在 A、B 或 C 类网络中，具有相同网络地址的所有主机构成了一个网络。

通常一个网络本身并不只是一个大的局域网，它可能是由许多小的局域网组成。因此，为了维持原有局域网的划分便于网络的管理，允许将 A、B 或 C 类网络进一步划分成若干个相对独立的子网。A、B 或 C 类网络通过 IP 地址中的网络地址部分来区分。在划分子网时，将网络地址部分进行扩展，占用主机地址的部分数据位。在子网中，为识别其网络地址与主机地址，引出一个新的概念：子网掩码（Subnet Mask）或网络屏蔽字（Netmask）。

子网掩码的长度也是 32 位，其表示方法与 IP 地址的表示方法一致。其特点是：它的 32 位二进制数可以分为两部分，第一部分全部为“1”，而第二部分则全部为“0”。子网掩码的作用在于，利用它来区分 IP 地址中的网络地址与主机地址。其操作过程为：将 32 位的 IP 地址与子网掩码进行二进制的逻辑与操作，得到的便是网络地址（即子网地址）。例如，IP 地址为 171.121.80.18，子网掩码为 255.255.240.0，则该 IP 地址所属的网络地址为 171.121.80.0，而 171.121.129.22 子网掩码为 255.255.240.0，则该 IP 地址所属的网络地址为 171.121.128.0，原本为同在一个 B 类网络的两台主机被划分到两个不同的子网中。由 A、B 以及 C 类网络的定义中可知，它们具有默认的子网掩码。A 类地址的子网掩码为 255.0.0.0，B 类地址的子网掩码为 255.255.0.0，而 C 类地址的子网掩码为 255.255.255.0。

这样，便可以利用子网掩码来进行子网的划分。例如，某单位拥有一个 B 类网络地址 171.121.0.0，其默认的子网掩码为 255.255.0.0。如果需要将其划分成为 256 个子网，则应该将子网掩码设置为 255.255.255.0。于是，就产生了从 171.121.0.0 到 171.121.255.0 总共 256 个子网地址，而每个子网最多只能包含 254 台主机。此时，便可以为每个部门分配一个子网地址。

子网掩码通常是用来进行子网的划分，它还有另外一个用途，即进行网络的合并，这一点对于新申请 IP 地址的单位很有用处。由于 IP 地址资源的匮乏，如今 A、B 类地址已分配完，即使具有较大的网络规模，所能够申请到的也只是若干个 C 类地址（通常会是连续的）。当用户需要将这几个连续的 C 类地址合并为一个网络时，就需要用到子网掩码。例如，某单位申请到连续 4 个 C 类网络合并成为一个网络，可以将子网掩码设置为 255.255.252.0。

3. IP 地址的申请组织及获取方法

IP 地址必须由国际组织统一分配。五类地址中 A 类为最高级 IP 地址。

分配最高级 IP 地址的国际组织——国际网络信息中心（Network Information Center，NIC）。负责分配 A 类 IP 地址、授权分配 B 类 IP 地址的组织（自治区系统）、有权重新刷新 IP 地址。

分配 B 类 IP 地址的国际组织——ENIC、InterNIC 和 APNIC。目前全世界有三个自治区系统组织：ENIC 负责欧洲地区的分配工作，InterNIC 负责北美地区，APNIC 负责亚太地区（设在日本东京大学）。我国属 APNIC，被分配 B 类地址。

分配 C 类地址：由各国和地区的网管中心负责分配。

4. MAC 地址

在网络中，硬件地址又称为物理地址、MAC 地址或 MAC 位址（因为这种地址用在 MAC 帧中），用来定义网络设备的位置。在 OSI 模型中，第三层网络层负责 IP 地址，第二层数据链路层则负责 MAC 地址。

在所有计算机系统的设计中，标识系统是一个核心问题。在标识系统中，地址就是为识别某个系统的一个非常重要的标识符。MAC 地址就是用来表示互联网上每一个站点的标识符，采用十六进制数表示，共六个字节（48 位）。其中，前三个字节是由 IEEE 的注册管理机构 RA 负责给不同厂家分配的代码，也称为“机构唯一标识符”，世界上凡要生产局域网网卡的厂家都必须向 IEEE 购买由这三个字节构成标识符，例如，3Com 公司生产的网卡的 MAC 地址的前三个字节是 02-60-8C；后三个字节由各厂家自行指派给生产的适配器接口，称为扩展标识符，只要保证生产出的网卡没有重复地址即可（唯一性），可见用一个地址块可以生成 2^{24} 个不同的地址。用这种方式得到的 48 位地址称为 MAC-48，它的通用名称是 EUL-48。这里 EUI 表示扩展的唯一标识符，EUI-48 的使用范围不限于硬件地址，还用于软件接口。MAC 地址通常由网卡生产厂家固化在 EPROM（可通过程序擦写 ROM）中。

MAC 地址和 IP 地址是有区别的。如果把 IP 地址比作一个职位的话，MAC 地址则好像是去应聘这个职位的求职者，职位既可以让甲坐，同样也可以让乙坐。连接在网上的一台计算机的网卡坏了而更换了一个新的网卡，虽然这台计算机的地理位置没变化，MAC 地址却改变了，所接入的网络也没有任何改变；如果将位于南京的网络上的一台计算机转移到北京，连接在北京的网络上，虽然计算机的地理位置改变了，但只要计算机中的网卡不变，那么 MAC 地址也不变。因此 IP 地址和 MAC 地址的相同点是都唯一，不同点是长度不同，分配依据不同，寻址协议层不同，而且对于同一网络中的网络设备 IP 地址可以改变，MAC 地址不可以改变。

5. IPv6

IP 是 Internet 的核心协议。现在使用的 IP（即 IPv4）是在 20 世纪 70 年代末期设计的，无论从计算机本身发展还是从 Internet 规模和网络传输速率来看，现在 IPv4 已很不适用了。这里最主要的问题就是 32 位的 IP 地址不够用。

要解决 IP 地址耗尽的问题，可以采用以下 3 个措施。

- 采用无分类编址 CIDR，使 IP 地址的分配更加合理。
- 采用网络地址转换 NAT 方法，可节省许多全球 IP 地址。
- 采用具有更大地址空间的新版本的 IP，即 IPv6。

尽管上述前两项措施的采用使得 IP 地址耗尽的日期退后了不少，但却不能从根本上解决 IP 地址即将耗尽的问题。因此，根本的方法是上述的第三种方法。

IETF（互联网工程任务组）早在 1992 年 6 月就提出要制定下一代的 IP，即 IPng（IP Next Generation），也就是所谓的 IPv6。1998 年 12 月发表的“RFC 2460-2463”已成为 Internet 草案标准协议。应当指出，换一个新版的 IP 并非易事。世界上许多团体都从 Internet 的发展中看到了机遇，因此在新标准的制订过程中出于自身的经济利益而产生了激烈的争论。

IPv6 仍支持无连接的传送，但将协议数据单元 PDU 称为分组，而不是 IPv4 的数据报。为方便起见，本书仍采用数据报这一名词。

（1）IPv6 所引进的主要变化

- 更大的地址空间。IPv6 将地址从 IPv4 的 32 位增大到了 128 位，使地址空间增大了 2^{96} 倍。这样大的地址空间在可预见的将来是不会用完的。
- 扩展的地址层次结构。IPv6 由于地址空间很大，因此可以划分为更多的层次。
- 灵活的首部格式。IPv6 数据报的首部和 IPv4 的并不兼容。IPv6 定义了许多可选的扩展首部，不仅可提供比 IPv4 更多的功能，而且还可提高路由器的处理效率，这是因为路由器对扩展首部不进行处理。
- 改进的选项。IPv6 允许数据报包含有选项的控制信息，因而可以包含一些新的选项，IPv4 所规定的选项是固定不变的。
- 允许协议继续扩充。这一点很重要，因为技术总是在不断地发展的（如网络硬件的更新），而新的应用也还会出现，但 IPv4 的功能是固定不变的。
- 支持即插即用（即自动配置）。
- 支持资源的预分配。IPv6 支持实时视像等要求保证一定的带宽和时延的应用。

IPv6 将首部长度变为固定的 40 位，称为基本首部。将不必要的功能取消了，首部的字段数减少到只有 8 个（虽然首部长度增大一倍）。此外，还取消了首部的检验和字段（考虑到数据链路层和运输层部有差错检验功能）。这样就加快了路由器处理数据报的速度。

IPv6 数据报在基本首部的后面允许有零个或多个扩展首部，再后面是数据。但请注意，所有的扩展首部都不属于数据报的首部。所有的扩展首部和数据合起来叫做数据报的有效载荷或净负荷。

（2）IPv6 地址及其表示方案

IPv6 地址有三类：单播、组播和泛播地址。单播和组播地址与 IPv4 的地址非常类似，但 IPv6 中不再支持 IPv4 中的广播地址（IPv6 对此的解决办法是使用一个“所有节点”组播地址来替代那些必须使用广播的情况，同时，对那些原来使用了广播地址的场合，则使用一些更加有限的组播地址），而增加了一个泛播地址。本节介绍的是 IPv6 的寻址模型、地址类型、地址表达方式以及地址中的特例。

一个 IPv6 的 IP 地址由 8 个地址节组成，节与节之间用冒号分隔。其基本表达方式是 X:X:X:X:X:X:X:X，其中 X 是一个 4 位十六进制整数（16 个二进制位），共计 128 位（16 × 8 = 128）。地址中的每个整数都必须表示出来，但起始的 0 可以不必表示。

这是一种比较标准的 IPv6 地址表达方式，此外还有另外两种更加清楚和易于使用的方式。某些 IPv6 地址中可能包含一长串的 0，当出现这种情况时，标准中允许用“空隙”来表示这一长串的 0。换句话说，地址 2000:0000:0000:0000:AAAA:0000:0000:0001 可以被表示为 2000::AAAA:0000:0000:0001。其中的两个冒号表示该地址可以扩展到一个完整的 128 位地址。在这种方法中，只有连续的段位的 0 才能简化，其前后的 0 都要保留，如例中 2000 的后三个 0 不能被简化，而且两个冒号在地址中只能出现一次，如例中 AAAA 后面的两个连续段位的 0000 不能再次简化，当然也可以在 AAAA 后面使用::，这样 AAAA 之前的 0 就不能简化了。

在 IPv4 和 IPv6 的混合环境中可能有第 3 种方法。IPv6 地址中的最低 32 位可以用于表示 IPv4 地址，该地址可按照一种混合方式表达，即 X:X:X:X:X:X:d.d.d.d，其中 X 表示一个 16 位整数，而 d 表示一个 8 位十进制整数。例如，地址 0:0:0:0:0:0:10.0.0.1 就是一个合法的 IPv4 地址。把两种可能的表达方式组合在一起，该地址也可以表示为::10.0.0.1。

（3）IPv4 向 IPv6 的过渡

由于现在整个 Internet 上使用老版本 IPv4 的路由器的数量太大，因此，“规定一个日期，从这一天起所有的路由器一律都改用 IPv6”，显然是不可行的。这样，向 IPv6 过渡只能采用逐步演进的办法，同时，还必须使新安装的 IPv6 系统能够向后兼容。这就是说，IPv6 系统必须能够接收和转发 IPv4 分组，并且能够为 IPv4 分组选择路由。及早开始过渡到 IPv6 的好处是：有更多的时间来规划平滑过渡；有更多的时间培养 IPv6 的专门人才；及早提供 IPv6 服务比较便宜。

下面介绍两种向 IPv6 过渡的策略，即使用双协议栈和使用隧道技术。

- 双协议栈。是指在完全过渡到 IPv6 之前，使一部分主机（或路由器）装有两个协议栈，一个 IPv4 和一个 IPv6。因此，双协议栈主机（或路由器）既能够和 IPv6 的系统通信，又能够和 IPv4 的系统进行通信。双协议栈的主机（或路由器）记为 IPv6/IPv4，表明它具有两种 IP 地址：一个 IPv6 地址和一个 IPv4 地址。双协议栈主机在和 IPv6 主机通信时采用 IPv6 地址，而和 IPv4 主机通信时就采用 IPv4 地址。它是使用域名系统 DNS 来查询。若 DNS 返回的是 IPv4 地址，双协议栈的源主机就使用 IPv4 地址。但当 DNS 返回的是 IPv6 地址，源主机就使用 IPv6 地址。需要注意的是，IPv6 首部中的某些字段无法恢复。例如，原来 IPv6 首部中的流标号 X 在最后恢复出的 IPv6 数据报中只能变为空缺。这种信息的损失是使用首部转换方法所不可避免的。
- 隧道技术。这种方法的要点就是在 IPv6 数据报要进入 IPv4 网络时，将 IPv6 数据报封装成为 IPv4 数据报（整个的 IPv6 数据报变成了 IPv4 数据报的数据部分），然后 IPv6 数据报就在 IPv4 网络的隧道中传输，当 IPv4 数据报离开 IPv4 网络中的隧道时再将其数据部分（即原来的 IPv6 数据报）交给主机的 IPv6 协议栈。要使双协议栈的主机知道 IPv4 数据报里面封装的数据是一个 IPv6 数据报，就必须将 IPv4 首部的协议字段的值设置为 41（41 表示数据报的数据部分是 IPv6 数据报）。

7.4.4　域名系统

1．域名系统的概念

IP 地址由 32 位数字组成，是 Internet 上互连的若干主机进行内部通信时，区分和识别不同主机的数字型标志，对于这种数字型地址，用户很难记忆和理解。为了向用户提供一种直观明白的主机标识符，TCP/IP 开发了一种命名协议，即域名系统（Domain Name System，DNS），用于实现主机名与主机地址间的映射。主机名采用字符形式，称为域名。

2．域名的解析

DNS 被设计成为一个联机分布式数据库系统，并采用客户/服务器方式。它使大多数域名都在本地解析，仅少量解析需要在 Internet 上通信，因此系统效率很高，而且由于 DNS 是分布式系统，即使单个计算机出了故障，也不会妨碍整个系统的正常运行。域名的解析是由若干个域名服务器程序完成的，这些程序在专设的节点上运行，通常把运行该程序的机器称为域名服务器。

域名的解析过程如下：当某一个应用进程需要将域名解析为 IP 地址时，该应用进程就成为 DNS 的一个客户，并将待解析的域名放在 DNS 请求报文中，以 UDP 数据报方式发给本地域名服务器（使用 UDP 是为了减少开销）。本地的域名服务器在查找域名后，将对应的 IP 地址放在回答报文中返回。应用进程获得目的主机的 IP 地址后即可进行通信。若本地域名服务器不能回答该请求，则此域名服务器就暂时成为 DNS 中的另一个客户，并向其他域名服务器发出查询请求。这种过程直至找到能够回答该请求的域名服务器为止。

3．Internet 的域名结构

随着 Internet 上的用户数急剧增加，用非等级的名字空间来管理一个很大的而且是经常变化的名字集合是非常困难的，为了便于管理域名的分配、确认、回收和与 IP 地址之间的映射，Internet 采用了层次树状结构的命名方法，与 Internet 网络体系结构相对应。在这种命名方法中，首先由中央管理机构将最高一级域名空间划分为若干部分，并将各部分的管理权授予相应机构，各管理机构可以将自己管辖的域名空间再进一步划分成若干子域，并将这些子域的管理权再授予若干子机构。

域名的结构由若干个分量组成，各分量之间用点隔开：

…．三级域名．二级域名．顶级项名

各分量分别代表不向级别的域名。每一级的域名都由英文字母和数字组成（不超过 63 个字符，并且不区分大小写字母），级别最低的域名写在最左边，而级别最高的顶级域名则写在最右边。完整的域名不超过 255 个字符。从右到左的各子域名分别说明不同国家或地区的名称、组织类型、组织名称、分组织名称和计算机名等。DNS 既不规定一个域名需要包含多少个下级域名，也不规定每一级的域名代表什么意思。以 shanxi@qw.glxy.xjtu.edu.cn 为例，顶级域名 cn 代表中国，子域名 edu 表明这台主机是属于教育部门，xjtu 具体指明是西安交通大学，其余的子域名是管理学院的一台名为 qw 的主机。在 Internet 地址中不得有任何空格存在，

络的人也可以很快成为 Internet 的行家，自由地使用 Internet 的资源。

2．WWW 的工作原理

万维网有如此强大的功能，那么 WWW 是如何运作的呢？

WWW 中的信息资源主要由一篇篇的 Web 文档，或称 Web 页为基本元素构成。这些 Web 页采用超文本的格式，即可以含有指向其他 Web 页或其本身内部特定位置的超级链接，或简称链接。可以将链接理解为指向其他 Web 页的“指针”。链接使得 Web 页交织为网状，这样，如果 Internet 上的 Web 页和链接非常多的话，就构成了一个巨大的信息网。

当用户从 WWW 服务器取到一个文件后，用户需要在自己的屏幕上将它正确无误地显示出来。由于将文件放入 WWW 服务器的人并不知道将来阅读这个文件的人到底会使用哪一种类型的计算机或终端，要保证每个人在屏幕上都能读到正确显示的文件，必须以一种各类型的计算机或终端都能“看懂”的方式来描述文件，于是就产生了 HTML——超文本语言。

HTML（Hype Text Markup Language）的正式名称是超文本标记语言。HTML 对 Web 页的内容、格式及 Web 页中的超级链接进行描述，而 Web 浏览器的作用就在于读取 Web 网点上的 HTML 文档，再根据此类文档中的描述组织并显示相应的 Web 页面。

HTML 文档本身是文本格式的，用任何一种文本编辑器都可以对它进行编辑。HTML 有一套相当复杂的语法，专门提供给专业人员用来创建 Web 文档，一般用户并不需要掌握它。由于文件名受 7.3 格式限制，在 DOS 和 Windows3.X 环境下，HTML 文档的扩展名只能是“.htm”，但在 Windows 95 和 Windows NT 以上版本的环境下，HTML 文档的扩展名可以是“.html”或“.htm”，在 UNIX 系统中，HTML 文档的扩展名必须采用“.html”。图 7.24 和图 7.25 所示分别为人民网（http://www.people.com.cn）的 Web 页面及其对应的 HTML 文档。

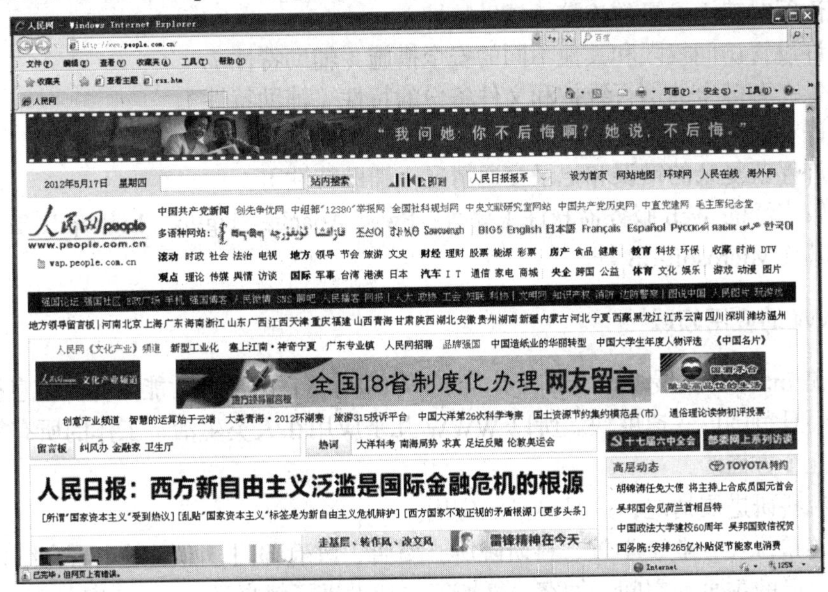

图 7.24　人民网的 Web 页面

```
<!DOCTYPE html PUBLIC "-//W3C//DTD XHTML 1.0 Transitional//EN"
"http://www.w3.org/TR/xhtml1/DTD/xhtml1-transitional.dtd">
<html xmlns="http://www.w3.org/1999/xhtml">
<head>
<meta http-equiv="Content-Type" content="text/html; charset=GB2312" />
<meta http-equiv="Content-Language" content="utf-8" />
<meta name="robots" content="" />
<meta name="author" content="" />
<meta name="copyright" content="" />
<meta name="description" content="人民网，是世界十大报纸之一《人民日报》建设的以新闻为主的大型网
上信息发布平台，也是互联网上最大的中文和多语种新闻网站之一。作为国家重点新闻网站，人民网以新闻报道
的权威性、及时性、多样性和评论性为特色，在网民中树立起了“权威媒体、大众网站”的形象。" />
<meta name="keywords" content="人民网,人民日报,中国共产党新闻,新闻中心,时政,社会,地方,地方领导,
经济,能源环保,跨国公司,新农村,教育,科技,文化,饮食,娱乐,旅游,游戏,短信,彩信,资料,人民电视图片,直播
,访谈,观点,理论,传媒,国际军事,台湾,港澳,汽车,房产,IT,家电,开发区,百强县,体育,奥运,彩票,健康,男士,
生活,天气,光盘,数据,强国论坛,强国博客,人民微博" />
<meta name="filetype" content="1">
<meta name="publishedtype" content="1">
<meta name="pagetype" content="2">
<meta name="catalogs" content="1">
<meta http-equiv="X-UA-Compatible" content="IE=EmulateIE7" />
<title>人民网</title>
<!--20120504-->
<link href="/img/2011people/2011people_index_20110601.css" type="text/css"
rel="stylesheet" media="all" charset="utf-8" />
<link href="/img/2011people/2011people_index_20111009.css" type="text/css"
rel="stylesheet" media="all" />
<!--[if IE]>
<style type="text/css">
```

图 7.25　人民网的 HTML 文档

3. WWW 服务器

WWW 服务器是任何可以运行 Web 服务器软件、提供 WWW 服务的计算机。理论上来说，这台计算机应该有一个非常快的处理器、一个巨大的硬盘和大容量的内存，但是，所有这些技术需要的基础就是它能够运行 Web 服务器软件。

下面给出服务器软件的一个详细定义。

- 支持 WWW 的协议：HTTP（基本特性）。
- 支持 FTP、USENET、Gopher 和其他的 Internet 协议（辅助特性）。
- 允许同时建立大量的连接（辅助特性）。
- 允许设置访问权限和其他不同的安全措施（辅助特性）。
- 提供一套健全的例行维护和文件备份的特性（辅助特性）。
- 允许在数据处理中使用定制的字体（辅助特性）。
- 允许俘获复杂的错误和记录交通情况（辅助特性）。

应用比较广泛的 Web 服务器软件主要有：Pws、Apache、Nginx、Lighttpd、Tomcat、IBM WebSphere 以及 Microsoft IIS 等。

4. WWW 的应用领域

WWW 是 Internet 发展最快、最吸引人的一项服务，它的主要功能是提供信息查询，不仅图文并茂，而且范围广、速度快。所以 WWW 几乎应用在人类生活、工作的所有领域。最突出的有如下几个方面。

（1）交流科研进展情况，这是最早的应用。

（2）宣传单位。企业、学校、科研院所、商店、政府部门，都通过主页介绍自己。许多个人也拥有自己的主页、空间、博客、微博等，让世界了解自己。

（3）介绍产品与技术。通过主页介绍本单位开发的新产品、新技术，并进行售后服务，越来越成为企业、商家的促销渠道。

（4）远程教学和医疗。Internet 流行之前的远程教学方式主要是广播电视。有了 Internet，

在一间教室安装摄像机，全世界都可以听到该教师的讲课。学生也可以在教师不联网的情况下，通过 Internet 获取自己感兴趣的内容。例如搜狐和新浪的的公开课，使大家可以近距离了解世界名校。世界各地的优秀医疗工作者也可以通过 Internet 对同一病人的病情进行会诊。

（5）新闻发布。各大报纸、杂志、通讯社、体育、科技都通过 WWW 发布最新消息。例如，“嫦娥三号”登陆月球的的情况，世界各地都可以及时通过 WWW 获取。世界杯足球赛、NBA、奥运会，都通过 WWW 提供图文动态信息。

（6）网上旅游。世界各大博物馆、艺术馆、美术馆、动物园、自然保护区和旅游景点介绍自己的珍品，成为人类共有资源。

（7）休闲娱乐。相亲交友、打游戏、下棋、打牌、看电影，丰富了人们的业余生活。

（8）电子商务。人们通过 WWW 网上购物、企业通过 WWW 网络营销，2013 年 11 月 11 日，天猫支付宝全天交易额达 350.19 亿元，而仅 11 国内团购成交金额达 37.9 亿元。

（9）电子政务。政府部门通过 WWW 公开政务，并在 WWW 上配置相关应用，使人们可以足不出户办理相关业务。

5．WWW 浏览器

在 Internet 上发展最快、人们使用最多、应用最广泛的是 WWW 浏览服务，比较流行的浏览器软件主要有 Microsoft 公司的 IE（Internet Explorer）、Google 公司开发的开源浏览器 Google Chrome、Apple 公司的 Safari，以及 Opera、FireFox、SeaMonkey、NetScape 等。

Microsoft 公司的 IE。Microsoft 公司为了争夺和占领浏览器市场，在操作系统 Windows 95 之后大量投入人力、财力加紧研制用于 Internet 的 WWW 浏览器，并在后续的 Windows 95 OEM 版以及后来的 Windows 98 中捆绑免费发行，一举从网景公司手中夺得大片浏览器市场。IE 的版本已经从 V3.0 升级到最新的 V11.0。

Google 公司的 Chrome 浏览器。谷歌公司开发的浏览器，又称 Google 浏览器。Chrome 在中国的通俗名字，音译是 kuomu，中文字取“扩目”，取意“开阔你的视野”的意思，Chrome 包含了“无痕浏览”（Incognito）模式（与 Safari 的“私密浏览”和 Internet Explorer 8 的类似），这个模式可以“让你在完全隐密的情况下浏览网页，因为你的任何活动都不会被记录下来”，同时也不会储存 cookies。当在窗口中启用这个功能时“任何发生在这个窗口中的事情都不会进入你的计算机。” Chrome 浏览器的市场份额已经在赶超 IE，最新版本为 Chrome32.0。

Apple 公司的 Safari。Safari 是苹果计算机 Mac OS X 中的浏览器，用来取代之前的 IE for Mac。它使用了 KDE 的 KHTML 作为浏览器的计算核心。该浏览器已支持 Windows 平台，但是与运行在 Mac OS X 上相比，有些功能会出现丢失，Safari 也是 iPhone、iPodTouch 和 iPad 中 iOS 指定的默认浏览器，它可以提供极致愉悦的网络体验方式，更不断地改写浏览器的定义。目前，Safari 在领跑全球移动浏览器市场，最新版本为 Safari7.0。

6．Web 2.0 简介

Web 2.0 是人们对 Internet 发展新阶段的一个概括。无法准确定义 Web 2.0 是什么，但可以对其特征进行简单归纳，下面在 Web 2.0 与 Web 1.0 的对比中认识什么是 Web 2.0。

英国人 Tim Berners Lee 1989 年在欧洲共同体的一个大型科研机构任职时发明了 World Wide Web，简称 WWW。Internet 上的资源，可以在一个网页里比较直观的表示出来，而且资源之间可以在网页上互相链接。这种以内容为中心，以信息的发布、传输、分类、共享为目的的 Internet 称为 Web 1.0。在这种模式中绝大多数网络用户只充当了浏览者的角色，话语权是掌握在各大网站的手里。

如果说 Web 1.0 是以数据（信息）为核心，那 Web 2.0 是以人为核心，旨在为用户提供更人性化的服务。Web 1.0 到 Web 2.0 的转变，具体地说，从模式上是单纯的“读”向“写”发展，由被动地接收 Internet 信息向主动创造 Internet 信息迈进；从基本构成单元上，是由“网页”向“发表/记录信息”发展；从工具上，是由 Internet 浏览器向各类浏览器、RSS 阅读器等内容发展；运行机制上，由“Client Server”向“Web Services”转变；作者由程序员等专业人士向全部普通用户发展。

在 Web 2.0 中用户可读写。在 Web 1.0 阶段，大多数用户只是信息的读者，而不是作者，一个普通的用户只能浏览新浪网的信息而不能进行编辑；在 Web 2.0 阶段人人都可以成为信息的提供者，每个人都可以在自己的 BLOG 上发表言论而无需经过审核，从而完成了从单纯的阅读者到信息提供者角色的转变。

Web 2.0 倡导个性化服务。在 Web 1.0 阶段 Internet 的交互性没有得到很好的发挥，网络提供的信息没有明确的针对性，最多是对信息进行了分类，使信息针对特定的人群，还是没有针对到具体的个人。Web 2.0 中允许个人根据自己的喜好进行订阅，从而获取自己需要的信息与服务。

Web 2.0 实现人的互连。在 Web 1.0 中实质上是数据（信息）的互连，是以数据（信息）为中心的；而 Web 2.0 中最终连接的是用户，如以用户为核心来组织内容的 BLOG 就是个典型代表，每个人在网络上都可以是一个节点，BLOG 的互连本质上是人的互连。

目前，关于 Web 3.0 的讨论已经在不断被提出，其开发者的目标是建造一个能针对简单问题给出合理、完全答复的系统。其核心条例是继承 Web2.0 的所有特性，具备更清晰可行的盈利模式等。在 Web 2.0 还未被人们广泛接受的今天，Web 3.0 还有很长的路要走。

表 7.8 所示为 Web 1.0 和 Web 2.0 的对比情况。

表 7.8　Web 1.0 和 Web 2.0 对比

	Web 1.0	Web 2.0
核心理念	用户只是浏览者，以内容为中心，广播化	用户可读写，个性化服务，社会互连，以人为本
典型应用	新闻发布、信息搜索	BLOG、RSS
代表网站	http://www.sohu.com http://www.baidu.com	各种 BLOG 网站

7.5.2 电子邮件

电子邮件（E-mail）是 Internet 应用最广的服务，通过网络的电子邮件系统，用户可以用非常低廉的价格（不管发送到哪里，都只需负担网费即可），以非常快速的方式（几秒钟之内可以发送到世界上任何指定的目的地），与世界上任何一个角落的网络用户联系。这些电子邮件可以是文字、图像、声音等各种文件。同时，可以得到大量免费的新闻、专题邮件，并实现轻松的信息搜索。正是由于电子邮件的使用简易、投递迅速、收费低廉、易于保存、全球畅通无阻，使得电子邮件被广泛地应用，它使人们的交流方式得到了极大的改变。

近年来随着 Internet 的普及和发展，万维网上出现了很多基于 Web 页面的免费电子邮件服务，用户可以使用 Web 浏览器访问和注册自己的用户名与口令，一般可以获得存储容量达数 GB 的电子邮箱，并可以立即按注册用户登录，收发电子邮件。如果经常需要收发一些大的附件，Gmail、Hotmail、网易 163 mail、126 mail、Yeah mail 等都能够满足要求。

用户使用 Web 电子邮件服务时几乎无须设置任何参数，直接通过浏览器收发电子邮件，阅读与管理服务器上个人电子信箱中的电子邮件（一般不在用户计算机上保存电子邮件），大部分电子邮件服务器还提供了自动回复功能。电子邮件具有使用简单方便、安全可靠、便于维护等优点，缺点是用户在编写、收发、管理电子邮件的全过程都需要联网，不利于采用计时付费上网的用户。由于现在电子邮件服务被广泛应用，用户都会使用，所以具体操作过程不再赘述。

7.5.3 文件传输

文件传输的意思很简单，就是指把文件通过网络从一个计算机系统复制到另一个计算机系统的过程。在 Internet 中，实现这一功能的是 FTP。像大多数的 Internet 服务一样，FTP 也采用客户机/服务器模式，当用户使用一个名叫 FTP 的客户程序时，就和远程主机上的服务程序相连了。若用户输入一个命令，要求服务器传送一个指定的文件，服务器就会响应该命令，并传送这个文件；用户的客户程序接收这个文件，并把它存入用户指定的目录中。从远程计算机上复制文件到自己的计算机上，称为“下载”（downloading）文件；从自己的计算机上复制文件到远程计算机上，称为“上传”（uploading）文件。使用 FTP 程序时，用户应输入 FTP 命令和想要连接的远程主机的地址。一旦程序开始运行并出现提示符“ftp”后，就可以输入命令，来回复制文件，或做其他操作了。例如，可以查询远程计算机上的文档，也可以变换目录等。远程登录是由本地计算机通过网络，连接到远端的另一台计算机上作为这台远程主机的终端，可以实地使用远程计算机上对外开放的全部资源，也可以查询数据库、检索资料或利用远程计算机完成大量的计算工作。

在实现文件传输时，需要使用 FTP 程序。UNIX 或 Windows 系统都包含这一协议文件，IE 和 Chrome 浏览器都带有 FTP 程序模块。可在浏览器窗口的地址栏直接输入远程主机的 IP 地址或域名，浏览器将自动调用 FTP 程序。

若用户没有账号，则不能正式使用 FTP，但可以匿名使用 FTP。匿名 FTP 允许没有账号和口令的用户以 anonymous 或 FTP 特殊名来访问远程计算机，当然，这样会有很大的限制。匿名用户一般只能获取文件，不能在远程计算机上建立文件或修改已存在的文件，对可以复制的文件也有严格的限制。当用户以 anonymous 或 FTP 登录后，FTP 可接受任何字符串作为口令，但一般要求用电子邮件的地址作为口令，这样服务器的管理员能知道谁在使用，当需要时可及时联系。

7.5.4 搜索引擎

随着网络的普及，Internet 日益成为信息共享的平台。各种各样的信息充满整个网络，既有很多有用信息，也有很多垃圾信息。如何快速准确地在网上找到真正需要的信息已变得越来越重要。搜索引擎（Search Engine）是一种网上信息检索工具，在浩瀚的网络资源中，它能帮助用户迅速而全面地找到所需要的信息。

1. 搜索引擎的概念和功能

搜索引擎是指根据一定的策略、运用特定的计算机程序在Internet上搜索信息，在对信息进行组织和处理后，为用户提供检索服务，将用户检索相关的信息展示给用户的工具和系统。

搜索引擎的主要功能包括以下几个方面。

（1）信息搜集

各个搜索引擎都拥有蜘蛛（Spider）或机器人（Robots）这样的“页面搜索软件”，在各网页中爬行，访问网络中公开区域的每一个站点，并记录其网址，将它们带回到搜索引擎，从而创建出一个详尽的网络目录。由于网络文档的不断变化，机器人也不断把以前已经分类组织的目录进行更新。

（2）信息处理

将“网页搜索软件”带回的信息进行分类整理，建立搜索引擎数据库，并定时更新数据库内容。在进行信息分类整理阶段，不同的搜索引擎会在搜索结果的数量和质量上产生明显的差异。有的搜索引擎把“网页搜索软件”发往每一个站点，记录下每一页的所有文本内容，并收入到数据库中，从而形成全文搜索引擎；而另一些搜索引擎只记录网页的地址、篇名、特点的段落和重要的词。因此，有的搜索引擎数据库很大，而有的则较小。当然，最重要的是数据库的内容必须经常更新、重建，以保持与信息世界的同步发展。

（3）信息查询

每个搜索引擎都必须向用户提供一个良好的信息查询界面，一般包括分类目录及关键词两种信息查询途径。分类目录查询是以资源结构为线索，将网上的信息资源按内容进行层次分类，使用户能按线性结构逐层逐类检索信息。关键词查询是利用建立的网络资源索引数据库向网上用户提供查询“引擎”。用户只要把想要查找的关键词或短语输入查询框中，并单击“搜索”（Search）按钮，搜索引擎就会根据输入的提问，在索引数据库中查找相应的词语，并进行必要的逻辑运算，最后给出查询的命中结果（均为超文本链接形式）。用户只要通过搜索引擎提供的链接，就可以立刻访问到相关信息。

2. 搜索引擎的类型

搜索引擎可以根据不同的方式分为多种类型，主要包括全文索引、目录索引、元搜索引擎、垂直搜索引擎、集合式搜索引擎、门户搜索引擎与免费链接列表等。

（1）根据组织信息的方式分类

目录式分类搜索引擎。目录式分类搜索引擎将信息系统加以归类，利用传统的信息分类方式来组织信息，用户按类查找信息，最具代表性的是Yahoo。由于网络目录中的网页是专家人工精选得来，故有较高的查准率，但查全率低，搜索范围较窄，适合那些希望了解某一方面信息但又没有明确目的的用户。

全文搜索引擎。全文搜索引擎实质是能够对网站的每个网页中的每个单字进行搜索的引擎。最典型的全文搜索引擎是Altavista、Google和百度。全文搜索引擎的特点是查全率高，搜索范围较广，提供的信息多而全，缺乏清晰的层次结构，查询结果中重复链接较多。

分类全文搜索引擎。分类全文搜索引擎是综合全文搜索引擎和目录式分类搜索引擎的特点而设计的，通常是在分类的基础上，再进一步进行全文检索。现在大多数的搜索引擎都属于分类全文搜索引擎。

智能搜索引擎。这种搜索引擎具备符合用户实际需要的知识库。搜索时，引擎根据知识库来理解检索词的意义，并以此产生联想，从而找出相关的网站或网页。同时还具有一定的推理能力，它能根据知识库的知识，运用人工智能方法进行推理，这样就大大提高了查全率和查准率。

典型的智能搜索引擎有 FSA Eloise 和 FAQ Finder。FSA Eloise 专门用于搜索美国证券交易委员会的商业数据库。FAQ Finder 则是一个具有回答式界面的智能搜索引擎，它在获知用户问题后，查询 FAQ 文件，然后给出适当的结果。

（2）根据搜索范围分类

独立搜索引擎。独立搜索引擎建有自己的数据库，搜索时检索自己的数据库，并根据数据库的内容反馈出相应的查询信息或链接站点。

元搜索引擎。元搜索引擎是一种调用其他独立搜索引擎的引擎。搜索时，它用用户的查询词同时查询若干其他搜索引擎，做出相关度排序后，将查询结果显示给用户。它的注意力集中在改善用户界面，以及用不同的方法过滤从其他搜索引擎接收到的相关文档，包括消除重复信息。典型的元搜索引擎有 MetaSearch、OMetaCrawler、Digisearch 等。用户利用这种引擎能够获得更多、更全面的网址。

3. 常用搜索引擎

（1）百度

百度是国内最大的商业化全文搜索引擎，占国内 80%的市场份额。百度的网址是：http://www.baidu.com，其搜索页面如图 7.26 所示。百度功能完备，搜索精度高，除数据库的规模及部分特殊搜索功能外，其他方面可与当前的搜索引擎业界领军人物 Google 相媲美，在中文搜索支持方面甚至超过了 Google，是目前国内技术水平最高的搜索引擎。百度目前主要提供中文（简/繁体）网页搜索服务。如无限定，默认以关键词精确匹配方式搜索。支持“–”、“.”、“|”、“link:”、“《》”等特殊搜索命令。在搜索结果页面，百度还设置了关联搜索功能，方便访问者查询与输入关键词有关的其他方面的信息。其他搜索功能包括新闻搜索、MP3 搜索、图片搜索、Flash 搜索等。

图 7.26 百度的搜索页面

（2）Google

Google 提供常规及高级搜索功能。Google 的网址是：http://www.google.com，其搜索页面如图 7.27 所示。在高级搜索中，用户可限制某一搜索必须包含或排除特定的关键词或短语。该引擎允许用户定制搜索结果页面所含信息条目数量，可从 10 ~ 100 条任选。提供网站内部查询和横向相关查询。Google 还提供特别主题搜索，如 Apple Macintosh、BSD Unix、Linux 和大学院校搜索等；允许以多种语言进行搜索，在操作界面中提供多达 30 余种语言选择，还可在多达四十多个国别专属引擎中进行选择。

图 7.27　Google 的搜索页面

（3）Yahoo

Yahoo 既有目录检索、关键词检索，也有专题检索，内容丰富。Yahoo 的网址是：http://www.yahoo.cn，其搜索页面如图 7.28 所示。Yahoo 的检索方式中，可以选择在类目、网页、当前文件索引和最新新闻四个数据库中进行搜索，还可以使用各种布尔操作符。在高级检索中，可以定义各种智能搜索方式，以提高命中率。如果用户的关键词在 Yahoo 中检索不到结果，它还会自动将查询转交给 Altavista，由它来为用户进一步查询。

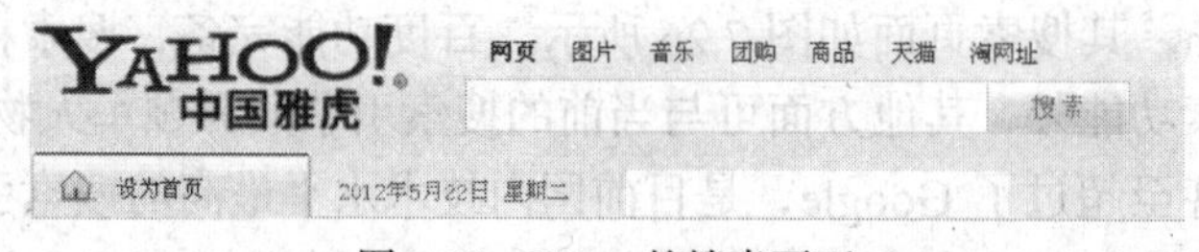

图 7.28　Yahoo 的搜索页面

（4）搜狐

搜狐公司于 1998 年推出中国首家大型分类查询搜索引擎，经过数年的发展，每日浏览量超过 800 万，到现在已经发展成为中国影响力较大的分类搜索引擎。搜狐的网址是：http://www.sohu.com，其搜索页面如图 7.29 所示。搜狐的目录导航式搜索引擎完全是由人工加工而成，相比机器人加工的搜索引擎来讲具有很高的精确性、系统性和科学性。分类专家层层细分类目，组织成庞大的树状类目体系。利用目录导航系统可以很方便地查找到一类相关信息。搜狐的搜索引擎可以查找网站、网页、新闻、网址、软件五类信息。搜狐的搜索引擎叫做 Sogou，是嵌入在搜狐的首页中的。

图 7.29　搜狐的搜索页面

（5）Altavista

Altavista 是目前 Internet 上功能强大的一个搜索引擎。Altavista 的网址是：http://www.altavista.com，其搜索页面如图 7.30 所示。它提供目录和关键词查询。另外，还可以对查找的范围、语种等进行限制，对查询结果可进行多种翻译，还可根据用户的查询结果，自动生成一份关键词表，用户可以选择自己想要的关键词，从而提高查询的准确率。

图 7.30　Altavista 的搜索页面

（6）Excite

Excite 是一种能在大型数据库中进行快速概念检索的搜索引擎，支持目录检索和关键词检索。Excite 的网址是：http://www.excite.com，其搜索页面如图 7.31 所示。Excite 在处理关键词时使用了智能概念提取技术，因此在查询时，不仅能检索出直接包含关键词的网页，也能检索出那些虽然没包含给定关键词，但包含了与这些关键词相关的其他词汇的网页。另外，还提供了若干专题检索。

图 7.31　Excite 的搜索页面

（7）Lycos

Lycos 是搜索引擎中的元老，是最早提供信息搜索服务的网站之一。2000 年被西班牙网络集团 Terra Lycos Network 以 125 亿美元收归旗下。Lycos 的网址是：http://www.lycos.com，其搜索页面如图 7.32 所示。Lycos 整合了搜索数据库、在线服务和其他 Internet 工具，提供网站评论、图像及包括 MP3 在内的压缩音频文件下载链接等，提供常规及高级搜索，具有多语言搜索功能。

图 7.32　Lycos 的搜索页面

7.6 信息安全概述

信息安全是一个关系国家安全和主权、社会的稳定、民族文化的继承和发扬的重要问题。从技术角度看，网络信息安全是一个涉及计算机科学、网络技术、通信技术、密码技术、信息安全技术、应用数学、数论、信息论等多种学科的边缘性综合学科。随着全球信息基础设施和各国信息基础设施的逐渐形成，国与国之间变得“近在咫尺”。网络化、信息化已成为现代科技发展的必然趋势，网络的普及、客户端软件多媒体化、协同计算、资源共享、开放、远程管理，电子商务、金融电子等已和我们的工作与生活息息相关。信息社会的到来，给全球带来了信息技术飞速发展的契机；信息技术的应用，引起了人们生产方式、生活方式和思想观念的巨大变化，极大地推动了人类社会的发展和人类文明的进步，把人类带入了崭新的时代；信息系统的建立已逐渐成为社会各个领域不可或缺的基础设施；信息已成为社会发展的重要战略资源、决策资源和控制战场的灵魂；信息化水平已成为衡量一个国家现代化程度和综合国力的重要标志。抢占信息资源已经成为国际竞争的重要内容。

事物总是辨证统一的，人们在享受网络信息所带来的巨大方便的同时，也面临着信息安全的严峻考验。科技进步在造福人类的同时，也带来了新的危害。从某种意义上讲，网络信息系统的广泛普及，就像一个打开了的潘多拉魔盒，使得新的邪恶与罪孽相伴而来。网络信息系统中的各种犯罪活动已经严重地危害着社会的发展和国家的安全，也带来了许多新的课题。信息安全已成为世界性的现实问题，信息安全与国家安全、民族兴衰和战争胜负息息相关。没有信息安全，就没有完全意义上的国家安全，也没有真正的政治安全、军事安全和经济安全。面对日益明显的经济、信息全球化趋势，我们既要看到它带来的发展机遇，同时也要正视它引发的严峻挑战。因此，加速信息安全的研究和发展，加强信息安全保障能力已成为我国信息化发展的当务之急，成为国民经济各领域电子化成败的关键。为了构筑21世纪的国家信息安全保障体系，有效地保障国家安全、社会稳定和经济发展，就需要尽快并长期致力于增强广大公众的信息安全意识，提升信息系统研究、开发、生产、使用、维护和提高管理人员的素质与能力。

7.6.1 信息安全

信息安全是指信息网络的硬件、软件及其系统中的数据受到保护，不受偶然的或者恶意的原因而遭到破坏、更改、泄露，系统连续可靠正常地运行，信息服务不中断。从广义来说，凡是涉及信息的保密性、完整性、可用性等的相关技术和理论都是信息安全的研究领域。信息安全本身包括的范围很广，大到国家军事政治等机密安全，小如防止商业机密泄露，防范青少年对不良信息的浏览以及个人信息的泄露等。网络环境下的信息安全体系是保证信息安全的关键，包括计算机安全操作系统、各种安全协议、安全机制（数字签名，信息认证，数据加密等），直至安全系统，其中任何一个安全漏洞都会威胁全局安全。

一般来说，信息安全主要包括系统安全和数据安全以下两个方面。

系统安全：一般采用防火墙、防病毒及其他安全防范技术等措施，是属于被动型的安全措施。

数据安全：则主要采用现代密码技术对数据进行主动的安全保护，如数据保密、数据完整性、数据不可否认与抵赖、双向身份认证等技术。

7.6.2 信息安全体系结构

在考虑具体的网络信息安全体系时，把安全体系划分为一个多层面的结构，每个层面都是一个安全层次。根据信息系统的应用现状和网络结构，信息安全问题可以定位在五个层次：物理安全、网络安全、系统安全、应用安全和安全管理，图 7.33 所示为信息安全体系结构以及这些结构层次之间的关系。

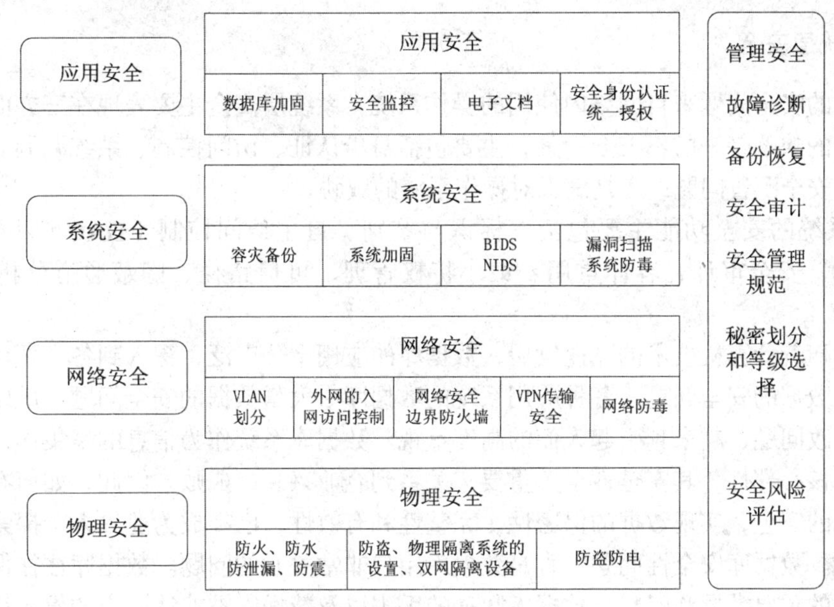

图 7.33 信息安全体系结构

1. 物理层安全

物理安全在整个计算机网络信息系统安全体系中占有重要地位。计算机信息系统物理安全的内涵是保护计算机信息系统设备、设施以及其他媒体免遭地震、水灾、火灾等环境事故以及人为操作失误或错误及各种计算机犯罪行为导致的破坏。包含的主要内容为环境安全、设备安全、电源系统安全和通信线路安全。

（1）环境安全。计算机网络通信系统的运行环境应按照国家有关标准设计实施，应具备消防报警、安全照明、不间断供电、温湿度控制系统和防盗报警，以保护系统免受水、火、有害气体、地震、静电的危害。

（2）设备安全。要保证硬件设备随时处于良好的工作状态，建立健全使用管理规章制度，建立设备运行日志。同时要注意保护存储介质的安全性，包括存储介质自身和数据的安全。存储介质本身的安全主要是安全保管、防盗、防毁和防霉；数据安全是指防止数据被非法复制和非法销毁，关于存储与数据安全这一问题将在下一章具体介绍和解决。

（3）电源系统安全。电源是所有电子设备正常工作的能量源，在信息系统中占有重要地位。电源安全主要包括电力能源供应、输电线路安全、保持电源的稳定性等。

（4）通信线路安全。通信设备和通信线路的装置安装要稳固牢靠，具有一定对抗自然因素和人为因素破坏的能力。包括防止电磁信息的泄露、线路截获以及抗电磁干扰。

2．网络层安全

该层次的安全问题主要体现在网络方面的安全性，包括网络层身份认证，网络资源的访问控制，数据传输的保密与完整性，远程接人的安全，域名系统的安全，路由系统的安全，人侵检测的手段，网络设施防病毒等。网络层常用的安全工具包括防火墙系统、人侵检测系统、VPN 系统、网络蜜罐等。

3．系统层安全

该层次的安全问题来自网络内使用的操作系统，系统层安全主要表现在三方面，一是操作系统本身的缺陷带来的不安全因素，主要包括身份认证、访问控制、系统漏洞等；二是对操作系统的安全配置问题；三是病毒对操作系统的威胁。

操作系统的安全功能主要包括：标识与鉴别、自主访问控制（DAC）、强制访问控制（MAC）、安全审计、客体重用、最小特权管理、可信路径、隐蔽通道分析、加密卡支持等。

另外，随着计算机技术的飞速发展，数据库的应用十分广泛，深入到各个领域，但随之而来产生了数据的安全问题。各种应用系统的数据库中大量数据的安全问题、敏感数据的防窃取和防篡改问题，越来越引起人们的高度重视。数据库系统作为信息的聚集体，是计算机信息系统的核心部件，其安全性至关重要，关系到企业兴衰、成败。因此，如何有效地保证数据库系统的安全，实现数据的保密性、完整性和有效性，已经成为业界人士探索研究的重要课题之一。数据库安全性问题一直是数据库用户非常关心的问题。数据库往往保存着生产和工作需要的重要数据和资料，数据库数据的丢失以及数据库被非法用户的侵入往往会造成无法估量的损失，因此，数据库的安全保密成为一个网络安全防护中非常需要重视的环节，要维护数据信息的完整性、保密性、可用性。

4．应用层安全

应用层的安全主要考虑所采用的应用软件和业务数据的安全性，全球互联网用户已达数十亿，大部分用户也都会利用网络进行购物、银行转账支付、网络聊天和各种软件下载等。人们在享受便捷网络的同时，网络环境也变得越来越危险，比如网上钓鱼、垃圾邮件、网站被黑、企业上网账户密码被窃取、QQ 号码被盗、个人隐私数据被窃取等。因此，对于每一个使用网络的人来说，掌握一些应用安全技术是很必要的。

5．管理层安全

安全领域有句话叫作“三分技术，七分管理”，管理层安全从某种意义上来说要比以上 4 个安全层次更重要。管理层安全包括安全技术和设备的管理、安全管理制度、部门与人员的组织规则等。

7.6.3 信息安全的目标

开始的时候，信息安全具有三个目标：保密性、完整性和可用性（Confidentiality，Integrity，Availability，CIA）。后来，对信息安全的目标进行了扩展，将 CIA 三个目标扩展为：保密性、完整性、可用性、真实性、不可否认性、可追究性、可控性 7 个信息安全技术目标。其中所增加的真实性、不可否认性、可追究性、可控性可以认为是完整性的扩展和细化。

①保密性：保密性是网络信息不被泄露给非授权的用户、实体或过程，或供其利用的特性。即，防止信息泄漏给非授权个人或实体，信息只为授权用户使用的特性。保密性是在可靠性和可用性基础之上，保障网络信息安全的重要手段。常用的保密技术包括：防侦收、防辐射、信息加密、物理保密。

②完整性：完整性是网络信息未经授权不能进行改变的特性。即网络信息在存储或传输过程中保持不被偶然或蓄意地删除、修改、伪造、乱序、重放、插入等破坏和丢失的特性。完整性是一种面向信息的安全性，它要求保持信息的原样，即信息的正确生成和正确存储和传输。影响网络信息完整性的主要因素有：设备故障、误码、人为攻击、计算机病毒等。

③可用性：可用性是网络信息可被授权实体访问并按需求使用的特性。即网络信息服务在需要时，允许授权用户或实体使用的特性，或者是网络部分受损或需要降级使用时，仍能为授权用户提供有效服务的特性。可用性是网络信息系统面向用户的安全性能。网络信息系统最基本的功能是向用户提供服务，而用户的需求是随机的、多方面的、有时还有时间要求。可用性一般用系统正常使用时间和整个工作时间之比来度量。可用性还应该满足以下要求：身份识别与确认、访问控制、业务流控制、路由选择控制、审计跟踪。

④真实性：对信息的来源进行判断，能对伪造来源的信鼻予以鉴别。

⑤不可否认性：在网络信息系统的信息交互过程中，确信参与者的真实同一性。即，所有参与者都不可能否认或抵赖曾经完成的操作和承诺。利用信息源证据可以防止发信方不真实地否认已发送信息，利用递交接收证据可以防止收信方事后否认已经接收的信息。建立有效的责任机制，防止用户否认其行为，这一点在电子商务中是极其重要的。

⑥可控制性：对信息的传播及内容具有控制能力。

⑦可追究性：对出现的网络安全问题提供调查的依据和手段。

7.6.4 信息安全技术

由于计算机网络具有联结形式多样性、终端分布不均匀性和网络的开放性、互连性等特征，致使网络易受黑客、恶意软件和其他不轨行为的攻击，所以网络信息的安全和保密是一个至关重要的问题。无论是在单机系统、局域网还是在广域网系统中，都存在着自然和人为等诸多因素的脆弱性和潜在威胁。因此，计算机网络系统的安全措施应是能全方位地针对各种不同的威胁和脆弱性，这样才能确保网络信息的保密性、完整性和可用性。

1．加密技术

密码学是一门古老而深奥的学科，有着悠久、灿烂的历史。密码在军事、政治、外交等领域是信息保密的一种不可缺少的技术手段，采用密码技术对信息加密是最常用、最有效的安全保护手段。密码技术与网络协议相结合可发展为认证、访问控制、电子证书技术等，因此，密码技术被认为是信息安全的核心技术。

2．认证技术

认证就是对于证据的辨认、核实、鉴别，以建立某种信任关系。在通信中，要涉及两个方面：一方面提供证据或标识，另一方面对这些证据或标识的有效性加以辨认、核实、鉴别。

（1）数字签名

在现实世界中，文件的真实性依靠签名或盖章进行证实。数字签名是数字世界中的一种信息认证技术，是公开密钥加密技术的一种应用，根据某种协议来产生一个反映被签署文件的特征和签署人特征，以保证文件的真实性和有效性的数字技术，同时也可用来核实接收者是否有伪造、篡改行为。

（2）身份验证

身份识别或身份标识是指用户向系统提供的身份证据，也指该过程。身份认证是系统核实用户提供的身份标识是否有效的过程。在信息系统中，身份认证实际上是决定用户对请求的资源的存储权和使用权的过程。一般情况下，人们也把身份识别和身份认证统称为身份验证。

3．访问控制技术

访问控制是对信息系统资源的访问范围以及方式进行限制的策略。简单地说，就是防止合法用户的非法操作，它是保证网络安全最重要的核心策略之一。它是建立在身份认证之上的操作权限控制。身份认证解决了访问者是否合法，但并非身份合法就什么都可以做，还要根据不同的访问者，规定他们分别可以访问哪些资源，以及对这些可以访问的资源可以用什么方式（读、写、执行、删除等）访问。访问控制涉及的技术也比较广，包括入网访问控制、网络权限控制、目录级控制以及属性控制等多种手段。

4．防火墙技术

防火墙（FireWall）是一种重要的网络防护设备，是一种保护计算机网络、防御网络入侵的有效机制。

（1）防火墙的基本原理

防火墙是控制从网络外部访问本网络的设备，通常位于内网与Internet的连接处（网络边界），充当访问网络的唯一入口（出口），用来加强网络之间访问控制，防止外部网络用户以非法手段通过外部网络进入内部网络，访问内部网络资源，从而保护内部网络设备。防火墙根据过滤规则来判断是否允许某个访问请求。

（2）防火墙的作用

防火墙能够提高网络整体的安全性，因而给网络安全带来了众多的好处，防火墙的可以过滤非法用户，对网络访问进行记录和统计。“防火墙”是设置在可信任的内部网和不可信任的公众访问网之间的一道屏障，使一个网络不受另一个网络的攻击，实质上是一种隔离技术。

5．防火墙的基本类型

根据防火墙的外在形式可以分为：软件防火墙、硬件防火墙、主机防火墙、网络防火墙、Windows 防火墙、Linux 防火墙等。根据防火墙所采用的技术可以分为：包过滤型、NAT、代理型和监测型防火墙等。

7.7 计算机中的信息安全

7.7.1 计算机病毒及其防范

1．计算机病毒的概念

计算机病毒是指那些具有自我复制能力的计算机程序，它能影响计算机软件、硬件的正常运行，破坏数据的正确与完整。在《中华人民共和国计算机信息系统安全保护条例》中，计算机病毒有明确的定义：“计算机病毒，是指编制或者在计算机程序中插入的破坏计算机功能或者破坏数据、影响计算机使用，并且能够自我复制的一组计算机指令或者程序代码”。

2．计算机病毒的传播途径

计算机病毒的传播主要通过文件复制、文件传送等方式进行，文件复制与文件传送需要传输媒介，而计算机病毒的主要传播媒介就是优盘、硬盘、光盘和网络。

3．计算机病毒的特点

要做好计算机病毒的防治工作，首先要认清计算机病毒的特点和行为机理，为防范和清除计算机病毒提供充实可靠的依据。根据对计算机病毒的产生、传染和破坏行为的分析，总结出计算机病毒具有以下几个主要特点。

（1）破坏性

任何病毒只要侵入系统，都会对系统及应用程序产生程度不同的影响。轻者会降低计算机工作效率，占用系统资源；重者可以破坏数据、删除文件、加密磁盘，对数据造成不可挽回的破坏，有的甚至会导致系统崩溃。

（2）传染性

传染性是病毒的基本特征。它会通过各种渠道从已被感染的计算机扩散到未被感染的计算机。只要一台计算机染毒，如不及时处理，那么病毒就会在这台计算机上迅速扩散，其中的大量文件（一般是可执行文件）会被感染。而被感染的文件又成了新的传染源。当这台计算机再与其他计算机进行数据交换或通过网络接触时，病毒会继续进行传染。

（3）潜伏性

大部分的病毒感染系统之后一般不会马上发作，它可长期隐藏在系统中，只有在满足其特定条件时才启动其表现（破坏）模块。只有这样它才可进行广泛地传播。例如，著名的“黑色星期五”病毒会在逢13号的星期五发作。国内的“上海一号”病毒会在每年三月、六月、九月的13日发作。当然，最令人难忘的便是26日发作的CIH病毒。这些病毒在平时会隐藏得很好，只有在发作日才会露出本来面目。

（4）隐蔽性

病毒一般是具有很高编程技巧、短小精悍的程序。通常附在正常程序中或磁盘较隐蔽的地方，也有个别的以隐含文件形式出现。目的是不让用户发现它的存在。如果不经过代码分析，病毒程序与正常程序是不容易区别开来的。一般在没有防护措施的情况下，计算机病毒程序取得系统控制权后，可以在很短的时间里传染大量程序。而且受到传染后，计算机系统通常仍能正常运行，使用户不会感到任何异常。试想，如果病毒在传染到计算机上之后，计算机马上无法正常运行，那么它本身便无法继续进行传染了。正是由于隐蔽性，计算机病毒得以在用户没有察觉的情况下扩散到成千上百万台计算机中去。

（5）不可预见性

从对病毒的检测方面来看，病毒还有不可预见性。而病毒的制作技术也在不断地提高，病毒对反病毒软件永远是超前的。

4．病毒的命名

很多时候大家已经用杀毒软件查出了自己的机子中了如 Backdoor.RmtBomb.12 、Trojan.Win32.SendIP.15 等这些一串英文还带数字的病毒名，怎么知道它是什么病毒呢？

病毒的命名规则一般格式为：<病毒前缀>.<病毒名>.<病毒后缀>，病毒前缀是指一个病毒的种类，他是用来区别病毒的种族分类的。不同的种类的病毒，其前缀也是不同的。比如我们常见的木马病毒的前缀 Trojan ，蠕虫病毒的前缀是 Worm 等等还有其他的。病毒名是指一个病毒的家族特征，是用来区别和标识病毒家族的，如以前著名的CIH病毒的家族名都是统一的“ CIH ”，振荡波蠕虫病毒的家族名是“ Sasser ”。病毒后缀是指一个病毒的变种特征，是用来区别具体某个家族病毒的某个变种的。一般都采用英文中的26个字母来表示，如 Worm.Sasser.b 就是指振荡波蠕虫病毒的变种B，因此一般称为“振荡波B变种”或者“振荡波变种B”。如果该病毒变种非常多，可以采用数字与字母混合表示变种标识。

5．几种典型的计算机病毒

（1）Elk Cloner（1982年）

Elk Cloner 被看作攻击个人计算机的第一款全球病毒，也是所有令人头痛的安全问题先驱者。它通过苹果 Apple II 软盘进行传播。这个病毒被放在一个游戏磁盘上，可以被使用49次。在第50次使用的时候，它并不运行游戏，取而代之的是打开一个空白屏幕，并显示一首短诗。

（2）Brain（1986年）

Brain 是第一款攻击运行微软的受欢迎的操作系统 DOS 的病毒，可以感染感染 360K 软盘的病毒，该病毒会填充满软盘上未用的空间，而导致它不能再被使用。

（3）Morris（1988 年）

Morris 该病毒程序利用了系统存在的弱点进行入侵，Morris 设计的最初的目的并不是搞破坏，而是用来测量网络的大小。但是，由于程序的循环没有处理好，计算机会不停地执行、复制 Morris，最终导致死机。

（4）CIH（1998 年）

CIH 病毒是迄今为止破坏性最严重的病毒，也是世界上首例破坏硬件的病毒。它发作时不仅破坏硬盘的引导区和分区表，而且破坏计算机系统 BIOS，导致主板损坏。此病毒是由台湾大学生陈盈豪研制的，据说他研制此病毒的目的是纪念 1986 年的灾难或是让反病毒软件难堪。

（5）Melissa（1999 年）

Melissa 是最早通过电子邮件传播的病毒之一，当用户打开一封电子邮件的附件，病毒会自动发送到用户通讯簿中的前 50 个地址，因此这个病毒在数小时之内传遍全球。

（6）Love bug（2000 年）

Love bug 也通过电子邮件附近传播，它利用了人类的本性，把自己伪装成一封求爱信来欺骗收件人打开。这个病毒以其传播速度和范围让安全专家吃惊。在数小时之内，这个小小的计算机程序征服了全世界范围之内的计算机系统。

（7）“红色代码”（2001 年）

被认为是史上最昂贵的计算机病毒之一，这个自我复制的恶意代码“红色代码”利用了微软 IIS 服务器中的一个漏洞。该蠕虫病毒具有一个更恶毒的版本，被称作红色代码 II。这两个病毒都除了可以对网站进行修改外，被感染的系统性能还会严重下降。

（8）“Nimda”（2001 年）

尼姆达（Nimda）是历史上传播速度最快的病毒之一，在上线之后的 22 分钟之后就成为传播最广的病毒。

（9）“冲击波”（2003 年）

冲击波病毒的英文名称是 Blaster，还被叫做 Lovsan 或 Lovesan，它利用了微软软件中的一个缺陷，对系统端口进行疯狂攻击，可以导致系统崩溃。

（10）“震荡波”（2004 年）

震荡波是又一个利用 Windows 缺陷的蠕虫病毒，震荡波可以导致计算机崩溃并不断重启。

（11）“熊猫烧香”（2007 年）

熊猫烧香会使所有程序图标变成熊猫烧香，并使它们不能应用。

（12）“扫荡波”（2008 年）

同冲击波和震荡波一样，也是个利用漏洞从网络入侵的程序。而且正好在黑屏事件，大批用户关闭自动更新以后，这更加剧了这个病毒的蔓延。这个病毒可以导致被攻击者的机器被完全控制。

（13）“Conficker”（2008 年）

Conficker.C 病毒原来要在 2009 年 3 月进行大量传播，然后在 4 月 1 日实施全球性攻击，引起全球性灾难。不过，这种病毒实际上没有造成什么破坏。

（14）“木马下载器”（2009 年）

本年度的新病毒，中毒后会产生 1000~2000 不等的木马病毒，导致系统崩溃，短短 3 天变成

360 安全卫士首杀榜前 3 名（现在位居榜首）

（15）“鬼影病毒”（2010 年）

该病毒成功运行后，在进程中、系统启动加载项里找不到任何异常，同时即使格式化重装系统，也无法将彻底清除该病毒。犹如“鬼影”一般“阴魂不散”，所以称为“鬼影”病毒。

6. 计算机病毒的防治

病毒防治应采取“以防为主、与治结合、互为补充”的策略，不可偏废任何一方面。

（1）建立良好的安全习惯

例如：对一些来历不明的邮件及附件不要打开，不要上一些不太了解的网站、不要执行从 Internet 下载后未经杀毒处理的软件等，这些必要的习惯会使您的计算机更安全。

（2）关闭或删除系统中不需要的服务

默认情况下，许多操作系统会安装一些辅助服务，如 FTP 客户端、Telnet 和 Web 服务器。这些服务为攻击者提供了方便，而又对用户没有太大用处，如果删除它们，就能大大减少被攻击的可能性。

（3）经常升级安全补丁

据统计，有 80%的网络病毒是通过系统安全漏洞进行传播的，像蠕虫王、冲击波、震荡波等，所以我们应该定期到微软网站去下载最新的安全补丁，以防范未然。

（4）使用复杂的密码

有许多网络病毒就是通过猜测简单密码的方式攻击系统的，因此使用复杂的密码，将会大大提高计算机的安全系数。

（5）迅速隔离受感染的计算机

当您的计算机发现病毒或异常时应立刻断网，以防止计算机受到更多的感染，或者成为传播源，再次感染其他计算机。

（6）了解一些病毒知识

这样就可以及时发现新病毒并采取相应措施，在关键时刻使自己的计算机免受病毒破坏。如果能了解一些注册表知识，就可以定期看一看注册表的自启动项是否有可疑键值；如果了解一些内存知识，就可以经常看看内存中是否有可疑程序。

（7）最好安装专业的杀毒软件进行全面监控

在病毒日益增多的今天，使用杀毒软件进行防毒，是越来越经济的选择，不过用户在安装了反病毒软件之后，应该经常进行升级、将一些主要监控经常打开（如邮件监控）、内存监控等、遇到问题要上报， 这样才能真正保障计算机的安全。如金山毒霸，诺顿、江民杀毒软件。

（8）安装个人防火墙软件

由于网络的发展，用户电脑面临的黑客攻击问题也越来越严重，许多网络病毒都采用了黑客的方法来攻击用户电脑，因此，用户还应该安装个人防火墙软件，将安全级别设为中、高，这样才能有效地防止网络上的黑客攻击。

7.7.2 网络黑客及其防范

1. 网络黑客的概念

黑客（hacker），源于英语动词 hack，意为“劈，砍”，引申为“干了一件非常漂亮的工作”。一般认为，黑客起源于 20 世纪 50 年代麻省理工学院的实验室中，他们精力充沛，热衷于解决难题。20 世纪 60 ~ 70 年代，“黑客”一词极富褒义，主要是指那些独立思考、奉公守法的计算机迷，他们智力超群，对计算机全身心投入。从事黑客活动意味着对计算机的最大潜力进行智力上的自由探索，为计算机技术的发展作出了巨大贡献。正是这些黑客，倡导了一场个人计算机革命，倡导了现行的计算机开放式体系结构，打破了以往计算机技术只掌握在少数人手里的局面，开了个人计算机的先河，提出了“计算机为人民所用”的观点，他们是计算机发展史上的英雄。现在黑客使用的侵入计算机系统的基本技巧，如“破解口令”、“开天窗”、“走后门”、安放“特洛伊木马”等，都是在这一时期发明的。从事黑客活动的经历，成为后来许多计算机业界巨子简历上不可或缺的一部分。

2. 网络黑客的攻击方式

（1）获取口令

获取口令有三种方法：一是通过网络监听非法得到用户口令。这类方法有一定的局限性，但危害性极大，监听者往往能够获得其所在网段的所有用户账号和口令，对局域网安全威胁巨大。二是在知道用户的账号后利用一些专门软件强行破解用户口令。这种方法不受网段限制，但黑客要有足够的耐心和时间。三是在线获得一个服务器上的用户口令文件。此方法在所有方法中危害最大，因为它不需要像第二种方法那样一遍又一遍地尝试登录服务器，而是在本地将加密后的口令与 Shadow 文件中的口令相比较就能非常容易地破获用户密码，尤其对那些“简单”用户（指口令安全系数极低的用户。例如，某用户账号为 zys，其口令就是 zys666、666666 或干脆就是 zys 等）更是在短短的一两分钟内，甚至几十秒内就可以将其破获。

（2）放置特洛伊木马程序

特洛伊木马程序可以直接侵入用户的计算机并进行破坏，它常被伪装成工具程序或者游戏等诱使用户打开带有特洛伊木马程序的邮件附件或从网上直接下载，一旦用户打开了这些邮件的附件或者执行了这些程序之后，它们就会像古特洛伊人在敌人城外留下的藏满士兵的木马一样留在自己的计算机中，并在自己的计算机系统中隐藏一个可以在 Windows 启动时悄悄执行的程序。当用户连接到 Internet 上时，这个程序就会通知黑客，来报告用户的 IP 地址以及预先设定的端口。黑客在收到这些信息后，再利用这个潜伏在其中的程序，就可以任意地修改用户的计算机参数设定、复制文件、窥视整个硬盘中的内容等，从而达到控制计算机的目的。

（3）WWW 的欺骗技术

在网上，用户可以利用 IE 等浏览器进行各种 Web 站点的访问，如阅读新闻组、咨询产品价格、订阅报纸、电子商务等。然而一般的用户恐怕不会想到有这些问题存在：正在访问的网页已经被黑客篡改过，网页上的信息是虚假的。例如，黑客将用户要浏览的网页的 URL

改写为指向黑客自己的服务器，当用户浏览目标网页的时候，实际上是向黑客服务器发出请求，那么黑客就可以达到欺骗的目的了。

（4）电子邮件攻击

电子邮件攻击主要表现为两种方式：一是电子邮件轰炸和电子邮件“滚雪球”，也就是通常所说的邮件炸弹，指的是用伪造的 IP 地址和电子邮件地址向同一信箱发送数以千计、万计甚至无穷多次的内容相同的垃圾邮件，致使受害人邮箱被“炸”，严重者可能会给电子邮件服务器操作系统带来危险，甚至瘫痪；二是电子邮件欺骗，攻击者佯称自己为系统管理员（邮件地址和系统管理员完全相同），给用户发送邮件要求用户修改口令（口令可能为指定字符串）或在貌似正常的附件中加载病毒或其他木马程序（某些单位的网络管理员有定期给用户免费发送防火墙升级程序的义务，这为黑客成功地利用该方法提供了可乘之机），这类欺骗只要用户提高警惕，一般危害性不是太大。

（5）通过一个节点来攻击其他节点

黑客在突破一台主机后，往往以此主机作为根据地，攻击其他主机（以隐蔽其入侵路径，避免留下蛛丝马迹）。他们可以使用网络监听方法，尝试攻破同一网络内的其他主机；也可以通过 IP 欺骗和主机信任关系，攻击其他主机。这类攻击很狡猾，但由于某些技术很难掌握，因此较少被黑客使用。

（6）网络监听

网络监听是主机的一种工作模式，在这种模式下，主机可以接收到本网段在同一条物理通道上传输的所有信息，而不管这些信息的发送方和接收方是谁。此时，如果两台主机进行通信的信息没有加密，只要使用某些网络监听工具，如 NetXray 就可以轻而易举地截取包括口令和账号在内的信息资料。虽然网络监听获得的用户账号和口令具有一定的局限性，但监听者往往能够获得其所在网段的所有用户账号及口令。

（7）寻找系统漏洞

许多系统都有这样那样的安全漏洞（Bugs），其中某些是操作系统或应用软件本身具有的，例如，Windows 98 中的共享目录密码验证漏洞和 IE5 漏洞等，这些漏洞在补丁未被开发出来之前一般很难防御黑客的破坏，除非你将网线拔掉；还有一些漏洞是由于系统管理员配置错误引起的，如在网络文件系统中，将目录和文件以可写的方式调出，将用户的密码文件以明码方式存放在某一目录下，这都会给黑客带来可乘之机，应及时加以修正。

（8）利用账号进行攻击

有的黑客会利用操作系统提供的缺省账户和密码进行攻击。例如，许多 UNIX 主机都有 FTP 和 Guest 等缺省账户（其密码和账户名同名），有的甚至没有口令。黑客用 UNIX 操作系统提供的命令收集信息，不断提高自己的攻击能力。这类攻击只要系统管理员提高警惕，将系统提供的缺省账户关掉或提醒无口令用户增加口令，一般都能克服。

（9）偷取特权

偷取特权主要是利用各种特洛伊木马程序、后门程序和黑客自己编写的导致缓冲区溢出的程序进行攻击。前者可使黑客非法获得对用户机器的完全控制权，后者可使黑客获得超级用户的权限，从而拥有对整个网络的绝对控制权。这种攻击手段，一旦奏效，危害性极大。

3. 网络黑客的防范

（1）屏蔽可疑 IP 地址

这种方式见效最快，一旦网络管理员发现了可疑的 IP 地址申请，可以通过防火墙屏蔽相对应的 IP 地址，这样黑客就无法再连接到服务器上了。但是这种方法有很多缺点，如很多黑客都使用动态 IP，也就是说，他们的 IP 地址会变化，一个地址被屏蔽，只要更换其他 IP 地址，就仍然可以进攻服务器，而且高级黑客有可能会伪造 IP 地址，屏蔽的也许是正常用户的地址。

（2）过滤信息包

通过编写防火墙规则，可以让系统知道什么样的信息包可以进入，什么样的应该放弃。如此一来，当黑客发送有攻击性信息包的时候，在经过防火墙时，信息就会被丢弃掉，从而防止了黑客的进攻。但是这种做法仍然有它不足的地方，如黑客可以改变攻击性代码的形态，让防火墙分辨不出信息包的真假；或者黑客干脆无休止、大量地发送信息包，直到服务器不堪重负而造成系统崩溃。

（3）修改系统协议

对于漏洞扫描，系统管理员可以修改服务器的相应协议，如漏洞扫描是根据对文件的申请返回值对文件的存在进行判断，这个数值如果是 200，则表示文件存在于服务器上，如果是 404，则表明服务器没有找到相应的文件。但是管理员如果修改了返回数值，或者屏蔽 404，那么漏洞扫描器就毫无用处了。

（4）经常升级系统版本

任何一个版本的系统发布之后，在短时间内都不会受到攻击，一旦其中的问题暴露出来，黑客就会蜂拥而致。因此，管理员在维护系统的时候，可以经常浏览著名的安全站点，找到系统的新版本或者补丁程序进行安装，这样就可以保证系统中的漏洞在没有被黑客发现之前，就已经修补上了，从而保证了服务器的安全。

（5）及时备份重要数据

如果数据备份及时，即便系统遭到黑客进攻，也可以在短时间内修复，挽回不必要的经济损失。目前很多商务网站，都会在每天晚上对系统数据进行备份，在第二天清晨，无论系统是否受到攻击，都会重新恢复数据，保证每天系统中的数据库都不会出现损坏。数据的备份最好放在其他计算机或者驱动器上，这样黑客进入服务器之后，破坏的只是一部分数据，因为无法找到数据的备份，对于服务器的损失也不会太严重。

然而系统一旦受到黑客攻击，管理员不仅要设法恢复损坏的数据，而且还要及时分析黑客的来源和攻击方法，尽快修补被黑客利用的漏洞，然后检查系统中是否被黑客安装了木马、蠕虫或者被黑客开放了某些管理员账号，尽量将黑客留下的各种蛛丝马迹和后门清除干净，防止黑客的下一次攻击。

（6）安装必要的安全软件

用户还应在计算机中安装并使用必要的防黑软件、杀毒软件和防火墙。在上网时打开它们，这样即便有黑客进攻，用户的安全也是有一定保证的。

（7）不要回陌生人的邮件

有些黑客可能会冒充某些正规网站的名义，然后编个冠冕堂皇的理由寄一封信给你，要求你输入上网的用户名称与密码，如果按下【确定】，你的账号和密码就进了黑客的邮箱。所以不要随便回陌生人的邮件，即使他说得再动听，再诱人也不要上当。

（8）做好 IE 的安全设置

ActiveX 控件和 Applets 有较强的功能，但也存在被人利用的隐患，网页中的恶意代码往往就是利用这些控件编写的小程序，只要打开网页就会被运行。所以要避免恶意网页的攻击只有禁止这些恶意代码的运行。

习 题 7

1．名词解释：

（1）TCP/IP；（2）IP 地址；（3）域名系统；（4）子网掩码。

2．简述 Internet 发展史。说明 Internet 都提供哪些服务，接入 Internet 有哪几种方式。

3．什么是 WWW？简述 WWW 的应用领域。

4．IP 地址和域名的作用是什么？

5．分析以下域名的结构：

（1）www.yahoo.com；（2） www.sina.com.cn；（3） www.tup.tsinghua.edu.cn。

6．如何判断两个 IP 地址在同一子网？举例说明。

7．什么是计算机网络？其主要功能是什么？

8．从网络的地理范围来看，计算机网络如何分类？

9．常用的 Internet 连接方式是什么？

10．什么是网络的拓扑结构？常用的网络拓扑结构有哪几种？

11．简述 MAC 地址与 IP 地址的区别。

12．搜索信息时，如何选择搜索引擎？

13．信息安全的含义是什么？

15．信息安全有哪些属性？

16．什么是计算机病毒？

17．计算机病毒的特点是什么？

第八章

网站建设基础

网络时代万维网（WWW）已成为目前主要的电子信息发布媒介，因此掌握一些基本的网页制作及网站建设知识十分必要。本章将从网页、网站的基本概念讲起，在此基础进一步了解网站建设的一般过程，最后以实例为牵引，学习如何使用 Dreamwaver 制作简单网页。

8.1 网页与网站

网站建设就是使用网页设计软件，经过平面设计、网页排版、网页编程等步骤，设计出多个网页。这些网页通过一定逻辑关系的超级链接，构成一个网站。网页设计完成以后，再上传到网站服务器上以供用户访问浏览。

8.1.1 网页

网页是一种可以在 WWW 上传输、能被浏览器认识和翻译成页面并显示出来的文件。文字与图片是构成一个网页的两个最基本的元素，除此之外，网页的元素还包括动画、音乐、程序等。使用 HTML 语言来描述文本、图片、动画等内容的排版，然后被浏览器阅读，这就是网页。网页文件的扩展名通常是.htm 或.html。浏览器解释网页文件中的代码，将网页中的内容呈现给用户。HTML 的全称是 Hypertext Markup Language，中文称为超文本链接标记语言。网页中所有的内容都是通过 HTML 语言描述的。网页是构成网站的基本元素，是承载各种网站应用的平台。

除此之外，网页文件还有以 CGI、ASP、PHP 和 JSP 后缀结尾的。目前网页根据生成方式，大致可以分为静态网页和动态网页两种。

1. 静态网页

静态网页是网站建设初期经常采用的一种形式。网站建设者把内容设计成静态网页，访问者只能被动地浏览网站建设者提供的网页内容。其特点如下。

- 网页内容不会发生变化，除非网页设计者修改了网页的内容。
- 不能实现和浏览网页的用户之间的交互。信息流向是单向的，即从服务器到浏览器。服务器不能根据用户的选择调整返回给用户的内容。静态网页的浏览过程如图 8.1 所示。

静态网页文档主要是由 HTML 构成。HTML 不是一种编程语言，而是一种页面描述性标记语言。它通过各种标记描述不同的内容，说明段落、标题、图像、字体等在浏览器中的显示效果。浏览器打开 HTML 文件时，将依据 HTML 标记去显示内容。

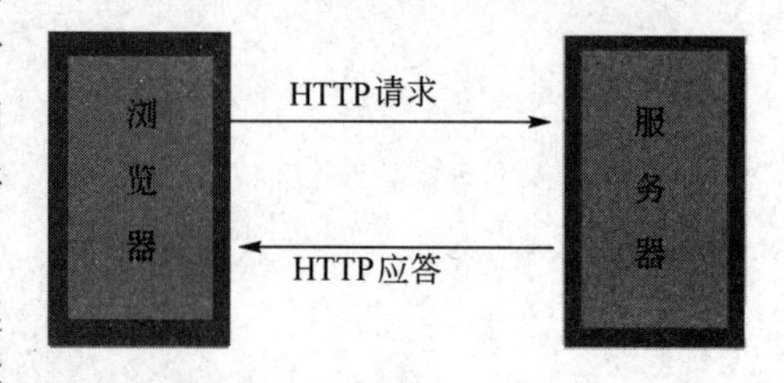

图 8.1　静态网页的浏览过程

HTML 能够将 Internet 上不同服务器中的文件连接起来；可以将文字、声音、图像、动画、视频等媒体有机组织起来，展现给用户五彩缤纷的画面；此外它还可以接受用户信息，与数据库相连，实现用户的查询请求等交互功能。

HTML 的任何标记都由“<”和“>”围起来，如<HTML><I>。在起始标记的标记名前加上符号“/”便是其终止标记，如</I>，夹在起始标记和终止标记之间的内容受标记的控制，例如<I>幸福永远</I>，夹在标记 I 之间的“幸福永远”将受标记 I 的控制。HTML 文件的整体结构也是如此，下面就是最基本的网页结构，如图 8.2 所示。

```
<html>
<head>
<title></title>
<style type="text/css">
<!--
body {
background-image: url(images/45.gif);
}
.STYLE1 {
color: #EF0039;
font-size: 36px;
font-family: "华文新魏";
}
-->
</style></head>
<body>
<span class="STYLE1">幸福永远</span>
</body>
</html>
```

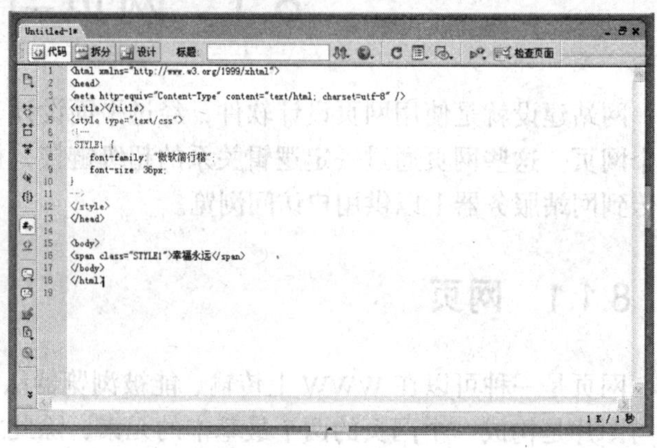

图 8.2　基本的网页结构

下面讲述 HTML 的基本结构。

- Html 标记
- <Html>标记用于 HTML 文档的最前边，用来标识 HTML 文档的开始。而</Html>标记恰恰相反，它放在 HTML 文档的最后边，用来标识 HTML 文档的结束，两个标记必须一块使用。
- Head 标记
- <head>和</head>构成 HTML 文档的开头部分，在此标记对之间可以使用<title></title>、<script></script>等标记对，这些标记对都是描述 HTML 文档相关信息的标记对，<head></head>标记对之间的内容不会在浏览器的框内显示出来，两个标记必须一块使用。

- Body 标记
- <body></body>是 HTML 文档的主体部分，在此标记对之间可包含<p></p>、<h1></h1>、
</br>等众多的标记对，它们所定义的文本、图像等将会在浏览器内显示出来，两个标记必须一块使用。
- Title 标记
- 使用过浏览器的人可能注意到浏览器窗口最上边蓝色部分显示的文本信息，那些信息一般是网页的“标题”，要将网页的标题显示到浏览器的顶部其实很简单，只要在<title></title>标记对之间加入要显示的文本即可。

2. 动态网页

网络技术日新月异，许多网页文件扩展名不再只是.htm，还有.php、.asp 等，这些都是采用动态网页技术制作出来的。动态网页其实就是建立在 B/S 架构上的服务器端脚本程序。在浏览器端显示的网页是服务器端程序运行的结果。

静态网页与动态网页的区别在于 Web 服务器对它们的处理方式不同。当 Web 服务器接收到对静态网页的请求时，服务器直接将该页发送给客户浏览器，不进行任何处理。如果接收到对动态网页的请求，则从 Web 服务器中找到该文件，并将它传递给一个称为应用程序服务器的特殊软件扩展，由它负责解释和执行网页，将执行后的结果传递给客户浏览器。如图 8.3 所示为动态网页的工作原理图。

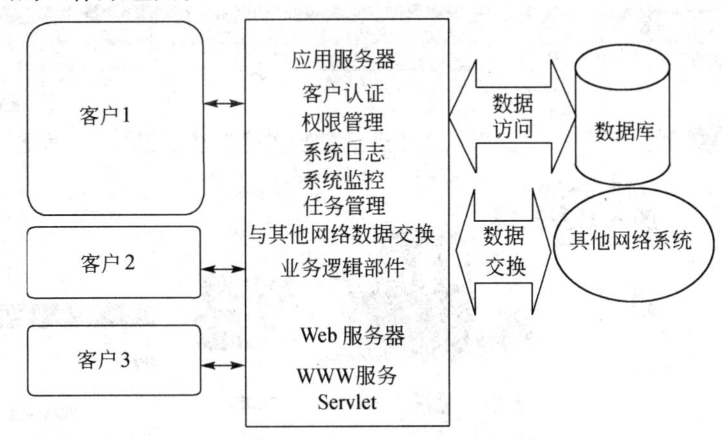

图 8.3 动态网页的工作原理图

动态网页的一般特点如下。

- 动态网页以数据库技术为基础，可以大大降低网站维护的工作量。
- 采用动态网页技术的网站可以实现更多的功能，如用户注册、用户登录、搜索查询、用户管理、订单管理等。
- 动态网页并不是独立存在于服务器上的网页文件，只有当用户请求时服务器才返回一个完整的网页。
- 搜索引擎一般不可能从一个网站的数据库中访问全部网页，因此采用动态网页的网站在进行搜索引擎推广时需要做一定的技术处理才能适应搜索引擎的要求。

8.1.2 网站

1. 什么是网站

网站是网络中一个站点内所有网页的集合。简单地说，网站是一种借助于网络的通信工具，就像公告栏一样，人们可以通过网站来发布自己的信息，或者利用网站来提供相关的服务。人们可以通过浏览器来访问网站，获取自己需要的信息或者享受网络服务。

网站由域名、服务器空间、网页三部分组成。网站的域名就是在访问网站时在浏览器地址栏中输入的网址。网页是通过 Dreamweaver 等软件编辑出来的，多个网页由超级链接联系起来。然后网页需要上传到服务器空间中，供浏览器访问网站中的内容。

2. 网站设计的目的

网站是一种新型的公众媒体，具有成本低、信息量大、传递信息快的优势。借助于网站，各种信息可以迅速地在网络上传播和共享。个人网站可以向公众展示个人信息、作品、才艺等内容，企业网站可以及时向公众发布企业的新闻、产品、商业信息等内容。网站已经成为大众传媒的一种重要手段。网站和浏览的网页是用网站设计软件设计制作出来的，如果需要在网络上拥有一个自己的网站就需要设计网页和网站。图 8.4 所示为一个购物网站。在这个购物网站上，商家可以发布出售信息，用户可以购买网站上的商品。

图 8.4　购物网站

网站的设计就是将自己的信息制作成可以放在网站上被浏览的网页的过程。在设计网站时，进行有针对性的、艺术性的设计，能够制作出效果很好的网页。网站可以实现电子商务和信息发布等功能。

8.2 网站建设的一般流程

在网站建设时，需要进行网站定位、域名注册、网站空间、网站设计购买、网站上传等工作。在网站设计的学习中，需要了解网站建设的一些流程与概念。

8.2.1 网站的前期规划

建设网站之前就应该有一个整体的规划和目标，规划好网页的大致外观后就可以着手设计了。

1. 确定网站目标

在创建网站时，确定站点的目标是第一步。设计者应清楚建立站点的目标，即确定它将提供什么样的服务，网页中应该提供哪些内容等。要确定站点目标，应该从以下三个方面考虑。

- 网站的整体定位。网站可以是大型商用网站、小型电子商务网站、门户网站、个人主页、科研网站、交流平台、公司和企业介绍性网站以及服务性网站等。首先应该对网站的整体进行一个客观的评估，同时要以发展的眼光看待问题，否则将带来许多升级和更新方面的不便。
- 网站的主要内容。如果是综合性网站，那么对于新闻、邮件、电子商务和论坛等都要有所涉及，这样就要求网页要结构紧凑、美观大方；对于侧重某一方面的网站，如书籍网站、游戏网站、音乐网站等，则往往对网页美工要求较高，使用模板较多，更新网页和数据库较快；如果是个人主页或介绍性的网站，那么一般来讲，网站的更新速度较慢，浏览率较低，并且由于链接较少，内容不如其他网站丰富，但对美工的要求更高一些，可以使用较鲜艳明亮的颜色，同时可以添加 Flash 动画等，使网页更具动感和充满活力，否则网站没有吸引力。
- 网站浏览者的教育程度。对于不同的浏览者群，网站的吸引力是截然不同的，如针对少年儿童的网站，卡通和科普性的内容更符合浏览者的品味，也能够达到网站寓教于乐的目的；针对学生的网站，往往对网站的动感程度和特效技术要求更高一些；对于商务浏览者，网站的安全性和易用性更为重要。

2. 规划站点结构

合理地组织站点结构，能够加快站点的设计，提高工作效率，节省工作时间。当需要创建一个大型网站时，如果将所有网页都存储在一个目录下，当站点的规模越来越大时，管理起来就会变得很困难，因此合理地使用文件夹管理文档就显得很重要。

网站的目录是指在创建网站时建立的目录，要根据网站的主题和内容来分类规划，不同的栏目对应不同的目录，在各个栏目目录下也要根据内容的不同对其划分不同的分目录，如页面图片放在 images 目录下，新闻放在 news 目录下，数据库放在 database 目录下等，同时要注意目录的层次不宜太深，一般不要超过三层，另外给目录起名的时候要尽量使用能表达目录内容的英文或汉语拼音，这样会更加方便日后的管理和维护。图 8.5 所示为企业网站的站点结构图。

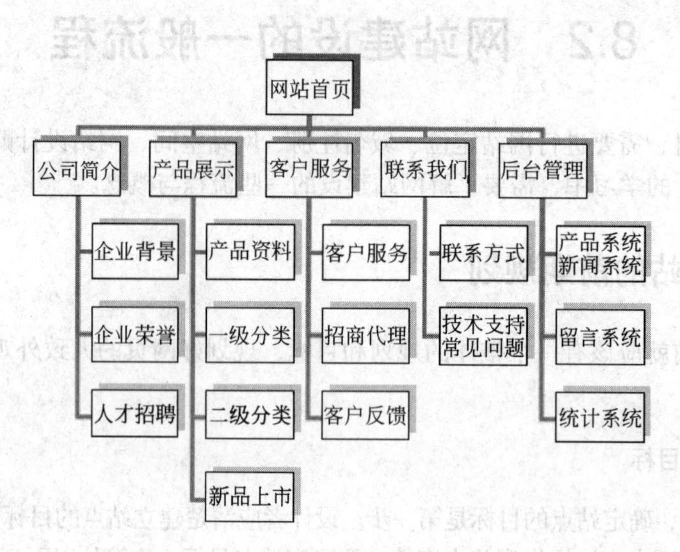

图 8.5　企业网站的站点结构图

3．确定网站风格

站点风格设计包括设计站点的整体色彩、网页的结构、文本的字体和大小、背景的使用等，这些没有一定的公式或规则，需要设计者通过各种分析决定。

一般来说，适合于网页标准色的颜色有 3 大系：蓝色、黄/橙色和黑/灰/白色。不同的色彩搭配会产生不同的效果，并可能影响访问者的情绪。在站点整体色彩上，要结合站点目标来确定。如果是政府网站，就要在大方、庄重、美观、严谨上多下工夫，切不可花哨；如果是个人网站，则可以采用较鲜明的颜色，设计要简单而有个性。

图 8.6 所示的购物网站，其结构紧凑，布局合理。页面文字和图片完美搭配，并且页面很有层次感，符合人们的审美观，同时总体页面风格是丰富多彩的。

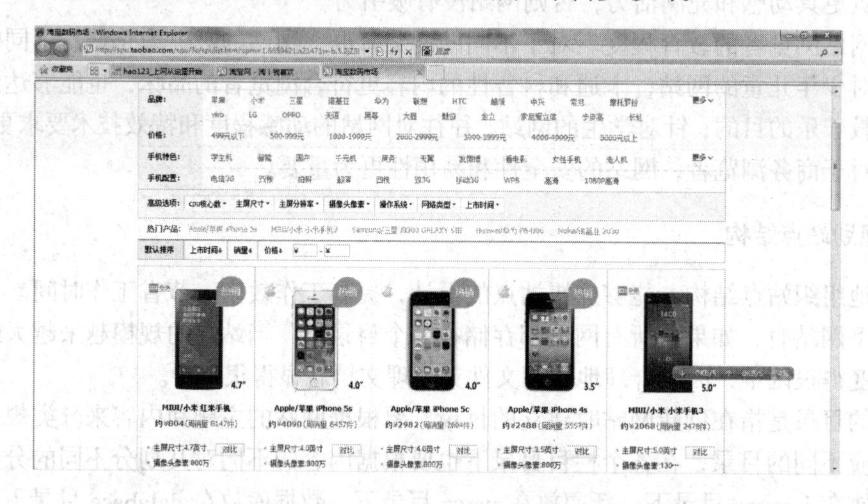

图 8.6　电子购物网站页面结构

8.2.2 选择网页制作软件

设计网页时首先要选择网页制作软件。虽然用记事本手工编写源代码也能做出网页，但这需要对编程语言相当了解，并不适合广大的网页设计爱好者。由于目前可视化的网页设计工具越来越多，使用也越来越方便，所以设计网页已经变成了一件轻松的工作。Flash、Dreamweaver、Photoshop、Fireworks 这四个软件相辅相成，是设计网页的首选工具，其中 Dreamweaver 用来排版布局网页，Flash 用来设计精美的网页动画，Photoshop 和 Fireworks 用来处理网页中的图形图像。

1. 图形图像制作工具——Photoshop CS3 和 Fireworks CS3

网页中如果只有文字，则缺少生动性和活泼性，也会影响视觉效果和整个页面的美观。因此在网页的制作过程中需要插入图像。图像是网页中重要的组成元素之一。使用 Photoshop CS3 和 Fireworks CS3 可以设计出精美的网页图像。

在网页制作方面 Fireworks 能快速地为图形创建各种交互式动感效果，不论在图像制作或是在网页支持上都有着出色的表现。

随着版本的不断升级和功能的不断加强，Fireworks 受到越来越多图像网页制作者的欢迎。目前的最新版本 Fireworks CS3 中文版更是以它方便快捷的操作模式，在位图编辑、矢量图形处理与 GIF 动画制作功能上的优秀整合，赢得诸多好评。

使用 Fireworks CS3 在制作网页时，除了对相应的页面插入图像进行调整处理外，还可以使用图像进行页面的总体布局，然后使用切片导出。对网页中所出现的 GIF 图像按钮也可以使用 Fireworks CS3 创建，以便达到更加精彩的效果，图 8.7 所示的是 Fireworks CS3 的工作界面。

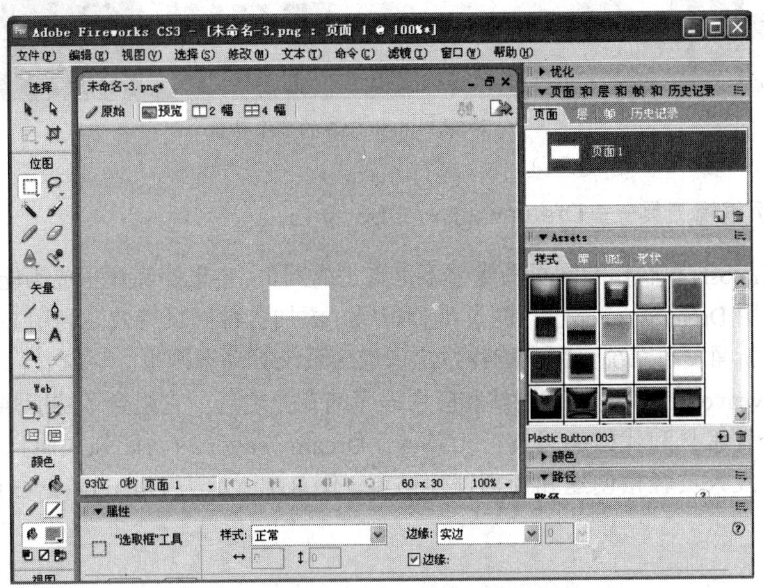

图 8.7 Fireworks CS3 的工作界面

2．网页动画制作工具——Flash CS3

Flash 是一款多媒体动画制作软件。它是一种交互式动画设计工具，用它可以将音乐、动画以及富有新意的界面融合在一起，以制作出高品质的动态视听效果。

由于良好的视觉效果，Flash 技术在网页设计和网络广告中的应用非常广泛，有些网站为了追求美观，甚至将整个首页全部用 Flash 方式设计。从浏览者的角度来看，Flash 动画内容与一般的文本和图片网页相比，大大增加了艺术效果，对于展示产品和企业形象具有明显的优越性。

Flash 动画在网页的制作方面，还可以通过制作 Flash 导航条使导航菜单更精彩和更具动感，图 8.8 所示为 Flash CS3 的工作界面。

图 8.8　Flash CS3 的工作界面

3．网页编辑工具——Dreamweaver CS3

使用 Photoshop 制作的网页图像并不是真正的网页，要想使其真正成为能够正常浏览的网页，还需要用 Dreamweaver 进行网页排版布局、添加各种网页特效。利用 Dreamweaver 还可以轻松开发新闻发布系统、网上购物系统、论坛系统等动态网页。

Dreamweaver CS3 是创建网站和应用程序的专业之选。它组合了功能强大的布局工具、应用程序开发工具和代码编辑支持工具等。Dreamweaver 的功能强大而且稳定，可帮助设计人员和开发人员轻松创建和管理任何站点，图 8.9 所示为 Dreamweaver CS3 中文版工作界面。

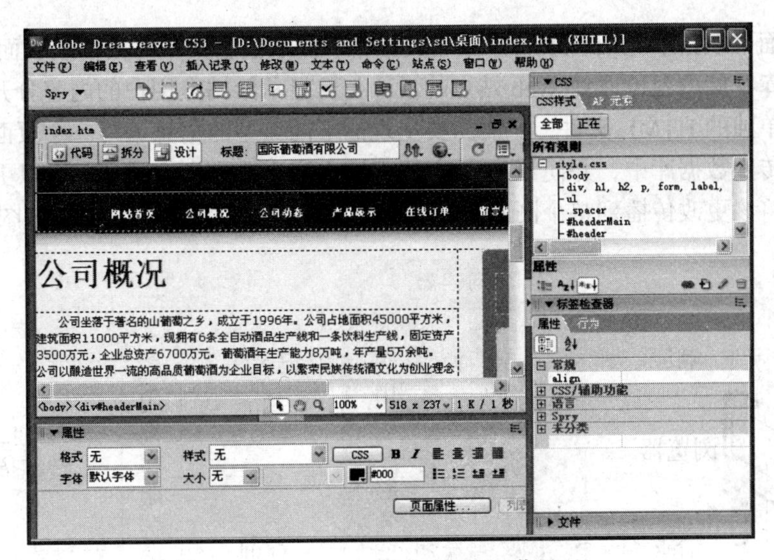

图 8.9　Dreamweaver CS3 中文版工作界面

8.2.3　动态网站技术

仅仅学会了网页制作工具，还是远远不能制作出动态网站的，还需要了解动态网页技术。前面已简要介绍了最基本的网页标记语言 HTML，以下对其他常用网页设计语言，特别是动态网页编程语言 JSP、ASP 等作以介绍。

1. 搭建动态网站平台

动态 Web 页大多是由网页编程语言写成的网页程序，访问者浏览的只是其生成的客户端代码，而且动态 Web 页要实现其功能大多还必须与数据库相连。目前国内比较流行的互动式网页编程语言有：ASP、PHP、JSP、CGI、ASP.NET 等。

动态 Web 页通过显示来自动态内容源（如数据库和会话变量）的信息，使得网页更加实用、管理更加方便、浏览下载速度更加迅速，实现网站与用户的交互。

当 Web 服务器接收到对静态 Web 页的请求时，服务器将该页直接发送到请求浏览器。下面是此过程如图 8.10 所示：

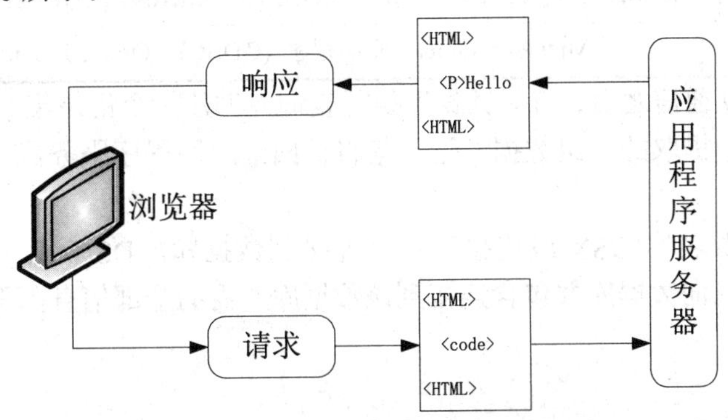

图 8.10　浏览器请求静态页面过程示意图

动态页面可以指示应用程序服务器从数据库中提取数据，并将其插入页面的 HTML 中。通过用数据库存储内容可以使 Web 站点的设计与要显示给站点用户的内容分开。不必为每个页面都编写单独的 HTML 文件，只需为要呈现的不同类型的信息编写一个页面即可。然后可以将内容上传到数据库中，并使 Web 站点检索该内容来响应用户请求。可以更新数据源中的信息，然后将该更改传播到整个网站，而不必手动编辑每个页面。其过程如图 8.11 所示：

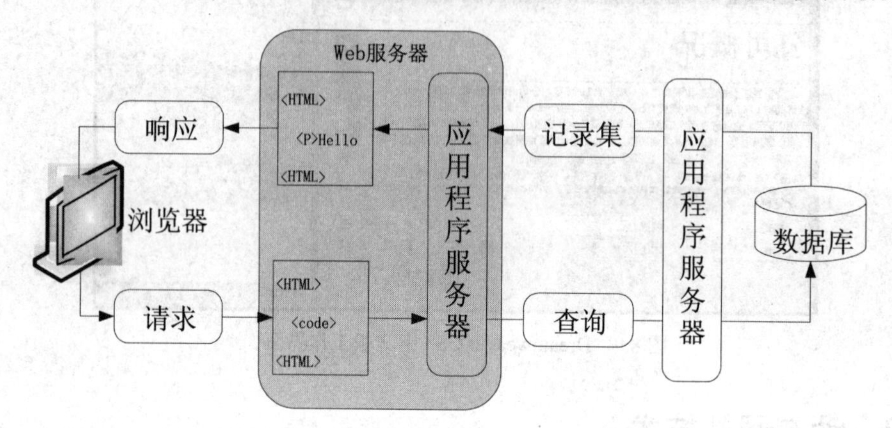

图 8.11　浏览器请求动态页面示意图

从数据库中提取数据的指令叫做“数据库查询”,查询是由名为 SQL（结构化查询语言）的数据库语言所表示的搜索条件组成的,SQL 查询将写入到页的服务器端脚本或标签中。

应用程序服务器不能直接与数据库进行通信，因为它对数据库专用格式所呈现的数据无法解读。应用程序服务器只能通过数据库驱动程序作为媒介才能与数据库进行通信，数据库驱动程序是在应用程序服务器和数据库之间充当解释器的软件。

表 8.1 显示了一些可以与 Microsoft Access、 Microsoft SQL Server 和 Oracle 数据库一起使用的驱动程序：

表 8.1　　**数据库驱动程序**

数据库	数据库驱动程序
Microsoft Access	Microsoft Access 驱动程序(ODBC)。用于 Access 的 Microsoft Jet 提供程序(OLE DB)
Microsoft SQL Server	Microsoft SQL Server 驱动程序(ODBC)。Microsoft SQL Server 提供程序(OLE DB)
Oracle	Microsoft Oracle 驱动程序 (ODBC)。Oracle Provider for OLE DB

在驱动程序建立通信之后，将对数据库执行查询并创建一个记录集。“记录集”是从数据库的一个或多个表中提取的一组数据。记录集将返回给应用程序服务器，应用程序服务器使用该数据完成页面。

可以使用数据源名称(DSN)或连接字符串连接到数据库。DSN 是单个词的标识符（如 myConnection），它指向数据库并包含连接到该数据库所需的全部信息。可以在 Windows 中定义 DSN。

2. CSS 语言

层叠样式表（CSS）是一组格式设置规则，用于控制网页内容的外观。通过使用 CSS 样式设置页面的格式，可将页面的内容与表示形式分离开。页面内容（即 HTML 代码）存放在 HTML 文件中，而用于定义代码表示形式的 CSS 规则存放在另一个文件（外部样式表）或 HTML 文档的另一部分（通常为文件头部分）中。将内容与表示形式分离可使得从一个位置集中维护站点的外观变得更加容易，因为进行更改时无需对每个页面上的每个属性都进行更新。将内容与表示形式分离还会可以得到更加简练的 HTML 代码，这样将缩短浏览器加载时间。

使用 CSS 可以非常灵活并更好地控制页面的确切外观。使用 CSS 可以控制许多文本属性，包括特定字体和字大小；粗体、斜体、下划线和文本阴影；文本颜色和背景颜色；链接颜色和链接下画线等。

除设置文本格式外，还可以使用 CSS 控制网页面中块级别元素的格式和定位。块级元素是一段独立的内容，在 HTML 中通常由一个新行分隔。例如，h1 标签、p 标签和 div 标签都在网页面上产生块级元素。可以对块级元素执行以下操作：为他们设置边距和边框、将他们放置在特定位置、向他们添加背景颜色、在他们周围设置浮动文本等。对块级元素进行操作的方法实际上就是使用 CSS 进行页面布局设置的方法。

CSS 样式设置规则由两部分组成：选择器和声明。选择器是标识已设置格式元素的术语（如 p、h1、类名称或 ID），而声明块则用于定义样式属性。在下面的示例中，h1 是选择器，介于大括号({})之间的所有内容都是声明块：

```
h1{font-size:16 pixels;font-family:Helvetica;font-weight:bold;}
```

各个声明由两部分组成：属性（如 font-family）和值（如 Helvetica）。在前面的 CSS 规则中，已经为 h1 标签创建了特定样式：所有链接到此样式的 h1 标签的文本将显示为 16 像素大小的 Helvetica 粗体。

样式存放在与要设置格式的实际文本分离的位置（通常在外部样式表或 HTML 文档的文件头部分中）。因此，可以将 h1 标签的某个规则一次应用于许多标签，如果定义在外部样式表中，则可以将此规则一次应用于多个不同页面上的许多标签。若在一个位置更新 CSS 规则，使用已定义样式的所有元素的格式设置将自动更新为新样式。

在 Dreamweaver 中可以定义以下样式类型：

类样式——可让将样式属性应用于页面上的任何元素。

HTML 标签样式——重新定义特定标签（如 h1）的格式。

高级样式——重新定义特定元素组合的格式，或其他 CSS 允许的选择器表单的格式（例如，每当 h2 标题出现在表格单元格内时，就会应用选择器 td h2）。高级样式还可以重定义包含特定 id 属性的标签的格式（例如，由#myStyle 定义的样式可以应用于所有包含属性/值对 id="myStyle"的标签）。

CSS 规则可以位于以下位置：

外部 CSS 样式表——存储在一个单独的外部 CSS(.css)文件（而非 HTML 文件）中的若干组 CSS 规则。此文件利用文档头部分的链接到网站中的一个或多个页面。

内部（或嵌入式）CSS 样式表——在 HTML 文档头部 style 标签中的 CSS 规则。

内联样式——在 HTML 文档中标签内定义的样式（不建议使用内联样式）。

Dreamweaver 可识别现有文档中定义的样式。Dreamweaver 还会在“设计”视图中直接呈现大多数已应用的样式。需要指出的是，有些 CSS 样式在 Microsoft Internet Explorer、Netscape、Opera、Apple Safari 或其他浏览器中呈现的外观不相同，而有些 CSS 样式目前不受任何浏览器支持。

三种不同的源决定了网页上显示的样式：由页面的作者创建的样式表、用户的自定义样式选择（如果有）和浏览器本身的默认样式。页面作者会按自己的思路来设计元素样式，浏览器也具有他们自己的默认样式表来指定网页的呈现方式，除此之外，用户还可以通过选择来调整网页的显示对浏览器进行自定义。网页的最终外观是由所有这三种源的规则共同作用（或者“层叠”）的结果，最后以最佳方式呈现网页。

例如，默认情况下，浏览器自带有为段落文本（即位于 HTML 代码中<p>标签之间的文本）定义字体和字体大小的样式表。如在 Internet Explorer 中，包括段落文本在内的所有正文文本都默认显示为 Times New Roman 中等字体。

但是作为网页的作者，可以为段落字体和字体大小创建能覆盖浏览器默认样式的样式表。例如，可以在样式表中创建以下规则：

```
p{font-family:Arial;font-size:small;}
```

当用户加载页面时，作为作者创建的段落字体和字体大小设置将覆盖浏览器的默认段落文本设置。

用户可以自定义浏览器显示，以方便使用。例如在 Internet Explorer 中，如果用户认为页面字体太小，则可以选择“查看”→“文字大小”→“最大”将页面字体扩展到更易辨认的大小。最终，用户的选择将覆盖段落字体大小的浏览器默认样式和网页作者创建的段落样式。

继承性是层叠的另一个重要部分。网页上的大多数元素的属性都是继承的；例如，段落标签从 body 标签中继承某些属性，span 标签从段落标签中继承某些属性等。因此，如果在样式表中创建以下规则：

```
body{font-family:Arial;font-style:italic;}
```

网页上的所有段落文本（以及从段落标签继承属性的文本）都会是 Arial 斜体，因为段落标签从 body 标签中继承了这些属性。例如，如果在样式表中创建以下规则：

```
body{font-family:Arial;font-style:italic;}
p{font-family:Courier;font-style:normal;}
```

所有正文文本将是 Arial 斜体，但段落（及其继承的）文本除外，他们将显示为 Courier 常规（非斜体）。

结合上述的所有因素，加上其他因素以及 CSS 规则的顺序，最终会创建一个复杂的层叠。

3. XML 语言

1998 年，XML（Extensible Markup Language）发布，它是由 World Wide Web Consortium（W3C）联盟进行开发的。XML 不仅是现代网络发展的一个重要阶段，也对整个数字文化影响深远。XML 并非基于 HTML，而是基于前互联网时代一套确定文档类型的普遍原则。其源头可追溯至 20 世纪 60 年代，当时人们通过制定出跨越众多设备类型的单一标准，确保电子文档的兼容性。

XML 将这一标准化原则应用在了网络上面，并随着自身的发展解决了一个关键问题，使得多种不同设备和浏览器均能准确“读出”和呈现网站内容。在 XML 问世以前，开发人员常常要为一个网站制作出多个版本，每个版本采用不同编码形式，以确保网站在不同浏览器和设备中都能够顺利打开。XML 语言则确立了一套信息编码的标准格式法则，所有设备和程序，如浏览器和许多其他程序，都能读取这种标准格式。

从这种意义上说,XML 不仅是一门语言，还是一套法则，用来设计具备兼容性的语言。如今，已有数百种基于 XML 原则的语言被应用在浏览器、办公软件、专业软件、数据库等众多领域。得益于 XML 中所确立并定期更新的统一标准，所有这些新成果均能在基础层面上实现兼容。

XML 是种开放标准的矢量图形语言，可让你设计激动人心的、高分辨率的 Web 图形页面。XML—可扩展标记语言文件的扩展名为.xml。他们包含原始形式的数据，可使用 XSL（eXtensible Stylesheet Language：可扩展样式表语言）设置这些数据的格式。XML 数据目前已经成为互联网环境中的数据表示和交换的标准。相对于静态的 HTML 网页，XML 数据中结构信息更加丰富。

4．脚本语言

HTML 语言的功能十分有限，无法达到人们的预期设计，以实现令人耳目一新的动态效果，在这种情况下，各种脚本语言应运而生，使得网页设计更加多样化。JavaScript 在客户端脚本语言中，最热门和最重要的就是 JavaScript 了。该语言 1995 年问世,当时是网景浏览器的一部分，最初开发时名为 Mocha。它与 Java 这种编程语言并无关联。发布之后，JavaScript 迅速流行开来。很快，微软也在 1996 年加入进来，为自家浏览器发布了兼容脚本语言 JScript。在 JavaScript 和 JScnpt 的帮助下，网络开发者们开始在网页上设计出能够应用在 DOM 所确立的“对象”中的编程功能，从而开发出了很多我们今天已司空见惯的功能，包括下拉菜单、可填写内容的交互式表单、鼠标滑过时能够改变颜色或尺寸的文字和图片等。

如今，最先进的网站都具备高度的互动性，网站本身变得越来越像是计算机程序。而能实现这种效果的一种强大方法就是 AJAX 技术，即异步 JavaScript 与 XML 技术（Asynchronous JavaScriptand XML）。和 DHTML 一样，AJAX 也不是一门单一的语言，而是一系列技术组合，共同打造出具备高度互动性的网站，例如电子邮件程序，以及许多电子商务和娱乐站点等。AJAX 这个词诞生于 2005 年，不过其中所涉及的技术都已经有过一段时间的应用了。最重要的是,通过 AJAX，网页可以在用户浏览和使用的时候，对数据进行检索，执行独立操作。词条中的“异步”就是这个意思，即所有进程均能在不同时间内独立发生。

5．JSP

JSP（Java Server Pages）是由 Sun Microsystems 公司倡导、许多公司参与一起建立的一种动态技术标准。在传统的网页 HTML 文件（*.htm，*.html）中加入 Java 程序片段（Scriptlet）和 JSP 标签,就构成了 JSP 网页。Java 程序片段可以操纵数据库、重新定向网页以及发送 E-mail 等，实现建立动态网站所需要的功能。所有程序操作都在服务器端执行，网络上传送给客户端的仅是得到的结果，这样大大降低了对客户浏览器的要求，即使客户浏览器端不支持 Java，也可以访问 JSP 网页。

JSP 全名为 Java Server Page，其根本是一个简化的 Servlet 设计，实现了 HTML 语法中的 java 语言运行支持（以<%, %>形式）。JSP 与 Servlet 一样，是在服务器端执行的，通常返回给客户端的就是一个 HTML 文本，因此客户端只要有浏览器就能浏览。Web 服务器在遇到访问 JSP 网页的请求时，首先执行其中的程序段，然后将执行结果连同 JSP 文件中的 HTML 代码一起返回给客户端。插入的 Java 程序段可以操作数据库、重新定向网页等，以实现建立动态网页所需要的功能。

JSP 技术使用 Java 编程语言编写类 XML 的 tags（标签）和 scriptlets，来封装产生动态网页的处理逻辑。网页还能通过 tags 和 scriptlets 访问存在于服务端的资源的应用逻辑。JSP 将网页逻辑与网页设计的显示分离，支持可重用的基于组件的设计，使基于 Web 的应用程序的开发变得迅速和容易。JSP（Java Server Pages）是一种动态页面技术，它的主要目的是将表示逻辑从 Servlet 中分离出来。

JSP 页面由 HTML 代码和嵌入其中的 Java 代码所组成。服务器在页面被客户端请求以后对这些 Java 代码进行处理，然后将生成的 HTML 页面返回给客户端的浏览器。Java Servlet 是 JSP 的技术基础，而且大型的 Web 应用程序的开发需要 Java Servlet 和 JSP 配合才能完成。JSP 具备了 Java 技术的简单易用，完全的面向对象，具有平台无关性且安全可靠，主要面向因特网的所有特点。

自 JSP 推出后，众多大公司都支持 JSP 技术的服务器，如 IBM、Oracle、Bea 公司等，所以 JSP 迅速成为商业应用的服务器端语言。

6．动态网页编程语言 ASP

ASP 是 Active Server Page 的缩写，意为“活动服务器网页”。ASP 是微软公司开发的代替 CGI 脚本程序的一种应用，它可以与数据库和其他程序进行交互，是一种简单、方便的编程工具。ASP 的网页文件的格式是.asp，现在常用于各种动态网站中。ASP 是一种服务器端脚本编写环境，可以用来创建和运行动态网页或 Web 应用程序。ASP 网页可以包含 HTML 标记、普通文本、脚本命令以及 COM 组件等。利用 ASP 可以向网页中添加交互式内容，也可以创建使用 HTML 网页作为用户界面的 Web 应用程序。与 HTML 相比，ASP 网页具有以下特点。

- 利用 ASP 可以突破静态网页的一些功能限制，实现动态网页技术。
- ASP 文件是包含在 HTML 代码所组成的文件中的，易于修改和测试。
- 服务器上的 ASP 解释程序会在服务器端制定 ASP 程序，并将结果以 HTML 格式传送到客户端浏览器上，因此使用各种浏览器都可以正常浏览 ASP 所产生的网页。
- ASP 提供了一些内置对象，使用这些对象可以使服务器端脚本功能更强。例如可以从 Web 浏览器中获取用户通过 HTML 表单提交的信息，并在脚本中对这些信息进行处理，然后向 Web 浏览器发送信息。
- ASP 可以使用服务器端 ActiveX 组件来执行各种各样的任务，例如存取数据库、收发 Email 或访问文件系统等。
- 由于服务器是将 ASP 程序执行的结果以 HTML 格式传回客户端浏览器，因此使用者不会看到 ASP 所编写的原始程序代码，可防止 ASP 程序代码被窃取。

8.2.4 设计制作网页

1．设计制作网页图像

在确定好网站的风格和搜集完资料后就需要设计网页图像了，网页图像设计包括设计

Logo、标准色彩、标准字、导航条和首页布局等。可以使用 Photoshop 或 Fireworks 软件来具体设计网站的图像。有经验的网页设计者，通常会在使用网页制作工具制作网页之前，设计好网页的整体布局，这样在具体设计过程中将会胸有成竹，大大节省工作时间。图 8.12 所示是设计的网页图像。

图 8.12　设计网页图像

2．制作网页

网页制作是一个复杂而细致的过程，一定要按照先大后小、先简单后复杂的顺序制作。所谓先大后小，就是说在制作网页时，先把大的结构设计好，然后再逐步完善小的结构设计。所谓先简单后复杂，就是先设计出简单的内容，然后再设计复杂的内容，以便出现问题时好修改。在制作网页时要灵活运用模板和库，这样可以大大提高制作效率。如果很多网页都使用相同的版面设计，就应为这个版面设计一个模板，然后就可以以此模板为基础创建网页。以后如果想要改变所有网页的版面设计，只需简单地改变模板即可。图 8.13 所示是利用 Dreamweaver 制作的网页。

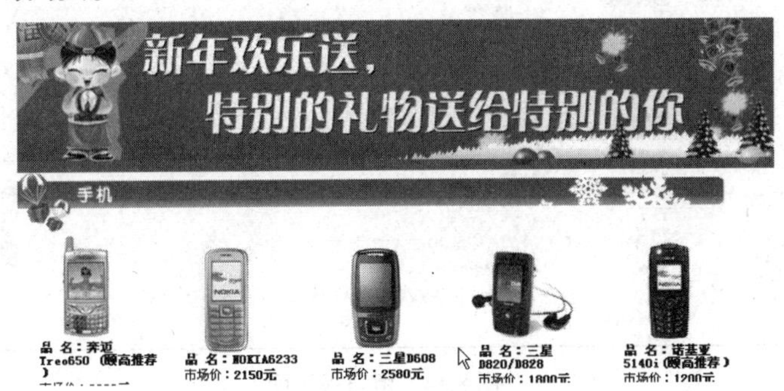

图 8.13　利用 Dreamweaver CS3 制作的网页

3．开发动态网站功能模块

页面设计制作完成后，如果还需要动态功能的话，就需要开发动态功能模块，网站中常用的功能模块有后台管理、搜索功能、留言板、新闻信息发布、在线购物、技术统计、论坛及聊天室等。

（1）后台管理

网站后台管理主要是实现把一个网站的内容（文字、图片等）与网站的组件分离开来，可以将各个页面连接到一起，可以控制页面的显示。通过后台管理可以方便的管理、发布、维护网站的内容，而不再需要硬性的写 HTML 代码或手工建立每一个页面。后台管理一般包括如下功能：

- 系统管理：管理员管理，可以新增管理员及修改管理员密码；数据库备份，为保证您的数据安全本系统采用了数据库备份功能；

- 下载中心：可分类增加各种文件，如驱动和技术文档等文件的下载；
- 全新模版功能，在线编辑修改模板；
- 全新挂接数据库，在线表编辑，添加数据表，编辑数据库，加添编辑文件挂接网站等；
- 系统日志功能，每一步操作都有记录，系统更安全。

（2）搜索功能

搜索功能是使浏览者在短时间内，快速地从大量的资料中找到符合要求的资料。这对于资料非常丰富的网站来说非常有用。要建立一个搜索功能，就要有相应的程序以及完善的数据库支持，可以快速地从数据库中搜索到所需要的职位。

（3）留言板

留言板、论坛及聊天室是为浏览者提供信息交流的地方。浏览者可以围绕个别的产品、服务或其他话题进行讨论。顾客也可以提出问题、进行咨询，或者得到售后服务。但是聊天室和论坛是比较占用资源的，一般不是大中型的网站没有必要建设论坛和聊天室，如果访问量不是很大的话，做好了也没有人来访问，图 8.14 所示为留言板页面。

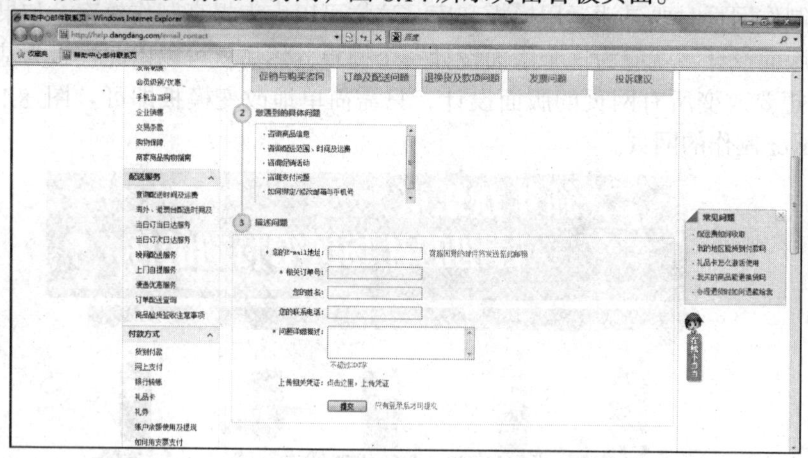

图 8.14　留言板页面

（4）新闻发布管理系统

新闻发布管理系统提供方便直观的页面文字信息的更新维护界面，提高工作效率、降低技术要求，非常适合用于需要经常更新的栏目或页面，图 8.15 所示是新闻发布管理系统。

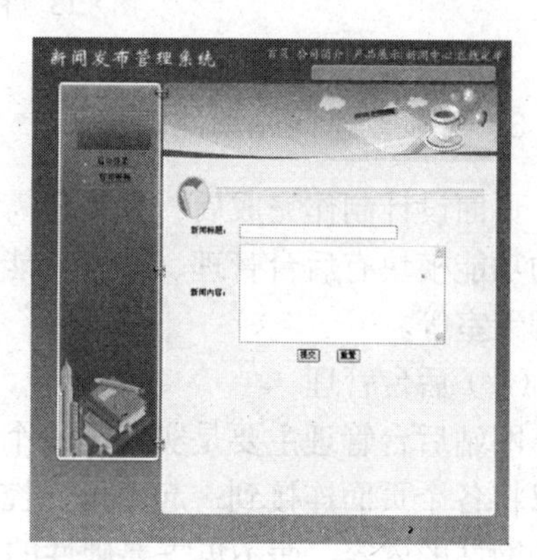

图 8.15　新闻发布管理系统

（5）购物网站

购物系统是实现电子交易的基础，用户将感兴趣的产品放入自己的购物车，以备最后统一结账。用户也可以修改购物的数量，或者将产品从购物车中取出。选择结算后系统自动　生成本系统的订单。图 8.16 所示为某购物网站。

图 8.16　购物网站

8.2.5　网站的测试与发布

在将网站的内容上传到服务器之前，应先在本地站点进行完整的测试，以保证页面外观和效果、链接和页面下载时间等与设计相同。站点测试主要包括检测站点在各种浏览器中的兼容性，检测站点中是否有断掉的链接。可以使用不同类型和不同版本的浏览器预览站点中的网页，检查可能存在的问题。

1．网站的测试

在完成了对站点中页面的制作后，就应该将其发布到 Internet 上供大家浏览和观赏了。但是在此之前，应该对所创建的站点进行测试，对站点中的文件逐一进行检查，在本地计算机中调试网页以防止在网页中包含错误，尽早发现问题并解决问题。

在测试站点过程中应该注意以下几个方面。

- 在测试站点过程中，应确保在目标浏览器中，网页能如预期的显示和工作，没有损坏的链接，以及下载时间不宜过长等。
- 了解各种浏览器对 Web 页面的支持程度，不同的浏览器观看同一个 Web 页面会有不同的效果。很多制作的特殊效果在有些浏览器中可能看不到，为此需要进行浏览器兼容性检测，以找出不被其他浏览器支持的部分。
- 检查链接的正确性，可以通过 Dreamweaver 提供的检查链接功能来检查文件或站点中的内部链接及孤立文件。

2．域名和空间申请

域名是连接企业和互联网网址的纽带，它像品牌、商标一样具有重要的识别作用，是企业在网络上存在的标志，担负着标识站点和形象展示的双重作用。

域名对于企业开展电子商务具有重要的作用，它被誉为网络时代的“环球商标”，一个好的域名会大大增加企业在互联网上的知名度。因此，企业如何选取好的域名就显得十分重要。

在选取域名的时候，首先要遵循两个基本原则。

- 域名应该简明易记，便于输入。这是判断域名好坏最重要的因素。一个好的域名应该短而顺口，便于记忆，最好让人看一眼就能记住，而且读起来发音清晰，不会导致拼写错误。此外，域名选取还要避免同音异义词。

- 域名要有一定的内涵和意义。用有一定意义和内涵的词或词组作域名，不但容易记忆，而且有助于实现企业的营销目标。如企业的名称、产品名称、商标名、品牌名等都是不错的选择，这样能够使企业的网络营销目标和非网络营销目标达成一致。

如果是一个较大的企业，可以建立自己的机房，配备技术人员、服务器、路由器、网络管理软件等，再向邮电局申请专线，从而建立一个属于自己的独立的网站。但这样做需要较大的投资，而且日常费用也比较高。

如果是中小型企业，可以用以下两种方法。

- 虚拟主机：将网站放在ISP的Web服务器上，这种方法对于一般中小型企业来说将是一个经济的方案。虚拟主机与真实主机在运作上毫无区别，特别适合那些信息量和数据量不大的网站。
- 主机托管：如果企业的Web服务器有较大的信息和数据量，需要很大空间时，可以采用这种方案。将已经制作好的服务器主机放在ISP网络中心的机房里，借用ISP的网络通信系统接入Internet。

3. 网站的上传发布

网站的域名和空间申请完毕后，就可以上传网站了。例如采用Dreamweaver自带的站点管理上传文件：

（1）执行“站点”→“管理站点”命令，弹出如图8.17所示的“管理站点”000000对话框。

（2）在对话框中单击“编辑”按钮，弹出“Dreamweaver CS3+ASP的站点定义为”对话框，在对话框中切换到“高级”选项卡，在“分类”列表框中选择“远程信息”选项，如图8.18所示。

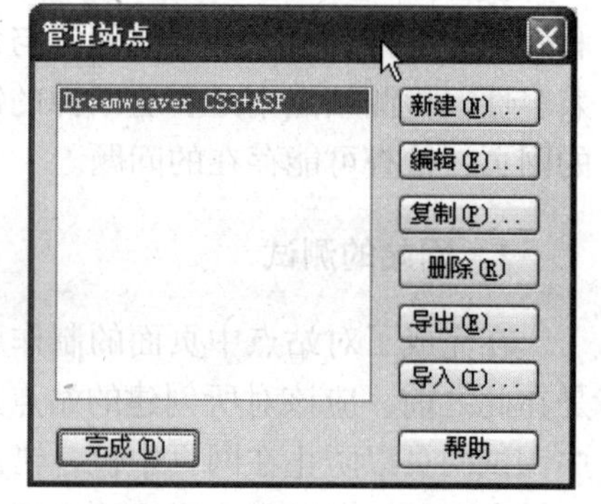

图8.17 “管理站点”对话框

（3）在对话框的“访问”下拉列表中选择FTP，打开远程信息设置，“FTP主机”、“登录用户名”和“密码”这三项必须设置，其他的可以根据需要设置，如图8.19所示。

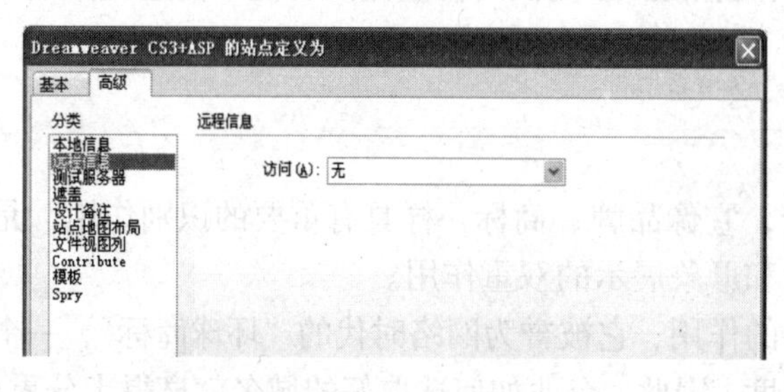

图8.18 “远程信息”选项

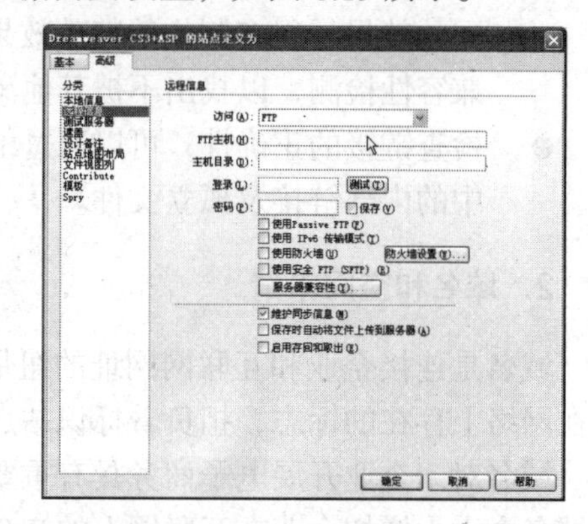

图8.19 设置“远程信息”

（4）执行“窗口”→“文件”命令，打开“文件”面板，在面板中单击“扩展/折叠”按钮，如图 8.20 所示，即可弹出站点管理器窗口，左侧显示站点地图或远程服务器站点上的文件列表，右侧显示本地站点文件列表。

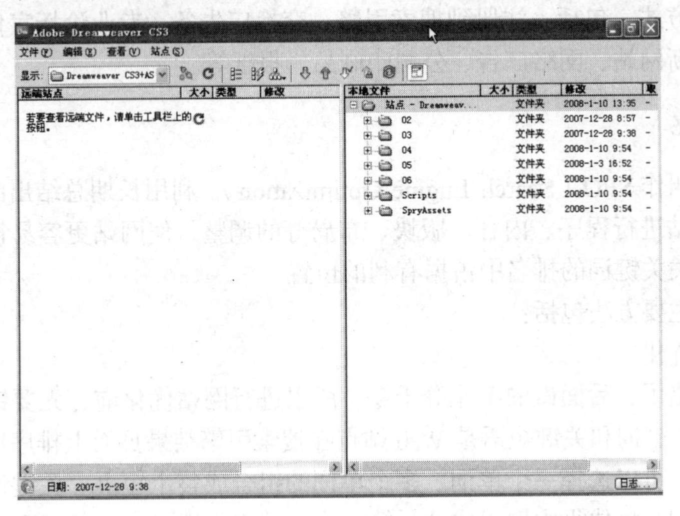

图 8.20　“文件”面板

（5）将本地计算机连通 Internet，在站点管理器窗口中单击“链接到远端主机”按钮，将 Dreamweaver 与远程服务器连通，连通后，站点管理器窗口左边的“远程站点”窗格中显示远程服务器中的文件目录，如图 8.21 所示。

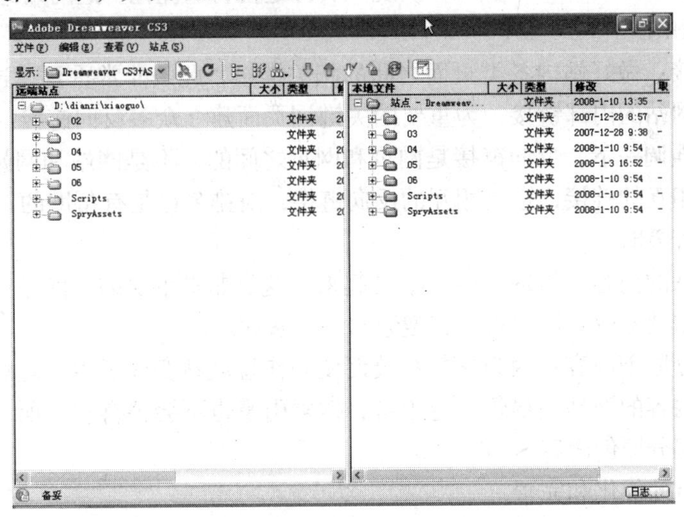

图 8.21　与远程服务器连通后的站点管理器窗口

8.2.6　网站的推广与优化

1. 网站的推广

互联网的应用和繁荣为人们提供了广阔的电子商务市场和商机，但是互联网上大大小小的各种网站数以百万计，如何让更多的人都能迅速地访问到您的网站是一个十分重要的问题。

企业网站建好以后，如果不进行推广，那么企业的产品与服务在网上就仍然不为人所知，起不到建立站点的作用，所以企业在建立网站后即应着手利用各种手段推广自己的网站。网站的宣传有很多种方式，包括：注册到搜索引擎、交换广告条、专业论坛宣传、直接跟客户宣传、不断维护更新网站、网络广告、公司印刷品、报纸等。

2.网站的优化

网站优化也叫作 SEO（Search Engine Optimization），利用长期总结出的搜索引擎收录和排名规则，对网站进行程序、内容、版块、布局等的调整，使网站更容易被搜索引擎收录，在搜索引擎中相关关键词的排名中占据有利的位置。

优化网站的主要方法包括：

（1）关键词优化

关键词选择错了，后面做的工作等于零，所以进行网站优化前，先要锁定自己网站的关键词。关键字、关键词和关键短语是 Web 站点在搜索引擎结果页面上排序所依据的词。根据站点受众的不同，可以选择一个单词、多个单词的组合或整个短语。关键词优化策略只需两步，即可在关键词策略战役中取得成功。第一步，关键词选择：判断页面提供了什么内容；第二步，判断潜在受众可能使用哪些词来搜索您的页面，并根据这些词创建关键词。

（2）网站构架完善

优化网站的超链接构架，主要需要做好以下几个方面工作。

- URL（Uniform Resource Locator，统一资源定位符）优化：把网站的 URL 优化成权重较高的 URL。
- 相关链接：做好站内各类页面之间的相关链接，此条非常重要，这方面做好，可以先利用网站的内部链接，为重要的关键词页面建立众多反向链接。

这里要特别强调一下，反向链接是网页和网页之间的，不是网站和网站之间的。所以网站内部页面之间相互的链接，也是相互的反向链接，对排名也是有帮助的。

（3）网站内容策略

- 丰富网站的内容：把网站内容丰富起来，这是非常重要的，网站内容越丰富，说明你的网站越专业，用户喜欢，搜索引擎也喜欢。
- 增加部分原创内容：因为采集系统促使制作垃圾站变成了生产垃圾站，所以完全没有原创内容的网站，尽管内容丰富，搜索引擎也不会很喜欢。所以，一个网站尽量要有一部分原创内容。

（4）网页细节的优化和完善

- Title 和 Meta 标签的优化：按照 SEO 的标准，把网站的所有 title 和 meta 标签进行合理的优化和完善，以达到合理的状态。
- 网页排版的规范化：主要是合理地使用 H1、strong、alt 等标签，在网页中合理地突出核心关键词。

（5）建立好的导航

人们进入站点之后，需要用链接和好的导航将他们引导到站点的深处。如果一个页面对搜索友好，但是它没有到 Web 站点其他部分的链接，那么进入这个页面的用户就不容易在站点中走得更远。

（6）尽可能少使用 Flash 和图片

如果在站点的重要地方使用 Flash 或图片，会对搜索引擎产生不良影响。搜索引擎蜘蛛无法抓取 Flash 或图片里的内容。

习　题　8

1．什么是网页？
2．什么是网页的元素？网页中的元素一般有哪些类型？
3．网站建设的基本流程是怎样的？
4．常用的网页制作工具软件有哪些？
5．简要说明 ASP.NET、PHP 和 JSP 技术各自的特点。
6．什么叫做数据驱动程序？常用的数据驱动程序有哪些？

第九章

信息化新技术

本章将介绍当今信息革命中的新技术，信息化已成为不可逆转的历史潮流，它改变着当今世界的面貌和格局，发达国家正出现以信息技术为主的后工业化扩散周期，信息与信息技术产生着巨大作用和深远的影响，信息新技术是信息化社会的的重要技术物质基础，信息技术的革命掀起了新的信息革命，并大加速了全球化进程，信息技术是多种技术综合的产物，它整合了各个学科和专业，谁掌握了信息技术的前沿，谁就将引领世界潮流。

9.1　物联网

9.1.1　物联网的基本概念

近几年来物联网技术受到了世界的广泛关注，“物联网”被称为继计算机、互联网之后，世界信息产业的第三次浪潮。

1. 物联网概念的提出

物联网的概念起源于比尔·盖茨 1995 年《未来之路》一书，在《未来之路》中，比尔·盖茨已经提及“物联网”概念，只是当时受限于无线网络、硬件及传感器设备的发展，但并未引起重视。1998 年，美国麻省理工学院（MIT）提出了当时被称为 EPC（Electronic Product Code）系统的“物联网”构想。1999 年，美国 Auto-ID 提出“物联网”的概念，主要是建立在物品编码、射频识别（Radio Frequency Identification，RFID）技术和互联网的基础上。这时对物联网的定义也很简单，主要是指把所有物品通过射频识别等信息传感设备与互联网连接起来，实现智能化识别和管理。2005 年 11 月，在突尼斯举行的信息社会世界峰会（WSIS）上，国际电信联盟（ITU）发表了一本世界互联网发展年度报告——《物联网》，正式提出了“物联网”概念。也就是说，物联网是指各类传感器和现有的互联网相互衔接的一种新技术，物联网的三个层次如图 9.1 所示。

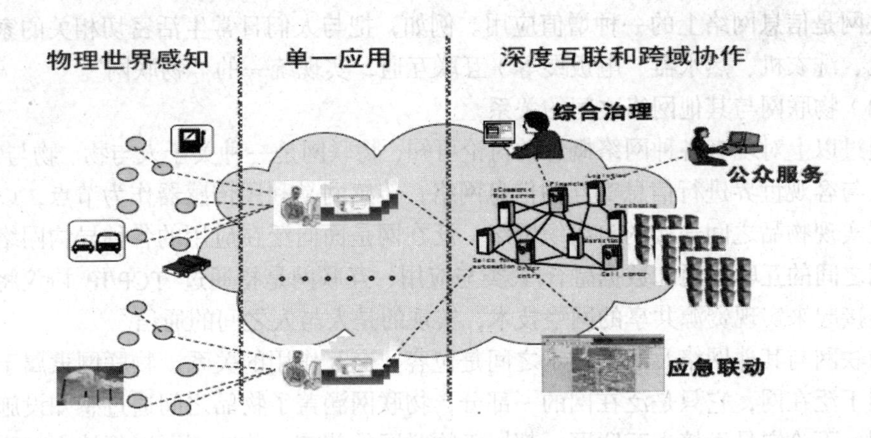

图 9.1　物联网的三个层次

2．物联网的定义

当前，关于物联网（IOT）比较准确的定义是：物联网是通过各种信息传感设备及系统（传感网、射频识别系统、红外感应器、激光扫描器等）、条码与二维码、全球定位系统，按约定的通信协议，将物与物、人与人连接起来，通过各种接入网、互联网进行信息交换，以实现智能识别、定位、跟踪、监控和管理的一种信息网络。这个定义的核心是，物联网的主要特征是每一个物件都可以寻址，每一个物件都可以控制，每一个物件都可以通信。

物联网的上述定义包含了以下 3 个主要含义：

（1）物联网是指对具有全面感知能力的物体及人的互联集合。两个或两个以上物体如果能交换信息即可称为物联网。使物体具有感知能力需要在物品上安装不同类型的识别装置，如电子标签、条码与二维码等，或通过传感器、红外感应器等感知其存在；

（2）物联网必须遵循约定的通信协议，并通过相应的软、硬件实现。为了成功通信，它们必须遵守相关的通信协议，同时需要相应的软件、硬件来实现这些协议，并可以通过现有的各种接入网与互联网进行信息交换；

（3）物联网可以实现对人和物品进行智能化识别、定位、跟踪、监控和管理等功能。这也是组建物联网的目的。

3．物联网的内涵

（1）技术层面的认识

从技术层面上看，物联网是指物体通过智能感知装置，经过传输网络，到达指定数据处理中心，实现人与人，物与物，人与物之间信息交互处理的智能化网络。如果将传感器的概念进一步扩展，把射频识别、二维条码等信息的读取设备、音视频录入设备等数据采集设备都认为是一种传感器，并提升到智能感知水平，则范围扩展后的传感网络也可以认为是物联网。

（2）从应用的角度理解

纵观信息网络发展应用过程，可以认为物联网是网络的应用延伸，物联网不是网络而是应用和业务。它能把世界上所有的物品都连接到一个网络中，形成“物联网”，其主要特征是每一个物品都可以寻址，每一个物品都可以控制，每一个物品都可以通信。因此，也可以认为物联网是信息网络上的一种增值应用。例如，把与人们日常生活密切相关的家电设备（如电视机、洗衣机、热水器、电饭煲等）互联互通，实现统一的“物联网”。

（3）物联网与其他网络之间的关系

通过以上对现有各种网络概念的讨论可知，物联网是一种关于人与物、物与物广泛互联，实现人与客观世界进行信息交互的信息网络；传感网是利用传感器作为节点，以某种无线通信协议实现物品之间连接的自组织网络；泛在网是面向泛在应用的各种异构网络的集合，强调跨网之间的互联互通和数据融合/聚类与应用；互联网是指通过 TCP/IP 协议将各种计算机网络连接起来实现资源共享的网络技术，实现的是人与人之间的通信。

物联网与其他网络及通信技术之间是包容、交互作用的关系。物联网隶属于泛在网，但不等同于泛在网，它只是泛在网的一部分，物联网涵盖了物品之间通过感知设施连接起来的传感网，不论它是否接入互联网，都属于物联网的范畴。传感网可以不接入互联网，但当需要时，随时可利用各种接入网接入互联网。互联网、移动通信网等可作为物联网的承载网。

4．物联网的基本属性和类型

总结目前对物联网概念的表述，可以将其核心要素归纳为“感知、传输、智能、控制”四个属性。

- 全面感知。利用 RFID、传感器、二维码等智能感知设施，可随时随地感知、获取物体的信息；
- 可靠传输。通过各种信息网络与计算机网络的融合，将物体的信息实时准确地传送到目的地；
- 智能处理。利用数据融合及处理、云计算等各种计算技术，对海量的分布式数据信息进行分析、融合和处理，向用户提供信息服务；
- 自动控制。利用智能控制技术对物体实施智能化控制和利用。最终形成物理、数字、虚拟世界和社会共生互动的智能社会。

物联网按照用户的范围不同，可将其分为公用物联网和专用物联网。公用物联网是指为满足大众生活和信息需求提供物联网服务的网络；专用物联网是指满足企业、团体或个人特色应用，有针对性地提供专业性业务应用的物联网。专用物联网可以利用公用网络（如计算机互联网）、专网（局域网、企业网络或公用网中的专享资源）等进行数据传输。

按照接入网络的复杂程度，物联网可分为简单接入和多跳接入网络。简单接入是指在感知设施获取信息后直接通过有线或无线方式将数据直接发送至承载网络。目前 RFID 读写设备主要采用简单接入方式；简单接入方式可用于终端设备分散、数据量较小的应用场合。多跳接入是指利用传感网技术，将具有无线通信与计算能力的微小传感器节点通过自组织方式，根据环境的变化，自主地完成网络自适应组织和数据通过接入网关传送到承载网络，多跳入方式使用在终端设备相对集中、终端与网络间数据传输量较小的场合。

5．物联网的体系结构

物联网是一种非常复杂、形式多样的系统技术应用。我们将物联网的主要技术体系按照四个层次建立了模型，如图 9.2 所示。在这个技术体系中，物联网的技术构成主要体现在感知层、传输层、支撑层和应用层四个层次上。

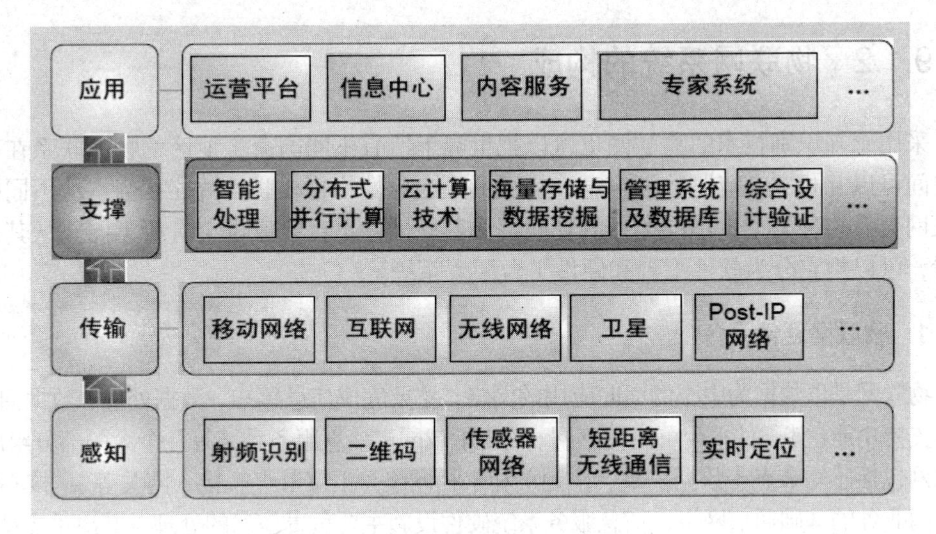

图 9.2　物联网体系结构示意图

（1）感知层——物联网的皮肤，识别物体，采集信息

感知层包括多种发展成熟度差异性很大的技术，如在物流管理方面得到大量应用的射频识别技术和新兴的传感器网络技术。传感器网络感知主要通过各种类型的传感器对物质属性、环境状态、行为态势等静、动态的信息进行大规模、分布式的信息获取与状态辨识，针对具体感知任务，常采用协同处理的方式对多种类、多角度、多尺度的信息进行在线计算，并与网络中的其他单元共享资源进行交互与信息传输。如果再扩展一步，有些应用中还需要通过执行器对感知结果做出反应，对整个过程进行智能控制。

（2）传输层——物联网的神经，信息传递和处理

其主要功能是直接通过现有的互联网或移动通信网，如全球移动通信、无线接入网、无线局域网、卫星网等基础网络设施，对来自感知层的信息进行接入和传输。

（3）支撑层——物联网的仓库管理，数据处理的智能化

在高性能计算技术的支撑下，将网络内大量或海量的信息资源通过计算整合成一个可以互联互通的大型智能网络，为上层服务管理和大规模行业应用建立起一个高效、可靠和可信的支撑技术平台。例如，通过能力超级强大的中心计算及存储机群（如云计算平台、高性能并行计算平台等）和智能信息处理技术，对网络内的海量信息进行实时的高速处理，对数据进行智能化的挖掘、管理、控制与存储。

（4）应用层——物联网的分工，根据需求实现应用的智能化

根据用户的需求可以构建面向各类行业实际应用的管理平台和运行平台，并根据各种应用的特点集成相关的内容服务。显然，为了更好地提供准确的信息服务，这里必须结合部分行业的专业知识和业务模型，以完成更加精细和准确的智能化信息管理。例如，当对自然灾害、环境污染等进行预测预警时，就需要相关生态、环保等多学科领域的专门知识和行业专家的经验。

物联网各层次间既相对独立又紧密联系。为了实现整体系统的优化功能以服务于某一具体应用，各层间资源需要协同分配与共享。

9.1.2 物联网系统的构成

采用感知识别技术的物联网也可以把世界上所有不同国家、地区的物品联系在一起，彼此之间可以互相“交流”数据信息，从而形成全球性物物相联的智能社会。从不同的角度看物联网会有多种类型，不同类型的物联网，其软硬件平台组成也会有所不同。从其系统组成来看，可以把它分为软件平台和硬件平台两大系统。

1. 物联网硬件平台

物联网是以数据为中心的面向应用的网络，主要完成信息感知、数据处理、数据回传，以及决策支持功能；其硬件平台可由传感网、核心承载网和信息服务系统等几个大的部分组成。其中，传感网包括感知节点（数据采集、控制）和末梢网络（汇聚节点、接入网关等）；核心承载网为物联网业务的基础通信网络；信息服务系统硬件设施主要负责信息的处理及其决策支持。

2. 物联网软件平台

网络软件目前是高度结构化、层次化，物联网系统也是这样，软件平台是物联网的神经系统。一般来说，物联网软件平台建立在分层的通信协议体系之上，通常包括数据感知系统软件、中间件系统软件、网络软件、网络操作系统（包括嵌入式系统）以及物联网管理和信息中心的管理信息系统（MIS）等。

9.1.3 物联网的关键技术

不同的视角对物联网概念的看法不同，所涉及的关键技术也不相同。可以确定的是，物联网技术涵盖了从信息获取、传输、储存、处理直至应用的全过程，在材料、器件、软件、网络、系统各个方面都要有所创新才能促进其发展。国际电信联盟报告指出，物联网主要需要四项关键性应用技术：标签物品的 RFID 技术；感知事物的传感网络技术；思考事物的智能技术；微缩事物的纳米技术。显然这是侧重了物联网的末梢网络。欧盟《物联网研究路线图》将物联网研究划分为十个层面：感知；ID 发布机制与识别；物联网宏观架构；通信（OSI 参考模型的网络层与数据链路层）；组网（OSI 参考模型的网络层）；软件平台、中间件（OSI 参考模型的网络层以上各层）；硬件；情报提炼；搜索引擎；能源管理和安全。

1. 节点感知技术

节点感知技术是实现物联网的基础。它包括用于对物质世界进行感知识别的电子标签、新型传感器、智能化传感网节点技术等。

（1）电子标签

在感知技术中，电子标签用于对采集信息进行标准化标识，通过射频识别读写器、二维码识读器等实现物联网应用的数据采集和识别控制。

（2）新型传感器

传感器是节点感知物质世界的“感觉器官”，用来感知信息信息采集点的环境参数。传感器可以感知热、力、光、声、电、声、位移等信号，为物联网系统的处理、传输、分析和反馈提供最原始的数据信息，如图 9.3 所示。

图 9.3　传感器的用途

随着电子技术的不断进步提高，传统的传感器正逐渐实现微型化、智能化、信息化、网络化；同时，也正经历着一个从传统传感器→智能传感器→嵌入式 Web 传感器不断丰富发展的过程。应用新理论、新技术，采用新工艺、新结构、新材料，研发各类新型传感器，提升传感器的功能与性能，降低成本，是实现物联网的基础。现在已经有大量种类齐全且技术成熟的传感器产品可提供选择使用。

（3）智能化传感网节点技术

智能化传感网节点，是指一个微型化的嵌入式系统。在感知物质世界及其变化的过程中，需要检测的对象很多，例如温度、压力、湿度等。因此需要微型化。低功耗的传感网节点来构成传感网的基础层支持平台。针对低功耗传感网节点设备的低成本、低功耗、小型化。高可靠性等要求，研制低速、中高速传感网节点核心芯片，以及集射频、基带、协议、处理于一体，具备通信、处理、组网和感知能力的低功耗片上系统，设计符合物联网要求的微型传感器，使之可识别、配接多种敏感元件，并适用于主被动各种检测方法，并要求传感网节点具有强抗干扰能力，以适应恶劣工作环境的需求。

2. 节点组网技术

在物联网的机器到机器、人到机器和机器到人的数据传输中，有多种组网及其通信网络技术可供选择，目前主要有有线（如 DSL、PON 等）、无线包括 CDMA、通信分组无线业务（General Packet Radio Service，GPRS）、IEEE802.11a/b/g WLAN 等通信技术，这些技术均已相对成熟。

（1）传感网技术

传感网（WSN）是集分布式数据采集、传输和处理技术于一体的网络系统，其低成本、微型化、低功耗和灵活的组网方式、铺设方式以及适合移动目标等特点受到广泛重视。物联网正是通过遍布在各个角落和物体上的形形色色的传感器节点以及由它们组成的传感网，来感知整个物质世界的。目前，面向物联网的传感网，主要涉及的关键技术包括传感网体系结构及底层协议、协同感知技术、对传感网自身的检测与自组织、传感网安全，以及 ZigBee 技术等。

（2）核心承载网通信技术

目前，有多种通信技术可供物联网作为核心承载网络选择使用，可以是公共通信网，如 2G/3G/B3G 移动通信网、互联网（Internet）、无线局域网（Wireless Local Area Network，WLAN）、企业专用网，甚至是新建的专用于物联网的通信网，包括下一代互联网。

未来的无线通信系统，将是多个现有系统的融合与发展，是为用户提供全接入的信息服务系统。未来终端的趋势是小型化、多媒体化、网络化、个性化，并将计算、娱乐、通信等功能汇集于一身。移动终端将会面向不同的无线接入网络。这些接入网络覆盖着不同的区域，具有不同的技术参数，可以提供不同的业务能力，相互补充、协同工作，实现用户在无线环境中的无缝漫游。

（3）互联网技术

若将物联网建立在数据分组交换技术基础之上，则将采用数据分组网（即 IP 网）作为核心承载网。其中，IPv6 作为下一代 IP 网络协议、具有丰富的地址资源，能够支持动态路由机制，可以满足物联网对网络通信在地址、网络自组织以及扩展性方面的要求（参见第 5 章）。但是，由于 IPv6 协议栈过于庞大复杂，不能直接接应用到传感器设备中，需要对 IPv6 协议栈和路由机制作相应的精简，才能满足低功耗、低存储容量和低传速率的要求。

3. 数据融合与智能处理技术

由于物联网应用是由大量传感网节点构成的，在信息感知的过程中，采用各个节点单独传输数据到汇聚节点的方法是不可行的，需要采用数据融合与智能技术进行处理。因为网络中存有大量冗余数据，会浪费通信宽带和能量资源。此外，还会降低数据的采集效率和及时性。

（1）数据融合与处理

所谓数据融合，是指将多种数据或信息进行处理，组合出高效符合用户要求的信息的过程。在传感网应用中，多数情况只关心监测结果，并不需要受到大量原始数据，数据融合适处理这类问题的有效手段。例如，借助数据稀疏性理论在图像处理中的应用，可将其引入传感网数据压缩，以改善数据融合效果。数据融合技术需要人工智能理论的支撑，包括智能信息获取的形式化方法、海量数据处理理论和方法、网络环境下数据系统开发利用方法，以及机器学习等基础理论。同时，还包括智能信号处理技术，如信息特征识别和数据融合、物理型号处理与识别等。

（2）海量数据智能分析与控制

海量数据智能分析与控制是指依托先进的软件工程技术，对物联网的各种数据进行海量存储与快速处理，并将处理结果实时反馈给网络中的各种“控制”部件。智能技术就是为了有效地达到某种预期目的和对数据进行知识分析而采用的各种方法和手段：当传感网节点具有移动能力时，网络拓扑结构如何保持实时更新；当环境恶劣时，如何保障通信安全；如何进一步降低能耗。通过在物体中植入智能系统，可以使得物体具备一定的智能性，能够主动或被动地实现与用户的沟通，这也是物联网的关键技术之一。智能分析与控制技术主要包括人工智能理论、先进的人机交互技术、智能控制技术与系统等。物联网的实质性含义是要给物体赋予智能，以实现人与物的交互对话，甚至实现物体与物体之间的交互对话。为了实现这样的智能性，需要智能化的控制技术与系统。例如，怎样控制智能服务机器人完成既定任务，包括运动轨迹控制、准确的定位及目标跟踪等。

4. 云计算技术

云计算是物联网应用发展的基石。其原因有两个：一是云计算具有超强的数据处理和存储能力；二是由于物联网无处不在的数据采集，需要大范围的支撑平台以满足其规模需求。

9.1.4 物联网技术的应用和发展

物联网是通信网络的应用延伸和拓展，是信息网络上的一种增值应用。感知、传输、应用三个环节构成物联网产业的关键要素：感知（识别）是基础和前提；传输是平台和支撑；应用则是目的，是物联网的标志和体现。物联网发展不仅需要技术，更需要应用，应该是物联网发展的强大推动力。

1．物联网应用的主要领域

物联网的应用领域非常广阔，从日常的家庭个人应用，到工业自动化应用，以至军事反恐、城建交通。当物联网与互联网、移动通信网相连时，可随时随地全方位“感知”对方，人们的生活方式将从“感觉”跨入“感知”，从“感知”到“控制”。目前，物联网已经在智能交通、智能安防、智能物流、公共安全等领域初步得到实际应用。比较典型的应用包括水电行业无线远程自动抄表系统、数字城市系统、智能交通系统、危险源和家居监控系统、产品质量监管系统等。

在环境监控和精细农业方面，物联网系统应用最为广泛。2002 年，Intel 公司率先在俄勒冈建立了世界上地一个无线葡萄园，这是一个典型的精准农业、智能耕种的实例。可以利用物联网技术实现对农田温室大棚温度、湿度、露点、光照等环境信息的监测。

在民用安全监控方面，英国的一家博物馆利用传感网设计了一个报警系统，他们将节点放在珍贵文物和艺术品的底部或背面，通过侦测灯光的亮度改变和震动情况，来判断展览品的安全状态。中科院计算所在故宫博物院实施的文物安全监控系统也是物联网技术在民用安防领域中的典型应用。

在医疗监控方面，美国 Intel 公司目前正在研制家庭护理的传感网系统，作为美国“应对老龄化社会技术项目”的一项重要内容，如图 9.4 所示。另外，在对特殊医院（如残障类）中病人的位置监控方面，物联网技术也有巨大的应用潜力。

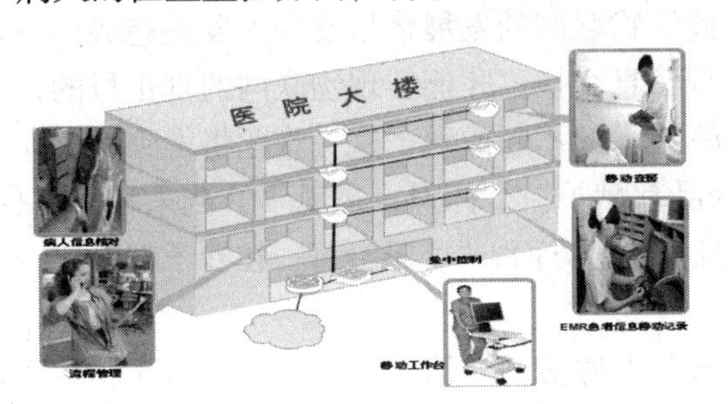

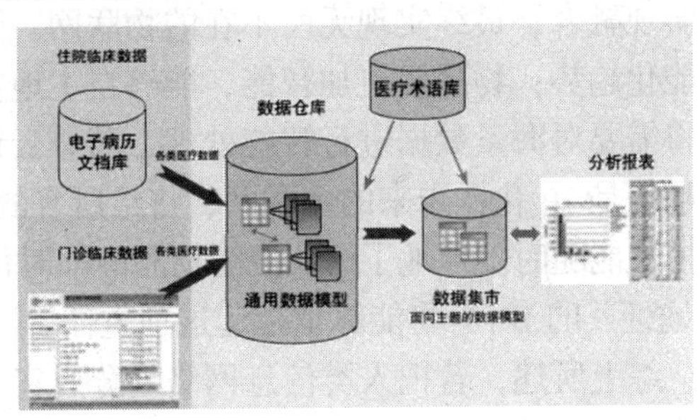

图 9.4　智慧医疗中的物联网技术

在工业监控方面，美国 Intel 公司为俄勒冈的一家芯片制造厂安装了 200 台无线传感器，用来监控部分工厂设备的振动情况，并在测量超出规定时提供检测报告。通过对危险区域/危险源（如矿井、核电厂）进行安全监控，能有效地遏制和减少恶性时间的发生。

在智能交通方面，美国交通部提出了“国家智能交通系统项目规划”，预计到 2025 年全面投入使用。该系统综合运用大量传感器网络，配合 GPS 系统、区域网络系统等资源，实现对交通车辆的优化调度，并为个体交通推荐实时的、最佳的行车路线服务。目前在美国宾夕法尼亚州的匹兹堡市已经建有这样的智能交通信息系统。中科院软件所在地下停车场基于 WSN 网络技术实现了细粒度的智能车位管理系统，使得停车信息能够迅速通过发布系统发送给附近的车辆，及时、准确地提供车位使用情况及停车收费等。

物流管理及控制是物联网技术最成熟的应用领域。尽管在仓储物流领域，RFID 技术还没有被普遍采纳，但基于 RFID 的传感器节点在大粒商品物流管理中已经得到了广泛的应用。

例如，宁波中科万通公司与宁波港合作，实现了基于 RFID 网络的集装箱和集卡车的智能化管理。另外，还使用 WSN 技术实现了封闭仓库中托盘粒度的货物定位。

智能家居领域是物联网技术能够大力应用发展的地方。通过感应设备和图像系统相结合，可实现智能小区家居安全的远程监控；通过远程电子抄表系统，可减小水表、电表的抄表时间间隔，能够及时掌握用电、用水情况。基于 WSN 网络的智能楼宇系统，能够将信息发布在互联网上，通过互联网终端可以对家庭状况实施监测。

物联网应用前景非常广阔，应用领域将遍及工业、农业、环境、医疗、交通、社会各个方面。从感知城市到感知全国、感知世界，信息网络和移动信息化将开辟人与人、人与机、机与机、物与物、人与物互联的可能性，使人们的工作生活时时联通、事事链接，从智能城市到智能社会、智慧地球。

物联网的应用领域虽然广泛，但其实际应用却是针对性极强的，是一种“物物相联”的对物应用。尽管它涵盖了多个领域与行业，但在应用模式上没有实质性的区别，都是实现优化信息流和物流，提高电子商务效能，便利生产、方便生活的技术手段。

2．物联网技术的未来发展

在信息技术发展演变的过程中，一次又一次的技术飞跃帮助人们不断获取新的知识。物联网技术也将会给人类社会带来又一次新的信息革命。目前，物联网技术正处于起步阶段，而且将是一个持续长效的发展过程，必然会呈现出其独特的发展模式。

在未来的发展过程中，未知领域显然将逐步缩小，从人的角度和从物的角度对通信的探索实现融合，最终实现无所不在的物联网。因此，物联网的发展将呈现两大发展趋势。一是智能化趋势：物品要更加智能，能够自主地实现信息交换，才能实现物联网的真正目的，而这将需要对海量数据进行智能处理，随着云计算技术的不断成熟，这一难题将得到解决。另一趋势是 IP 化：未来的互联网，将给所有的物品都赋予一个标识，实现“IP 到末梢”，只有这样才能随时随地地了解、控制物品的即时信息。在这方面，“可以给每一粒沙子都设定一个 IP 地址”的 IPv6 将能够承担起这项重任。

综上所述，若把人类信息网络划分成实现人与人通信的通信网和实现物与物互联网通信的物联网两种类型，从通信网络技术的发展历程来看，它们将并行推进应用发展，逐步实现融合，如图 9.5 所示。

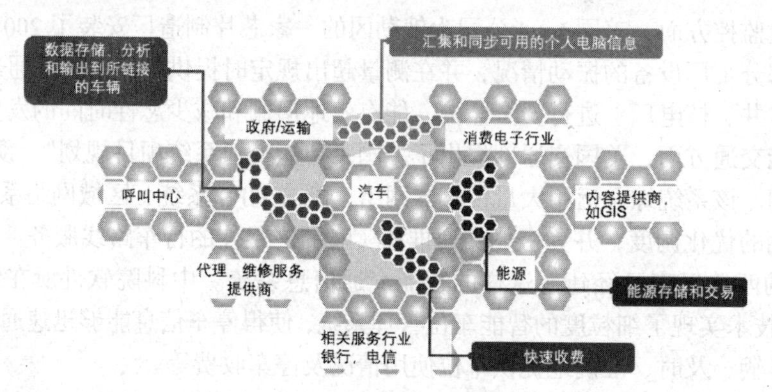

图 9.5　物联网城市生态系统示意图

9.1.5 智慧地球

1. 智慧地球的基本概念

2008年，在持续了两年的“创新”之后，IBM提出了让业界再次眼前一亮的理念——“智慧的地球”。其目标是让世界的运转更加智能化，涉及个人、企业、组织、政府、自然和社会之间的互动，而他们之间的任何互动都将是提高性能、效率和生产力的机会。随着地球体系智能化的不断发展，也为我们提供了更有意义的、崭新的发展契机。

IBM所提出的“智慧的地球”的愿景中，勾勒出世界智慧运转之道的三个重要维度。第一，我们需要也能够更透彻地感应和度量世界的本质和变化。第二，我们的世界正在更加全面地互联互通。第三，在此基础上所有的事物、流程、运行方式都具有更深入的智能化，我们也获得更智能的洞察。当这些智慧之道更普遍，更广泛地应用到人、自然系统、社会体系、商业系统和各种组织，甚至是城市和国家中时，“智慧的地球”就将成为现实。这种应用将会带来新的节省和效率——但同样重要的是，提供了新的进步机会。智慧地球的概念如图9.6所示。

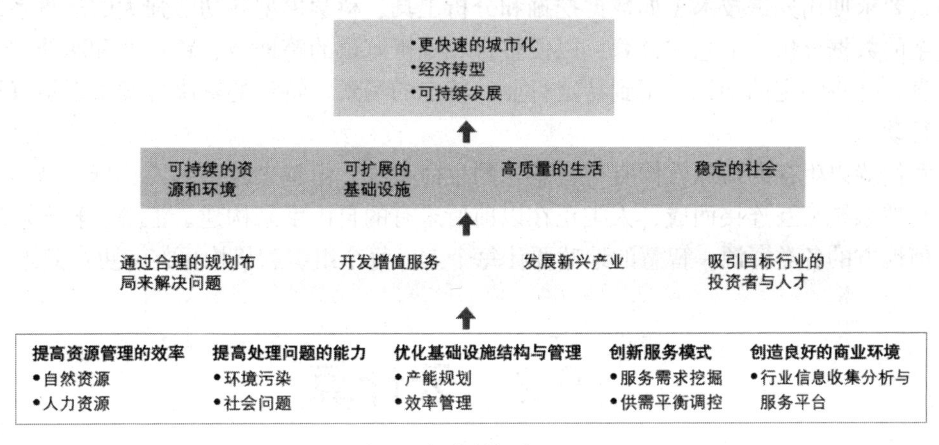

图9.6 智慧的概念

智慧地球可以从四个环节入手：第一，怎么样能够把大量的数据搜集到，分析好，这些是对数据的整合和管理；第二，怎么样在流程上，方式上，在所有的人和物息息相关的事情上，变得更有效，这是一个智慧运作的概念；第三，在现在的IT形势里面，怎么样能够让现有的IT支持智慧地球的创造；第四，绿色，怎样在现有的环镜里面，使我们的IT、使我们的地球、使我们的河流、空气变得更加绿色。这是打造智慧地球所不能缺少的四个环节。

IBM的“智慧地球”可以理解为将物联网和互联网融合，把商业系统和社会系统与物理系统融合起来，形成新的、智慧的全面系统，并且达到运行“智慧”状态，提高资源利用率和生产力水平，改善人与自然间的关系。

2. 智慧举措：智慧地球的含义

智慧地球的核心是以一种更智慧的方法通过利用新一代信息技术来改变政府、公司和人们相互交互的方式，以便提高交互的明确性、效率、灵活性和响应速度。如今信息基础架构与高度整合的基础设施的完美结合，使得政府、企业和市民可以做出更明智的决策。智慧方法具体来说是以下三个方面为特征：更透彻的感知，更广泛的互联互通，更深入的智能化。

（1）更透彻的感知

这里的“更透彻的感知”是超越传统传感器、数码相机和 RFID 的更为广泛的一个概念。具体来说，它是指利用任何可以随时随地感知、测量、捕获和传递信息的设备、系统或流程。通过使用这些新设备，从人的血压到公司财务数据或城市交通状况等任何信息都可以被快速获取并进行分析，便于立即采取应对措施和进行长期规划。

（2）更全面的互联互通

互联互通是指通过各种形式的高速的高带宽的通信网络工具，将个人电子设备、组织和政府信息系统中收集和储存的分散的信息及数据连接起来，进行交互和多方共享。从而更好地对环境和业务状况进行实时监控，从全局的角度分析形势并实时解决问题，使得工作和任务可以通过多方协作来得以远程完成，从而彻底地改变了整个世界的运作方式。

（3）更深入的智能化

智能化是指深入分析收集到的数据，以获取更加新颖、系统且全面的洞察来解决特定问题。这要求使用先进技术（如数据挖掘和分析工具、科学模型和功能强大的运算系统）来处理复杂的数据分析、汇总和计算，以便整合和分析海量的跨地域、跨行业和职能部门的数据和信息，并将特定的知识应用到特定行业、特定的场景、特定的解决方案中以更好地支持决策和行动。

我们赖以生存的地球就像有“智慧”的生命系统，由越来越多的人、越来越多的组织机构和自然系统相互连接而成，人类正在以前所未有的自由度来构建、汇集、整合和连接存在于任何地方的各类资源。智慧的地球要让每个人、每个组织和机构更好、更高效地沟通。

9.2 云计算

9.2.1 云计算概述

云计算（Cloud computing），是一种新兴的共享基础架构的方法，可以将巨大的系统池连接在一起以提供各种 IT 服务。云计算被视为“革命性的计算模型”，因为它使得超级计算能力通过互联网自由流通成为了可能。

1. 云计算的定义

由于云计算是一个概念，而不是指某项具体的技术或标准，于是不同的人从不同的角度出发就会有不同的理解。业界关于云计算定义的争论也从未停止过，并不存在一个权威的定义。

2. 云计算的发展

云计算并不是突然出现的，而是以往技术和计算模式发展和演变的一种结果，它也未必是计算模式的终极结果，而是适合于目前商业需求和技术可行性的一种模式。下面通过分析计算机的发展历程，看看云计算的出现过程。

（1）主机系统与集中计算

其实早在几十年前，在计算机刚刚发明不久，那时的计算模式就有了云计算的影子。1964年，世界上第一台大型主机 System/360 诞生，引发了计算机和商业领域里的一场革命。主机面向的市场主要是企业用户，这些用户一般都会有多种业务系统需要使用主机资源，于是 IBM 发明了虚拟化技术，将一台物理服务器分成许多不同的分区，每个分区上运行一个操作系统或者说是一套业务系统。这样每个企业只需要部署一套主机系统就可以满足所有业务系统的需要。由于该系统已经经历了几十年的发展，因此其稳定性也是业界最高的，具有永不停机的美誉。IBM 大型主机在金融、通信、能源和交通等支柱产业承担着最为广泛和最为重要的信息和数据处理任务。在全球，70%以上的企业数据运行在大型主机平台上。大型主机的一个特点就是资源集中，计算、存储集中。这是集中计算模式的典型代表。使用大型主机的企业不需要像如今的互联网企业一样单独维护成百上千台服务器，而是把企业的各种业务集中部署，统一管理。主机的用户大多采用终端的模式与主机连接，本地不进行数据的处理和存储，也不需要进行诸如补丁管理、防火墙保护和病毒防范等措施。其实主机系统就是最早的"云"，只不过这些云是面向专门业务、专用网络和特定领域的。

（2）效用计算

效用计算是随着主机的发展而出现的。考虑到主机的购买成本高昂，一些用户只能想办法去租用，而不是购买。于是有人提出了效用计算的概念。其目标是把服务器及存储系统打包给用户使用，按照用户实际使用的资源量对用户进行计费，用户无须为使用服务去拥有资源的所有权，而是去租资源，效用计算是云计算的前身。

（3）个人计算机与桌面计算

20 世纪 80 年代，随着计算机技术的发展，计算机硬件的体积和成本都大幅度降低，使得个人拥有自己的计算机成为可能。个人计算机的出现极大地推动了软件产业的发展，各种面向终端消费者的应用程序涌现出来。应用程序在个人计算机上运行需要简单易用的操作系统，Windows 操作系统正好满足了大众的需要，它伴随着个人计算机的普及占领了市场，走向了成功。个人计算机具备自己独立的存储空间和处理能力，虽然性能有限，但是对于个人用户来说，在一段时间内也够用了。个人计算机可以完成绝大部分的个人计算需求，这种模式也叫桌面计算。

（4）分布式计算

个人计算机没有解决数据共享和信息交换的问题，于是出现了网络：局域网以及后来的互联网。网络把大量分布在不同地理位置的计算机连接在一起，这里面有个人计算机，也有服务器（大型主机以及后来出现的中小型主机）。既然有了这么多计算能力，那么一个应用能不能运行在多台计算机之上，共同完成一个计算任务呢？答案当然是肯定的，这就是分布式计算。分布式计算依赖于分布式系统。分布式系统由通过网络连接的多台计算机组成。每台计算机都拥有独立的处理器及内存。这些计算机互相协作，共同完成一个目标或者计算任务。

（5）网格计算

计算机的一个主要功能就是复杂科学计算，而这一领域的主宰就是超级计算机，如"银河"、"曙光"、"深蓝"等超级计算机，以超级计算机为中心的计算模式存在明显的不足，它虽然是一个处理能力强大的"巨无霸"，但它造价极高，通常只有一些国家级的部门（如航天、气象和军工等部门）才有能力配置这样的设备。随着数据处理能力更强的需要，科学家开始寻找一种造价低廉而数据处理能力超强的计算模式——网格计算。

网格计算出现于 20 世纪 90 年代。它是伴随着互联网而迅速发展起来的、专门针对复杂科学计算的新型计算模式。这种计算模式利用互联网把分散在不同地理位置的计算机组织成一台"虚拟的超级计算机"，其中每一台参与计算的计算机就是一个"节点"，而整个计算是由成千上万个"节点"组成的"一堆网格"，所以这种计算方式叫网格计算。为了进行一项计算，网格计算首先把要计算的数据分割成若干"小片"，然后将这些小片分发给分布的每台计算机。每台计算机执行它所分配到的任务片段，待任务计算结束后将计算结果返回给计算任务的总控节点。

（6）SaaS

SaaS 全称为 Software as a service，中文译为"软件即是服务"。其实它所表达的也是一种计算模式，就是把软件作为服务。它是一种通过 Internet 来提供软件的模式，厂商将应用软件统一部署在自己的服务器上，客户可以根据自己的实际需求，通过互联网向厂商订购所需的软件应用服务，按定购的服务多少和时间长短向厂商支付费用，并通过互联网获得厂商提供的服务。用户不用再购买软件，而改为向提供商租用基于 Web 的软件，来管理企业经营活动，且无须对软件进行维护，服务提供商会全权管理和维护软件。软件厂商在向客户提供互联网应用的同时，也提供软件的离线操作和本地数据存储，让用户随时随地都可以使用其订购的软件和服务。

SaaS 最初出现于 2000 年。当时，随着互联网的蓬勃发展，各种基于互联网的新的商业模式不断涌现。对于传统的软件企业来说，SaaS 是最重大的一个转变。这种模式把一次性的软件购买收入变成了持续的服务收入，软件提供商不再计算卖了多少份拷贝，而是需要时刻注意有多少付费用户。因此，软件提供商会密切关注自身的服务质量，并对自己的服务功能进行不断地改进，提升自身竞争力。这种模式可以减少盗版并保护知识产权，因为所有的代码都在服务提供商这一边，用户没有办法获取到，也没有办法进行软件破解、反编译。

（7）云计算的出现

纵观计算模式的演变历史，基本上可以总结为：集中—分散—集中。在早期，受限于技术条件与成本因素，只能有少数的企业能够拥有计算能力，此时的计算模式显然只能以集中为主。在后来，随着计算机小型化与低成本化，计算也走向分散。到如今，计算又有走向集中的趋势，这就是云计算。这也体现了合久必分、分久必合的道理。

9.2.2 云计算的特征和分类

1．云计算的公共特征

通过对云计算方案的特性进行归纳和分析，发现这些方案所提供的云服务有着显著的公共特性，这些特性也使得云计算明显区别于传统的服务。

（1）弹性伸缩

云计算可以根据访问用户的多少，增减相应的 IT 资源（包括 CPU、存储、带宽和中间件应用等），使得IT资源的规模可以动态伸缩，满足应用和用户规模变化的需要。

（2）快速部署

云计算模式具有极大的灵活性，足以适应各个开发和部署阶段的各种类型和规模的应用程序。提供者可以根据用户的需要及时部署资源，最终用户也可按需选择。

（3）资源抽象

最终用户不知道云上的应用运行的具体物理资源位置，同时云计算支持用户在任意位置使用各种终端获取应用服务。所请求的资源来自"云"，而不是固定的有形的实体。应用在"云"中某处运行，但实际上用户无须了解，也不用担心应用运行的具体位置。

（4）按用量收费

即付即用的方式已广泛应用于存储和网络宽带技术中（计费单位为字节）。虚拟化程度的不同导致了计算能力的差异。例如，Google的App Engine按照增加或减少负载来达到其可伸缩性，而其用户按照使用CPU的周期来付费；Amazon的AWS则是按照用户所占用的虚拟机节点的时间来进行付费（以小时为单位），根据用户指定的策略，系统可以根据负载情况进行快速扩张或缩减，从而保证用户只使用自己所需要的资源，达到为用户省钱的目的。

2. 云计算的分类

通过以上简单介绍，相信大家对云计算已经有了基本的认识，下面从云计算的部署方式和服务类型来总结分析现在各种各样的云方案。

（1）根据云的部署模式和云的使用范围进行分类

根据云计算服务的部署方式和服务对象范围可以将云分为三类：公共云、私有云和混合云。

公共云。当云以按服务方式提供给大众时，称为"公共云"。公共云由云提供商运行，为最终用户提供各种各样的IT资源。云提供商可以提供从应用程序、软件运行环境，到物理基础设施等方方面面的IT资源的安装、管理、部署和维护。最终用户通过共享的IT资源实现自己的目的，并且只要为其使用的资源付费，通过这种比较经济的方式获取自己所需的IT资源服务。IBM Developer Cloud和国内的"无锡云计算中心"是对外提供服务的公共云。

私有云商业企业和其他社团组织不对公众开放，为本企业或社团组织提供云服务（IT资源）的数据中心称为"私有云"。相对于公共云，私有云的用户完全拥有整个云中心设施，可以控制哪些应用程序在哪里运行，并且可以决定允许哪些用户使用云服务。由于私有云的服务提供对象是针对企业或社团内部，私有云上的服务可以更少地受到在公共云中必须考虑的诸多限制，如带宽、安全和法规遵从性等。私有云可以通过用户范围控制和网络限制等手段提供更多的安全和私密等保证。中国的"中化云计算"就是典型的支持SAP服务的私有云。

混合云。混合云是把"公共云"和"私有云"结合到一起的方式。用户可以通过一种可控的方式部分拥有，部分与他人共享。企业可以利用公共云的成本优势，将非关键的应用部分运行在公共云上，同时将安全性要求更高、关键性更强的主要应用通过内部的私有云提供服务。荷兰的iTricity的云计算中心就是混合云的典范。

（2）针对云计算的服务层次和服务类型进行分类

依据云计算的服务类型也可以将云分为三层：基础架构即服务、平台即服务和软件即服务。不同的云层提供不同的云服务。

基础架构即服务（Infrastructure as a Service，IaaS）。IaaS位于云计算三层服务的最底端，提供基本计算和存储能力，以计算能力的提供为例，其提供的基本单元就是服务器，包含CPU、内存、存储、操作系统及一些软件。如IBM为无锡软件园建立的云计算中心以及Amazon的EC2。

平台即服务（Platform as a Service，PaaS）。PaaS位于云计算三层服务的最中间。通常也称为“云计算操作系统”。它提供给终端用户基于互联网的应用开发环境，包括应用编程接口和运行平台等，并且支持应用从创建到运行整个生命周期所需的各种软硬件资源和工具。通常按照用户或登录情况计费。在PaaS层面，服务提供商提供的是经过封装的IT能力，或者说是一些逻辑的资源，如数据库、文件系统和应用运行环境等。如IBM的Rational开发者云、Saleforce公司的Force.com和Google的Google App Engine等。PaaS服务主要面向软件开发者，如何让开发者通过网络在云计算环境中编写并运行程序，在以前是一个难题。在网络带宽逐步提高的前提下，在线开发工具和本地开发工具和云计算的集成技术的出现解决了这个难题。在线开发工具，开发者通过浏览器、远程控制台等技术直接在远程开发应用，无须在本地安装开发工具；本地开发工具和云计算的集成技术，将开发好的应用部署到云计算环境中，同时能够进行远程调试。

软件即服务（Software as a Service，SaaS）。SaaS是最常见的云计算服务，位于云计算三层服务的顶端。用户通过标准的Web浏览器来使用Internet上的软件。服务供应商负责维护和管理软硬件设施，并以免费或按需租用方式向最终用户提供服务。这类服务既有面向普通用户的，诸如Google Calendar和Gmail；也有直接面向企业团体的，用以帮助处理工资单流程、人力资源管理、客户关系管理和业务合作伙伴关系管理等。例如Salesforce.com和Sugar CRM。这些SaaS提供的应用程序减少了客户安装和维护软件的时间和技能等代价。

以上的三层，每层都有相应的技术支持提供该层的服务，具有云计算的特征，如弹性伸缩和自动部署等。每层云服务可以独立成云，也可以基于下面层次的云提供的服务。每种云可以直接提供给最终用户使用，也可以只用来支撑上层的服务。

9.2.3 云计算技术和科研应用

1. 云计算的重要技术及其进展

（1）虚拟化技术

云计算离不开虚拟化技术的支撑。在Gartner咨询公司提出的2009~2011年最值得关注的十大战略技术中，虚拟化技术名列榜首。在当前全球金融危机的大环境下，虚拟化技术为企业节能减排、降低IT成本都带来了不可估量的价值。虚拟化的优势包括部署更加容易、为用户提供瘦客户机、数据中心的有效管理等。

（2）数据中心自动化

有业界专家指出，自动化技术是任何云计算基础设施的基础。数据中心自动化带来了实时的或者随需应变的基础设施管理能力，这是通过在后台有效地管理资源实现的。自动化能够实现云计算或者大规模的基础设施，让企业理解影响应用程序或者服务性能的复杂性和依赖性，特别是在大型的数据中心中。

（3）云计算数据库

关系数据库不适合用于云计算环境，许多被专门开发用于云计算环境下的新型数据库，例如Google公司的BigTable、Amazon公司的SimpleDB、10Gen公司的Mong、AppJet公司的AppJet、Oracle公司的BerkelyDB，都不是关系型的。这些数据库具有一些共同特征，正是这些特征使它们适用于服务云计算式的应用。它们中的大多数可以在分布式环境中运行，即它们可以分布在不同地点的多台服务器上。

（4）云操作系统

云操作系统即采用云计算、云存储方式的操作系统，目前VMware、Google和微软分别推出了自称是云操作系统的产品。VMware在2009年4月发布了vSphere，并称其为是第一个云操作系统；2009年7月Google宣布计划推出Chrome OS操作系统，在同一周，微软也宣布了Windows Azure云服务的定价和可用性等细节。Chrome OS和Azure代表着更新的和更好的从不同的计算终端来建设、运行以及存取应用的办法。Chrome OS操作系统将是一个针对上网本和个人电脑的云操作系统，而Windows Azure是为数据中心开发的云操作系统。

（5）云安全

IBM公司的一位研究人员2009年解决了公用密钥加密技术诞生以来就存在的一个棘手问题，这项被称为"隐私同态"（Privacy homomorphism）的突破可以实现对加密信息进行深入和不受限制的分析，同时不会降低信息机密性。该公司的另一名研究人员Craig Gentry利用被称作"理想格"（Ideal lattice）的数学对象使得人们能以前所未有的方式操纵加密数据。有了这些突破，数据存储服务上将能够在不和用户保持密切互动以及不查看敏感数据的条件下帮助用户全面分析数据，可以分析加密信息并得到详尽的结果，就如原始数据对各方都完全公开一般。云计算提供商可以按照用户需求处理用户的数据，但无需暴露原始数据。

2. 云计算的科研应用

科研界层对云计算应用有所保留，但随着云计算的不断进步，已经有许多科研机构在积极尝试利用云计算从事科研工作，并且已诞生了不少成功案例，有人将这类云计算称为"科学云"（Science Cloud）。以下部分案例展示了云计算的科研应用情况。

（1）生命科学

云计算极大降低蛋白质组学研究成本。蛋白质组学是生命科学领域的一大热点，开展蛋白质组学研究所面临的一大难题就是成本太高。蛋白质组学研究需要采购和维护非常昂贵的计算设备和资源，用于分析通过自谱仪获取的大量的蛋白质组学数据流，以鉴定分子的基本组成与化学结构。

（2）海洋学和天文学

2009年4月，美国华盛顿大学宣布与其他几家公司联手开展两项研究项目，为海洋学和天文学建立云计算网络平台，处理容量巨大的数据集，进行海洋气候模拟和天文图片分析。这两项项目的基础是2007年建立的云计算中心，这一数据中心最初用于教学，是由Google、IBM公司以及包括华盛顿大学在内的6家学术机构共同开发的。

华盛顿大学e-Science研究所的Bill Howe研究员进行了一项海洋气候模拟项目，通过应用云计算技术，研究人员不再仅仅能对某一项假设进行模拟实验，而且能够进行长期的模拟，并筛选处理海量数据，从中发现变化趋势。

（3）信息科技

基于云计算的新型防毒系统。2008年8月，美国密西根大学的研究人员通过云计算技术开发出一种新型防毒系统。由于个人电脑性能的局限性和各种防毒软件的不兼容性，通常一台电脑只能使用一种防毒软件。研究人员利用 7 220 种恶意软件对 12 种传统的防毒软件（包括 Symantec、Trend Micro 等）进行测试，发现传统的防毒软件对最新的恶意软件的识别率仅为 35%，且防毒软件自身也存在漏洞。

研究人员开发的 CloudAV 防毒系统将个人电脑上的防毒任务转移到"网路云"中，通过同时运行多种防毒程序来分析可疑文件。CloudAV 支持大量防毒软件对同一文件展开并行分析，每种防毒软件都运行在自己的虚拟机内，客户端会将对象发送给"防毒云"（Antivirus Cloud）进行分析。研究人员还认为，对手机等难以运行、对计算资源要求较高的防毒软件的移动设备，CloudAV 将有较大的应用前景。

社交网络应用。在当前的云计算应用中，有关于社会网络的应用占到了极其重要的地位。这些应用包括即时聊天的网络，例如 QQ、MSN、Yahoo Messenger、AIM 等一些占有主导地位的网络聊天应用程序，也包括诸如 Twitter、Facebook、Flickr、YouTube 等相关的社会网络，照片共享和视频共享等网络服务应用程序。另外还有一些具有类似于本地程序使用功能的云计算应用，例如 Google Docs、Google Earth 等相关的软件，也对用户的应用模式产生了一定影响。

（4）航天

美国国家航天局与 2009 年 5 月启动了一项名为 Nebula 的云计算计划。美国国家航天局宣称 Nebula 是将开源部件集成到无缝、自服务平台的云计算环境，提供大容量的计算、存储和网络连接，并利用可扩展的虚拟方法降低成本和提高效率。Nebula 和 Amazon 公司的 Web 服务兼容，其虚拟服务器可以在 Amazon EC2 上运行。美国国家航天局的一位 CTO 表示也许可以将美国国家航天局各项任务产生的数据都存在"云"中。

（5）科研领域

美国能源部 Magellan 云计算研究项目。美国能源部于 2009 年 10 月启动了一项经费为 3 200 万美元的项目，研究如何在科学研究中利用云计算技术。美国能源部阿尔贡国家实验室的计算中心和劳伦斯伯克利国家实验室的计算中心将共同承担这项名为 Magellan 的研究。作为该项目的一个主要研究目标，美国能源部将研究不同的云计算框架在科学任务中的表现，并研究如何优化这些架构以便能胜任高性能计算应用。目前大部分公共云计算系统的网络性能、计算能力、内存容量等还不足以处理大量的高性能计算节点，公共云计算系统的软件环境也不太适合高性能计算。面向特定目标的高性能计算云系统可以有助于解决上述问题，因此 Magellan 将重点建设私有"科学云"。

9.3 大数据

大数据（Big Data）是近来的一个技术热点，但历史上数据库、数据仓库、数据集市等信息管理领域技术的出现，很大程度上也是为了解决大规模数据的问题。被誉为数据仓库之父的 Bill Inmon 更是早在 20 世纪 90 年代就经常将 Big Data 挂在嘴边了。因此无法判断大数据有何创新。然而，大数据作为一个专有名词成为热点，主要应归功于近年来互联网、云计算、移动和物联网的迅猛发展。

9.3.1 大数据的概念

大数据（Big Data），或称巨量数据、海量数据、大资料，指的是所涉及的数据量规模巨大到无法通过人工或目前主流软件工具，在合理时间内达到截取、管理、处理、并整理成为人类所能解读的信息。网络上每一笔搜索，网站上每一笔交易、每一笔输入都是数据，通过计算机做筛选、整理、分析，所得出的结果可不仅仅只得到简单、客观的结论，更能用于帮助企业经营决策，搜集起来的数据还可以被规划，引导开发更大的消费力量。

简单来说，大数据是由数量巨大、结构复杂、类型众多的数据构成的数据集合，是基于云计算的数据处理与应用模式，通过数据的集成共享，交叉复用形成的智力资源和知识服务能力。

9.3.2 大数据的特点

如前所述，大数据的概念比较抽象，仅仅是数据数量上的庞大无法看出大数据和以往的“海量数据”（Massive Data）、“超大规模数据”（Very Large Data）等概念之间有何区别。因此需要我们通过理解大数据的特点来更好地理解其概念。

大数据的特点主要有：规模性（Volume）、时效性（Velocity）、多样性（Variety），也就是比较有代表性的“3V”特性或“3Vs”特性，在此基础上，国际数据公司（IDC）认为大数据还应当具有价值性（Value），而 IBM 认为大数据具有真实性（Veracity），因此大数据的“4V”特性说法并不统一，我们只需理解这些特性所要表达的大数据的内在含义。

1．规模性（Volume）。就是指数据体量巨大，有大量的数据产生、处理和保存。大数据的起始计量单位从 TB（1024GB=1TB）级别跃升到 PB（1024TB=1PB）级别、EB（1024PB=1EB）级别乃至 ZB（1024EB=1ZB）级别。

2．时效性（Velocity）。大数据处理时速度快，时效性要求高，这是其区分于传统数据挖掘最显著的特征。大数据其中一个用途是做市场预测，处理的时效如果太长就失去了预测的意义，500 万笔数据的深入分析,可能只能花 5 分钟的时间，因此处理速度快到有 1 秒定律之称。

3．多样性（Variety)。就是指数据的形态，大数据中数据类型繁多。包含文字、影音、图片、地理位置信息、网页、串流等等结构性与非结构性的数据。这些多类型的数据对数据的处理能力提出了更高的要求。

4．价值性（Value）。大数据的价值往往呈现出稀疏性的特点。也就是说数据价值密度相对较低，商业价值较高。如随着物联网的广泛应用，信息感知无处不在，信息海量，但价值密度却较低，以视频为例，连续不间断监控过程中，可能有用的数据仅仅有一两秒。因此，如何通过强大的机器算法更迅速地完成数据的价值“提纯”，是大数据时代亟待解决的难题。

5．真实性（Veracity)。就是指当数据的来源变得更多元时，这些数据本身的可靠度、质量是否足够，若数据本身就是有问题的，那分析后的结果也不会是正确的。

简单来说，大数据是大量、高速、多样、精确、有价值的。

9.3.3 大数据的分类

大数据可分成大数据技术、大数据工程、大数据科学和大数据应用等领域。目前人们谈论最多的是大数据技术和大数据应用。工程和科学问题尚未被重视。大数据工程指大数据的规划建设运营管理的系统工程；大数据科学关注大数据网络发展和运营过程中发现和验证大数据的规律及其与自然和社会活动之间的关系。

1. 大数据技术

无所不在的移动设备、RFID、无线传感器每分每秒都在产生数据，数以亿计用户的互联网服务时时刻刻在产生巨量的交互，要处理的数据量实在是太大、增长太快了，而业务需求和竞争压力对数据处理的实时性、有效性又提出了更高要求，传统的常规技术手段根本无法应付。因此，大数据价值的完整体现需要多种技术的协同。文件系统提供最底层存储能力的支持。为了便于数据管理，需要在文件系统之上建立数据库系统。通过索引等的构建，对外提供高效的数据查询等常用功能。最终通过数据分析技术从数据库中的大数据提取出有益的知识。

大数据技术中涵盖大数据关键支撑技术与大数据处理工具两个方面内容。

（1）大数据关键支撑技术。适用于大数据的技术必须能有效地处理大量的容忍经过时间内的数据。因此，关键支撑技术主要包括分布式缓存、基于大规模并行处理（MPP）的分布式数据库、分布式文件系统、数据挖掘电网、云计算平台、互联网和各种 NoSQL 可扩展的分布式存储方案等。

（2）大数据处理工具。关系数据库在很长的时间里成为数据管理的最佳选择，但是在大数据时代，数据管理、分析等的需求多样化使得关系数据库在很多场景不再适用。大数据的处理工具主要有两类：开源工具，如 Apache Hadoop；商业大数据工具，如一体机 IBM Netezza, Oracle Exadata, SAP Hana，数据仓库 Amazon Redshift, Teradata AsterData, EMC GreenPlum, HP Vertica，数据集市 QlikView, Tableau, Yonghong Data Mart 等。

2. 大数据应用

物联网、云计算、移动互联网、车联网、手机、平板电脑、PC 以及遍布地球各个角落的各种各样的传感器，无一不是数据来源或者承载的方式。因此，大数据应用非常广泛，主要有网络日志，RFID，传感器网络，社会网络，社会数据（由于数据革命的社会），互联网文本和文件；互联网搜索索引；呼叫详细记录，天文学，大气科学，基因组学，生物地球化学，生物和其他复杂和/或跨学科的科研，军事侦察，医疗记录；摄影档案馆视频档案；和大规模的电子商务。成功的应用案例，如洛杉矶警察局和加利福尼亚大学合作利用大数据预测犯罪的发生，Google 流感趋势（Google Flu Trends）利用搜索关键词预测禽流感的散布，统计学家内特银（Nate Silver）利用大数据预测 2012 美国选举结果，麻省理工学院利用手机定位数据和交通数据建立城市规划等。

9.3.4 大数据时代面临的新挑战

1. 大数据集成。数据的广泛存在性使得数据越来越多的散布于不同的数据管理系统中，为了便于进行数据分析需要进行数据的集成，然而数据的集成受数据的广泛异构性及数据的质量制约。

2．大数据分析。大数据时代主要针对迅猛增长的半结构化和非结构化数据量进行分析，重点要从数据处理的实时性、动态变化环境中索引的设计、先验知识的建立三个方面进行分析。

3．大数据隐私问题。计算机的出现使得越来越多的数据以数字化的形式存储在电脑中，互联网的发展则使数据更加容易产生和传播，数据隐私问题越来越严重。大数据时代下隐性的数据暴露、数据公开与隐私保护的矛盾以及复杂环境下对动态数据的利用和隐私保护都亟需解决。

4．大数据能耗问题。在能源价格上涨、数据中心存储规模不断扩大的今天，高能耗已逐渐成为制约大数据快速发展的一个主要瓶颈。在大数据管理系统中，能耗主要由两大部分组成：硬件能耗和软件能耗，二者之中又以硬件能耗为主。因此，可以考虑从采用新型低功耗硬件和引入可再生的新能源两个方面来改善大数据能耗问题。

5．大数据处理与硬件的协同。硬件的快速升级换代有力的促进了大数据的发展，但是这也在一定程度上造成了大量不同架构硬件共存的局面，而且出现了很多的新硬件，这都为大数据处理带来了难题和变革。

6．大数据管理易用性问题。从数据集成到数据分析，直到最后的数据解释，易用性应当贯穿整个大数据的流程。大量复杂数据的复杂分析过程和难以理解的分析结果限制了各行业人们从大数据中获取知识的能力。为了能够达到良好的易用性，需要关注可视化、匹配、反馈三个基本原则，特别要注意在大规模存储系统中实现海量元数据的高效管理对大数据的易用性产生的重要影响。

7．性能的测试基准。关系数据库产品的成功离不开测试基准的产生，测试基准才能够准确衡量不同数据库产品的性能，并对其存在的问题进行改进。而目前受系统复杂度高、用户案例多样、数据规模庞大等原因的影响，尚未有针对大数据管理的公认的测试基准。

国际数据公司（IDC）的研究结果表明，2008 年全球产生的数据量为 0.49ZB，2009 年的数据量为 0.8ZB，2010 年增长为 1.2ZB，2011 年的数量更是高达 1.82ZB，相当于全球每人产生 200GB 以上的数据。而到 2012 年为止，人类生产的所有印刷材料的数据量是 200PB，全人类历史上说过的所有话的数据量大约是 5EB。IBM 的研究称，整个人类文明所获得的全部数据中，有 90%是过去两年内产生的。而到了 2020 年，全世界所产生的数据规模将达到今天的 44 倍，全球将总共拥有 35ZB 的数据量，麦肯锡则预测未来大数据产品在三大行业的应用就将产生 7 千亿美元的潜在市场，未来中国大数据产品的潜在市场规模有望达到 1.57 万亿元。虽然如此，眼下对于大数据的研究仍处于一个非常初步的阶段，还有很多基础性的问题有待解决。

9.4 三网融合

9.4.1 三网融合概述

仅仅通过一根缆线就可将电视网、计算机网、电信网融合在一起，根据客户具体需要选择网络和终端，完成通信、电视、上网等需求，让民众用电视遥控器打电话，实现在手机上看电视剧。“三网融合”带来的不仅仅是信息传递成本的降低，电视网、计算机网、电信网的融合更意味着优化的信息系统市场、便捷的客户使用方式。

三网融合是指电信网、广播电视网、互联网在向宽带通信网、数字电视网、下一代互联网演进过程中，三大网络通过技术改造，其技术功能趋于一致，业务范围趋于相同，网络互联互通、资源共享，能为用户提供语音、数据和广播电视等多种服务。三合并不意味着三大网络的物理合一，而主要是指高层业务应用的融合。三网融合应用广泛，遍及智能交通、环境保护、政府工作、公共安全、平安家居等多个领域。以后的手机可以看电视、上网，电视可以打电话、上网，电脑也可以打电话、看电视。三者之间相互交叉，形成你中有我、我中有你的格局。

在中国物联网校企联盟的“科技融合体”模型中，“三网融合”是当下科技和标准逐渐融合的一个典型表现形式。“三网融合”又叫“三网合一”，意指电信网络、有线电视网络和计算机网络的相互渗透、互相兼容、并逐步整合成为全世界统一的信息通信网络，其中互联网是其核心部分，如图 9.7 所示。

图 9.7　三网融合

三网融合打破了此前广电在内容输送、电信在宽带运营领域各自的垄断，明确了互相进入的准则——在符合条件的情况下，广电企业可经营增值电信业务、比照增值电信业务管理的基础电信业务、基于有线电网络提供的互联网接入业务等；而国有电信企业在有关部门的监管下，可从事除时政类节目之外的广播电视节目生产制作、互联网视听节目信号传输、转播时政类新闻视听节目服务，IPTV 传输服务、手机电视分发服务等。三网融合，在概念上从不同角度和层次上分析，可以涉及到技术融合、业务融合、行业融合、终端融合及网络融合。

三网融合的技术基础

（1）基础数字技术

数字技术的迅速发展和全面采用，使电话、数据和图像信号都可以通过统一的编码进行传输和交换，所有业务在网络中都将成为统一的“0”或“1”的比特流。所有业务在数字网中都将成为统一的 0/1 比特流，从而使得话音、数据、声频和视频各种内容（无论其特性如何）都可以通过不同的网络来传输、交换、选路处理和提供，并通过数字终端存储起来或以视觉、听觉的方式呈现在人们的面前。数字技术已经在电信网和计算机网中得到了全面应用，并在广播电视网中迅速发展起来。数字技术的迅速发展和全面采用，使话音、数据和图像信号都通过统一的数字信号编码进行传输和交换，为各种信息的传输、交换、选路和处理奠定了基础。

（2）宽带技术

宽带技术的主体就是光纤通信技术。网络融合的目的之一是通过一个网络提供统一的业务。若要提供统一业务就必须要有能够支持音视频等各种多媒体（流媒体）业务传送的网络平台。这些业务的特点是业务需求量大、数据量大、服务质量要求较高，因此在传输时一般都需要非常大的带宽。另外，从经济角度来讲，成本也不宜太高。这样，容量巨大且可持续发展的大容量光纤通信技术就成了传输介质的最佳选择。宽带技术特别是光通信技术的发展为传送各种业务信息提供了必要的带宽、传输质量和低成本，成为三网业务的理想平台。作为当代通信领域的支柱技术，光通信技术正以每10年增长100倍的速度发展，具有巨大容量的光纤传输网是“三网”理想的传送平台和未来信息高速公路的主要物理载体。无论是电信网，还是计算机网、广播电视网，大容量光纤通信技术都已经在其中得到了广泛的应用。

（3）软件技术

软件技术是信息传播网络的神经系统，软件技术的发展，使得三大网络及其终端都能通过软件变更最终支持各种用户所需的特性、功能和业务。现代通信设备已成为高度智能化和软件化的产品。今天的软件技术已经具备三网业务和应用融合的实现手段。

（4）IP技术

IP技术内容数字化后，还不能直接承载在通信网络介质之上，还需要通过IP技术在内容与传送介质之间搭起一座桥梁。IP技术（特别是IPv6技术）的产生，满足了在多种物理介质与多样的应用需求之间建立简单而统一的映射需求，可以顺利地对多种业务数据、多种软硬件环境、多种通信协议进行集成、综合、统一，对网络资源进行综合调度和管理，使得各种以IP为基础的业务都能在不同的网络上实现互通。IP协议的普遍采用，使得各种以IP为基础的业务都能在不同的网上实现互通，具体下层基础网络是什么已无关紧要。统一的TCP/IP协议的普遍采用，将使得各种以IP为基础的业务都能在不同的网上实现互通。人类首次具有统一的为三大网都能接受的通信协议，从技术上为三网融合奠定了最坚实的基础。

9.4.2 三网融合的好处

三网融合不仅是将现有网络资源有效整合、互联互通，而且会形成新的服务和运营机制，并有利于信息产业结构的优化，以及政策法规的相应变革。融合以后，不仅信息传播、内容和通信服务的方式会发生很大变化，企业应用、个人信息消费的具体形态也将会有质的变化。信息服务将由单一业务转向文字、话音、数据、图像、视频等多媒体综合业务。用户可通过手机视频看到客户货物的大致情况，并立即决定派什么样的车去提货，发完货以后，客户也能随时自主追单。三网的融合将有利于极大地减少基础建设投入，并简化网络管理，降低维护成本。三网融合将使网络从各自独立的专业网络向综合性网络转变，网络性能得以提升，资源利用水平进一步提高。三网融合作为业务的整合，它不仅继承了原有的话音、数据和视频业务，而且通过网络的整合，衍生出了更加丰富的增值业务类型，如图文电视、VoIP、视频邮件和网络游戏等，极大地拓展了业务提供的范围。三网融合打破了电信运营商和广电运营商在视频传输领域长期的恶性竞争状态，各大运营商将在一口锅里抢饭吃，看电视、上网、打电话资费可能打包下调。

三网融合应用广泛，遍及智能交通、环境保护、政府工作、公共安全、平安家居、智能消防、工业监测、老人护理、个人健康等多个领域。以后的手机可以看电视、上网，电视可以打电话、上网，电脑也可以打电话、看电视。三者之间相互交叉，形成你中有我、我中有你的格局。

当三网融合真正实现之后，用户的生活必然是这样一幅蓝图：未来我们可以用电视遥控器打电话，在手机上看电视，随需选择网络和终端，只要拉一条线、接入一张网，甚至可能完全通过无线接入的方式就能进行通信、电视、上网等各种应用需求了。

9.4.3 当前我国三网融合情况

当前，三网融合已经上升为国家战略的高度，其所涉及的广电业、电信业和互联网产业都是技术和知识密集型产业，而且我国在这三个产业领域均已有良好的应用基础，产业体量巨大，是中国电子信息产业的重要组成部分。三网融合的推进对调整产业结构和发展电子信息产业有着重大的意义。

2011 年，中国三网融合产业规模超过 1600 亿元，在产业的各个方面，三网融合都取得了一定的进步。其中，三大电信运营商相继实施宽带升级提速，推进全光网络建设，积极实施光纤入户工程;同时，广电运营商也加大了双向改造和光进铜退的网络改造力度，前瞻产业研究院估算，广电运营商 2011 年在网络改造方面的投资超过 200 亿元。截至 2011 年底，广电运营商实现双向网络覆盖用户超过 6000 万户。

2010 年 6 月 30 日，国务院办公厅印发了《关于印发第一批三网融合试点地区（城市）名单的通知》，确定了第一批三网融合试点地区（城市）名单，共有 12 个地区（城市）名列其中，这标志着三网融合试点工作正式启动。2012 年 1 月 4 日，国务院办公厅印发了《关于三网融合第二阶段试点地区（城市）名单的通知》，又有 42 个地区（城市）加入三网融合试点企业行列，加上首批的 12 个，我国三网融合试点已基本涵盖全国。

根据规划，我国三网融合工作将分两个阶段进行。其中，2010 年至 2012 年重点开展广电和电信业务双向进入试点；2013 年至 2015 年全面实现三网融合发展。显然，试点地区（城市）在全国各地广泛铺开，将为今后三网融合全面开展打下良好的基础。

第二批试点城市的公布，为 2012 年三网融合产业的发展注入了强大的动力。可以预见，2012 年在试点应用浪潮的推动下，广电和电信企业在技术合作、业务开拓和运营模式创新上将有较大的突破，将带动相关技术研发和配套产业的极大发展。同时在保障网络信息安全的前提下，将推动有线数据服务、IPTV、手机电视等融合型业务的长足发展。

三网融合的发展有利于国家“宽带战略”的推进。在中央关于推进三网融合的重点工作中，包括加强网络建设改造以及推动移动多媒体广播电视、手机电视、数字电视宽带上网等业务的应用等内容，而 IPTV、手机电视等融合型业务发展需要高带宽的支撑。根据工信部规划，2012 年其将推动实施“宽带中国”战略，争取国家政策和资金支持，加快推进 3G 和光纤宽带网络发展，扩大覆盖范围。

9.4.4 四网融合

在现有的三网融合的基础上加入电网，成为四网融合，并已有试点。在国家“十二五”规划中，明确提出了重点发展智能电网的规划，可见智能电网发展的前景很好。智能电网概念的初期，国家电网曾经提出四网融合的概念，即广播电视网、互联网、电信网和智能电网四网融合。尽管最终没能进入三网融合方案，但是，国家电网的电力光纤入户概念即变身为“在实施智能电网的同时服务三网融合、降低三网融合实施成本的战略”。

国家电网已经和包括中国移动、中国电信等在内的运营商合作，推出各项服务，包括无线电力抄表、路灯控制、设备监控、负荷管理、智能巡检、移动信息化管理。拿路灯控制来说，随着城市规模不断扩大，路灯管理和维护成为重要的问题，电信运营商无线路灯监控方案可实现终端自动报警，报警信息实时传送到负责人手机；控制中心系统遥测；路灯防盗报警；路灯根据天气、季节以及突发情况远程调控；电压、电流等参数采集等功能，可帮助市政部门有效提高道路照明质量，保证城市整体亮灯率和设备完好率，避免电能、人力物力无谓浪费。

9.5　4G 移动通信技术

9.5.1　移动通信系统概述

1. 移动通信的概念

移动通信是指通信的一方或双方在移动的状态中（或移动专有网的用户）进行的通信过程，也就是说，至少有一方是移动通信网的用户。可以是移动台（即手机用户）与移动台之间的通信，也可以是移动台与固定电话通信用户之间的通信。移动通信满足了人们无论在何时何地都能进行通信的愿望，20 世纪 80 年代以来，特别是 90 年代以后，移动通信得到了飞速的发展。

2. 移动通信的分类

移动通信的种类繁多，其中陆地移动通信系统有：蜂窝移动通信、无线寻呼系统、无绳电话、集群移动系统等。同时，移动通信和卫星通信系统相结合，产生了“卫星移动通信系统”，从而可以真正实现国内、国际和天空、海洋等大范围内的“全球移动通信”网络。目前，使用最多的还是第二代的“公众蜂窝式移动通信系统”，按照技术分类，它可分为“时空多址 GSM 全球通移动通信系统”和“码分多址 CDMA 全球通移动通信系统”两大类。下面对各类移动通信方式作一个简要介绍。

（1）集群移动通信

集群移动通信是一种高级移动调度系统。所谓集群通信系统，是指系统所具有的可用信道为系统的全体用户共用，具有自动选择信道的功能，是共享资源、分担费用、共用信道设备及服务的多用途和高效能的无线调度通信系统。主要应用于大型企事业单位和专用移动通信网。

（2）公用移动通信系统

公用移动通信系统是指给公众提供移动通信业务的网络，这是移动通信最常见的方式。这种系统又可以分为大区制移动通信方式（农村和交通干线）和小区制移动通信系统（城市），小区制移动通信呈现出六边形的“蜂窝”形状，故又称为蜂窝移动通信，这是城市移动通信的主要组网方式。

（3）卫星移动通信

利用卫星转发信号也可实现移动通信。对于车载移动通信可采用同步卫星，而对以手机为终端的公用移动通信系统来说，采用中低轨道（距地面1500km）的卫星通信系统较为有利。在实际的使用过程中，均采用“中低轨道卫星通信系统”，它可以与公用移动通信系统密切配合，相互补充，形成覆盖全球各个角落的、真正的“全球通移动通信系统”。

（4）无绳电话

对于室内外慢速移动的手持终端的通信，一般采用小功率、通信距离近、轻便的无绳电话机。它们可以经过通信点与其他用户进行通信。传输范围一般在25m以内，是适合于家庭电话通信系统的电话通信方式。

（5）无线电寻呼系统

无线电寻呼系统是一种单向传递信息的移动通信系统。它是由寻呼台发信息，寻呼机收信息来完成的，典型的通信方式就是前几年流行的“BB机寻呼系统”留言方式。由于其业务量已为公众移动通信的“双向短信业务”所兼容，故目前其单独的业务已停止使用。

9.5.2 移动通信技术的发展

移动通信可以说从无线电通信发明之日就产生了，早在1897年，马可尼所完成的无线通信试验就是在固定站与一艘拖船之间进行的，距离为18海里（1海里=1852米）。

大家知道，所有技术的发展都不可能在一夜之间实现，现代移动通信的发展始于20世纪20年代，而公用移动通信是从20世纪60年代开始的。公用移动通信系统的发展已经经历了第一代（1G）和第二代（2G），并将继续朝着第三代（3G）和第四代（4G）的方向发展。我们都知道最早的移动通信电话是采用的模拟蜂窝通信技术，这种技术只能提供区域性话音业务，而且通话效果差、保密性能也不好，用户的接听范围也是很有限。随着移动电话迅猛发展，用户增长迅速，传统的通信模式已经不能满足人们通信的需求，在这种情况下就出现了GSM通信技术，该技术用的是窄带TDMA，允许在一个射频（即“蜂窝”）同时进行8组通话。它是根据欧洲标准而确定的频率范围在900～1800MHz之间的数字移动电话系统，频率为1800MHz的系统也被美国采纳。GSM是1991年开始投入使用的。到1997年底，已经在100多个国家运营，成为欧洲和亚洲实际上的标准。GSM数字网也具有较强的保密性和抗干扰性，音质清晰，通话稳定，并具备容量大，频率资源利用率高，接口开放，功能强大等优点。不过它能提供的数据传输率仅为9.6kbit/s，和五六年前用固定电话拨号上网的速度相当，而当时的 internet 几乎只提供纯文本的信息。而时下正流行的数字移动通信手机是第二代（2G），一般采用GSM或CDMA技术。第二代手机除了可提供所谓“全球通”话音业务外，已经可以提供低速的数据业务了，也就是收发短消息之类。虽然从理论上讲，2G手机用户在全球范围都可以进行移动通信，但是由于没有统一的国际标准，各种移动通信系统彼此互不兼容，给手机用户带来诸多不便。

针对GSM通信出现的缺陷，人们在2000年又推出了一种新的通信技术GPRS，该技术是在GSM的基础上的一种过渡技术。GPRS的推出标志着人们在GSM的发展史上迈出了意义最重大的一步，GPRS在移动用户和数据网络之间提供一种连接，给移动用户提供高速无线IP和X.25分组数据接入服务。

的功能。例如4G手机将能根据环境、时间以及其他设定的因素来适时地提醒手机的主人此时该做什么事，或者不该做什么事，4G手机可以将电影院票房资料，直接下载到PDA之上，这些资料能够把目前的售票情况、座位情况显示得清清楚楚，大家可以根据这些信息来进行在线购买自己满意的电影票；4G手机可以被看作是一台手提电视，用来看体育比赛之类的各种现场直播。

（5）兼容性能更平滑

要使4G通信尽快地被人们接受，不但考虑的它的功能强大外，还应该考虑到现有通信的基础，以便让更多的现有通信用户在投资最少的情况下就能很轻易地过渡到4G通信。因此，从这个角度来看，未来的第四代移动通信系统应当具备全球漫游，接口开放，能跟多种网络互联，终端多样化以及能从第二代平稳过渡等特点。

（6）提供各种增殖服务

4G通信并不是从3G通信的基础上经过简单的升级而演变过来的，它们的核心建设技术根本就是不同的，3G移动通信系统主要是以CDMA为核心技术，而4G移动通信系统技术则以正交多任务分频技术（OFDM）最受瞩目，利用这种技术人们可以实现例如无线区域环路（WLL）、数字音讯广播（DAB）等方面的无线通信增殖服务；不过考虑到与3G通信的过渡性，第四代移动通信系统不会在未来仅仅只采用OFDM一种技术，CDMA技术将会在第四代移动通信系统中，与OFDM技术相互配合以便发挥出更大的作用，甚至未来的第四代移动通信系统也会有新的整合技术如OFDM/CDMA产生，前文所提到的数字音讯广播，其实它真正运用的技术是OFDM/FDMA的整合技术，同样是利用两种技术的结合。因此未来以OFDM为核心技术的第四代移动通信系统，也将会结合两项技术的优点，一部分将是以CDMA的延伸技术。

（7）实现更高质量的多媒体通信

尽管第三代移动通信系统也能实现各种多媒体通信，但未来的4G通信能满足第三代移动通信尚不能达到的在覆盖范围、通信质量、造价上支持的高速数据和高分辨率多媒体服务的需要，第四代移动通信系统提供的无线多媒体通信服务将包括语音、数据、影像等大量信息透过宽频的信道传送出去，为此未来的第四代移动通信系统也称为“多媒体移动通信”。第四代移动通信不仅仅是为了因应用户数的增加，更重要的是，必须要响应多媒体的传输需求，当然还包括通信品质的要求。总结来说，首先必须可以容纳市场庞大的用户数、改善现有通信品质不良，以及达到高速数据传输的要求。

（8）频率使用效率更高

相比第三代移动通信技术来说，第四代移动通信技术在开发研制过程中使用和引入许多功能强大的突破性技术，例如一些光纤通信产品公司为了进一步提高无线因特网的主干带宽宽度，引入了交换层级技术，这种技术能同时涵盖不同类型的通信接口，也就是说第四代主要是运用路由技术（Routing）为主的网络架构。由于利用了几项不同的技术，所以无线频率的使用比第二代和第三代系统有效得多。按照最乐观的情况估计，这种有效性可以让更多的人使用与以前相同数量的无线频谱做更多的事情，而且做这些事情的时候速度相当快。研究人员说，下载速率有可能达到5~10Mbit/s。

（9）通信费用更加便宜

由于4G通信不仅解决了与3G通信的兼容性问题，让更多的现有通信用户能轻易地升级到4G通信，而且4G通信引入了许多尖端的通信技术，这些技术保证了4G通信能提供一种灵活性非常高的系统操作方式，因此相对其他技术来说，4G通信部署起来就容易迅速得多；同时在建设4G通信网络系统时，通信营运商们将考虑直接在3G通信网络的基础设施之上，采用逐步引入的方法，这样就能够有效地降低运行者和用户的费用。据研究人员宣称，4G通信的无线即时连接等某些服务费用将比3G通信更加便宜。

9.5.4 移动互联网

1．移动互联网概述

将移动通信和互联网二者结合起来，就是移动互联网。与传统的移动通信业务和物联网业务相比较，移动互联网业务可以“随时、随地、随心”地享受互联网业务带来的便捷，还表现在更丰富的业务种类、个性化的服务和更高服务质量的保证。

2001年11月10日，中国移动通信的“移动梦网”正式开通。

2009年1月7日，工业和信息化部在内部举办小型牌照发放仪式，确认国内3G牌照发放给三家运营商，为中国移动、中国电信和中国联通。

2007年，APPLE公司推出了改变移动互联网的智能手机iPhone。2010年4月，Apple公司又推出了新一代平板电脑 iPad，成为移动互联网业务的一个革命者。iPod、iPhone、iPad等一系列产品，开启了移动互联网大众消费时代。

2007年，Android操作系统以开源项目形式正式发布。2010年末，Android跃居全球最受欢迎的智能手机平台。

智能手机结合操作系统和良好的用户体验、内容生动，超越了传统的手机系统，实现了时代的标志性变迁。现在可以使用手机来进行聊天，Web 浏览，微信和微博的全民化更是移动互联网时代的重要标志。

2．移动互联网发展现状

2011中国移动互联网用户规模达到了4.3亿，未来移动互联网用户可能会超过PC用户。2011年也是中国移动互联网蓬勃发展的一年，越来越多的企业和商家也加入到了无线互联网领域。

在手机领域传统的三大运营商积极布局智能终端操作系统。

Google收购摩托罗拉移动公司，成为系统、应用和硬件设备整合提供的综合服务商。而诺基亚与微软合作推出Windows Phone。

在互联网领域，2011年年内，新浪、阿里巴巴、百度、腾讯等网络巨头推出深度定制自身业务的手机终端。阿里巴巴与天宇朗通联合推出了阿里云手机，盛大创新院推出基于Android系统的盛大手机，新浪也推出了一款与新浪微博紧密结合的智能手机。

电子商务方面，2011年淘宝宣布推出无线淘宝开放平台。随着手机支付瓶颈的不断突破，移动电子商务也越来越巨大。

华为、中兴、联想等厂商也在拥抱移动互联网的时代，改变自己传统的电信硬件思维，与各大运营商合作，推出了千元智能手机。以小米科技公司为代表的国产手机厂商则以互联网思维打造自有品牌手机，推出手机硬件、系统和应用的产品组合，向苹果模式看齐。

另外一些家电厂商，如包括康佳、TCL、创维以及长虹在内也开始纷纷宣布涉足智能手机制造领域。

3．移动互联网应用技术

（1）智能手机

智能手机，是指"像个人电脑一样，具有独立的操作系统，可以由用户自行安装软件、游戏等第三方服务商提供的程序，通过此类程序来不断对手机的功能进行扩充，并可以通过移动通讯网络来实现无线网络接入的这样一类手机的总称"。

在智能手机上目前有三个主流的操作系统，分别是iOS、Android和Windows Phone。iOS是由苹果公司开发的手持设备操作系统。苹果公司最早于2007年1月9日的Macworld大会上公布这个系统，应用在iPhone、iPod touch、iPad以及Apple TV等苹果产品上。Android操作系统最初由Andy Rubin开发，2005年由Google收购注资。2007年正式发布，2011年第一季度，Android在全球的市场份额越巨全球第一。2010年2月，微软公司正式发布Windows Phone智能手机操作系统的第一个版本Windows Phone7，并于2010年底发布了基于此平台的硬件设备。主要生产厂商有：三星、HTC、LG等。对于中国的大部分智能手机厂商，使用的大多是开放式的Android操作系统。

（2）APP

APP是应用程序application program的简称，由于iPhone智能手机的流行，现在的APP多指第三方智能手机的应用程序。目前比较著名的APP商店有Apple的iTunes商店里面的App Store、Android的Google Market，诺基亚的Ovi Store。

各种丰富多彩的APP使移动互联网应用的领域越来越广，从娱乐到工作各个方面都覆盖。从最受欢迎的APP类型来看，手机的娱乐性极强，游戏娱乐类成为最受喜爱的APP类型，其次是工具性的系统软件和影音播放，以及社交性的即时通讯。

（3）移动互联网应用

微博，即微博客（MicroBlog）的简称，是一个基于用户关系的信息分享、传播以及获取平台，用户可以通过Web、WAP以及各种客户端组建个人社区，以140字左右的文字更新信息，并实现即时分享。

微信是腾讯公司推出的一个为智能手机提供即时通讯服务的免费应用程序，微信支持跨通信运营商、跨操作系统平台，通过网络快发送免费（需消耗少量网络流量）语音短信、视频、图片、文字，支持多人群聊的手机聊天软件。

移动电子商务就是利用手机、PDA及掌上电脑等无线终端进行的B2B、B2C或C2C的电子商务。它将因特网、移动通信技术、短距离通信技术及其他信息处理技术完美的结合，使人们可以在任何时间、任何地点进行各种商贸括动，实现随时随地、线上线下的购物与交易、在线电子支付以及各种交易活动、商务恬动，金融活动和相关的综合服务活动等。

4．移动互联网发展趋势

中国作为拥有最多互联网用户和智能手机用户的国家，正在成为最大的移动互联网市场，3G网络和智能手机的共同发展，使得移动通信能与互联网优势融合，催生移动互联网。未来智能手持终端的比例不断增高，不久移动终端会超越PC终端。同时，智能终端的普及使得台式机、笔记本电脑与移动终端的界限越来越模糊，许多以前只能在台式机或笔记本实现的功能已经越来越多可以在智能移动终端上实现了。手机视频创新了多媒体业务，将在未来得到更大的应用，广电媒体的加入也会更好促进该业务的发展，与传统互联网模式相比，移动互联网同样对搜索的需求量非常大，移动搜索和信息的手机仍然将是移动互联网的主要应用。电子书和众多网络写手的出现，手机阅读业务也会出现更多的用户群体，和PC游戏一样，越来越多游戏厂商的加入，移动游戏市场空间巨大。移动与桌面的优势互补，实现移动和互联网的互补效应，移动联网将带来新型消费模式。移动互联网的消费模式与台式机和笔记本电脑有很大不同，用户希望有更多的个性化服务。电信运营商和终端厂商以及互联网将面临更多的竞争，也将有更多的合作。

习　题　9

1．简述物联网的硬件与软件平台。
2．物联网的关键技术有哪些？
3．什么是云计算？并简述云计算的特点与分类。
4．简述大数据的特点及分类。
5．“三网融合”有什么好处？
6．什么是移动通信，以及它的分类？
7．简述第四代移动通信以及它的优势。

参考文献

[1]. 李秀等. 计算机文化基础（第 5 版）. 北京：清华大学出版社，2005.

[2] 杨瑞良. 大学计算机基础. 大连：东软电子出版社，2012.

[3] 塔嫩鲍姆，严伟. 计算机网络（第 5 版）. 北京：清华大学出版社，2012.

[4] 谢希仁. 计算机网络（第 5 版）. 北京：电子工业出版社，2008.

[5] 斯坦普张戈. 信息安全原理与实践. 北京：清华大学出版社，2013.

[6] 安德斯. 信息安全技术概论. 北京：国防工业出版社，2013.

[7] 薛燕红. 物联网技术及应用. 北京：清华大学出版社，2012.

[8] 徐勇军. 物联网关键技术电子工业出版社，2012.

[9] 魏长宽. 物联网：后互联网时代的信息革命. 北京：中国经济出版社，2011.

[10] 祁伟. 云计算：从基础架构到最佳实践. 北京：清华大学出版社，2013.

[11] 杨正洪. 云计算和物联网. 北京：清华大学出版社，2011.

[12] 姚宏宇. 云计算：大数据时代的系统工程. 北京：电子工业出版社，2013.

[13] 李志刚. 大数据：大价值、大机遇、大变革. 北京：电子工业出版社，2012.

[14] 郭晓科. 大数据 = Big data. 北京：清华大学出版社，2013.

[15] 张小鸣. 微机原理与接口技术. 北京：清华大学出版社，2009.

[16] 吴华. Office 2010 办公软件应用标准教程. 北京：清华大学出版社，2012.

[17] 郝胜男. Office 2010 办公应用入门与提高. 北京：清华大学出版社，2012.

[18] 张桂杰. Access 数据库基础及应用. 北京：清华大学出版社，2013.